Stephanie Reineke

中药

TCM-Phytotherapie in der Veterinärmedizin

Erkrankungen bei Hund und Pferd
vorbeugen und behandeln
mit chinesischen Arzneirezepturen

Hinweis:
Dieses Buch ersetzt keine praktische Ausbildung. Es ist äußerst wichtig, das theoretisch erlernte Wissen auch praktisch am Tier und mit Hilfe von kompetenten Ausbilder:innen zu erlernen.

Haftungsausschluss
Autorin und Verlag haben den Inhalt dieses Buches mit großer Sorgfalt und nach bestem Wissen und Gewissen zusammengestellt. Für eventuelle Schäden an Mensch und Tier, die als Folge von Handlungen und/oder gefassten Beschlüssen aufgrund der gegebenen Informationen entstehen, kann dennoch keine Haftung übernommen werden.

1. Auflage 2024

Deutsche Nationalbibliothek – CIP-Einheitsaufnahme
Die Deutsche Nationalbibliothek verzeichnet diese Publikation in der Deutschen Nationalbibliografie; detaillierte bibliografische Daten sind im Internet über http://dnb.ddb.de abrufbar.

Umschlaggestaltung: Eva Lakas
unter Verwendung von Fotos von Marie Schade / Dogs & Dreams Hundefotografie (Umschlagvorderseite: großes Foto und kleines Foto oben Mitte; Umschlagrückseite) und Stephanie Reineke (kleines Foto oben links und kleines Foto unten rechts)
Bildnachweis: siehe Anhang
Lektorat: Eva Wagner, www-textstudio-wagner.de
Registererstellung: Eva Wagner, www-textstudio-wagner.de
Layout und Satz: Marx Grafik & ArtWork
Druck: Westermann Druck Zwickau GmbH
Printed in Germany
ISBN 978-3-95847-402-4

Für Frank.

Danke für Deine Liebe, Deine Unterstützung bei all meinen teils anstrengenden Ideen –
und einfach dafür, dass Du da bist.

Und für meine wundervolle Tochter Skadi.

Ich bin immer noch stolz auf Dich..

Inhalt

TEIL 1 *Grundlagen*

1 Einleitung 12

2 Der Aufbau einer TCM-Rezeptur 15

3 Darreichungsformen 23

4 Dosierung 26

5 Toxizität und Kontraindikationen 29

6 Gleichzeitige Gabe von chinesischen Arzneien und Pharmazeutika 31

7 Zum Gebrauch des Buches 32

TEIL 2 Rezeptteil

1 Rezepturen zur Entlastung des Äußeren 36

1.1 Scharf-warme Rezepturen zur Entlastung des Äußeren 38

1.2 Scharf-kalte Rezepturen zur Entlastung des Äußeren 43

1.3 Unterstützende und das Äußere entlastende Rezepturen 49

2 Nach hinten ableitende Rezepturen 53

2.1 Kalte Abführmittel 55

2.2 Warme Abführmittel 58

2.3 Befeuchtende Abführmittel 60

2.4. Tonisierende Abführmittel 62

3 Harmonisierende Rezepturen 64

3.1 Das Shaoyang harmonisierende Rezepturen 67

3.2 Rezepturen, die Leber und Milz harmonisieren 72

3.3 Magen und Darm harmonisierende Rezepturen 82

4 Hitze klärende Rezepturen 88

4.1 Die Qi-Schicht klärende Rezepturen 91

4.2 Die Ying-Schicht klärende und das Xue kühlende Rezepturen 95

4.3 Die Qi- und die Xue-Schicht klärende Rezepturen 97

4.4 Hitze klärende und Toxine beseitigende Rezepturen 99

4.5 Das Zang-Fu klärende Rezepturen 105

4.6 Mangel-Hitze klärende Rezepturen 119

4.7 Sommer-Hitze zerstreuende Rezepturen 122

5 Rezepturen zur Erwärmung des Inneren 123

5.1 Die Mitte wärmende und Kälte ausleitende Rezepturen 126

5.2 Die Leitbahnen wärmende und Kälte ausleitende Rezepturen 132

6 Tonisierende Rezepturen 136

6.1 Qi tonisierende Rezepturen 139

6.2 Xue tonisierende Rezepturen 151

6.3 Qi und Xue tonisierende Rezepturen 159

6.4 Yin tonisierende Rezepturen 166

6.5 Yang tonisierende Rezepturen 174

6.6 Rezepturen, die Yin und Yang tonisieren 180

7 Shen-Geist beruhigende Rezepturen 185

7.1 Beruhigende Rezepturen, die den Shen-Geist besänftigen 187

7.2 Nährende Rezepturen, die das Shen besänftigen 191

8 Adstringierende Rezepturen 200

8.1 Das Äußere stabilisierende Rezepturen 202

8.2 Den Darm festigende Rezepturen 204

8.3 Jing stabilisierende Rezepturen 206

8.4 Den Mutterleib stabilisierende Rezepturen 212

9 Qi regulierende Rezepturen 216

9.1 Qi bewegende Rezepturen 218

9.2 Qi absenkende Rezepturen 225

10 Xue regulierende Rezepturen 231

10.1 Xue belebende und Xue-Stasen beseitigende Rezepturen 234

10.2 Rezepturen, die Blutungen stoppen 246

11 Wind vertreibende Rezepturen 249

11.1 Rezepturen, die äußeren Wind vertreiben 252

11.2 Rezepturen, die inneren Wind vertreiben 261

12 Trockenheit behandelnde Rezepturen 267

12.1 Zerstreuende und befeuchtende Rezepturen 270

12.2 Nährende und befeuchtende Rezepturen 274

13 Feuchtigkeit beseitigende Rezepturen 280

13.1 Feuchtigkeit trocknende und den Magen harmonisierende Rezepturen 283

13.2 Feuchtigkeit vertreibende und Hitze klärende Rezepturen 290

13.3 Wasser regulierende und Feuchtigkeit beseitigende Rezepturen 297

13.4 Warme Rezepturen, die Feuchtigkeit beseitigen 301

14 Wind-Feuchtigkeit ausleitende Rezepturen 304

14.1 Wind-Feuchtigkeit vertreibende Rezepturen 306

14.2 Feuchte-Kälte vertreibende Rezepturen 315

14.3 Feuchte-Hitze vertreibende Rezepturen 318

14.4 Nässe-Schleim vertreibende Rezepturen 323

15 Schleim vertreibende Rezepturen 325

15.1 Feuchtigkeit trocknende und Schleim auflösende Rezepturen 328

15.2 Hitze klärende und Schleim auflösende Rezepturen 332

15.3 Trockenheit befeuchtende und Schleim auflösende Rezepturen 340

15.4 Warme Rezepturen, die kalten Schleim auflösen 342

15.5 Wind vertreibende und Schleim auflösende Rezepturen 345

16 Rezepturen zur Behandlung von Abszessen und Wunden 347

16.1 Äußere Abszesse und Wunden behandelnde Rezepturen 350

16.2 Innere Abszesse und Wunden behandelnde Rezepturen 360

TEIL 3 *Fallbeispiele*

1 Atemwegserkrankungen 365

2 Erkrankungen des Bewegungsapparates 368

3 Magen-Darm-Erkrankungen 372

4 Haut- und Fellerkrankungen 376

5 Geriatrische Erkrankungen 380

Anhang

Danksagungen 386

Bezeichnungen der Arzneiteile und Erläuterung der Rezepturtexte 387

Pharmazeutische, botanische und deutsche Pflanzennamen 388

Nichtpflanzliche Bestandteile 394

Verzeichnis der Indikationen nach TCM-Wirkung 396

Verzeichnis der Indikationen nach westlich-klinischem Befund 404

Bezugsquellen für TCM-Rezepturen 418

Quellenangaben 419

Bildnachweise 420

Register 423

TEIL 1

Grundlagen

1 Einleitung

Die Aufzeichnungen über die chinesische Pharmakologie reichen über 2000 Jahre zurück, und noch heute wird jede Phytotherapie unter Berücksichtigung der klassischen Rezepturen erstellt.

Mit diesem Buch möchte ich Tierärzt:innen, Therapeut:innen und medizinisch Interessierten ein praktisches und übersichtliches Buch an die Hand geben. Mit den wichtigsten Rezepturen und Modifikationen und dabei speziell auf Tiere abgestimmt, soll es Ihren Praxisalltag bereichern und vereinfachen.

Dabei soll dieses Buch nicht nur ein Nachschlagewerk für TCM-Rezepturen, sondern auch ein Lehrbuch der TCM sein. Aus diesem Grund habe ich jedem Rezepturkapitel eine Einführung mit Wirkungsweise und Anwendungen vorangestellt, die Ihnen dabei helfen wird, sich schneller in den Rezepturen zurechtzufinden.

Abb. 1: Nanuk probiert, welche Heilpflanzen für ihn sinnvoll sind.

Die Grundpfeiler der Traditionellen Chinesischen Medizin (TCM) stützen sich auf vier Eckpunkte: **Ernährung, Bewegung, Akupunktur und Arzneitherapie.**

Vor der Arbeit wird in den Parks Qi Gong oder Tai Qi praktiziert, es wird auf gesunde Ernährung, ausreichend Schlaf und Ruhepausen geachtet. Und falls doch einmal etwas aus dem Ruder läuft, sei es körperlich oder seelisch, wird der Arzt oder die Ärztin aufgesucht, um schnell mit Akupunktur oder Arzneirezepturen vorzusorgen, damit eine richtige Erkrankung gar nicht erst entstehen kann.

Während in Europa hauptsächlich die Akupunktur als TCM-Behandlungsmethode bekannt ist, nehmen in China die Arzneimischungen einen viel höheren Stellenwert ein. Drei Viertel der Erkrankungen werden in China hauptsächlich mit Kräutern therapiert.

Für die Verordnung einer chinesischen Phytotherapie ist ein fundiertes Wissen der TCM-Diagnostik unbedingt erforderlich!

1.1 Wirkprinzipien

Während das Behandeln von Akupunkturpunkten unspezifischer und breiter gefächert in ihrer Wirkungsweise ist, ist eine Arzneitherapie viel zielgerichteter und kann bei falscher Verordnung gefährliche Nebenwirkungen verursachen.

Eine chinesische Arzneirezeptur wird immer nach dem Disharmoniemuster der TCM-Diagnose verordnet und niemals nach klinischer Anwendung gewählt, da zum Beispiel ein Husten viele verschiedene Disharmoniemuster aufweisen kann, die alle unterschiedlich behandelt werden müssen. Ein Lungen-Yin-Mangel muss mit Yin tonisierenden Arzneien behandelt werden, während Hitze-Schleim in der Lunge mit einer Rezeptur behandelt werden muss, die Hitze und Schleim ausleitet. Wenn für ein Pferd mit Lungen-Yin-Mangel eine Hitze-Schleim ausleitende Rezeptur verordnet werden würde, würde sich der Husten mit hoher Wahrscheinlichkeit verstärken, und das Pferd würde zusätzlich noch Atemnot bekommen.

Sie sehen also: Auch in der chinesischen Phytotherapie ist eine vorausgehende TCM-Diagnoseerstellung sehr wichtig.

Die chinesische Arzneitherapie hat den Vorteil, dass sie dem Organismus aktiv Stoffe hinzufügen kann. Deshalb ist bei chronischen Erkrankungen eine Phytotherapie effektiver und schneller wirksam als eine Akupunkturbehandlung. Über die Therapie mit Nadeln können wir lediglich pathogene Faktoren ausleiten, umleiten und Stagnationen auflösen, aber dem Körper kann nichts Substanzielles hinzugefügt werden.

Ein weiterer Vorteil ist, dass die Rezeptur speziell auf den Patienten mit seinem momentanen Disharmoniemuster angepasst werden kann. Natürlich gibt es auch in der TCM Standardrezepturen für die häufigsten Disharmoniemuster – diese sollten aber immer an den Patienten angepasst werden, um den größtmöglichen Behandlungserfolg erzielen zu können.

Die chinesische Phytotherapie hat also, richtig eingesetzt, eine hervorragende therapeutische Wirkung.

Bei einer längerfristig eingesetzten Phytotherapie empfiehlt es sich, zu Beginn und auch während der Therapie, halbjährlich bis jährlich, die Leber- und Nierenwerte tierärztlich überprüfen zu lassen. Damit ist der Therapeut bzw. die Therapeutin nicht nur medizinisch, sondern auch rechtlich abgesichert.

1.2 Inhaltsstoffe und Qualität der Arzneimischungen

Chinesische Arzneirezepturen bestehen zumeist aus Bestandteilen von Wurzeln, Rinde, Blättern, Früchten, Blüten oder Samen. In einigen Rezepturen kommen auch mineralische Bestandteile, wie zum Beispiel Muschelschalen oder Gips, zum Einsatz. Seltener werden auch tierische Bestandteile, wie Gelatine oder Zikadenpanzer verwendet, wenn sie nicht durch andere Bestandteile ersetzt werden können. Für den Zikadenpanzer beispielsweise, chinesisch Chan Tui, müssen keine Tiere sterben: Er wird von den Zikaden bei der Häutung abgeworfen und dann eingesammelt. Tierische Bestandteile sind in den Rezepturen in diesem Buch immer gekennzeichnet, damit Sie selbst entscheiden können, ob Sie eine Rezeptur mit tierischen Bestandteilen verordnen möchten oder nicht.

Die in den Bezugsquellen (im Anhang) angegebenen Lieferanten für TCM-Rezepturen beziehen ausschließlich Arten, für die das Bundesamt für Naturschutz ein CITES-Zertifikat ausstellt und so für die Einfuhr freigibt. Diese Lieferanten halten sich an das *Washingtoner Artenschutzabkommen*, das Übereinkommen über den internationalen Handel mit gefährdeten freilebenden Tieren und Pflanzen (kurz CITES, d. h. *Convention on International Trade in Endangered Species of Wild Fauna and Flora*).

Rezepturen, die in einer TCM-Apotheke oder bei einem zertifizierten Hersteller für TCM-Rezepturen bestellt werden, sind gemäß §6 und §11 Apothekenbetriebsordnung zertifiziert und damit auch auf Schwermetalle, Pestizide und mikrobiologische Verunreinigungen geprüft. Außerdem werden die Arzneien auf ihren Wirkstoffgehalt geprüft, sodass Sie sicher sein können, dass Ihre Arzneimischungen eine gleichbleibende Wirkqualität haben.

2 Der Aufbau einer TCM-Rezeptur

2.1 Zusammensetzung einer Rezeptur

Eine klassische chinesische Arzneirezeptur ist nicht einfach die Summe der Einzelkräuter, aus der sie besteht, sondern ein Zusammenspiel der einzelnen Arzneien, aus dem sich eine harmonische Komposition ergeben sollte. Viele Einzelarzneien können also ihre Wirkung erst zusammen mit anderen Arzneien in vollem Umfang entfalten.

Bei der Zusammenstellung einer Rezeptur sollte deshalb besonders auf die Harmonie der einzelnen Arzneien untereinander und miteinander geachtet werden. Stellen Sie sich vor, Sie sitzen in einem Konzert, das von einem guten Orchester gespielt wird: Dann möchten Sie ein schönes, melodisches Musikstück hören. Genau so sollten alle Arzneien zusammen eine harmonische Melodie ergeben. Wenn nur ein Instrument verstimmt ist oder falsch gespielt wird, hört sich das ganze Musikstück unharmonisch und schrecklich an.

In den klassischen chinesischen Rezepturen wurde dies berücksichtigt und ist jahrtausendelang auf die richtige Wirkung erprobt worden. Deshalb empfehle ich, immer eine klassische Rezeptur herauszusuchen, abgestimmt auf das Erkrankungsbild und das Disharmoniemuster des Patienten, um erfolgreich behandeln zu können.

Eigenkompositionen sind sehr schwierig zusammenzustellen und bedeuten eine erhöhte Gefahr, dass bei der Behandlung etwas in die falsche Richtung laufen kann und die Rezeptur im schlimmsten Falle schädliche oder toxische Nebenwirkungen hat. Denn die Wirkung der Rezeptur besteht nicht nur aus der Summe der Einzelwirkungen der Arzneien, sondern entsteht synergistisch durch die Wirkung, die die Arzneien im Zusammenspiel miteinander entfalten.

Auch bei Modifikationen einer Rezeptur muss das Zusammenwirken der Arzneien unbedingt berücksichtigt werden, da die hinzugefügten Arzneien, ebenso wie Mengenänderungen der Einzelarzneien, die Wirkung der Rezeptur sowohl steigern als auch vermindern oder beeinträchtigen können.

Alle von mir in diesem Buch hinzugefügten Modifikationen sind geprüft und bereits mehrfach in der Praxis eingesetzt worden.

2.2 Das Grundprinzip einer chinesischen Arzneirezeptur

Das Grundprinzip einer chinesischen Rezeptur besteht aus vier Komponenten, die in der Hierarchie wie in einem Kaiserreich angelegt sind und sich aus einer oder mehreren Einzelarzneien zusammensetzen können. Jede der vier Komponenten hat eine wichtige und entscheidende Aufgabe in der Rezeptur.

Die vier Komponenten sind:

Kaiserarznei
Ministerarznei
Assistentenarznei
Botenarznei

Abb. 2: Der Kaiser mit Minister, Assistent und Bote – symbolisch gesehen.

> **Anmerkung der Autorin:**
> Je nach Quelle können die vier Komponenten auch anders benannt sein.

Kaiserarznei:

Die Kaiserarznei hat die wichtigste Aufgabe in einer Rezeptur und bestimmt die Hauptwirkrichtung. Sie wird nach dem Hauptbefund gewählt und ist in einer Rezeptur unverzichtbar.
Sie wird meist hoch dosiert, um die Wirkung zu verstärken.

Ministerarznei:

Der Minister unterstützt den Kaiser in seinen Aufgaben. Er verstärkt die Wirkung der Kaiserarznei, um die Haupterkrankung mitzubehandeln, und kann als unterstützende Arznei auch auf Nebenbefunde wirken.

Assistentenarznei:
Die Assistentenarznei behandelt die Nebenbefunde des Patienten oder kompensiert unerwünschte oder toxische Wirkungen der Kaiser- oder der Ministerarznei. Sie arbeitet mit dem Kaiser zusammen, um ernsthafte und komplexe Störungen zu behandeln.

Botenarznei:
Die Botenarznei hat gewöhnlich eine niedrigere Dosierung als die anderen Arzneien, und sie hat zwei Hauptfunktionen: Zum einen harmonisiert sie die anderen Arzneien für ein ausgewogenes Zusammenwirken – auch um toxische Wirkungen abzumildern –, und zum anderen hat sie die Eigenschaft, die Rezeptur auf einen bestimmten Funktionskreis zu lenken. Sie können sich das vorstellen wie ein Bote, der alle anderen Arzneien in seine Tasche packt, um die wichtigen Nachrichten des Kaisers und seines Ministers dem Volk zu überbringen.

Nicht in jeder Rezeptur ist jeweils nur ein Kaiser, ein Minister, ein Assistent und ein Bote enthalten. Je nach Zusammenspiel kann eine Rezeptur aus mehreren Kaisern, Ministern, Assistenten oder Boten bestehen; oder in einer Rezeptur sind lediglich eine Kaiserarznei und eine Ministerarznei enthalten, so dass sie nur aus zwei Einzelarzneien besteht.

In der Regel enthält eine Rezeptur nur ein bis zwei Kaiserarzneien, die in hoher Dosierung zur Behandlung der Hauptstörung enthalten sind. Die anderen Komponenten (Minister, Assistent und Bote) haben alle zwei oder mehrere Aufgaben und werden, im Vergleich zur Kaiserarznei, meist niedriger dosiert.

Das Prinzip der vier Komponenten muss flexibel betrachtet werden. Die Rezeptur sollte an den körperlichen und seelischen Zustand, die Rasse und das Alter des Patienten angepasst werden.

Bei klaren, akuten Krankheitsbildern reichen in der Regel eine Kaiserarznei und ein bis zwei Ministerarzneien. Wenn die Kaiserarznei keine drastischen oder toxischen Wirkungen hat, kann auch auf eine Assistentenarznei verzichtet werden, und wenn der Kaiser direkt auf die Leitbahn oder den Funktionskreis einwirkt, braucht keine Botenarznei hinzugefügt zu werden.

Botenarznei	Funktionskreis-/Leitbahnbezug
Coptidis Rhizoma/Huang Lian	Herz/Xin
Phellodendri Cortex/Huang Bai	Dünndarm/Xiao Chang
Anemarrhenae Rhizoma/Zhi Mu	Niere/Shen
Cinnamomi Cassiae Cortex/Rou Gui	Niere/Shen
Angelicae Pubescentis Radix/Du Huo	Niere/Shen
Notopterygii Rhizoma/Qiang Huo	Blase/Pang Guang Lenkergefäß/Du Mai
Ligustici Sinensis Radix/Gao Ben	Blase/Pang Guang
Platycodi Radix/Jie Geng	Lunge/Fei
Angelicae Dahuricae Radix/Bai Zhi	Dickdarm/Da Chang Magen/Wei
Cimicifugae Rhizoma/Sheng Ma	Dickdarm/Da Chang Magen/Wei
Atractylodis Rhizoma/Cang Zhu	Milz/Pi
Paeoniae Radix Alba/Bai Shao Yao	Milz/Pi
Bupleuri Radix/Chai Hu	Leber/Gan Pericard/Xin Bao Gallenblase/Dan Dreifach-Erwärmer/San Jiao

Botenarznei	Funktionskreis-/Leitbahnbezug
Moutan Radix/Mu Dan Pi	Pericard/Xin Bao
Forsythiae Fructus/Lian Qiao	Dreifach-Erwärmer/San Jiao
Evodiae Fructus/Wu Zhu Yu	Leber/Gan
Ligustici Chuanxiong Rhizoma/Chuan Xiong	Leber/Gan
Artemisiae Capillaris Herba/Yin Chen Hao	Leber/Gan
Hordei Fructus/Mai Ya	Leber/Gan
Lycii Cortex/Di Gu Pi	Vorderer Erwärmer/San Jiao
Puerariae Radix/Ge Gen	Mittlerer Erwärmer/San Jiao
Citri Reticulatae Viride Pericarpium/Qing Qi	Mittlerer Erwärmer/San Jiao
Plantaginis Semen/Che Qian Zi	Hinterer Erwärmer/San Jiao

Tab. 1: Botenarzneien und die Funktionskreise, denen sie in der TCM zugeordnet sind.

2.3 Temperaturverhalten

Das Temperaturverhalten einer Rezeptur von kalt über kühl, neutral und warm bis heiß gibt Auskunft über die Dynamik einer Arznei oder der Rezeptur im Gesamten. Je nach Temperatur wirkt sie verlangsamend oder beschleunigend auf den Stoffwechsel.

Kalte oder kühle Rezepturen haben einen verlangsamenden oder sammelnden Effekt, und Rezepturen mit warmem oder heißem Temperaturverhalten wirken beschleunigend und dynamisierend. Dabei gilt: Je kälter die Rezeptur, desto verlangsamender wirkt sie, und je heißer, desto dynamisierender. Rezepturen mit neutralem Temperaturverhalten erhalten das Gleichgewicht und wirken befeuchtend und Säfte erhaltend.

Dasselbe gilt natürlich auch für Futtermittel mit ihrem unterschiedlichen Temperaturverhalten: So ist beispielsweise Ingwer heiß, er dynamisiert und regt an, Gras oder Gurke sind kalt, beruhigen und befeuchten.

Je nach Erkrankung sollte unbedingt auch das Temperaturverhalten der Rezeptur mit einbezogen werden. Bei Yang-/Hitze-Erkrankungen beispielsweise – wie Hufrehe oder Gastritis – sollten kühle bis kalte Rezepturen zum Einsatz kommen, und bei Yin-/Kälte-Erkrankungen – wie chronischer Arthrose oder Husten mit weißem Schleim – werden warme bis heiße Rezepturen verordnet.

Yin ← → Yang

kalt – kühl – neutral – warm – heiß

Temperaturverhalten	**kalt/kühl**	**neutral**	**warm/heiß**
Wirkung	verdichtend festigend verlangsamend befeuchtend Yin stärkend	befeuchtend JinYe ergänzend Energie bildend erhalten das Gleichgewicht	energiespendend anregend lösend/zerstreuend beschleunigend Yang stärkend

Tab. 2: Das Temperaturverhalten der Arzneimittel und die Beziehung von Temperaturverhalten und Funktion

2.4 Geschmacksrichtung

Hier geht es nicht so sehr um die sensorisch wahrgenommene Geschmacksrichtung, sondern vielmehr darum, welche Reaktionen der Geschmack auslösen kann und welchen Einfluss er auf den Stoffwechsel hat.

Denken Sie einmal daran, was passiert, wenn Sie ein Gericht mit viel Chili essen: Der scharfe Geschmack lässt Sie mächtig schwitzen, er öffnet also die Poren. Oder stellen sie sich vor, welche Wirkung es hat, wenn Sie in eine Zitrone beißen. Zieht sich da nicht alles zusammen?

Der Geschmack beschreibt also die Ebene, auf der er wirkt, und welche Wirkung er auf die Grundsubstanzen hat. Die Wirkungen sind dabei nicht klar voneinander trennbar, weil ein Arzneimittel oder eine Rezeptur auch mehrere Geschmacksrichtungen haben kann. Zimt zum Beispiel ist scharf und süß.

Scharf wirkt an der Oberfläche. **Sauer** wirkt etwas tiefer und zieht zusammen, kann also die Flüssigkeiten im Körper halten, und ist wirksam bei Inkontinenz. **Salzig** wirkt am tiefsten, im Innern, es ist erweichend und kann Knoten lösen.

Geschmack	Funktion
scharf/Xin	zerstreut, erwärmt, bewegt Qi und Xue und befreit die Oberfläche
süß/Gan	befeuchtet, harmonisiert, reguliert, puffert und stützt
sauer/Suan	tonisiert das Yin, festigt die Jing/Essenz und bewahrt die Körperflüssigkeiten
bitter/Ku	trocknet, leitet Hitze aus und leitet nach hinten ab
salzig/Xian	stärkt das Nieren-Qi, tonisiert das Yin, senkt Yang ab und erweicht Verhärtungen
neutral/Dan	beruhigt, ist harntreibend und entschleimt

Tab. 3: Beziehung von Geschmack und Funktion

Jeder Geschmack kann sich auch negativ auf den Körper auswirken, nämlich dann, wenn er im Übermaß vorhanden ist:

- **Sauer** im Übermaß schädigt die Leber und die Sehnen.
- **Bitter** im Übermaß schädigt das Herz und das Blut-Xue.
- **Süß** im Übermaß schädigt die Milz und das Fleisch (Anm. der Autorin: die Muskeln).
- **Scharf** im Übermaß schädigt die Lunge und die Haut.
- **Salzig** im Übermaß schädigt die Nieren und die Knochen.

2.5 Wirkrichtung

Die Wirkrichtung der Rezepturen bestimmt den beeinflussbaren Körperbereich oder korrigiert die pathologischen Bewegungen. Sie ergibt sich aus dem Temperaturverhalten und der Geschmacksrichtung.

Bestimmte Erkrankungen bewegen sich, entgegen der natürlichen Bewegung der jeweiligen Funktion, nach oben (Husten, Erbrechen), nach unten (Diarrhö, Inkontinenz), nach innen (Erkältung wird zur Lungenentzündung) oder nach außen (spontanes Schwitzen, Hautausschlag).

Jede Rezeptur hat, entsprechend ihrer Zusammensetzung, ihre eigene Wirkrichtung. So sollte bei Husten, also aufsteigendem und rebellierendem Lungen-Qi, die Rezeptur eine absenkende Wirkung haben. Bei Inkontinenz oder Diarrhö hingegen sollte die Rezeptur eine anhebende Wirkung haben.

Klassisch werden vier Wirkrichtungen einer Arznei definiert:

- **Oberflächlich:** Rezepturen mit warmem oder heißem Temperaturverhalten und süßem, scharfem Geschmack. Sie wirken oben und außen, befreien und wärmen die Oberfläche.
- **Anhebend:** Rezepturen mit neutralem oder leicht warmem Temperaturverhalten und süßem, leicht scharfem oder leicht bitterem Geschmack. Sie heben die Energien nach oben und außen und sorgen dafür, dass pathogene Faktoren nicht ins Innere gelangen.
- **Tief:** Rezepturen mit kaltem Temperaturverhalten und bitterem, salzigem oder bitter-salzigem Geschmack. Sie wirken in der Tiefe, kühlen und leiten nach unten ab. Diese Rezepturen können Verhärtungen auflösen und Knoten erweichen.
- **Absenkend:** Rezepturen mit leicht süßem, saurem oder salzigem Geschmack und kühlem oder neutralem Temperaturverhalten. Sie senken rebellierendes Qi und andere Gegenläufigkeiten ab, sammeln aktive Energien und ermöglichen deren Speicherung.

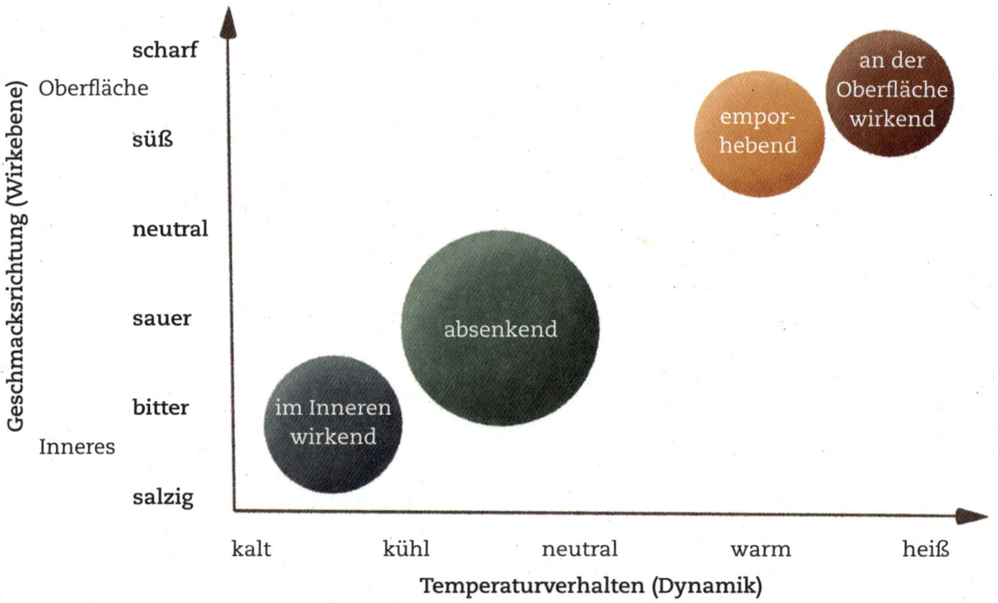

Abb. 3: Die Wirkrichtung der Arzneimittel

2.6 Wirkort

Eine zusätzliche und wichtige Angabe in den Rezepturen ist der Wirkort. Über ihn wird angegeben, in welchem Bereich die Rezeptur wirkt. Damit wird dem bzw. der Therapeut:in die Auswahl der richtigen Rezeptur nochmals zusätzlich erleichtert.

Folgende Wirkorte können in den Rezepturen angegeben sein:

- Leitbahnen
- Oberfläche
- innen/tief
- vorderer Erwärmer
- mittlerer Erwärmer
- hinterer Erwärmer
- Nase
- Lunge
- Haut
- Rachen/Hals
- Kopf/Augen
- Verdauungsapparat
- Bewegungsapparat

2.7 Funktionskreisbezug

Die Zuordnung der einzelnen Rezepturen zu einem oder mehreren Funktionskreisen, Organen oder Leitbahnen entwickelte sich durch die Anhäufung von Wissen in Bezug auf ihre Gesamtwirkung im Organismus. Bestimmte Arzneien haben eine einflussreiche Wirkung auf ein oder mehrere Zang-Fu (Organe in der TCM). Je nach Zusammensetzung der Rezeptur ergibt sich daraus ein Bezug auf ein oder mehrere Organe bzw. Funktionskreise, die in der Rezeptur angegeben werden. So kann der bzw. die Therapeut:in eine passende Rezeptur auch unter den Kriterien der betroffenen Funktionskreise bzw. Zang-Fu leichter auswählen.

Der Funktionskreis- oder Organbezug wird bestimmt durch die Kaiserarznei oder die Botenarznei, auch spielen Temperaturverhalten und Geschmacksrichtung eine Rolle. Heiße und warme Rezepturen haben einen Einfluss auf das Yang, während neutrale, kühle und kalte Rezepturen eher das Yin beeinflussen. Mit dem Geschmack leiten scharfe Rezepturen auf den Funktionskreis Lunge, neutrale oder süße Rezepturen auf die Funktionskreise Magen und Milz, saure auf den Leber-Funktionskreis. Bittere Rezepturen gehen zum Herzen, und salzige beeinflussen die Nieren.

Die Zuordnung zu den Funktionskreisen, Organen bzw. Leitbahnen bezieht sich auf die Gesamtheit der Funktionen und Indikationen einer Rezeptur.

Beispiel: *Er Chen Tang* (Zweifach behandelndes Dekokt, siehe Seite 328) hat aufgrund der enthaltenen Arzneien die Eigenschaft, Schleim zu lösen und Feuchtigkeit auszuleiten. Deshalb sind der Rezeptur die Zang-Fu Milz-Pankreas, Magen und Lunge zugeordnet. Diese Rezeptur wird eingesetzt bei Husten und Erbrechen.

2.8 Indikationen nach TCVM

Meiner Meinung nach sollten TCM-Rezepturen in erster Linie nach den chinesisch-therapeutischen Indikationen ausgewählt werden, da eine westliche Erkrankung verschiedene TCM-Muster aufweisen kann.

So werden die Rezepturen nach ihrer Wirkung in Bezug auf die pathogenen Faktoren, die betroffenen Grundsubstanzen und die Acht Leitkriterien eingeteilt.

Meine oben genannte Beispielrezeptur *Er Chen Tang* wirkt demnach stark Feuchtigkeit trocknend, leicht Feuchtigkeit ausleitend, stark Schleim umwandelnd, mäßig Qi bewegend und mäßig Qi regulierend.

2.9 Indikationen westlich

Die klinischen Anwendungen, die in jeder Rezeptur angegeben werden, sollen weniger erfahrenen Therapeut:innen nochmals eine zusätzliche Hilfestellung geben, damit die für den Patienten wirksamste Rezeptur ermittelt werden kann.

Die Beispielrezeptur *Er Chen Tang* kann also, schulmedizinisch gesehen, eingesetzt werden bei Husten mit viel Schleim, Erbrechen und Kolik.

2.10 Modifikationen

Über die Modifikation einer Rezeptur kann das Grundrezept noch besser an das individuelle Disharmoniemuster des Patienten angepasst werden. Dazu werden Angaben darüber gemacht, welche Arzneien hinzugefügt, in der Menge verändert oder weggelassen werden sollten, um auf ein bestimmtes Krankheitsbild innerhalb der Indikationen einer Rezeptur besser Einfluss nehmen zu können.

Die Dosierung der Arzneien für eine Modifikation liegt immer in den Händen des bzw. der Therapeut:in. Dabei sollten einzelne Arzneien der Modifikationen entsprechend der Intensität der gewünschten Wirkung dosiert werden, aber keinesfalls so hoch, dass sich die Gesamtwirkung der Rezeptur verändern würde. Detaillierte Informationen zu den Einzelarzneien finden Sie in Monographien für chinesische Pharmakologie. Literaturempfehlungen hierzu finden Sie im Anhang.

3 Darreichungsformen

Über den langen Anwendungszeitraum der chinesischen Phytotherapie haben sich verschiedene Verabreichungsformen herausgebildet: Granulat, Dekokt, Pille, Pulver, Wein, Tinktur oder äußerlich.

Die heute gebräuchlichsten Formen sind die Abkochung, auch Dekokt genannt, oder die moderne Form, das Granulat. Aufgrund seiner praktischen Handhabung und der langen Haltbarkeit hat sich das TCM-Granulat in der Veterinärmedizin mittlerweile gegenüber dem Dekokt durchgesetzt.

Die verschiedenen Verabreichungsformen im Überblick:

Granulat (Chong Ji):

TCM-Granulate sind Konzentrate aus chinesischen Heilkräutern. Sie werden meist durch Vakuumextraktion aus den Pflanzen (oder vereinzelt auch Tieren, Pilzen oder Mineralien) gewonnen und auf eine Trägersubstanz – in der Regel gentechnikfreie Maisstärke und Maltrodextrin – gesprüht. Durch einen schonenden Herstellungsverlauf bleiben das biochemische und das energetische Potenzial der Pflanze erhalten.

Die Vorteile von Granulaten sind die schnelle Absorption, der schnelle Wirkungseintritt, die flexible Anpassbarkeit an die individuelle Behandlung, die einfache Handhabung und die lange Haltbarkeit.

Das Granulat kann einfach pur über das Futter gestreut, aber auch, in Wasser aufgelöst, ins Maul gespritzt werden. Da die Granulate eine starke Wirkung haben, muss auch nur eine kleine Menge verabreicht werden, was die Akzeptanz bei den Tieren deutlich erhöht. Granulate können auch zu Presslingen (Pian) verarbeitet werden: Das Granulat wird dabei in eine Tablettenform gepresst.

Wenn die Granulate bzw. Presslinge dunkel und trocken gelagert werden, haben sie eine Haltbarkeit von mehreren Monaten.

Abb. 4: Drei verschiedene Granulate

Dekokt (Tang):

Das Dekokt ist eine Abkochung von chinesischen Arzneien. Hierzu werden die Kräuter erst eingeweicht und im Anschluss zweimal gekocht. Einige Arzneien müssen dabei vorgekocht werden, während andere erst kurz vor Beendigung des Kochvorgangs hinzugefügt werden können. Wie jede Arznei in einem Dekokt behandelt werden muss, können Sie in den Phytotherapie-Leitfäden für die Einzelkräuter nachlesen (Empfehlungen hierzu finden Sie im Anhang).

Im ersten Arbeitsschritt werden die Arzneien 30 bis 60 Minuten in einem abgedeckten Gefäß eingeweicht. Die Arzneidrogen sollten dazu ca. zwei Fingerbreit mit Wasser bedeckt sein. Durch das Einweichen werden die Zellwände der getrockneten Arzneien gedehnt, so dass sie ihre Inhaltsstoffe beim Kochen besser abgeben können.

Nach dem Einweichen werden die Kräuter in einem geschlossenen Topf kurz aufgekocht, um sie dann bei geringer Hitzezufuhr 20 Minuten weiterköcheln zu lassen. Der Deckel sollte bei diesem Kochvorgang nicht zu häufig abgenommen werden, da sonst wertvolle Inhaltsstoffe verloren gehen können.

Nach 20 Minuten ist der erste Kochvorgang abgeschlossen, und das entstandene Dekokt kann durch ein Sieb abgegossen werden. Die Arzneien, die in dem Sieb verbleiben, werden anschließend wieder in den Kochtopf gegeben, um eine zweite Abkochung vorzunehmen. Dieselben Kräuter werden hierzu noch einmal mit Wasser bedeckt, wieder kurz aufgekocht und weitere 20 Minuten langsam und bei niedriger Hitze geköchelt. Nach dem zweiten Kochvorgang wird das Dekokt abgeseiht, und die festen Reste der Arzneipflanzen können entsorgt werden. Jetzt werden die beiden Flüssigkeiten, die durch die zwei Kochvorgänge entstanden sind, zusammengegossen und, nachdem sie abgekühlt sind, in einer gut verschließbaren Flasche kühl und dunkel gelagert.

Das Dekokt ist, im Kühlschrank gelagert, ca. eine Woche haltbar.

Dekokte können über das Futter gegossen oder mit einer Spritze ins Maul verabreicht werden.

Abb. 5: Ein Dekokt aus Huang Qi, Bai Zu, Fang Feng und Da Zao ergibt die Rezeptur Yu Ping Feng San (siehe Seite 202)

Die meisten Tiertherapeut:innen bevorzugen mittlerweile das Granulat, da es von dem oder der Tierbesitzer:in einfach gehandhabt werden kann. Nicht jede:r hat Zeit und Lust, eine Abkochung vorzunehmen, aber ich kann jedem und jeder Therapeut:in nur empfehlen, mindestens einmal im Therapeutenleben eine Abkochung zuzubereiten. Durch das Erstellen eines Dekokts bekommen Sie nochmals ein ganz anderes Verständnis und Gefühl für die chinesischen Arzneien.

Zu den heute weniger gebräuchlichen Verabreichungsformen gehören die Pille, das Pulver, Tinkturen, Heilweine und die äußerliche Anwendung. Diese möchte ich der Vollständigkeit halber trotzdem hier vorstellen.

Pille (Wan):
Die Arzneipillen werden in der chinesischen Medizin bereits seit Jahrhunderten hergestellt; meist aus getrockneten und gemahlenen Kräutern, die mit Honig, Getreideschnaps, Essig, Reis oder Wasser vermischt werden. Die Pillen werden in unterschiedlicher Größe gerollt, je nachdem, wie das Rezept es vorschreibt. Pillen haben eine mildere Wirkung, da sie sich im Magen erst langsam auflösen und so ihre Wirkstoffe erst nach und nach freigeben. Da wir Pillen nur schwierig in unsere Tiere bekommen, hat sich diese Darreichungsform in der Tiermedizin nicht durchgesetzt.

Pulver (San):
Bei der Herstellung eines Pulvers werden die getrockneten Arzneien fein gemahlen und gemischt. Pulverisierte Arzneidrogen können innerlich und äußerlich angewendet werden. Für die innere Anwendung wird das Pulver mit Wasser vermischt eingenommen; äußerlich kann es pur oder ebenfalls mit Wasser vermischt aufgetragen werden. Im Gegensatz zum Dekokt oder Granulat haben Pulver, innerlich angewendet, eine mildere Wirkung und müssen deshalb in höherer Dosierung eingenommen werden.

Tinktur:
Um eine Tinktur herzustellen, werden frische oder getrocknete Arzneien mit Alkohol aufgegossen und mindestens vier Wochen zum Reifen stehen gelassen. Danach werden die Arzneien durch einen Filter abgeseiht. Die so entstandene Tinktur wird in Braunglasflaschen abgefüllt und bis zur Verwendung kühl und dunkel aufbewahrt.

Heilwein (Jiu Ji):
Um einen Heilwein herzustellen, werden die Inhaltsstoffe der Kräuter in Getreideschnaps oder in Reiswein gelöst, um so einen Drogenauszug herzustellen. Der Medizinalwein ist für die innerliche oder äußerliche Anwendung geeignet.

Äußerliche Anwendung:
Für die äußerliche Anwendung können außer Pulver auch noch Salben oder Kompressen benutzt werden. Es gibt fertige Salben in TCM-Apotheken zu kaufen, oder die Kräuter können als Umschläge oder Kompressen lokal angebracht werden, nachdem die Arzneien abgekocht oder eingeweicht wurden. Umschläge oder Kompressen finden Anwendung bei Hauterkrankungen oder Gelenkschmerzen.

4 Dosierung

Die Dosierung ist bei Menschen und Tieren deutlich unterschiedlich. Sie sollte immer auf das Körpergewicht und die Konstitution abgestimmt werden.

Abb. 6: Das Therapieziel bei der TCM ist stets, das Gleichgewicht im Körper wiederherzustellen.

In den klassischen Rezepturen werden die Maßangaben für Kräuter zu einer Dekoktherstellung für einen normalgewichtigen Menschen angegeben. Das heißt: Die Mengenangaben der Einzelarzneien in den Rezepturen sind nicht als Mengen- oder Gewichtsangabe zu verstehen, sondern als Verhältnisangabe der einzelnen Bestandteile zueinander. Sie können also die Mengenangaben in den Rezepturen dieses Buches in Ihrer Bestellung 1:1 übernehmen. **Sie sollten aber im Anschluss die Gesamtmenge dem Tier und der Behandlungsdauer anpassen.**

Für einen Menschen werden meist 2–3 Mal täglich 150–250 ml Dekokt oder 2–3 Mal täglich 2–5 g Granulat verordnet. Für unsere Tiere reicht allerdings eine viel geringere Menge, umgerechnet auf das Körpergewicht, da sie aufgrund ihrer biologischen Voraussetzungen die Wirkung der Rezeptur besser aufnehmen können.

Am einfachsten funktioniert die Dosierung bei Granulaten. Je nach Größe und Gewicht benötigt ein Hund eine Tagesdosis von 0,2–2 g, ein Pferd von 2–5 g. Das Granulat kann trocken über das Futter gestreut, in warmem Wasser aufgelöst über das Futter gegeben, oder in warmem Wasser gelöst und über eine Spritze ins Maul verabreicht werden.

Bei einem Dekokt, also einer Abkochung, müssen einem Hund zweimal täglich 5–20 ml und einem Pferd zweimal täglich 30–200 ml verabreicht werden.

Ich empfehle, die chinesische Phytorezeptur langsam einzuschleichen, damit Nebenwirkungen schnell erkannt werden und außerdem die wirksame Mindestdosis für den einzelnen Patienten ermittelt werden kann. Auch eine zu hohe Dosis kann den therapeutischen Effekt drastisch verschlechtern.

4.1 Dosierung von TCM-Granulaten

Die Mindestdosis wird ermittelt, indem man das Granulat einschleichend verabreicht und Änderungen beim Patienten beobachtet. Das Eintreten der Wirksamkeit erkennt man daran, dass sich die Symptome deutlich verbessern. Der Beginn der Verbesserungen zeigt die Mindestdosis an.

Abb. 7: Für die Dosierung der Granulate gibt es spezielle Messlöffel.

Dosierung für Pferde:
Pony: bis 2 g täglich
Warmblut: bis 4 g täglich
Kaltblut: bis 5 g täglich

Die *einschleichende* Dosierung wäre für ein Warmblut wie folgt:
1.–3. Tag: 1 g Granulat
4.–7. Tag: 1,5 g Granulat
8.–10. Tag: 2 g Granulat
11.–14. Tag: 2,5 g Granulat
ab 14. Tag: 3 g Granulat
Eventuell nach 3 Wochen auf 4 g Granulat steigern.
Für eine Behandlungsdauer von 4 Wochen müssten Sie also eine Granulatmenge von 67 g bestellen.

Dosierung für Hunde:
kleiner Hund (bis 9 kg): 0,2–0,5 g täglich
mittlerer Hund (10–25 kg): 0,5–1 g täglich
großer Hund (über 25 kg): 1–2 g täglich

Die *einschleichende* Dosierung wäre für einen Hund mit 20 kg Körpergewicht wie folgt:
1.–3. Tag: 0,25 g Granulat
4.–7. Tag: 0,5 g Granulat
8.–10. Tag: 0,75 g Granulat
ab 11. Tag: 1 g Granulat

Die Tagesdosis kann gegebenenfalls auch auf zwei Portionen, je morgens und abends, aufgeteilt werden.

Bei akuten Erkrankungen kann die Tagesdosis auch ohne Einschleichen gegeben werden. Dafür wird sie durch drei geteilt und morgens, mittags und abends verabreicht.

Bei akuten Erkrankungen verordne ich – in der Erstbehandlung – ein Rezept, bei dem die Gesamtmenge für eine Behandlungsdauer von zwei Wochen ausreicht. **Bei chronischen Erkrankungen** erstelle ich ein Rezept mit der Menge für eine erste Behandlungsdauer von vier Wochen. Die Tagesdosis muss dann auf die Behandlungsdauer hochgerechnet werden, damit eine Gesamtmenge für die Bestellung ermittelt werden kann (siehe oben beim Dosisbeispiel Warmblut).

Kurz bevor die erste Rezeptur zur Neige geht, findet eine erneute Untersuchung und Diagnose statt, damit die Rezeptur den aktuellen, meist veränderten, Symptomen angepasst werden kann.

Dieser Vorgang wird so lange wiederholt, bis der Patient genesen ist oder eine so deutliche Verbesserung des Gesamtzustandes eingetreten ist, dass mittels Akupunktur weiterbehandelt werden kann.

Bei bereits lange andauernden, chronischen Erkrankungen kann es sinnvoll sein, lebenslang eine kleine Erhaltungsdosis einer mild wirkenden Rezeptur zu geben, um dem Patienten dauerhaft ein schmerzfreies Leben zu ermöglichen. Die Mindestdosis muss dann, je nach Patient, individuell ermittelt werden. Sollte eine akute Erkrankung auftreten, muss die Rezeptur natürlich angepasst werden.

Je nach Krankheitsbild kann es auch nötig sein, dass gleichzeitig zwei verschiedene Rezepturen verordnet werden müssen. Dann sollte eine Rezeptur morgens und die andere abends verabreicht werden. Dabei werden ausleitende Rezepturen oder Rezepturen, die Qi und Yang tonisieren, bevorzugt morgens verabreicht, während Xue und Yin stärkende Rezepturen bevorzugt abends gegeben werden.

Dieses Prinzip lässt sich natürlich auch allgemein auf die Gabe chinesischer Arzneien anwenden, auch wenn nur eine Rezeptur verabreicht wird.

5

Toxizität und Kontraindikationen

Als toxisch sind nicht nur giftige Arzneien zu verstehen, sondern auch solche, die unerwünschte Nebenwirkungen erzeugen können oder negative Reaktionen hervorrufen. Zwar rufen die meisten chinesischen Arzneien bei korrekter Anwendung und Dosierung keine Nebenwirkungen hervor; dennoch gibt es einige, wo dies passieren kann.

Die Rezepturen, die in diesem Buch beschrieben sind, sind so zusammengestellt, dass bei der vorgeschriebenen Anwendung keine Nebenwirkungen auftreten können. Trotzdem sollten immer alle Arzneien, die in der Rezeptur vorhanden sind, noch einmal auf Toxizität oder Wechselwirkungen geprüft werden.

Besondere Vorsicht ist bei der Verabreichung von Arzneien an Katzen geboten, da bei Katzen viele ätherische Öle sowie Harze als toxisch einzustufen sind. Aus diesem Grund sollten Sie bitte alle Einzelarzneien einer Rezeptur noch einmal sorgfältig auf Wechselwirkungen oder toxische Wirkung überprüfen, bevor Sie eine Verordnung für eine Katze verschreiben. Fast alle chinesischen und auch westlichen Kräuter beinhalten ätherische Öle oder Harze.

Stark toxische Arzneien, wie Aconiti (botanisch *Aconitum* spec. = Eisenhut), Asari (*Asarum* spec. = Haselwurz oder Osterluzei) oder Ephedra (*Ephedra* spec. = Meerträubel), sind in Europa aufgrund ihrer Giftigkeit nicht bestellbar und wurden in diesem Buch durch andere Arzneien ersetzt. Des Weiteren wurden die Rezepturen in diesem Buch so gewählt, dass Arzneien, die bei nicht-korrekter Anwendung unerwünschte Nebenwirkungen verursachen könnten, nur in der präparierten Form zugefügt werden oder mit Arzneien kombiniert wurden, die die toxische Wirkung neutralisieren.

Ein schönes Beispiel bietet da die Mittsommerknolle (*Pinellia ternata*) Pinelliae Rhizoma (Ban Xia), die eine Schleim eliminierende Wirkung hat. Frisch bzw. unzubereitet eingesetzt und oral eingenommen, ist sie giftig. Zusammen mit der Süßholzwurzel (botanisch *Glycyrrhiza glabra*), Glycyrrhizae Radix et Rhizoma (Gan Cao), als *Fa Ban Xia,* oder mit der Ingwerwurzel (botanisch *Zingiber officinale*), Zingiberis Rhizoma (Sheng Jiang), mit der Bezeichnung *Jiang Ban Xia,* kann sie jedoch gefahrlos verabreicht werden, da die Zusätze die giftige Wirkung eliminieren.

Abb. 8: Pinelliae Rhizoma Praeparatae/Fa Ban Xia: eine Zubereitung aus Mittsommerknolle mit Süßholzwurzel

Die korrekte Diagnose und die passende Verwendung der Rezepturen sind unbedingt erforderlich, um unerwünschte Behandlungsresultate zu vermeiden!

Leidet ein Pferd an einem Mangelzustand, so muss eine tonisierende Rezeptur verschrieben werden, da eine ausleitende Rezeptur das Pferd weiter schwächen würde. Wenn einem Hund mit Yin-Mangel eine Yang tonisierende Rezeptur verabreicht wird, wird die Behandlung nicht nur nicht anschlagen, sondern auch noch zu einer Verschlechterung des Gesamtzustands führen, da die warmen, Yang tonisierenden Kräuter das Yin weiter schädigen würden.

Süßholzwurzel oder Glycyrrhizae Radix et Rhizoma (Gan Cao) ist eine Arznei, die in vielen Rezepturen Verwendung findet und bei vielen unterschiedlichen Anwendungen und Kombinationen sicher in der Anwendung ist. Wird die Süßholzwurzel allerdings zu hoch dosiert und/oder über einen längeren Zeitraum gegeben, kann sie Ödeme oder Bluthochdruck verursachen.

Abb. 9: Glycyrrhizae Radix et Rhizoma – oder auf Chinesisch: Gan Cao

6

Gleichzeitige Gabe von chinesischen Arzneien und Pharmazeutika

Sollte das zu behandelnde Tier bereits tierärztlich verschriebene Arzneien oder Schmerzmittel bekommen, ist der oder die Therapeut:in dazu verpflichtet, die Inhaltsstoffe der von ihm oder ihr verschriebenen Rezeptur auf Kontraindikationen, Wechselwirkungen oder Toxizität, die in Zusammenhang mit der Pharmazeutikagabe auftreten können, zu prüfen.

Nur sehr selten kommt es vor, dass konventionelle Pharmazeutika nicht zusammen mit chinesischen Rezepturen gegeben werden können. Im Normalfall ist daher eine zusätzliche (zeitversetzte) Gabe von chinesischen Arzneien zu der Medikamentengabe vom Tierarzt problemlos möglich.

Anders dagegen sieht es aus, wenn bereits eine westliche Phytorezeptur oder westliche Einzelarzneien von dem oder der Tierbesitzer:in *selbst* verabreicht werden. Hierbei sind die einzelnen Komponenten der chinesischen Rezeptur gründlich auf Wechselwirkungen mit den westlichen Kräutern zu überprüfen, bevor beide Rezepturen gleichzeitig verabreicht werden dürfen.

Falls bereits eine gut wirksame westliche Phytotherapie gegeben wird, verzichte ich meist auf die zusätzliche Gabe einer chinesischen Phytotherapie, denn viel hilft nicht immer viel, sondern ist dann eher zu viel.

Sollte aber die westliche Phytotherapie keine oder kaum Verbesserung bringen, plädiere ich oft dafür, die westliche Rezeptur durch eine passende, auf das Krankheitsbild abgestimmte chinesische Phytotherapie zu ersetzen.

Grundsätzlich bin ich aber dafür, die bereits bestehende Behandlung nicht zu verändern, weil sonst im Nachhinein nicht zu ermitteln ist, ob es nun die Gabe der chinesischen Phytotherapie oder das Weglassen anderer Therapeutika war, was die Verbesserung erzielt hat.

Abb. 10: Westliche Kräuter, chinesische Arznei und Pharmazeutika im bildlichen Vergleich

7 Zum Gebrauch des Buches

Alle Rezepturen und Modifikationen, die in diesem Buch beschrieben werden, wurden von der Autorin mit größter Sorgfalt und nach aktuellem Wissensstand zusammengestellt. Allerdings sind inhaltliche Fehler niemals auszuschließen. Deshalb erfolgen alle Angaben ohne Gewähr, und jede:r Therapeut:in steht in der Verantwortung, seine oder ihre Verordnung noch einmal genau zu überprüfen, bevor sie verschrieben wird.

Jede Dosierung und Modifikation muss zwingend auf den individuellen Patienten abgestimmt, und jede Rezeptur muss bei jeder neuen Verordnung gründlich geprüft werden.

Die Kapitel in diesem Buch sind sortiert nach dem primären TCM-Krankheitsmuster und nach den klinischen Anwendungen. **Eine chinesische Rezeptur sollte immer nach den TCM-Kriterien ausgewählt werden.** Eine Kategorie wird bestimmt nach betroffener Grundsubstanz, pathogenem Faktor, betroffenem Zang-Fu, Fülle- oder Leere-Erkrankung und weiteren TCM-Grundsätzen.

Als zusätzliche Orientierungshilfe sind aber auch die am häufigsten vorkommenden **klinischen** Symptome (nach westlicher Diagnosestellung) in einer Liste aufgeführt.

Beispiel: Rezepturen zur Entlastung des Äußeren

In den Unterkapiteln finden Sie die untergeordneten Wirkkategorien:

- scharf und warm
- scharf und kalt
- unterstützend und das Äußere entlastend

Den Unterkapiteln sind die spezifischen Rezepturen, mit Zusammensetzung, Wirkrichtung, Funktionskreisbezug, Geschmack, Temperaturverhalten, chinesisch-therapeutischer und klinischer (d. h. westlicher) Wirkung zugeordnet.

Damit Sie als Therapeut:in die passende Rezeptur auswählen können, **müssen Sie zwingend vorab eine TCM-Diagnose erstellen.** Nach dem diagnostizierten Disharmoniemuster kann im Anschluss das Hauptkapitel ausgewählt werden, um nachfolgend die Rezeptur über die Unterkapitel weiter spezifizieren zu können.

Die aus den Unterkapiteln gewählte Rezeptur kann dann mit Hilfe der erwähnten Modifikationen weiter an den Patienten angepasst werden.

7.1 Vorgehen bei der Rezepturauswahl

Wählen Sie die Rezeptur in folgenden fünf einzelnen Schritten aus:

1. Diagnose stellen:
Zum Beispiel „Milz-Qi-Mangel"

2. Kategorie auswählen:
Das entsprechende Überkapitel ist hierbei Kapitel 6 (ab Seite 136): „Tonisierende Rezepturen"

3. Entsprechendes Unterkapitel auswählen:
Hier wird 6.1 „Qi tonisierende Rezepturen" (ab Seite 139) gewählt.

4. Mögliche Rezepturen für Milz-Qi-Mangel in Kapitel 6.1 sind:
„Si Jun Zi Tang", „Liu Jun Zi Tang", „Shen Ling Bai Zhu San" und *„Bu Zhong Yi Qi Tang"*. Alle diese Rezepturen tonisieren das Milz-Qi.

5. Die passende Rezeptur für den Patienten auswählen und eventuell noch modifizieren.

Die angegebenen korrespondierenden Akupunkturpunkte verstehen sich als Behandlungsvorschlag und sollten nur nach Ergebnis der TCM-Diagnose des einzelnen Patienten eingesetzt sowie selbstverständlich nicht alle auf einmal akupunktiert werden.

Ich wünsche Ihnen bei der Verwendung dieses Buches viele neue Erkenntnisse über die wundervollen chinesischen Arzneipflanzen und viel Erfolg bei der Behandlung Ihrer vierbeinigen Patienten.

Ihre Stephanie Reineke

TEIL 2
Rezeptteil

In diesem Teil des Buches finden Sie Rezepturen, sortiert nach den Anwendungsgebieten der chinesischen Disharmoniemuster. Falls Ihnen die Definition der Disharmoniemuster noch schwerfällt, kann ich Ihnen mein Buch „TCM-Diagnostik in der Veterinärmedizin“ ans Herz legen.

1 Rezepturen zur Entlastung des Äußeren

Rezepturen zur Entlastung des Äußeren öffnen die Poren und bringen den Patienten zum Schwitzen. Dadurch lösen sie äußere pathogene Faktoren aus der Haut und der Muskulatur. Da Hunde nur bedingt schwitzen können, ausschließlich an den Pfoten, ist bei ihnen Vorsicht geboten in der Anwendung von Rezepturen, die das Äußere entlasten.

Der Begriff „Außen-Syndrom" beschreibt den Angriff auf die Körperoberfläche (Haut, Muskeln, Sehnen und Faszien) durch **äußere pathogene Faktoren.** Diese heißen in der Chinesischen Medizin: *Wind/Feng, Hitze/Re, Kälte/Han, Feuchtigkeit/Shi, Feuer/Huo und Trockenheit/Zao.*

Die ersten Symptome sind Kälteabneigung, Fieber, Husten, Muskelverspannungen, ein oberflächlicher Puls und eventuell ein dünner weißer oder gelber Zungenbelag.

Da sie in der Oberfläche wirken, können Rezepturen zur Entlastung des Äußeren auch bei oberflächlichen Hauterkrankungen im Anfangsstadium eingesetzt werden.

Sie werden nur im akuten Stadium der Erkrankung durch äußere pathogene Faktoren eingesetzt, das heißt, wenn sich die Erkrankung noch in der Oberfläche befindet.

Klinische Anwendungen:
- Husten
- Keuchatmung
- Atemnot
- Asthma
- Bronchitis
- Lungenentzündung
- Fieber
- Urtikaria
- Hautausschlag mit Juckreiz
- Muskelhartspann
- Arthritis
- Fazialisparese
- Headshaking

Untergeordnete Wirkkategorien

Die Rezepturen zur Entlastung des Äußeren werden in die folgenden untergeordneten Wirkkategorien eingeteilt:

Scharf-warme Rezepturen zur Entlastung des Äußeren:
Diese Rezepturen behandeln äußere Wind-Kälte-Syndrome mit Fieber, Genickverspannungen, Muskelverspannungen, Schulterproblemen und Husten. Dabei kommt es zu einer geringen Wasseraufnahme, also wenig Durst, einem oberflächlich-gespannten oder oberflächlich-trägen Puls und einem dünnen, weißen Zungenbelag.

Scharf-kalte Rezepturen zur Entlastung des Äußeren:
Diese Rezepturen behandeln äußere Wind-Hitze-Syndrome mit Fieber, Schwitzen, warmem Kopf, viel Durst, einem oberflächlich-schnellen Puls und einem dünnen, gelben Zungenbelag.

Unterstützende und entlastende Rezepturen:
Diese Rezepturen kommen bei Pferden und Hunden mit schwacher Konstitution zum Einsatz. Um die äußeren pathogenen Faktoren sicher vertreiben zu können, müssen diese Patienten gleichzeitig unterstützt und gestärkt werden, damit durch die Ausleitung der pathogenen Faktoren nicht auch gleichzeitig das Yin und die JinYe/Körperflüssigkeiten geschädigt werden. Bei diesen Erkrankungen ist der Puls schwach, und die Zunge zeigt sich unterschiedlich, je nachdem, welcher pathogene Faktor vorherrscht.

Kontraindikationen: Rezepturen zur Entlastung des Äußeren dürfen nicht angewendet werden, wenn die pathogenen Faktoren bereits ins Innere vorgedrungen sind.

1.1 Scharf-warme Rezepturen zur Entlastung des Äußeren

桂枝湯

Gui Zhi Tang
Dekokt mit Zimtzweigen

Zusammensetzung:

Gui Zhi (Cinnamomi Ramulus)	9 g
Bai Shao Yao (Paeoniae Radix Alba)	9 g
Zhi Gan Cao (Glycyrrhizae Radix et Rhizoma Praeparata)	6 g
Sheng Jiang (Zingiberis Rhizoma Recens)	9 g
Da Zao (Jujubae Fructus)	6 g

Abb. 11: In der TCM werden unter anderem die Zweige (= Ramulus) des Cassia-Zimtbaumes (*Cinnamomum cassia*) verwendet. Sie beseitigen Schmerzen sowie Kälte aus den Leitbahnen. Hier die Art *C. aromaticum*.

Wirkt auf
Funktionskreis Lunge
Funktionskreis Milz

Temperaturverhalten: warm
Geschmacksrichtung: scharf, sauer
Wirkrichtung: oberflächlich
Wirkort: Oberfläche

Chinesisch-therapeutische Wirkung:
- Entlastet das Äußere und die Muskulatur
- Reguliert und harmonisiert Ying-Qi und Wei-Qi

Klinische Anwendung:
- Kopfschmerzen
- Fieber
- Kälteabneigung
- Schwitzen
- trockener Husten
- Genickverspannung

Gui Zhi (Cinnamomi Ramulus) leitet Wind-Kälte aus der äußeren Muskelschicht.

Bai Shao Yao (Paeoniae Radix Alba) unterstützt die Bildung von Yin und JinYe.

Zhi Gan Cao (Glycyrrhizae Radix et Rhizoma Praeparata) lindert Schmerzen, stützt Yin und Qi und harmonisiert die Arzneien.

Sheng Jiang (Zingiberis Rhizoma Recens) und Da Zao (Jujubae Fructus) unterstützen den mittleren Erwärmer (Milz-Pankreas und Magen) und tonisieren das Qi.

Modifikationen:

- Bei Fieber ohne Kälteabneigung werden Shi Gao (Gypsum Fibrosum) und Zhi Mu (Anemarrhenae Rhizoma) hinzugefügt.

- Bei Genick- und Schulterproblemen wird Ge Gen (Puerariae Lobatae Radix) hinzugefügt.
- Bei Husten und Keuchatmung werden Hou Po (Magnoliae Officinalis Cortex) und Xing Ren (Armeniacae Semen) dazugegeben.
- Bei viel weißem Schleim werden Bai Shao Yao (Paeoniae Radix Alba) und Da Zao (Jujubae Fructus) entfernt und stattdessen Fa Ban Xia (Pinelliae Rhizoma Praeparatae) und Chen Pi (Citri Reticulatae Pericarpium) hinzugefügt.

Kontraindikationen:
Bei Hitze im Inneren, Blutungsneigung und Nasenbluten sollte diese Rezeptur nicht verordnet werden.

Korrespondierende Akupunkturpunkte: Lu7, Di4, Bl13, Bl20, MP6, Ma36, LG16, 3E5

葛根沖劑

SR-Rezeptur Nr. 1 zur Entlastung des Äußeren

Granulat zur Entlastung des Äußeren und der Muskulatur

Zusammensetzung:

Ge Gen (Puerariae Lobatae Radix)	12 g
Jing Jie (Schizonepetae Herba)	12 g
Gui Zhi (Cinnamomi Ramulus)	10 g
Xin Yi (Magnoliae Flos)	6 g
Bai Shao Yao (Paeoniae Radix Alba)	6 g
Zhi Gan Cao (Glyzyrrhizae Radix et Rhizoma Praeparata)	6 g
Sheng Jiang (Zingiberis Rhizoma Recens)	9 g
Da Zao (Jujubae Fructus)	6 g

Anmerkung der Autorin: Diese Rezeptur ist eine Ableitung von Ge Gen Tang / 葛根湯 (Dekokt zur Entlastung des Äußeren und der Muskulatur). In der Originalrezeptur ist Ma Huang (Ephedrae Herba; botanisch: *Ephedra* spec. = Meerträubel) enthalten, das aufgrund des darin enthaltenden Ephedrins (Bestandteil des Betäubungsmittels Crystal Meth) in Europa verboten ist. Ma Huang wurde hier durch Jing Jie (Schizonepetae Herba) und eine Erhöhung des Anteils von Gui Zhi (Cinnamomi Ramulus) ersetzt.

Abb. 12: Die Kudzubohne (*Pueraria lobata*) ist eine Kletterpflanze. Ihre Knollen sind in Asien auch ein Nahrungsmittel.

Wirkt auf
Funktionskreis Lunge
Funktionskreis Milz-Pankreas
Funktionskreis Blase

Temperaturverhalten: warm
Geschmacksrichtung: scharf, süß
Wirkrichtung: oberflächlich
Wirkort: Oberfläche

Chinesisch-therapeutische Wirkung:
- Leitet Wind-Kälte aus
- Ergänzt JinYe
- Öffnet die Oberfläche und die Leitbahnen

Klinische Anwendung:
- Verspannung und Steifheit von Genick, Schulter und Brustwirbelsäule
- Arthritis, Tendinitis oder Bursitis der Schulter
- Verletzung der Weichteile
- Fazialisparese
- Headshaking
- Meningitis
- Urtikaria
- Fieber, Kälteabneigung
- allergischer Husten
- Katzenschnupfen

Ge Gen (Puerariae Lobatae Radix) fördert die Bildung von Körpersäften und lindert Muskelsteifheit.

Jing Jie (Schizonepetae Herba) und Gui Zhi (Cinnamomi Ramulus) vertreiben von außen eingedrungene Wind-Kälte.

Xin Yi (Magnoliae Flos) vertreibt Wind-Kälte und eliminiert Schleim.

Gui Zhi (Cinnamomi Ramulus) und Bai Shao Yao (Paeoniae Radix Alba) harmonisieren das Wei-Qi und das Ying-Qi.

Zhi Gan Cao (Glycyrrhizae Radix et Rhizoma Praeparata) lindert Schmerzen und fördert die Bildung der JinYe.

Sheng Jiang (Zingiberis Rhizoma Recens) leitet Wind-Kälte aus.

Da Zao (Jujubae Fructus) tonisiert das Qi und die JinYe.

Modifikationen:
- Bei starken Schulterschmerzen werden Fu Ling (Poriae Sclerotium), Bai Zhu (Atractylodis Macrocephalae Rhizoma) und Yi Zhi Ren (Alpiniae Oxyphyllae Fructus) hinzugefügt.
- Bei Fieber und Durst werden Zhi Mu (Anemarrhenae Rhizoma) und Shi Gao (Gypsum Fibrosum) hinzugefügt.
- Bei Schmerzen im Abdomen und Diarrhö werden Huang Qin (Scutellariae Radix) und Huang Lian (Coptidis Rhizoma) ergänzt.
- Bei Juckreiz wird Jiang Can (*Bombyx Batryticatus*) hinzugefügt.
- Bei Urtikaria wird Chan Tui (Cicadae Periostracum) ergänzt.
- Bei Headshaking/Trigeminusneuralgie werden Du Huo (Angelicae Pubescentis seu Heraclei Radix) und *Tao He Cheng Qi Tang* (Persica-Dekokt) hinzugefügt (verboten in der Trächtigkeit!).

Kontraindikationen: Bei spontanem Schwitzen und Wind-Hitze ist diese Rezeptur kontraindiziert.

Korrespondierende Akupunkturpunkte: Gb20, LG16, 3E10, Di14, 3E5, Lu7, Lu9, Di4, Bl10, Bl13, Ma40

九味羌活沖劑

SR-Rezeptur Nr. 2 zur Entlastung des Äußeren

Neun-Arzneien-Granulat mit Notopterygii Rhizoma seu Radix

Zusammensetzung:

Qiang Huo (Notopterygii Rhizoma seu Radix)	6 g
Fang Feng (Ledebouriellae Saposhnikovia Radix)	9 g
Cang Zhu (Atractylodis Rhizoma)	6 g
Gui Zhi (Cinnamomi Cassiae Ramulus)	3 g
Chuan Xiong (Ligustici Chuanxiong Rhizoma)	3 g
Bai Zhi (Angelicae Dahuricae Radix)	3 g
Sheng Di Huang (Rehmanniae Radix)	3 g
Huang Qin (Scutellariae Radix)	3 g
Gan Cao (Glycyrrhizae Radix et Rhizoma)	3 g

Abb. 13: ***Notopterygium incisum*** **kann hervorragend bei Erkältungserkrankungen eingesetzt werden.**

> **Anmerkung der Autorin:** Diese Rezeptur ist eine Ableitung von *Jiu Wei Qiang Huo Tang* / 九味羌活湯 (Neun-Arzneien-Dekokt mit Qiang Huo). In der Originalrezeptur ist Xi Xin (Asari Radix et Rhizoma; botanisch *Asarum* spec. = Haselwurz) enthalten, das aufgrund seiner schädigenden Wirkung auf Leber und Nieren nicht mehr erhältlich ist. Ich habe deshalb Xi Xin durch Gui Zhi (Cinnamomi Cassiae Ramulus) und einen höheren Anteil an Fang Feng (Ledebouriellae Saposhnikovia Radix) ersetzt.

Wirkt auf

Funktionskreis Lunge
Funktionskreis Blase

Temperaturverhalten: warm
Geschmacksrichtung: scharf, bitter
Wirkrichtung: oberflächlich
Wirkort: Leitbahnen

Chinesisch-therapeutische Wirkung:

- Öffnet die Oberfläche
- Leitet Feuchtigkeit aus
- Klärt innere Hitze

Klinische Anwendung:

- Infekte der oberen Atemwege
- Influenza
- Arthritis
- Ischiassyndrom
- Urtikaria
- Muskelkater
- Muskelschmerzen

Qiang Huo (Notopterygii Rhizoma seu Radix) leitet Wind-Kälte und Feuchtigkeit aus.

Fang Feng (Ledebouriellae Saposhnikovia Radix) leitet Wind-Kälte aus.

Cang Zhu (Atractylodis Rhizoma) trocknet Feuchtigkeit.

Gui Zhi (Cinnamomi Cassiae Ramulus), Chuan Xiong (Ligustici Chuanxiong Rhizoma) und Bai Zhi (Angelicae Dahuricae Radix) leiten Wind-Kälte und Feuchtigkeit aus und bewegen Qi und Xue.

Sheng Di Huang (Rehmanniae Radix) verhindert, dass die scharf-warmen Arzneien die JinYe schädigen.

Huang Qin (Scutellariae Radix) klärt innere Hitze.

Gan Cao (Glyzyrrhizae Radix et Rhizoma) harmonisiert die Arzneien.

Modifikationen:

- Bei starken Schmerzen aufgrund von Feuchtigkeit wird der Anteil von Qiang Huo (Notopterygii Rhizoma seu Radix) und Cang Zhu (Atractylodis Rhizoma) erhöht.
- Bei Genick- und Schulterschmerzen wird Qin Jiao (Gentianae Macrophyllae Radix) hinzugefügt.
- Bei Schmerzen im hinteren Rücken werden Du Huo (Angelicae Pubescentis seu Heraclei Radix) und Fang Ji (Stephaniae Radix) hinzugefügt.
- Bei Husten mit viel Schleim werden Xing Ren (Armeniacae Semen) und Qian Hu (Peucedani Radix) hinzugefügt.

Kontraindikationen:

- Die Anwendung in der Trächtigkeit ist verboten!
- Mit Vorsicht anzuwenden bei Patienten mit einem Mangel an Yin, Qi oder JinYe.
- Nicht anwenden bei Patienten mit Wind-Hitze, Yin-Mangel-Hitze oder allgemeiner Schwäche.
- Keine Langzeitgabe.

Korrespondierende Akupunkturpunkte: Lu5, Lu7, Di4, Bl40, Bl60, Bl62, LG16, 3E5, Gb34, Dü3, Di11

1.2 Scharf-kalte Rezepturen zur Entlastung des Äußeren

止嗽散

Zhi Sou San

Pulver, das den Husten stoppt

Zusammensetzung:

Zi Wan (Asteris Radix et Rhizoma)	9 g
Bai Qian (Cynanchi Stauntonii Radix et Rhizoma)	9 g
Bai Bu (Stemonae Radix)	9 g
Jie Geng (Platycodi Radix)	9 g
Chen Pi (Citri Reticulatae Pericarpium)	9 g
Jing Jie (Schizonepetae Herba)	9 g
Gan Cao (Glycyrrhizae Radix et Rhizoma)	3 g

Abb. 14: Astern (hier die Art *Aster dumosus*) blühen auch in unseren heimischen Gärten. Die Wurzel der Art *A. tataricus* stillt Husten und Keuchen.

Wirkt auf

Funktionskreis Lunge

Temperaturverhalten: leicht warm
Geschmacksrichtung: scharf, bitter
Wirkrichtung: absenkend
Wirkort: Lunge, Inneres

Chinesisch-therapeutische Wirkung:

- Leitet Wind aus
- Leitet Wind-Kälte aus
- Senkt das Qi ab
- Wandelt Schleim um

Klinische Anwendung:

- Husten
- Atemwegsinfektionen
- akute oder chronische Bronchitis

Zi Wan (Asteris Radix et Rhizoma), Bai Qian (Cynanchi Stauntonii Radix et Rhizoma) und Bai Bu (Stemonae Radix) lösen Schleim und stillen Husten.

Jie Geng (Platycodi Radix) und Chen Pi (Citri Reticulatae Pericarpium) senken das Lungen-Qi ab und lösen Schleim.

Jing Jie (Schizonepetae Herba) leitet Wind wärmend aus.

Gan Cao (Glycyrrhizae Radix et Rhizoma) harmonisiert die Arzneien.

Modifikationen:

- Bei Husten aufgrund von Wind-Hitze werden Sang Ye (Mori Folium), Ju Hua (Chrysanthemi Flos) und Bo He (Menthae Herba) hinzugefügt.
- Bei Husten mit Wind-Kälte und weißem Schleim werden Zi Su Ye (Perillae Folium) und Fang Feng (Ledebouriellae Saposhnikovae Radix) ergänzt.
- Bei trockenem Husten ohne Auswurf werden Gua Lou (Trichosanthis Fructus), Bei Mu (Fritillariae Bulbus) und Zhi Mu (Anemarrhenae Rhizoma) hinzugegeben.
- Bei Husten mit viel Schleim werden Fa Ban Xia (Pinelliae Rhizoma Praeparatae) und Fu Ling (Poriae Sclerotium) ergänzt.

Kontraindikationen:

- *Zhi Sou San* ist in der Trächtigkeit kontraindiziert!
- Diese Rezeptur ist nicht geeignet bei chronischem Husten durch Yin-Mangel, Lungen-Hitze oder Schleim-Hitze.
- Bei Husten mit blutigem Schleim sollte sie mit Vorsicht angewendet werden.

Korrespondierende Akupunkturpunkte: Lu7, Di4, MP6, Ma40, Gb20, LG16, Bl13

銀翹散

Yin Qiao San

Pulver mit Lonicerae Flos und Forsythiae Fructus

Zusammensetzung:

Jin Yin Hua (Lonicerae Flos)	15 g
Lian Qiao (Forsythiae Fructus)	15 g
Jing Jie (Schizonepetae Herba)	4 g
Dan Dou Chi (Sojae Semen Praeparatum)	5 g
Jie Geng (Platycodi Radix)	6 g
Niu Bang Zi (Arctii Fructus)	6 g
Bo He (Menthae Haplocalycis Herba)	6 g
Dan Zhu Ye (Lophatheri Herba)	4 g
Lu Gen (Phragmitis Rhizoma)	12 g
Gan Cao (Glyzyrrhizae Radix et Rhizoma)	5 g

Wirkt auf
Funktionskreis Lunge

Temperaturverhalten: kühl
Geschmacksrichtung: scharf, süß
Wirkrichtung: oberflächlich
Wirkort: vorderer Erwärmer

Abb. 15: Geißblätter (*Lonicera* spec.) sind beliebte Kletterpflanzen. In der TCM werden Blüten und Stängel des Japanischen Geißblatts (*L. japonica*) verwendet.

Chinesisch-therapeutische Wirkung:
- Öffnet die Oberfläche
- Leitet Wind-Hitze aus
- Kühlt Hitze
- Leitet Toxine aus

Klinische Anwendung:
- Fieber
- Husten
- Influenza
- akute Erkrankungen der oberen Atemwege

Jin Yin Hua (Lonicerae Flos) und Lian Qiao (Forsythiae Fructus) beseitigen äußere Hitze und Toxine.

Jing Jie (Schizonepetae Herba) und Dan Dou Chi (Sojae Semen Praeparatum) öffnen die Oberfläche, um pathogene Faktoren auszuleiten.

Jie Geng (Platycodi Radix) reguliert das Lungen-Qi.

Niu Bang Zi (Arctii Fructus) klärt Hitze und leitet Toxine aus.

Bo He (Menthae Haplocalycis Herba) leitet äußere Wind-Hitze aus.

Dan Zhu Ye (Lophatheri Herba) klärt innere Hitze im vorderen Erwärmer.

Lu Gen (Phragmitis Rhizoma) leitet Hitze aus und fördert die Bildung der JinYe.

Gan Cao (Glycyrrhizae Radix et Rhizoma) leitet Hitze aus, beseitigt Toxine und harmonisiert die Arzneien.

Modifikationen:
- Bei starkem Durst werden Tian Hua Fen (Trichosanthis Radix), Zhi Mu (Anemarrhenae Rhizoma) und Mai Men Dong (Ophiopogonis Radix) hinzugefügt.
- Bei starkem Husten werden Xing Ren (Armeniacae Semen) und Zhe Bei Mu (Fritillariae Thunbergii Bulbus) hinzugefügt.
- Bei Hitze im Inneren werden Zhi Zi (Gardeniae Fructus) und Huang Qin (Scutellariae Radix) hinzugefügt.
- Bei Feuchtigkeit werden Yu Jin (Curcumae Longae Tuber) und Huo Xiang (Agastachis seu Pogostemonis Herba) hinzugefügt.
- Wenn Hitze die JinYe verletzt hat, werden Sheng Di Huang (Rehmanniae Radix) und Mai Men Dong (Ophiopogonis Radix) ergänzt.

Kontraindikationen und Behandlungshinweise:
- *Yin Qiao San* ist in der Trächtigkeit kontraindiziert!
- Es darf nicht bei Wind-Kälte-Erkrankungen oder im Frühstadium einer Feuchte-Hitze verordnet werden.
- Wind-Hitze-Erkrankungen können sich schnell umwandeln. Für eine optimale Behandlung muss der Patient genau beobachtet und die Rezeptur gegebenenfalls schnell angepasst werden.

Korrespondierende Akupunkturpunkte: Lu1, Lu5, Lu7, Di4, Di11, Di20, Ni9, 3E5, 3E6, Gb20, LG14

柴葛解肌湯

Chai Ge Jie Ji Tang

Dekokt mit Bupleuri Radix und Puerariae Radix zur Entlastung der Muskulatur

Zusammensetzung:

Chai Hu (Bupleuri Radix)	6 g
Ge Gen (Puerariae Lobatae Radix)	9 g
Qiang Huo (Notopterygii Rhizoma seu Radix)	3 g
Bai Zhi (Angelicae Dahuricae Radix)	3 g
Huang Qin (Scutellariae Radix)	6 g
Shi Gao (Gypsum Fibrosum)	3 g
Jie Geng (Platycodi Radix)	3 g
Bai Shao Yao (Paeoniae Radix Alba)	6 g
Gan Cao (Glycyrrhizae Radix et Rhizoma)	3 g
Sheng Jiang (Zingiberis Rhizoma Recens)	3 g
Da Zao (Jujubae Fructus)	2 g

Abb. 16: *Chai Hu* heißt wörtlich „Kleinholz der Barbaren". Die Wurzel der Hasenohr-Art *Bupleurum chinense* wird zur Harmonisierung vor allem der Leber eingesetzt.

Wirkt auf

Funktionskreis Milz-Pankreas
Funktionskreis Lunge

Temperaturverhalten: kühl
Geschmacksrichtung: scharf, süß
Wirkrichtung: emporhebend
Wirkort: vorderer Erwärmer

Chinesisch-therapeutische Wirkung:

- Leitet Hitze aus und entlastet das Äußere
- Bei Wind-Kälte, die sich in Hitze umgewandelt hat

Klinische Anwendung:

- Influenza
- Virusinfektion
- Steifheit und Schmerzen im vorderen Bereich
- Fieber
- Zahnschmerzen
- Trigeminusneuralgie
- gerötete Augen
- trockene Nase
- Reizbarkeit

Chai Hu (Bupleuri Radix) und Ge Gen (Puerariae Lobatae Radix) leiten Hitze aus der Muskulatur.

Qiang Huo (Notopterygii Rhizoma seu Radix) und Bai Zhi (Angelicae Dahuricae Radix) leiten Wind-Kälte aus der Oberfläche.

Huang Qin (Scutellariae Radix) und Shi Gao (Gypsum Fibrosum) klären innere Hitze.

Jie Geng (Platycodi Radix) fördert die Lungenfunktion.

Bai Shao Yao (Paeoniae Radix Alba) und Gan Cao (Glycyrrhizae Radix et Rhizoma) harmonisieren die Ying-Nähr-Schicht und verhindern, dass die trocknenden Arzneien das Yin schädigen.

Sheng Jiang (Zingiberis Rhizoma Recens) und Da Zao (Jujubae Fructus) harmonisieren Außen und Innen.

Modifikationen:

- Bei Husten mit festem, klebrigem Schleim werden Gua Lou Zi (Trichosanthis Semen) und Chuan Bei Mu (Fritillariae Cirrhosae Bulbus) hinzugefügt.
- Bei viel Durst und trockenem Maul, aufgrund von Hitze, die die Körpersäfte austrocknet, werden Zhi Mu (Anemarrhenae Rhizoma) und Tian Hua Fen (Trichosanthis Radix) hinzugefügt.
- Bei Husten mit viel Feuchtigkeit-Schleim werden Fa Ban Xia (Pinelliae Rhizoma Praeparatae) und Fu Ling (Poriae Sclerotium) ergänzt.

Kontraindikationen:

- *Chai Ge Jie Ji Tang* sollte nicht verordnet werden, wenn die Hitze bereits tief ins Innere vorgedrungen ist und dort Koliksymptome oder Schmerzen im Abdomen verursacht.
- Diese Rezeptur ist nur geeignet, wenn äußere Kälte bereits ins Innere vorgedrungen ist und sich dort in Hitze umgewandelt hat. Sie sollte nicht verordnet werden, wenn sich Wind-Kälte noch in der oberflächlichen Taiyang-Schicht befindet, da es sonst zur Verschlechterung des Allgemeinzustands kommen kann.

Korrespondierende Akupunkturpunkte: Lu1, Lu5, Lu6, Lu7, Di4, Di11, Ma2, Ma40, LG14, LG16

寧嗽丸

Ning Sou Wan

Pille, die den Husten beruhigt

Zusammensetzung:

Zi Su Zi (Perillae Fructus)	6 g
Xing Ren (Armeniacae Semen)	4,5 g
Jie Geng (Platycodi Radix)	6 g
Fa Ban Xia (Pinelliae Praeparatae Rhizoma)	6 g
Chuan Bei Mu (Fritillariae Cirrhosae Bulbus)	6 g
Ju Hong (Citri Reticulatae Rubrum)	3 g
Bo He (Menthae Haplocalycis Herba)	4,5 g
Fu Ling (Poriae Sclerotium)	6 g
Gu Ya (Setariae Fructus Germinatus)	3 g
Sang Bai Pi (Mori Cortex)	4,5 g
Shi Hu (Dendrobii Caulis)	6 g
Zhi Gan Cao (Glycyrrhizae Radix et Rhizoma Praeparatae cum Melle)	1,5 g

Anmerkung der Autorin:
Ban Xia (Pinelliae Rhizoma) ist der Wurzelstock der Mittsommerknolle, auch Dreizählige Pinellie genannt (*Pinellia ternata*), die zur Familie der Aronstabgewächse gehört. Frisch und unbehandelt ist diese Knolle giftig und deshalb in dieser Form in Deutschland nicht

Abb. 17: Die Orchideengattung *Dendrobium* ist bei uns eine beliebte Zierpflanze. Nach der chinesischen Pharmakologie tonisiert die Art *Dendrobium officinale* das Yin.

bestellbar. Wird die Mitsommerknolle allerdings mit Süßholzwurzel und Kalkwasser präpariert, verliert sie ihre Giftigkeit und kann problemlos verwendet werden. Aus diesem Grund wird bei mir Ban Xia durch Fa Ban Xia (= Ban Xia, aufbereitet mit Gan Cao) ersetzt.

Wirkt auf
Funktionskreis Lunge
Funktionskreis Milz-Pankreas

Temperaturverhalten: kühl
Geschmacksrichtung: süß, scharf, bitter
Wirkrichtung: oberflächlich
Wirkort: Oberfläche

Chinesisch-therapeutische Wirkung:
- Leitet äußere Wind-Hitze aus
- Löst Schleim und lindert Husten
- Klärt die Lunge und löst Stagnationen

Klinische Anwendung:
- Husten mit Schleim
- Keuchatmung
- Atemnot
- Fieber
- Bronchitis

Zi Su Zi (Perillae Fructus), Xing Ren (Armeniacae Semen), Jie Geng (Platycodi Radix), Fa Ban Xia (Pinelliae Praeparatae Rhizoma), Chuan Bei Mu (Fritillariae Cirrhosae Bulbus) und Ju Hong (Citri Reticulatae Rubrum) leiten Schleim aus, klären die Lunge und stoppen Husten.

Bo He (Menthae Haplocalycis Herba) vertreibt äußere Wind-Hitze.

Fu Ling (Poriae Sclerotium) und Gu Ya (Setariae Fructus Germinatus) tonisieren den Funktionskreis Milz-Pankreas und verhindern das Entstehen von Feuchtigkeit und Schleim.

Sang Bai Pi (Mori Cortex) stillt Husten und leitet Feuchtigkeit und Hitze aus.

Shi Hu (Dendrobii Caulis) befeuchtet die Lunge, lindert Husten und tonisiert das Yin.

Zhi Gan Cao (Glycyrrhizae Radix et Rhizoma Praeparatae cum Melle) harmonisiert die Arzneien.

Modifikationen:

- Bei Husten mit viel Schleim wird *Er Chen Tang* (Zweifach behandelndes Dekokt, siehe Seite 328) hinzugefügt.
- Bei Trockenheit werden Mai Men Dong (Ophiopogonis Radix) und Wu Wei Zi (Schisandrae Fructus) ergänzt.

Kontraindikationen:
Ning Sou Wan sollte nicht bei äußerer Wind-Kälte verordnet werden.

Korrespondierende Akupunkturpunkte: Lu1, Lu5, Lu7, Lu11, Di11, Ma40, Ni6, 3E5, Gb20, LG14

人參敗毒散

Ren Shen Bai Du San

Ginseng-Pulver zur Überwindung pathogener Einflüsse

Zusammensetzung:

Zi Su Zi (Perillae Fructus)	6 g
Qiang Huo (Notopterygii Rhizoma seu Radix)	9 g
Du Huo (Angelicae Pubescentis Radix)	9 g
Chuan Xiong (Ligustici Chuanxiong Rhizoma)	9 g
Zhi Qiao (Citri Aurantii Fructus)	9 g
Jie Geng (Platycodi Radix)	9 g
Qian Hu (Peucedani Radix)	9 g
Fu Ling (Poriae Sclerotium)	9 g
Chai Hu (Bupleuri Radix)	9 g
Sheng Jiang (Zingiberis Rhizoma Recens)	9 g
Bo He (Menthae Haplocalycis Herba)	3 g
Ren Shen (Ginseng Radix et Rhizoma)	9 g
Gan Cao (Glycyrrhizae Radix et Rhizoma)	5 g

Abb. 18: Der Ginseng (*Panax ginseng*) hat wunderschöne rote Beeren. In der TCM wird sein Wurzelstock verwendet.

Wirkt auf

Funktionskreis Lunge
Funktionskreis Niere

Temperaturverhalten: warm
Geschmacksrichtung: scharf
Wirkrichtung: absenkend
Wirkort: Lunge

Chinesisch-therapeutische Wirkung:

- Entlastet das Äußere
- Leitet Wind, Kälte und Feuchtigkeit aus
- Tonisiert das Qi

Klinische Anwendung:

- Atemwegsinfekte
- Fieber
- Husten
- weißer oder klarer Nasenausfluss
- Ekzeme

Qiang Huo (Notopterygii Rhizoma seu Radix) und Du Huo (Angelicae Pubescentis Radix) zerstreuen Wind, Kälte und Feuchtigkeit.

Chuan Xiong (Ligustici Chuanxiong Rhizoma) leitet Wind-Kälte aus und löst Xue-Stagnationen auf.

Zhi Qiao (Citri Aurantii Fructus) senkt das Lungen-Qi ab.

Jie Geng (Platycodi Radix) und Qian Hu (Peucedani Radix) lösen Schleim und lindern Husten.

Fu Ling (Poriae Sclerotium) leitet Feuchtigkeit aus und unterstützt den mittleren Erwärmer.

Chai Hu (Bupleuri Radix), Sheng Jiang (Zingiberis Rhizoma Recens) und Bo He (Menthae Haplocalycis Herba) vertreiben äußere pathogene Faktoren.

Ren Shen (Ginseng Radix et Rhizoma) tonisiert das Yuan-Qi.

Gan Cao (Glycyrrhizae Radix et Rhizoma) harmonisiert die Arzneien.

Modifikationen:

- Bei Juckreiz und Ekzemen werden Ku Shen (Sophorae Flavescentis Radix) und Chan Tui (Cicadae Periostracum) hinzugefügt.
- Im Anfangsstadium von Hauterkrankungen und Wunden werden Ren Shen (Ginseng Radix et Rhizoma) entfernt und Jin Yin Hua (Lonicerae Flos) sowie Lian Qiao (Forsythiae Fructus) hinzugefügt.
- Falls keine Feuchtigkeit vorhanden ist, werden Qiang Huo (Notopterygii Rhizoma seu Radix), Fu Ling (Poriae Sclerotium) und Du Huo (Angelicae Pubescentis Radix) weggelassen.
- Wenn kein Husten oder Auswurf vorhanden ist, werden Jie Geng (Platycodi Radix) und Qian Hu (Peucedani Radix) aus der Rezeptur entfernt.

Kontraindikationen und Behandlungshinweise:

- *Ren Shen Bai Du San* ist eine scharf-warme Rezeptur, die nicht bei Yin-Mangel oder innerer Hitze angewendet werden darf.
- Es ist hervorragend geeignet für Welpen und Fohlen, da bei jungen Tieren das Yuan-Ursprungs-Qi noch nicht vollständig ausgebildet ist.
- Bei erwachsenen Tieren, ohne Qi-Mangel, kann die Dosierung von Ren Shen herabgesetzt werden.

Korrespondierende Akupunkturpunkte: Lu5, Lu7, Di4, MP6, Ma36, Bl13, 3E5, Gb20, LG16

參蘇飲

Shen Su Yin

Dekokt mit Ginseng und Perilla

Zusammensetzung:

Ge Gen (Puerariae Lobatae Radix)	6 g
Zi Su Ye (Perillae Folium)	6 g
Qian Hu (Peucedani Radix)	6 g
Fa Ban Xia (Pinelliae Rhizoma Praeparatae)	6 g
Jie Geng (Platycodi Radix)	4 g
Chen Pi (Citri Reticulatae Pericarpium)	4 g
Zhi Qiao (Citri Aurantii Fructus)	4 g
Chuan Mu Xiang (Vladimiriae Radix)	4 g
Ren Shen (Ginseng Radix et Rhizoma)	6 g
Fu Ling (Poriae Sclerotium)	6 g
Gan Cao (Glycyrrhizae Radix et Rhizoma)	4 g
Sheng Jiang (Zingiberis Rhizoma Recens)	4 g
Da Zao (Jujubae Fructus)	2 g

Abb. 19: Die Blätter der Perilla (*Perilla frutescens*) sind sehr aromatisch und können auch Salate bereichern.

Wirkt auf

Funktionskreis Lunge
Funktionskreis Magen
Funktionskreis Milz-Pankreas

Temperaturverhalten: warm
Geschmacksrichtung: scharf, süß
Wirkrichtung: absenkend
Wirkort: vorderer und mittlerer Erwärmer

Chinesisch-therapeutische Wirkung:

- Tonisiert das Qi
- Entlastet das Äußere
- Leitet Wind-Kälte aus
- Löst Schleim
- Senkt das Lungen-Qi ab

Klinische Anwendung:

- Atemwegsinfekte
- Influenza
- Bronchitis
- Husten mit weißem oder klarem Schleim
- Lungenentzündung
- Fieber
- Appetitmangel

Ge Gen (Puerariae Lobatae Radix) und Zi Su Ye (Perillae Folium) zerstreuen äußere Wind-Kälte und regulieren das Qi.

Qian Hu (Peucedani Radix), Fa Ban Xia (Pinelliae Praeparatae Rhizoma) und Jie Geng (Platycodi Radix) tonisieren das Lungen-Qi, lösen Schleim und lindern Husten.

Chen Pi (Citri Reticulatae Pericarpium) und Zhi Qiao (Citri Aurantii Fructus) regulieren das Qi und öffnen den Thorax.

Chuan Mu Xiang (Vladimiriae Radix) reguliert das Qi und löst Stagnationen auf.

Ren Shen (Ginseng Radix et Rhizoma) tonisiert Lungen- und Milz-Qi.

Fu Ling (Poriae Sclerotium) stärkt die Milz und leitet Feuchtigkeit aus.

Gan Cao (Glycyrrhizae Radix et Rhizoma) harmonisiert den mittleren Erwärmer.

Sheng Jiang (Zingiberis Rhizoma Recens) und Da Zao (Jujubae Fructus) harmonisieren die Arzneien.

Modifikationen:

- Bei Husten und Atemnot aufgrund von Wind-Hitze werden Zhi Mu (Anemarrhenae Rhizoma) und Bei Mu (Fritillariae Bulbus) hinzugefügt.
- Bei Husten aufgrund von Kälte in der Lunge werden Wu Wei Zi (Schisandrae Fructus) und Gan Jiang (Zingiberis Rhizoma) zugegeben.
- Bei Husten aufgrund von Lungen-Hitze werden Xing Ren (Armeniacae Semen), Huang Qin (Scutellariae Radix) und Sang Bai Pi (Mori Cortex) ergänzt.
- Bei viel Schleim wird Gua Lou (Trichosanthis Semen) hinzugefügt.
- Bei Kolik und Diarrhö werden Huo Xiang (Agastachis Herba) und Sha Ren (Amomi Fructus) hinzugefügt.

Kontraindikationen: *Shen Su Yin* darf nicht in der Trächtigkeit angewendet werden!

Korrespondierende Akupunkturpunkte: Lu1, Lu5, Lu7, Di4, Ma36, Ma40, MP6, Bl13, LG16, KG22, Ni27

2
Nach hinten ableitende Rezepturen

Nach hinten ableitende Rezepturen bestehen zum größten Teil aus abführenden Arzneien und sollten deshalb **nicht für Pferde verordnet werden,** da die ableitende Funktion dieser Arzneien den empfindlichen Magen-Darm-Trakt des Pferdes stören und dies zu lebensgefährlichen Koliken führen kann.

Ableitende Rezepturen lösen Stagnationen im Magen oder Darm, leiten den Kot ab, leiten Fülle-Hitze aus und beseitigen Wasseransammlungen und Kälte-Stagnationen. Diese Behandlungsmethode wird Xia Fa („nach unten ausleiten") genannt und ist eine der Ba Fa (acht Behandlungsmethoden) der Traditionellen Chinesischen Medizin, die im Huang Di Nei Jing Su Wen (*Des Gelben Kaisers Klassiker*) aus dem 1. Jahrhundert beschrieben werden.

Diese Rezepturen behandeln in der Regel innere Fülle-Syndrome, die sich durch Obstipation oder Ödeme zeigen. **Eine akute Obstipation, Darmverschluss oder Wasseransammlung gehören in erster Linie in die Hand eines Tierarztes oder einer Tierärztin!** Sie können aber, bei Rezidiven oder einem chronischen Krankheitsbild, durch eine chinesische Kräuterrezeptur unterstützt werden.

Klinische Anwendungen:
- Obstipation
- Darmverschluss
- Störungen des Magen-Darm-Trakts

Untergeordnete Wirkkategorien

Nach hinten ableitende Rezepturen werden in vier Unterkategorien eingeteilt:

Kalte Abführmittel:
Kalte Abführmittel behandeln Innen-Fülle-Erkrankungen mit Hitze, die sich in Obstipation, Schmerz im Abdomen und/oder Berührungsempfindlichkeit am Bauch äußern. Der Puls ist hierbei voll oder überflutend, und die Zunge rot, eventuell mit einem gelben Belag.

Warme Abführmittel:
Warme Abführmittel behandeln innere Fülle mit Kälte-Syndromen. Die üblichen klinischen Befunde für die Verordnung von kalten Abführmitteln sind Obstipation, kalte Gliedmaßen und Schmerzen im Abdomen, die sich durch Wärme verbessern. Bei diesem Krankheitsbild haben die Patienten einen tiefen, straffen Puls sowie eine blasse Zunge, die eventuell zusätzlich einen weißen Belag aufweist.

Befeuchtende Abführmittel:
Befeuchtende Abführmittel behandeln Obstipation, die durch Hitze und Trockenheit entstanden ist. Diese Rezepturen befeuchten den Darm, um eine physiologische Darmbewegung zu gewährleisten. Außerdem wird damit Obstipation behandelt, die aufgrund einer chronischen Erkrankung, die das Nieren-Yang und das Feuer des Ming-Men aufgezehrt hat, entstanden ist. Bei diesem Disharmoniemuster haben die Patienten eine trockene, rote Zunge sowie einen schnellen und tiefen oder schnellen und schwachen Puls.

Tonisierende Abführmittel:
Diese Rezepturen behandeln Obstipation, die durch gleichzeitig auftretende innere Fülle und Schwäche gekennzeichnet ist. Bei diesem Disharmoniemuster müssen sowohl die innere Fülle abgeleitet wie auch der Mangel aufgefüllt werden. Wenn hierbei lediglich die innere Fülle abgeleitet wird, wird der Patient noch schwächer werden. Wenn nur tonisierende Arzneien zum Einsatz kommen, würde sich die Obstipation noch verstärken. Bei Hunden und Pferden mit diesem Disharmoniemuster ist der Puls schwach und gleichzeitig unregelmäßig oder saitenförmig. Die Zunge ist meist blass und trocken.

Kontraindikationen:
- Nach hinten ableitende Rezepturen sind in der Trächtigkeit und bei säugenden Hündinnen kontraindiziert.
- Bei Pferden sollten aufgrund von Kolikgefahr nach hinten ableitende Rezepturen *niemals* verordnet werden!
- Bei Patienten mit Qi-, Xue- oder JinYe-Mangel sollten nach hinten ableitende Rezepturen nur mit Vorsicht verordnet werden.
- Nach hinten ableitende Rezepturen sind nicht zur Langzeitanwendung geeignet.

2.1 Kalte Abführmittel

大承氣湯

Da Cheng Qi Tang

Großes Dekokt, das das Qi ordnet

Zusammensetzung:

Da Huang (Rhei Radix et Rhizoma)	12 g
Mang Xiao (Natrii Sulfas)	6–9 g
Hou Po (Magnoliae Officinalis Cortex)	15–24 g
Zhi Shi (Citri Aurantii Fructus Immatutus)	12 g

Wirkt auf

Funktionskreis Dickdarm
Funktionskreis Magen

Temperaturverhalten: kalt
Geschmacksrichtung: salzig, bitter
Wirkrichtung: stark absenkend
Wirkort: hinterer Erwärmer, Verdauungstrakt

Chinesisch-therapeutische Wirkung:

- laxierend
- Qi absenkend
- Hitze und Feuer ausleitend
- Qi-Stagnationen auflösend

Abb. 20: Der (Medizinal-)Rhabarber (*Rheum officinale*) gehört in der TCM zu den stark purgierenden Arzneien.

Klinische Anwendung:

- Obstipation durch Hitze
- Hepatitis
- Pankreatitis
- Schmerzen im Abdomen, die sich auf Druck verschlimmern
- hartes Abdomen
- Krämpfe
- Reizbarkeit
- Verdichtungen im Darmbereich

Da Huang (Rhei Radix et Rhizoma) leitet Hitze aus und leitet Kot nach hinten ab.

Mang Xiao (Natrii Sulfas) leitet Hitze aus und befeuchtet den Darm.

Hou Po (Magnoliae Officinalis Cortex) aktiviert die Qi-Zirkulation und löst Qi-Stagnationen.

Zhi Shi (Citri Aurantii Fructus Immatutus) bewegt das Qi und löst Zusammenballungen.

Modifikationen:

- Bei viel Durst aufgrund von Hitze und Trockenheit werden Shi Gao (Gypsum Fibrosum) und Zhi Mu (Anemarrhenae Rhizoma) ergänzt.
- Bei Qi- und Xue-Stagnationen werden Chi Shao Yao (Paeoniae Radix Rubra) und Tao Ren (Persicae Semen) hinzugefügt.
- Bei Qi-Mangel wird Ren Shen (Ginseng Radix et Rhizoma) hinzugefügt.
- Bei Yin- und JinYe-Mangel werden Xuan Shen (Scrophulariae Radix) und Sheng Di Huang (Rehmanniae Radix) dazugegeben.
- Bei Berührungsempfindlichkeit am Bauch werden Lai Fu Zi (Raphani Semen) und Chuan Mu Xiang (Vladimiriae Radix) ergänzt.

Kontraindikationen:

- *Da Cheng Qi Tang* leitet drastisch nach hinten ab und darf deshalb schwachen Patienten nicht verordnet werden.
- In der Trächtigkeit und bei Pferden ist diese Rezeptur verboten!
- Sie ist nicht zur Langzeitanwendung geeignet.

Korrespondierende Akupunkturpunkte: Di4, Di11, Ma25, Ma38, Ma39, Ma45, KG6, KG12

小承氣湯

Xiao Cheng Qi Tang

Kleines Dekokt, das das Qi ordnet

Zusammensetzung:

Da Huang (Rhei Radix et Rhizoma)	12 g
Hou Po (Magnoliae Officinale Cortex)	6 g
Zhi Shi (Citri Aurantii Immaturus Fructus)	9 g

Abb. 21: Die in der TCM verwendete Rhabarber-Art *Rheum officinale* hat eine andere Blattform als unser Gemüserhabarber (*Rheum rhabarbarum*).

Wirkt auf

Funktionskreis Dickdarm
Funktionskreis Magen

Temperaturverhalten: kalt
Geschmacksrichtung: bitter, salzig
Wirkrichtung: absenkend
Wirkort: hinterer Erwärmer, Verdauungstrakt

Chinesisch-therapeutische Wirkung:

- Leitet Hitze sanft aus
- Senkt Qi ab
- Laxiert
- Löst Qi-Stau auf

Klinische Anwendung:

- Obstipation
- Darmlähmung
- chronische Gastritis
- Gallenblasenentzündung
- Schmerzen im Abdomen

Da Huang (Rhei Radix et Rhizoma) leitet Hitze sanft aus und führt verstopften Kot ab.

Hou Po (Magnoliae Officinale Cortex) aktiviert die Qi-Zirkulation und löst Qi-Stau.

Zhi Shi (Citri Aurantii Immaturus Fructus) reguliert das Qi der Funktionskreise Milz-Pankreas und Magen.

Modifikationen:

- Bei allgemeiner Schwäche und Qi-Mangel werden Huang Qi (Astragali Radix) und Ren Shen (Ginseng Radix et Rhizoma) hinzugefügt.
- Bei Schwäche und Xue-Mangel werden Dang Gui (Angelicae Sinensis Radix) und Chuan Xiong (Ligustici Chuanxiong Rhizoma) ergänzt.
- Bei JinYe-Mangel werden Xuan Shen (Scrophulariae Radix), Mai Men Dong (Ophiopogonis Radix) und Sheng Di Huang (Rehmanniae Radix) dazugegeben.

Kontraindikationen: Diese Rezeptur ist in der Trächtigkeit verboten!

Korrespondierende Akupunkturpunkte: Di4, Di11, Ma25, Ma38, Ma39, Ma45, KG6, KG12, Le3

2.2 Warme Abführmittel

溫脾沖劑

SR-Rezeptur Nr. 1 der warmen Abführmittel

Wärme-die-Milz-Granulat

Zusammensetzung:

Da Huang (Rhei Radix et Rhizoma)	12 g
Gao Liang Jiang (Alpiniae Officinari Rhizoma)	12 g
Gan Jiang (Zingiberis Rhizoma)	6 g
Ren Shen (Ginseng Radix et Rhizoma)	6 g
Gan Cao (Glycyrrhizae Radix et Rhizoma)	3 g

Anmerkung der Autorin:
Diese Rezeptur ist eine Ableitung von *Wen Pi Tang* / 溫脾湯 (Wärme-die-Milz-Dekokt). In der Originalrezeptur ist das toxische Fu Zi (Aconiti Radix Lateralis Praeparatae, eine Zubereitung aus *Aconitum* spec. = Eisenhut) enthalten, das ich hier durch Gao Liang Jiang (Alpiniae Officinari Rhizoma) ersetzt habe.

Abb. 22: Der Galgant (*Alpinia* spec.) gehört zu den Ingwergewächsen. Er ist warm und tonisiert das Yang.

Wirkt auf
Funktionskreis Milz-Pankreas
Funktionskreis Dickdarm

Temperaturverhalten: warm
Geschmacksrichtung: scharf, bitter
Wirkrichtung: emporhebend
Wirkort: mittlerer Erwärmer

Chinesisch-therapeutische Wirkung:
- Tonisiert das Milz-Yang
- Leitet innere Kälte nach hinten aus

Klinische Anwendung:
- Obstipation
- Schmerzen im Abdomen, die sich durch Wärme bessern
- chronische Diarrhö mit Schleim durch Milz-Yang-Mangel

Da Huang (Rhei Radix et Rhizoma) leitet Stagnationen nach hinten ab.

Gao Liang Jiang (Alpiniae Officinari Rhizoma) und Gan Jiang (Zingiberis Rhizoma) tonisieren das Milz-Yang und leiten innere Kälte aus.

Ren Shen (Ginseng Radix et Rhizoma) und Gan Cao (Glycyrrhizae Radix et Rhizoma) tonisieren das Qi und den Funktionskreis Milz-Pankreas.

Modifikationen:

- Bei Erbrechen werden Fa Ban Xia (Pinelliae Rhizoma Praeparatae) und Sha Ren (Amomi Fructus) hinzugefügt.
- Bei Nahrungsstagnationen werden Shen Qu (Massa Medicata Fermentata) und Lai Fu Zi (Raphani Semen) ergänzt.

Kontraindikationen:

- In der Trächtigkeit und bei Pferden ist diese Rezeptur verboten!
- Diese Rezeptur ist nicht zur Langzeitanwendung geeignet.
- Sie sollte nicht bei Obstipation aufgrund von Fülle-Hitze oder Diarrhö aufgrund von Feuchte-Hitze verordnet werden.

Korrespondierende Akupunkturpunkte: MP3, MP6, Ma25, Ma36, Di4, Di11, Le13, Bl20, Bl21

2.3 Befeuchtende Abführmittel

麻子仁丸

Ma Zi Ren Wan

Cannabis-Semen-Pille

Zusammensetzung:

Huo Ma Ren (Cannabis Semen)	20 g
Xing Ren (Armeniacae Semen)	10 g
Bai Shao Yao (Paeoniae Radix Alba)	9 g
Da Huang (Rhei Radix et Rhizoma)	12 g
Hou Po (Magnoliae Officinalis Cortex)	9 g
Zhi Shi (Citri Aurantii Fructus)	9 g

Abb. 23: Die Samen des Hanf (*Cannabis sativa*) haben eine befeuchtende Wirkung.

Anmerkung der Autorin:
Wenn diese Rezeptur als Dekokt zubereitet wird, sollte eine kleine Menge Honig (Feng Mi) hinzugefügt werden.

Wirkt auf
Funktionskreis Dickdarm
Funktionskreis Magen

Temperaturverhalten: kühl
Geschmacksrichtung: bitter
Wirkrichtung: absenkend
Wirkort: Verdauungstrakt

Chinesisch-therapeutische Wirkung:
- Befeuchtet den Darm
- Leitet Hitze aus
- Löst Qi-Stagnationen
- Senkt das Qi ab
- Harmonisiert Dick- und Dünndarm

Klinische Anwendung:
- Obstipation bei älteren Hunden
- Obstipation bei Hündinnen nach dem Geburtsvorgang
- Obstipation nach Medikamentengabe
- harter, trockener Kot
- vermehrte Urinausscheidung

Huo Ma Ren (Cannabis Semen) befeuchtet den Darm.

Xing Ren (Armeniacae Semen) befeuchtet Trockenheit und reguliert das Qi.

Bai Shao Yao (Paeoniae Radix Alba) tonisiert Xue und Yin.

Da Huang (Rhei Radix et Rhizoma) führt Kot ab und leitet Hitze aus.

Hou Po (Magnoliae Officinalis Cortex) und Zhi Shi (Citri Aurantii Fructus) lösen Qi-Stagnationen.

Modifikationen:

- Bei viel Durst mit häufiger Wasseraufnahme als Folge von Magen-Hitze werden Shi Gao (Gypsum Fibrosum) und Zhi Mu (Anemarrhenae Rhizoma) hinzugefügt.
- Bei JinYe-Mangel werden Bai Zi Ren (Platycladi Semen) und Gua Lou (Trichosanthis Fructus) ergänzt.
- Bei Obstipation durch Wurmerkrankungen werden Bing Lang (Arecae Semen), Wu Mei (Mume Fructus) und Chen Pi (Citri Reticulatae Pericarpium) dazugegeben.

Kontraindikationen:

- *Ma Zi Ren Wan* ist in der Trächtigkeit kontraindiziert!
- Bei Überdosierung von Huo Ma Ren (Cannabis Semen) können Erbrechen und Diarrhö auftreten.
- Diese Rezeptur ist nicht für Patienten mit Leere-Erkrankungen geeignet.
- Sie ist nicht zur Langzeitanwendung geeignet.

Korrespondierende Akupunkturpunkte: Di4, Di8, Di11, Ma21, Ma25, Ma42, MP4, MP9, KG12

2.4. Tonisierende Abführmittel

黃龍湯

Huang Long Tang
Gelbes Drachen-Dekokt

Zusammensetzung:

Da Huang (Rhei Radix et Rhizoma)	9 g
Mang Xiao (Natrii Sulfas)	6 g
Hou Po (Magnoliae Officinalis Cortex)	9 g
Zhi Shi (Citri Aurantii Immaturus Fructus)	9 g
Ren Shen (Ginseng Radix et Rhizoma)	6 g
Dang Gui (Angelicae Sinensis Radix)	9 g
Gan Cao (Glycyrrhizae Radix et Rhizoma)	3 g
Jie Geng (Platycodi Radix)	3 g
Sheng Jiang (Zingiberis Rhizoma Recens)	6 g
Da Zao (Jujubae Fructus)	3 g

Abb. 24: Von der Magnolie (*Magnolia* spec.) gibt es viele Arten und Sorten (hier *M. hodgsonii*). In der TCM werden Blüte und Rinde von *Magnolia officinalis* verwendet.

Wirkt auf
Funktionskreis Dickdarm
Funktionskreis Magen
Funktionskreis Lunge

Temperaturverhalten: kühl
Geschmacksrichtung: bitter
Wirkrichtung: emporhebend
Wirkort: Verdauungstrakt

Chinesisch-therapeutische Wirkung:
- Leitet Hitze aus
- Befeuchtet Trockenheit
- Löst Qi-Stagnationen
- Tonisiert Qi, Xue und JinYe
- Hebt das Qi von Lunge und Dickdarm

Klinische Anwendung:
- Obstipation
- verlangsamte Peristaltik nach OP
- Verhärtung des Abdomens
- Schmerzen im Abdomen, die sich auf Druck verschlimmern

Da Huang (Rhei Radix et Rhizoma) leitet Hitze aus und leitet stagnierten Kot nach hinten ab.

Mang Xiao (Natrii Sulfas) leitet Hitze aus und befeuchtet den Darm.

Hou Po (Magnoliae Officinalis Cortex) löst Qi-Stagnationen auf.

Zhi Shi (Citri Aurantii Immaturus Fructus) lindert Spannung im Abdomen.

Ren Shen (Ginseng Radix et Rhizoma), Da Zao (Jujubae Fructus), Dang Gui (Angelicae Sinensis Radix) und Gan Cao (Glycyrrhizae Radix et Rhizoma) tonisieren Qi, Xue und JinYe.

Jie Geng (Platycodi Radix) hebt das abgesunkene Qi von Lunge und Dickdarm.

Sheng Jiang (Zingiberis Rhizoma Recens) und Gan Cao (Glycyrrhizae Radix et Rhizoma) tonisieren den Funktionskreis Magen und harmonisieren den mittleren Erwärmer.

Modifikationen:

- Bei Obstipation bei älteren Hunden mit Mangel und Schwäche werden die Dosierung von Mang Xiao (Natrii Sulfas) reduziert und die Dosierung von Ren Shen (Ginseng Radix et Rhizoma) und Dang Gui (Angelicae Sinensis Radix) erhöht.
- Wenn die JinYe durch große Hitze geschädigt wurden, werden Sheng Di Huang (Rehmanniae Radix), Xuan Shen (Scrophulariae Radix) und Mai Men Dong (Ophiopogonis Radix) hinzugefügt.

Kontraindikationen:

- In der Trächtigkeit und bei Pferden ist diese Rezeptur verboten!
- *Huang Long Tang* ist nicht zur Langzeitanwendung geeignet.
- Diese Rezeptur sollte nicht bei Obstipation aufgrund von Mangel-Symptomen ohne jegliche Fülle-Symptome verordnet werden.

Korrespondierende Akupunkturpunkte: Ma36, MP6, MP10, Lu9, Ma25, KG12

3 Harmonisierende Rezepturen

Harmonisierende Rezepturen behandeln komplizierte Erkrankungen und gleichzeitig bestehende Krankheitsmuster mit gegensätzlichen Symptomen, die nicht durch eine einfache Methode, die lediglich ein Symptom behandelt, therapiert werden können.

Komplizierte und gleichzeitig bestehende Erkrankungen mit gegensätzlichen Symptomen betreffen häufig mehrere Körperbereiche und/oder zeigen gegensätzliche Eigenschaften. Diese Störungen betreffen häufig gleichzeitig das Innere und das Äußere, vordere und hintere Körperregionen. Zusätzlich können diese Disharmoniemuster gleichzeitige Hitze- und Kälte- oder Fülle- und Mangel-Symptome aufweisen. In diesen Fällen wird eine Therapie, die lediglich ein einzelnes Symptom behandelt, nicht zum Erfolg führen. Diese Erkrankungen sollten mit harmonisierenden Rezepturen behandelt werden, die gegensätzliche Symptome regulieren und zugleich lösen.

Harmonisierende Rezepturen werden häufig bei Disharmonien von Magen und Darm bzw. Leber und Milz oder bei Shaoyang-Syndromen verordnet.

Bei einem Shaoyang-Syndrom befinden sich die Pathogene genau im Bereich zwischen dem Äußeren und dem Inneren. Es reicht nicht aus, Shaoyang-Syndrome ausschließlich mit Rezepturen zu behandeln, die das Äußere entlasten, da die inneren pathogenen Faktoren hierbei unbehandelt bleiben. Genauso wenig reicht es aus, sie nur mit Methoden zu behandeln, die auf das Innere wirken, da diese den äußeren pathogenen Faktor unbehandelt lassen oder ihn – im schlimmsten Fall – sogar weiter ins Innere treiben.

Bei Shaoyang-Syndromen müssen also Rezepturen eingesetzt werden, die sowohl das Äußere wie auch das Innere behandeln und somit harmonisierend wirken.

Klinische Anwendungen:
- Magen-Darm-Erkrankungen
- Lebererkrankungen
- Nierenerkrankungen
- Bauchspeicheldrüsenerkrankungen
- Gastritis
- Magengeschwür
- Fortpflanzungsstörungen
- Verhaltensauffälligkeiten

Untergeordnete Wirkkategorien

Harmonisierende Rezepturen werden in drei Unterkategorien aufgegliedert:

Das Shaoyang harmonisierende Rezepturen:
Diese Rezepturen behandeln Störungen, die sich halb innen und halb außen befinden. Zu den allgemeinen klinischen Befunden gehören unter anderem Hitze und Kälte, die nebeneinander auftreten, Schmerzen im Abdomen mit wechselnder Intensität, Reizbarkeit, Erbrechen, Appetitmangel und Berührungsempfindlichkeit an den Flanken oder am Bauch. Dazu zählen Magen-Darm-Erkrankungen, Lebererkrankungen, Nierenerkrankungen, Atemwegserkrankungen, gynäkologische Störungen, Probleme im Bewegungsapparat und Erkrankungen der Bauchspeicheldrüse.

Der Puls und die Zunge unterscheiden sich, je nachdem, welche Störung gerade im Vordergrund steht.

Leber und Milz harmonisierende Rezepturen:
Diese Rezepturen behandeln Leber-Qi-Stagnationen (Fülle), die den Funktionskreis Milz-Pankreas (Leere) betreffen („Die Leber attackiert die Milz"). Die klinischen Symptome dabei sind Berührungsempfindlichkeit am Bauch und den Rippen, Reizbarkeit, Appetitlosigkeit, Diarrhö, Kotwasser, Probleme beim Satteln oder Gurten, kalte Hintergliedmaßen und/oder Aggressionen gegenüber Artgenossen und/oder dem Menschen.

Erkrankungen der Leber, der Gallenblase, Magen-Darm-Erkrankungen, Verhaltensauffälligkeiten und sexuelle oder Fortpflanzungsstörungen können mit Rezepturen behandelt werden, die Leber und Milz harmonisieren.

Die Zunge ist bei diesem Disharmoniemuster in der Mitte blass und an den Rändern rot und/oder geschwollen. Der Puls ist an der Milz-Taststelle sehr schwach, und an der Leber-Taststelle saitenförmig.

Diese Rezepturen enthalten in der Regel Arzneien, die das Leber-Qi beruhigen, den Funktionskreis Milz-Pankreas stärken, das Xue tonisieren und den Qi-Fluss anregen.

Magen und Darm harmonisierende Rezepturen:
Diese Rezepturen behandeln unterschiedliche pathogene Faktoren, die sich in Magen und Darm angesammelt haben. In diesen Fällen kann es dazu kommen, dass sich Hitze und Kälte im Innern verbinden. Dies kann zu einem gegensätzlichen Qi-Fluss in Magen und Darm führen. Zu den klinischen Befunden gehören

Übelkeit, Erbrechen (beim Hund), Diarrhö, Kotwasser, Blähungen, Schmerzen im Abdomen, Gastritis, Reflux-Ösophagitis, IBD (Inflammatory bowel disease) und Kolikanfälligkeit.

Der Puls und die Zunge sind je nach vorherrschendem akuten Störungsmuster unterschiedlich.

Kontraindikationen und Behandlungshinweise:

- Harmonisierende Rezepturen haben keine drastische Wirkung, aber sie beseitigen pathogene Faktoren. Werden sie nicht richtig verordnet, könnte die Heilung verzögert oder die Erkrankung im schlimmsten Fall sogar verschlimmert werden.
- Harmonisierende Rezepturen sollten **nicht für schwache Patienten** mit Qi- und Xue-Mangel sowie Hitze und Kälte im Wechsel verordnet werden.
- Bei Erkrankungen, die sich nur in der Wei-Qi-Schicht befinden oder nur im Innern vorhanden sind, sollten harmonisierende Rezepturen nicht eingesetzt werden. Hierbei kommen entweder Rezepturen, die das Äußere entlasten (ab Seite 36), oder ableitende oder tonisierende Rezepturen (ab Seite 53 bzw. Seite 136) zum Einsatz.

3.1 Das Shaoyang harmonisierende Rezepturen

小柴胡湯

Xiao Chai Hu Tang

Kleines Bupleurum-Dekokt

Zusammensetzung:

Chai Hu (Bupleuri Radix)	12 g
Huang Qin (Scutellariae Radix)	9 g
Fa Ban Xia (Pinelliae Rhizoma Praeparatae)	9 g
Sheng Jiang (Zingiberis Rhizoma Recens)	9 g
Ren Shen (Ginseng Radix et Rhizoma)	6 g
Zhi Gan Cao (Glycyrrhizae Radix et Rhizoma Praeparatae cum Melle)	5 g
Da Zao (Jujubae Fructus)	4 g

Wirkt auf

Funktionskreis Gallenblase
Funktionskreis Dreifach-Erwärmer
Funktionskreis Leber
Funktionskreis Magen (leicht)
Funktionskreis Milz (leicht)

Temperaturverhalten: warm
Geschmacksrichtung: bitter, süß
Wirkrichtung: keine Angabe möglich, da die Rezeptur ausgleichend in mehrere Richtungen wirkt
Wirkort: Leitbahnen, mittlerer Erwärmer

Chinesisch-therapeutische Wirkung:

- Harmonisiert das Shaoyang
- Harmonisiert den Leber-Funktionskreis
- Harmonisiert und stützt die Mitte
- Kühlt Hitze

Klinische Anwendung:

- Hepatitis
- Gallenblasenentzündung
- Leberkarzinom
- Pankreatitis
- Niereninsuffizienz
- Influenza
- Bronchitis
- Asthma

Abb. 25: Die in der TCM verwendete Hasenohr-Art *Bupleurum chinense* (rechts im Bild; links das Rundblättrige Hasenohr, *B. rotundifolium*) wirkt kühlend und öffnet die Oberfläche.

- Tonsillitis
- Gastritis
- Sodbrennen
- Depressionen
- Erschöpfungssyndrom
- ausbleibende Rosse/Läufigkeit

Chai Hu (Bupleuri Radix) entlastet das Äußere, und Huang Qin (Scutellariae Radix) klärt das Innere. Gemeinsam harmonisieren sie Shaoyang-Erkrankungen.

Fa Ban Xia (Pinelliae Rhizoma Praeparatae) eliminiert Schleim und harmonisiert den Magen, um Übelkeit und Erbrechen zu lindern, und vertreibt Stagnationen.

Sheng Jiang (Zingiberis Rhizoma Recens) harmonisiert den mittleren Erwärmer.

Ren Shen (Ginseng Radix et Rhizoma), Zhi Gan Cao (Glycyrrhizae Radix et Rhizoma Praeparatae cum Melle) und Da Zao (Jujubae Fructus) tonisieren das Magen-Qi, nähren die JinYe und harmonisieren die Ying-Nähr-Schicht sowie die Wei-Abwehr-Schicht.

Modifikationen:

- Bei Aggressionen ohne Übelkeit und Erbrechen werden Fa Ban Xia (Pinelliae Rhizoma Praeparatae) und Ren Shen (Ginseng Radix et Rhizoma) entfernt, und gleichzeitig wird Gua Lou (Trichosanthis Fructus) hinzugefügt.
- Bei stärker ausgeprägten Schmerzen im Abdomen oder Erbrechen werden Gan Jiang (Zingiberis Rhizoma) und Chen Pi (Citri Reticulatae Pericarpium) ergänzt.
- Bei Kolikzeichen wird Huang Qin (Scutellariae Radix) entfernt, und Bai Shao Yao (Paeoniae Radix Alba) wird hinzugefügt.
- Bei Yin-Mangel werden Mai Men Dong (Ophiopogonis Radix) und Wu Wei Zi (Schisandrae Fructus) dazugegeben.
- Bei Hepatitis werden Zhi Shi (Citri Aurantii Fructus), Yin Chen Hao (Artemisiae Scopariae Herba), Bai Shao Yao (Paeoniae Radix Alba) und Jin Qian Cao (Lysimachiae Herba) hinzugefügt.
- Bei akuter Bronchitis werden Jie Geng (Platycody Radix), Zhi Qiao (Citri Aurantii Fructus), Xing Ren (Armeniacae Semen) und Bai Bu (Stemonae Radix) ergänzt.
- Bei chronischer Bronchitis werden Fu Ling (Poriae Sclerotium), Chen Pi (Citri Reticulatae Pericarpium) und Zi Wan (Asteris Radix et Rhizoma) dazugegeben.
- Bei akuter Otitis werden Long Dan (Gentianae Radix et Rhizoma) und Zhi Zi (Gardeniae Fructus) hinzugefügt.
- Bei Influenza werden Jin Yin Hua (Lonicera Flos), Lian Qiao (Forsythiae Fructus) und Ban Lan Gen (Isatitis Radix) ergänzt.

Kontraindikationen:

- Diese Rezeptur sollte nicht bei Yin- oder Xue-Mangel, Fülle vorne und Mangel hinten, hochschlagendem Leber-Yang oder Leber-Feuer verordnet werden.
- *Mögliche Nebenwirkungen:* In Einzelfällen kann es (beim Pferd) zu spontanem Schwitzen kommen.

Korrespondierende Akupunkturpunkte: 3E5, 3E10, Gb25, Le3, Le13, Le14, Ma36, Ma40, MP3, MP4

柴胡桂枝湯

Chai Hu Gui Zhi Tang

Dekokt mit Bupleuri Radix und Cinnamomi Ramulus

Zusammensetzung:

Chai Hu (Bupleuri Radix)	12 g
Huang Qin (Scutellariae Radix)	4,5 g
Ren Shen (Ginseng Radix et Rhizoma)	4,5 g
Fa Ban Xia (Pinelliae Radix Praeparatae)	9 g
Gui Zhi (Cinnamomi Ramulus)	4,5 g
Bai Shao Yao (Paeoniae Radix Alba)	4,5 g
Zhi Gan Cao (Glycyrrhizae Radix et Rhizoma Praeparatae cum Melle)	3 g
Sheng Jiang (Zingiberis Rhizoma Recens)	4,5 g
Da Zao (Jujubae Fructus)	6 g

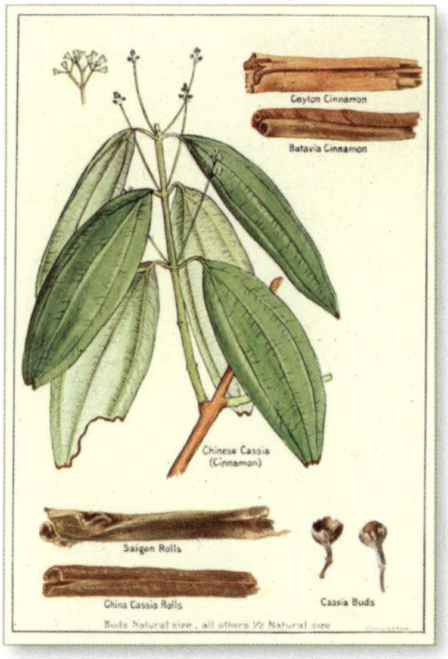

Abb. 26: In der Küche wird meist Ceylon-Zimt (*Cinnamomum ceylonicum*) verwendet, in der TCM Cassia-Zimt (*C. cassia*). Cassia-Zimt enthält mehr Cumarin.

Hinweis: *Chai Hu Gui Zhi Tang* ist eine Kombination aus *Gui Zhi Tang* (Dekokt mit Zimtzweigen, siehe Seite 38) und *Xiao Chai Hu Tang* (Kleines Bupleurum-Dekokt, siehe Seite 67).

Wirkt auf

Funktionskreis Dreifach-Erwärmer
Funktionskreis Gallenblase
Funktionskreis Milz-Pankreas
Funktionskreis Lunge

Temperaturverhalten: neutral
Geschmacksrichtung: bitter, scharf
Wirkrichtung: oberflächlich
Wirkort: Oberfläche, mittlerer Erwärmer, Leitbahnen

Chinesisch-therapeutische Wirkung:

- Harmonisiert das Innere und das Äußere
- Vertreibt pathogene Faktoren aus dem Shaoyang- und dem Taiyang-Stadium
- Löst die Muskelschicht

Klinische Anwendung:

- Infekte der oberen Atemwege
- Influenza
- chronische Hepatitis
- Gallensteine
- Magengeschwür
- Sodbrennen
- Pankreatitis
- Nephritis
- Schulterarthrose
- Epilepsie
- Trigeminusneuralgie

Gui Zhi Tang (Dekokt mit Zimtzweigen, siehe Seite 38) behandelt das Äußere und Taiyang-Syndrome.

Xiao Chai Hu Tang (Kleines-Bupleurum-Dekokt, siehe Seite 67) harmonisiert das Äußere und das Innere, indem es Shaoyang-Syndrome behandelt.

Modifikationen:

- Bei Gelenkschmerzen werden Ge Gen (Puerariae Lobatae Radix) und Sheng Ma (Cimicifugae Rhizoma) hinzugefügt.
- Bei Koliksymptomen oder Berührungsempfindlichkeit am Abdomen und den Rippen werden Zhi Shi (Citri Aurantii Immaturi Fructus) und Jie Geng (Platycodi Radix) ergänzt.

Kontraindikationen: Beim Verabreichen dieser Rezeptur (beim Hund) sollte auf rohe und fettige Futtermittel verzichtet werden.

Korrespondierende Akupunkturpunkte: Lu5, Lu7, Di4, Di14, 3E5, 3E10, Gb34, Ma25, Ma34, Ma42, Ma40, MP6, KG12

柴苓湯

Chai Ling Tang

Dekokt mit Bupleuri Radix und Poriae Sclerotium

Zusammensetzung:

Chai Hu (Bupleuri Radix)	7 g
Fa Ban Xia (Pinelliae Rhizoma Praeparatae)	6 g
Huang Qin (Scutellariae Radix)	4 g
Ren Shen (Ginseng Radix et Rhizoma)	4 g
Gan Cao (Glycyrrhizae Radix et Rhizoma)	3 g
Bai Zhu (Atractylodis Macrocephalae Rhizoma)	4 g
Zhu Ling (Polyporus Sclerotium)	4 g
Fu Ling (Poriae Sclerotium)	4 g
Ze Xie (Alismatis Rhizoma)	6 g
Gui Zhi (Cinnamomi Ramulus)	4 g
Da Zao (Jujubae Fructus)	4 g

Abb. 27: Der Kokospilz (*Poria cocos* oder *Wolfiporia cocos*) ist ein Holzfäulepilz.

Hinweise:

Chai Ling Tang ist eine Kombination aus den beiden Rezepturen *Xiao Chai Hu Tang* (Kleines Bupleurum-Dekokt, siehe Seite 67) und *Wu Ling San 2* (Fünf-Bestandteile-Pulver mit Pilzen, siehe Seite 297).

Xiao Chai Hu Tang (Kleines Bupleurum-Dekokt) behandelt Shaoyang-Syndrome.
Wu Ling San 2 (Fünf-Bestandteile-Pulver mit Pilzen) behandelt Feuchtigkeitsansammlungen.

Wirkt auf
Funktionskreis Gallenblase
Funktionskreis Blase
Funktionskreis Dreifach-Erwärmer
Funktionskreis Milz-Pankreas (leicht)

Temperaturverhalten: leicht warm
Geschmacksrichtung: bitter, süß, scharf
Wirkrichtung: absenkend
Wirkort: unterer Erwärmer, Leitbahnen

Chinesisch-therapeutische Wirkung:
- Harmonisiert das Äußere und das Innere
- Eliminiert Feuchtigkeitsansammlungen und Schleim

Klinische Anwendung:
- Ödeme
- intermittierendes Fieber
- viel Durst
- Abmagerung
- Berührungsempfindlichkeit am Bauch und an den Rippen
- Erbrechen und Diarrhö nach Wasseraufnahme
- Hepatitis
- Leberzirrhose
- Nierenerkrankungen
- Gastritis
- Colitis
- Ovarialzysten
- wiederholte Aborte
- Arthritis
- Otitis

Modifikationen:

- Bei Aggressionen und viel Durst werden Huang Lian (Coptidis Rhizoma) und Mai Men Dong (Ophiopogonis Radix) hinzugefügt.
- Bei Erbrechen und häufiger Wasseraufnahme werden Zhi Shi (Citri Aurantii Fructus) und Zhu Ru (Bambusae Caulis in Taeniam) ergänzt.
- Bei Diarrhö und vermehrter Wasseraufnahme werden Gan Jiang (Zingiberis Rhizoma) und Huang Bo (Phellodendri Cortex) hinzugefügt.
- Bei Erbrechen und Diarrhö durch Yang-Mangel wird diese Rezeptur mit *Wu Zhu Yu Tang* (Evodiae-Fructus-Dekokt, siehe Seite 127) kombiniert.

Kontraindikationen: Diese Rezeptur ist in der Trächtigkeit verboten!

Korrespondierende Akupunkturpunkte: 3E4, 3E5, Pc6, Ma36, Ma40, KG12, Gb40, MP4, MP6, MP9, He3, He9, Le13, Ni3

3.2 Rezepturen, die Leber und Milz harmonisieren

四逆散

Si Ni San

Kalte-Extremitäten-Pulver

> **Anmerkung der Autorin:**
> Die Übersetzung von 四逆散 müsste laut Schriftzeichen „Vier-Gegenläufigkeiten-Pulver" heißen. Da die Gegenläufigkeiten aber häufig kalte Gliedmaßen als Symptomatik zur Folge haben, wurde sie umgangssprachlich in „Kalte-Extremitäten-Pulver" umbenannt, obwohl das Hauptdisharmoniemuster hier die Leber-Qi-Stagnation ist, und die kalten Extremitäten lediglich *die Folge* dieser Stagnation.

Zusammensetzung:

Chai Hu (Bupleuri Radix)	12 g
Zhi Shi (Citri Aurantii Fructus)	12 g
Bai Shao Yao (Paeoniae Radix Alba)	12 g
Zhi Gan Cao (Glycyrrhizae Radix et Rhizoma cum Melle)	12 g

Abb. 28: Die Pomeranze (*Citrus aurantium*) ist vermutlich eine Kreuzung aus Pampelmuse und Mandarine.

Wirkt auf

Funktionskreis Leber
Funktionskreis Milz-Pankreas
Funktionskreis Gallenblase

Temperaturverhalten: leicht warm
Geschmacksrichtung: sauer, süß
Wirkrichtung: leicht emporhebend und leicht absenkend
Wirkort: mittlerer Erwärmer

Chinesisch-therapeutische Wirkung:
- Leitet die Pathogene nach außen
- Löst Leber-Qi-Stagnationen
- Harmonisiert Leber und Milz
- Reguliert das Xue

Klinische Anwendung:
- chronische Hepatitis
- Gallenblasenentzündung beim Hund
- Gastritis
- Magengeschwüre
- Pankreatitis
- Berührungsempfindlichkeit am Bauch und an den Rippen
- kalte Gliedmaßen
- Infertilität
- Intercostalneuralgien
- Uveitis

Chai Hu (Bupleuri Radix) harmonisiert die Leber und löst Leber-Qi-Stagnationen.

Zhi Shi (Citri Aurantii Fructus) tonisiert das Qi und löst Qi-Stagnationen auf.

Bai Shao Yao (Paeoniae Radix Alba) tonisiert das Leber-Xue und macht die Leber weich.

Zhi Gan Cao (Glycyrrhizae Radix et Rhizoma cum Melle) tonisiert das Qi und stärkt den mittleren Erwärmer.

Modifikationen:

- Bei starker Leber-Qi-Stagnation werden Xiang Fu (Cyperi Rhizoma) und Yu Jin (Curcumae Radix) hinzugefügt.
- Bei Übelkeit und Erbrechen werden Huang Lian (Coptidis Rhizoma) und Sheng Jiang (Zingiberis Rhizoma Recens) ergänzt.
- Bei Obstipation wird Da Huang (Rhei Radix et Rhizoma) ergänzt **(bei Pferden mit Vorsicht: Kolikgefahr!).**
- Bei Milz-Qi-Mangel werden Dang Shen (Codonopsis Radix) und Bai Zhu (Atractylodis Macrocephalae Rhizoma) dazugegeben.
- Bei Xue-Stagnationen werden Dan Shen (Salviae Miltiorrhizae Radix et Rhizoma) und Wu Ling Zhi (Trogopteri Faeces) ergänzt.
- Bei Verdauungsstillstand mit abdominellen Schmerzen werden Shan Zha (Crataegi Fructus) und Mai Ya (Hordei Fructus) hinzugefügt.

Kontraindikationen: *Si Ni San* ist in der Trächtigkeit verboten!

Korrespondierende Akupunkturpunkte: Le3, Le13, MP4, MP6, MP10, Bl17, Ma25, Ma36, 3E10

柴胡疏肝散

Chai Hu Shu Gan San

Bupleuri-Radix-Pulver, das die Leber entspannt

Zusammensetzung:

Chai Hu (Bupleuri Radix)	6 g
Xiang Fu (Cyperi Rhizoma)	4,5 g
Chen Pi (Citri Reticulatae Pericarpium)	6 g
Zhi Ke (Citri Aurantii Fructus)	4,5 g
Bai Shao Yao (Paeoniae Radix Alba)	4,5 g
Chuan Xiong (Ligustici Chuanxiong Rhizoma)	4,5 g
Zhi Gan Cao (Glycyrrhizae Radix et Rhizoma Praeparatae cum Melle)	1,5 g

Abb. 29: Die Wurzel der Hasenohr-Art *Bupleurum chinense* wird häufig verwendet, um einen Leber-Qi-Stau zu behandeln.

Wirkt auf

Funktionskreis Leber

Geschmacksrichtung: leicht scharf, leicht süß
Temperaturverhalten: neutral
Wirkrichtung: emporhebend
Wirkort: mittlerer und hinterer Erwärmer

Chinesisch-therapeutische Wirkung:
- Reguliert den Leber-Funktionskreis
- Fördert die Qi-Zirkulation
- Harmonisiert das Xue und lindert Schmerzen

Klinische Anwendung:
- Hepatitis
- Gastritis
- Gallensteine
- unregelmäßige Rosse/Läufigkeit
- Sexualstörungen
- Stresssymptome
- Depressionen

Chai Hu (Bupleuri Radix) harmonisiert die Leber und löst Leber-Qi-Stagnationen.

Xiang Fu (Cyperi Rhizoma) löst Leber-Qi-Stagnationen und lindert Schmerzen.

Chen Pi (Citri Reticulatae Pericarpium) und Zhi Ke (Citri Aurantii Fructus) aktivieren die Qi-Zirkulation.

Bai Shao Yao (Paeoniae Radix Alba) nährt das Leber-Xue und macht die Leber weich.

Chuan Xiong (Ligustici Chuanxiong Rhizoma) aktiviert die Xue-Zirkulation.

Zhi Gan Cao (Glycyrrhizae Radix et Rhizoma Praeparatae cum Melle) harmonisiert die Arzneien und lindert Schmerzen.

Modifikationen:

- Bei Magen-Feuer mit Schmerzen im Abdomen werden Huang Lian (Coptidis Rhizoma) und Huang Qin (Scutellariae Radix) hinzugefügt.
- Bei starken Schmerzen im Hypochondrium werden Dang Gui (Angelicae Sinensis Radix), Yu Jin (Curcumae Radix) und Wu Yao (Linderae Radix) dazugegeben.
- Bei Leber-Qi-Stagnation, die sich in Leber-Feuer umgewandelt hat, werden Zhi Zi (Gardeniae Fructus) und Chuan Lian Zi (Toosendan Fructus) ergänzt.

Kontraindikationen:

- Diese Rezeptur sollte nicht bei Patienten mit Yin-Mangel und nächtlicher Unruhe verordnet werden. Auch sollte sie abgesetzt werden, sobald Yin-Mangel-Symptome oder nächtliche Unruhe auftreten.
- Diese Rezeptur ist in der Trächtigkeit verboten!

Korrespondierende Akupunkturpunkte: Le2, Le3, Le13, Le14, Bl18, MP4, MP6, Gb43, Pc6

柴胡清肝湯

Chai Hu Qing Gan Tang

Dekokt mit Bupleuri Radix zum Klären der Leber

Zusammensetzung:

Huang Qin (Scutellariae Radix)	3 g
Huang Lian (Coptidis Rhizoma)	3 g
Huang Bo (Phellodendri Cortex)	3 g
Zhi Zi (Gardeniae Fructus)	4,5 g
Sheng Di Huang (Rehmanniae Radix)	4,5 g
Dang Gui (Angelicae Sinensis Radix)	6 g
Bai Shao Yao (Paeoniae Radix Alba)	4,5 g
Chuan Xiong (Ligustici Chuanxiong Rhizoma)	3 g
Chai Hu (Bupleuri Radix)	4,5 g
Jie Geng (Platycodi Radix)	3 g
Niu Bang Zi (Arctii Fructus)	4,5 g
Lian Qiao (Forsythiae Fructus)	6 g
Tian Hua Fen (Trichosanthis Radix)	3 g
Bo He (Menthae Haplocalycis Herba)	3 g
Gan Cao (Glycyrrhizae Radix et Rhizoma)	3 g

Abb.: 30 Die Klette (*Arctium* spec.) ist auch in Deutschland heimisch. Als Arznei öffnet und kühlt sie die Oberfläche.

Wirkt auf

Funktionskreis Leber
Funktionskreis Gallenblase
Funktionskreis Dreifach-Erwärmer

Geschmacksrichtung: scharf, bitter
Temperaturverhalten: kalt
Wirkrichtung: leicht emporhebend
Wirkort: mittlerer Erwärmer, Leitbahnen

Chinesisch-therapeutische Wirkung:

- Klärt Hitze aus den Leitbahnen von Leber, Gallenblase und Dreifach-Erwärmer

Klinische Anwendung:

- Lymphknotenschwellung mit Hitze
- Druse
- Fieber
- Juckreiz
- Futtermittelallergie
- Sommerekzem
- Hörverlust
- systemischer Lupus erythematodes
- Pododermatitis
- Virushepatitis
- chronische Entzündung der Gebärmutter

Huang Qin (Scutellariae Radix), Huang Lian (Coptidis Rhizoma), Huang Bo (Phellodendri Cortex) und Zhi Zi (Gardeniae Fructus) klären Hitze und leiten Feuer aus dem gesamten Körper.

Sheng Di Huang (Rehmanniae Radix), Dang Gui (Angelicae Sinensis Radix), Bai Shao Yao (Paeoniae Radix Alba) und Chuan Xiong (Ligustici Chuanxiong Rhizoma) tonisieren das Xue und lösen Xue-Stasen.

Chai Hu (Bupleuri Radix) leitet die Rezeptur in Leber und Gallenblase.

Jie Geng (Platycodi Radix) klärt Hitze aus Kopf, Augen, Hals und Brust.

Niu Bang Zi (Arctii Fructus) und Lian Qiao (Forsythiae Fructus) klären Hitze aus Lunge und Haut.

Tian Hua Fen (Trichosanthis Radix) tonisiert JinYe und reduziert Schwellungen.

Bo He (Menthae Haplocalycis Herba) klärt Hitze und löst Leber-Qi-Stagnation.

Gan Cao (Glycyrrhizae Radix et Rhizoma) harmonisiert die Arzneien.

Modifikationen:

- Bei Wind-Hitze-Symptomen werden Qiang Huo (Notopterygii Rhizoma seu Radix) und Jing Jie (Schizonepetae Herba) hinzugefügt.

Kontraindikationen:

- Diese Rezeptur sollte nicht bei Yin-Mangel-Symptomen verordnet werden.
- *Chai Hu Qing Gan Tang* ist in der Trächtigkeit verboten!

Korrespondierende Akupunkturpunkte: Di11, Le2, Le3, Ma44, 3E5, 3E6, MP3, MP6, Lu5, Lu7, Bl18, Bl40

抑肝散

Yi Gan San

Pulver zum Bändigen der Leber

Zusammensetzung:

Chai Hu (Bupleuri Radix)	1,5 g
Gou Teng (Uncariae Ramulus)	3 g
Dang Gui (Angelicae Sinensis Radix)	3 g
Chuan Xiong (Ligustici Chuanxiong Rhizoma)	2,4 g
Bai Zhu (Atractylodis Macrocephalae Rhizoma)	3 g
Fu Ling (Poriae Sclerotium)	3 g
Gan Cao (Glycyrrhizae Radix et Rhizoma)	1,5 g

Abb. 31: Die hier abgebildete Katzenkralle (*Uncaria tomentosa*), eine Verwandte der TCM-Pflanze *Uncaria rhynchophylla*, wird auch in der westlichen Phytotherapie verwendet.

Wirkt auf

Funktionskreis Leber

Funktionskreis Milz-Pankreas

Temperaturverhalten: kalt

Geschmacksrichtung: bitter, süß

Wirkort: mittlerer Erwärmer

Wirkrichtung: absenkend

Chinesisch-therapeutische Wirkung:

- Beruhigt die Leber
- Klärt Leber-Hitze
- Nährt das Leber-Xue
- Stärkt die Milz

Klinische Anwendung:

- nächtliche Unruhe
- Reizbarkeit
- Ängstlichkeit
- Nervosität
- Muskelhypertrophie
- Kolik
- Erbrechen
- Epilepsie

Chai Hu (Bupleuri Radix) und Gou Teng (Uncariae Ramulus) beruhigen die Leber und klären Leber-Hitze.

Dang Gui (Angelicae Sinensis Radix) und Chuan Xiong (Ligustici Chuanxiong Rhizoma) nähren das Leber-Xue und machen die Leber weich.

Bai Zhu (Atractylodis Macrocephalae Rhizoma) und Fu Ling (Poriae Sclerotium) tonisieren den Funktionskreis Milz-Pankreas.

Gan Cao (Glycyrrhizae Radix et Rhizoma) harmonisiert die Arzneien.

Modifikationen:

- Bei gleichzeitigen Qi- und Xue-Mangel werden Ren Shen (Ginseng Radix et Rhizoma), Huang Qi (Astragali Radix), Bai Shao Yao (Paeoniae Radix Alba), Shu Di Huang (Rehmanniae Radix Praeparatae) und Sheng Di Huang (Rehmanniae Radix) hinzugefügt.
- Bei Koliksymptomen und Berührungsempfindlichkeit in den Flanken werden Zhi Shi (Citri Aurantii Immaturi Fructus) und Hou Po (Magnoliae Officinalis Cortex) dazugegeben.
- Bei nächtlicher Unruhe und Reizbarkeit werden Suan Zao Ren (Ziziphi Spinosae Semen) und Bai Zi Ren (Platycladi Semen) ergänzt.
- Bei ataktischen Bewegungen und gestörtem Shen werden Bai Shao Yao (Paeoniae Radix Alba) und Suan Zao Ren (Ziziphi Spinosae Semen) hinzugefügt.

Kontraindikationen: *Yi Gan San* ist in der Trächtigkeit verboten!

Korrespondierende Akupunkturpunkte: Le2, Le3, Le8, Le13, MP6, MP10, Gb34, Pc6, He7

逍遙散

Xiao Yao San

Umherstreifen-Pulver

Zusammensetzung:

Chai Hu (Bupleuri Radix)	9 g
Dang Gui (Angelicae Sinensis Radix)	9 g
Bai Shao Yao (Paeoniae Radix Alba)	9 g
Bai Zhu (Atractylodis Macrocephalae Rhizoma)	9 g
Fu Ling (Poriae Radix Alba)	9 g
Pao Jiang (Zingiberis Rhizoma Praeparatae)	4,5 g
Bo He (Menthae Haplocalycis Herba)	4,5 g
Zhi Gan Cao (Glycyrrhizae Radix et Rhizoma)	4,5 g

Abb. 32: Die hier gezeigte Erzengelwurz (*Angelica archangelica*) ist auch in Europa heimisch. In der TCM wird hingegen häufig die Engelwurz-Art *Angelica sinensis* verwendet.

Wirkt auf

Funktionskreis Leber
Funktionskreis Milz-Pankreas
Funktionskreis Gallenblase

Temperaturverhalten: warm
Geschmacksrichtung: leicht scharf, leicht bitter
Wirkrichtung: leicht emporhebend
Wirkort: mittlerer Erwärmer

Chinesisch-therapeutische Wirkung:

- Besänftigt die Leber
- Beseitigt Leber-Qi-Stagnationen
- Tonisiert den Funktionskreis Milz-Pankreas
- Tonisiert das Xue

Klinische Anwendung:
- Reizbarkeit
- Aggressionsneigung
- Berührungsempfindlichkeit am Bauch und an den Flanken
- Gastritis
- Reizdarm
- Stresssymptome
- Depressionen
- Eierstockzysten
- Hepatitis
- sexuelle Funktionsstörungen

Chai Hu (Bupleuri Radix) bändigt das Leber-Qi und löst Leber-Qi-Stagnationen.

Dang Gui (Angelicae Sinensis Radix) und Bai Shao Yao (Paeoniae Radix Alba) tonisieren das Xue, nähren das Yin und machen die Leber weich.

Bai Zhu (Atractylodis Macrocephalae Rhizoma) und Fu Ling (Poriae Radix Alba) tonisieren den Funktionskreis Milz-Pankreas, um die Xue-Bildung zu unterstützen.

Pao Jiang (Zingiberis Rhizoma Praeparatae) wärmt den Magen.

Bo He (Menthae Haplocalycis Herba) klärt Hitze und unterstützt Chai Hu (Bupleuri Radix) dabei, die Leber-Qi-Stagnation zu beseitigen.

Zhi Gan Cao (Glycyrrhizae Radix et Rhizoma) harmonisiert die Arzneien.

Modifikationen:
- Bei Reizbarkeit, Aggressionen und anderen Hitzezeichen werden Mu Dan Pi (Moutan Cortex) und Zhi Zi (Gardeniae Fructus) dazugegeben.
- Bei Qi-Mangel werden Huang Qi (Astragali Radix) und Ren Shen (Ginseng Radix et Rhizoma) ergänzt.
- Bei Xue-Mangel wird Shu Di Huang (Rehmanniae Radix Praeparatae) hinzugefügt.
- Bei Rosse- oder Läufigkeitsproblemen werden Yi Mu Cao (Leonuri Herba) und Dang Shen (Salviae Miltiorrhizae Radix et Rhizoma) ergänzt.
- Bei nächtlicher Unruhe durch Stress und Aufregung werden Suan Zao Ren (Ziziphi Spinosae Semen) und Zhen Zhu Mu (Margaritiferae Concha) dazugegeben.

Kontraindikationen:
- Bei Leber- und Nieren-Yin-Mangel sollte diese Rezeptur mit Vorsicht angewendet werden, da es zu Schmerzen im Abdomen und zu Koliksymptomen kommen kann.
- In der Trächtigkeit ist *Xiao Yao San* kontraindiziert!

Korrespondierende Akupunkturpunkte: Le3, Le5, Le13, Le14, Bl18, Bl20, MP6, Ma35, Gb34

痛瀉要方

Tong Xie Yao Fang

Wichtige Rezeptur für schmerzhafte Diarrhö

Zusammensetzung:

Bai Zhu (Atractylodis Macrocephalae Rhizoma)	6 g
Bai Shao Yao (Paeoniae Radix Alba)	6 g
Chen Pi (Citri Reticulatae Pericarpium)	4,5 g
Fang Feng (Ledebouriellae Saposhnikoviae Radix)	3 g

Abb. 33: Diese Speichelkraut-Art (*Atractylodes macrocephala*) wächst nur in Zentralchina. Ihre Wurzel tonisiert das Qi.

Wirkt auf

Funktionskreis Milz-Pankreas
Funktionskreis Leber

Temperaturverhalten: warm
Geschmacksrichtung: scharf, süß
Wirkrichtung: tief
Wirkort: mittlerer Erwärmer, Verdauungstrakt

Chinesisch-therapeutische Wirkung:

- Tonisiert den Funktionskreis Milz-Pankreas
- Beruhigt den Leber-Funktionskreis
- Vertreibt Feuchtigkeit

Klinische Anwendung:

- Diarrhö
- Kolik
- Colitis
- Schmerzen im Abdomen, die sich nach Kotabsatz nicht verbessern
- Diarrhö bei Katzen als Sekundärproblematik bei Schilddrüsenüberfunktion
- chronische Enteritis
- IBD (Inflammatory bowel disease)

Bai Zhu (Atractylodis Macrocephalae Rhizoma) tonisiert den Funktionskreis Milz-Pankreas und trocknet Feuchtigkeit.

Bai Shao Yao (Paeoniae Radix Alba) nährt das Xue und lindert Schmerzen, indem es den Funktionskreis Leber beruhigt und das Leber-Qi besänftigt.

Chen Pi (Citri Reticulatae Pericarpium) reguliert das Qi, trocknet Feuchtigkeit und harmonisiert den Magen.

Fang Feng (Ledebouriellae Saposhnikoviae Radix) verteilt das Leber-Qi und verhindert, dass die Leber die Milz attackiert.

Modifikationen:

- Bei chronischer Diarrhö wird Sheng Ma (Cimicifugae Rhizoma) ergänzt.
- Bei Diarrhö durch Hyperthyreoidismus werden Ge Gen (Puerariae Lobatae Radix), Mu Li (Ostrea Concha) und Xia Ku Cao (Prunellae Spica) hinzugefügt und die Dosierung von Bai Shao Yao (Paeoniae Radix Alba) und Fang Feng (Ledebouriellae Saposhnikoviae Radix) erhöht.

- Bei Diarrhö mit chronischer Hepatitis werden Ge Gen (Puerariae Lobatae Radix) und Shan Zha (Crataegi Fructus), Fu Ling (Poriae Sclerotium) und Yi Yi Ren (Coicis Semen) dazugegeben.
- Bei chronischer Enteritis werden Ge Gen (Puerariae Lobatae Radix) und Shan Sha (Crataegi Fructus) ergänzt.
- Bei Yang-Mangel und Kälte wird Gan Jiang (Zingiberis Rhizoma) hinzugefügt.

Kontraindikationen:

- Diese Rezeptur ist nicht zur Langzeitanwendung geeignet.
- Fang Feng (Ledebouriellae Saposhnikoviae Radix) sollte in der Dosierung nicht zu sehr erhöht werden, da dadurch das Äußere zu sehr entlastet werden könnte. Das wiederum führt dazu, dass sich die Oberfläche öffnet und so pathogene Faktoren leichter in den Körper eindringen können.
- *Mögliche Nebenwirkung:* Bei Pferden kann es zu vermehrtem Schwitzen kommen.

Korrespondierende Akupunkturpunkte: Le2, Le3, Le13, Bl18, MP56, Bl20, Ma36, KG12, Ma25

3.3 Magen und Darm harmonisierende Rezepturen

半夏瀉心湯

Ban Xia Xie Xin Tang

Pinellia-Dekokt, das das Epigastrium abfließen lässt

Anmerkung der Autorin:
Xie Xin / 瀉心 bedeutet wörtlich „das Herz entlasten". Hier bezieht sich der Ausdruck allerdings auf die Entlastung der Region unterhalb des Herzens, das Epigastrium. Aus diesem Grund wurde die Übersetzung geändert, um die tatsächliche Anwendung wiederzugeben.

Zusammensetzung:

Fa Ban Xia (Pinelliae Rhizoma Praeparatae)	9 g
Gan Jiang (Zingiberis Rhizoma)	9 g
Huang Qin (Scutellariae Radix)	9 g
Huang Lian (Coptidis Rhizoma)	3 g
Ren Shen (Ginseng Radix et Rhizoma)	9 g
Da Zao (Jujubae Fructus)	12 g
Zhi Gan Cao (Glycyrrhizae Radix et Rhizoma Praeparatae cum Melle)	6 g

Abb. 34: Die Zubereitung *Pinelliae Rhizoma Praeparatae* besteht aus der nach spezieller Methode aufbereiteten Mittsommerknolle (*Pinellia ternata*).

Hinweis:
In der Originalrezeptur wird die Kaiserarznei in der unpräparierten Form der Mitsommerknolle (Ban Xia; botanisch: *Pinellia ternata*) verwendet. Diese ist aufgrund ihrer Giftigkeit in Europa nur in der präparierten Form, Fa Ban Xia, erhältlich.

Wirkt auf
Funktionskreis Magen
Funktionskreis Milz-Pankreas

Temperaturverhalten: neutral
Geschmacksrichtung: scharf, bitter
Wirkrichtung: leicht absenkend
Wirkort: mittlerer Erwärmer, Verdauungsapparat

Chinesisch-therapeutische Wirkung:
- Harmonisiert den Magen
- Korrigiert rebellierendes Qi
- Zerstreut gleichzeitig auftretende Hitze und Kälte
- Kanalisiert Schleim
- Tonisiert das Qi

Klinische Anwendung:
- chronische Gastritis
- Refluxösophagitis
- IBD (Inflammatory bowel disease)
- Colitis
- Erbrechen

Fa Ban Xia (Pinelliae Rhizoma Praeparatae) löst Stagnationen, leitet Schleim aus und leitet gegenläufiges Magen-Qi nach unten.

Gan Jiang (Zingiberis Rhizoma) wärmt den mittleren Erwärmer und zerstreut Kälte.

Huang Qin (Scutellariae Radix) und Huang Lian (Coptidis Rhizoma) kühlen Hitze und zerstreuen Spannungen im Abdomen.

Ren Shen (Ginseng Radix et Rhizoma), Da Zao (Jujubae Fructus) und Zhi Gan Cao (Glycyrrhizae Radix et Rhizoma Praeparatae cum Melle) tonisieren den mittleren Erwärmer und stärken die Milz.

Modifikationen:

- Bei Diarrhö und Schmerzen im Abdomen werden Chuan Mu Xiang (Vladimiriae Radix) und Bai Shao Yao (Paeoniae Radix Alba) hinzugefügt.
- Bei Erbrechen und Aufstoßen werden Chen Pi (Citri Reticulatae Pericarpium) und Fu Ling (*Poria alba*) ergänzt.
- Bei Erbrechen mit viel Schleim wird diese Rezeptur mit *Er Chen Tang* (Zweifach behandelndes Dekokt, siehe Seite 328) kombiniert.
- Bei Nahrungsstagnation werden Shan Zha (Crataegi Fructus) und Shen Qu (Massa Medicata Fermentata) hinzugefügt. **(Bei Pferden niedrig dosieren und nur kurzzeitig anwenden!)**
- Bei dickem Zungenbelag werden Hou Po (Magnoliae Officinalis Cortex) und Cang Zhu (Atractylodis Rhizoma) ergänzt.
- Bei ausgeprägten Qi-Mangel wird die Dosierung von Ren Shen (Ginseng Radix et Rhizoma) erhöht.

Kontraindikationen: In der Trächtigkeit ist diese Rezeptur verboten!

Korrespondierende Akupunkturpunkte: Ma36, KG12, Pc6, Ma25, KG6, MP4, MP6, Bl20, Bl21

甘草瀉心湯

Gan Cao Xie Xin Tang

Dekokt mit Glycyrrhizae Radix et Rhizoma, das das Epigastrum abfließen lässt

> **Anmerkung der Autorin:**
> Xie Xin / 瀉心 bedeutet wörtlich „das Herz entlasten". Hier bezieht sich der Ausdruck allerdings auf die Entlastung der Region unterhalb des Herzens, das Epigastrium. Aus diesem Grund wurde die Übersetzung geändert, um die tatsächliche Anwendung wiederzugeben.

Zusammensetzung:

Fa Ban Xia (Pinelliae Rhizoma Praeparatae)	9 g
Gan Jiang (Zingiberis Rhizoma)	6 g
Huang Qin (Scutellariae Radix)	6 g
Huang Lian (Coptidis Rhizoma)	3 g
Ren Shen (Ginseng Radix et Rhizoma)	6 g
Da Zao (Jujubae Fructus)	12 g
Zhi Gan Cao (Glycyrrhizae Radix et Rhizoma Praeparatae cum Melle)	12 g

Wirkt auf
Funktionskreis Magen
Funktionskreis Milz-Pankreas
Funktionskreis Leber

Temperaturverhalten: neutral
Geschmacksrichtung: scharf, bitter
Wirkrichtung: leicht absenkend
Wirkort: mittlerer Erwärmer, Verdauungsapparat

Chinesisch-therapeutische Wirkung:
- Löst Qi-Stagnationen auf
- Harmonisiert den Magen
- Leitet Kälte aus
- Tonisiert die Funktionskreise Milz-Pankreas und Magen

Klinische Anwendung:
- Gastritis
- Magengeschwüre
- Diarrhö
- Erbrechen
- unverdaute Nahrungsreste im Kot
- Aggressionsneigung
- Koliksymptome
- chronische Hepatitis
- Leberzirrhose

Abb. 35: Die Wurzel des Echten Süßholzes (*Glycyrrhiza glabra*) tonisiert das Qi und harmonisiert die Arzneien.

Fa Ban Xia (Pinelliae Rhizoma Praeparatae) löst Stagnationen und leitet gegenläufiges Magen-Qi nach unten.

Gan Jiang (Zingiberis Rhizoma) wärmt den mittleren Erwärmer und vertreibt Kälte.

Huang Qin (Scutellariae Radix) und Huang Lian (Coptidis Rhizoma) sedieren Hitze und erleichtern Schmerzen im Abdomen.

Ren Shen (Ginseng Radix et Rhizoma) und Da Zao (Jujubae Fructus) tonisieren den mittleren Erwärmer und stärken die Milz.

Zhi Gan Cao (Glycyrrhizae Radix et Rhizoma Praeparatae cum Melle) tonisiert in dieser hohen Dosierung stark den Magen und behandelt Diarrhö mit unverdauten Nahrungsresten im Kot.

Modifikationen:

- Bei Diarrhö und Schmerzen im Abdomen werden Chuan Mu Xiang (Vladimiriae Radix) und Bai Shao Yao (Paeoniae Radix Alba) hinzugefügt.
- Bei Erbrechen und Aufstoßen werden Chen Pi (Citri Reticulatae Pericarpium) und Fu Ling (Poriae Sclerotium) dazugegeben.
- Bei Erbrechen mit viel Schleim wird diese Rezeptur mit *Er Chen Tang* (Zweifach behandelndes Dekokt, siehe Seite 328) kombiniert.

Kontraindikationen:

- Diese Rezeptur ist in der Trächtigkeit kontraindiziert.
- Sie ist nicht zur Langzeitanwendung geeignet.
- Bei längerer Anwendung kann es durch die hohe Dosierung von Zhi Gan Cao (Glycyrrhizae Radix et Rhizoma Praeparatae cum Melle) zu erhöhtem Blutdruck kommen.

Korrespondierende Akupunkturpunkte: KG12, Pc6, Ma25, KG6, Ma36, Dü3, Le13, Bl20, Bl21, Le3

黃連湯

Huang Lian Tang

Coptidis-Rhizoma-Dekokt

Zusammensetzung:

Huang Lian (Coptidis Rhizoma)	6 g
Gan Jiang (Zingiberis Rhizoma)	6 g
Gui Zhi (Cinnamomi Ramulus)	6 g
Fa Ban Xia (Pinelliae Rhizoma Praeparatae)	9 g
Ren Shen (Ginseng Radix et Rhizoma)	3 g
Da Zao (Jujubae Fructus)	8 g
Zhi Gan Cao (Glycyrrhizae Radix et Rhizoma Praeparatae cum Melle)	6 g

Abb. 36: Zur Pflanzengattung *Coptis* (Goldfaden) gehören ca. 15 Arten. Die medizinische Wirkung vieler Arten wurde untersucht und klinisch bestätigt.

Wirkt auf

Funktionskreis Magen
Funktionskreis Milz-Pankreas
Funktionskreis Leber

Temperaturverhalten: warm
Geschmacksrichtung: scharf, bitter
Wirkrichtung: absenkend
Wirkort: mittlerer Erwärmer, Verdauungstrakt

Chinesisch-therapeutische Wirkung:

- Reguliert Ungleichgewicht zwischen Hitze und Kälte
- Harmonisiert den Magen
- Senkt rebellierendes Magen-Qi ab
- Wärmt die Mitte und die Leitbahnen
- Klärt Hitze im Magen

Klinische Anwendung:

- Magengeschwüre
- Gastritis
- Erbrechen
- Schmerzen im Abdomen
- Nahrungsvergiftung

Huang Lian (Coptidis Rhizoma) klärt Hitze im Magen und im vorderen Erwärmer.

Gan Jiang (Zingiberis Rhizoma) wärmt den mittleren und den hinteren Erwärmer.

Gui Zhi (Cinnamomi Ramulus) vertreibt Kälte und wärmt die Leitbahnen.

Fa Ban Xia (Pinelliae Rhizoma Praeparatae) harmonisiert den Magen und lindert Übelkeit.

Ren Shen (Ginseng Radix et Rhizoma), Da Zao (Jujubae Fructus) und Zhi Gan Cao (Glycyrrhizae Radix et Rhizoma Praeparatae cum Melle) tonisieren und harmonisieren den mittleren Erwärmer.

Zusätzlich harmonisiert Zhi Gan Cao (Glycyrrhizae Radix et Rhizoma Praeparatae cum Melle) die Arzneien.

Modifikationen:

- Bei Obstipation wird Da Huang (Rhei Radix et Rhizoma) ergänzt.
- Bei wässriger Diarrhö und Kot mit Schleim werden Zhi Shi (Citri Aurantii Fructus) und Bai Zhu (Atractylodis Macrocephalae Rhizoma) hinzugefügt.
- Bei Erbrechen und Diarrhö werden Chuan Mu Xiang (Vladimiriae Radix) und Bai Shao Yao (Paeoniae Radix Alba) dazugegeben.

Kontraindikationen:

- *Huang Lian Tang* ist in der Trächtigkeit kontraindiziert.
- Es sollte nicht bei Übelkeit und Erbrechen aufgrund von Magen-Yin-Mangel verordnet werden.

Korrespondierende Akupunkturpunkte: KG12, Ma25, Ma36, Ma42, MP3, MP6, KG6, Dü3, Ni9

4
Hitze klärende Rezepturen

Hitze klärende Rezepturen werden verordnet, wenn die Erkrankung mit Wärme, Hitze und Feuer einhergeht. Diese drei Pathogene unterscheiden sich lediglich in ihrer unterschiedlichen Ausprägung.

Hitze kann von außen eindringen oder durch innere pathogene Prozesse entstehen. Von außen können verschiedene pathogene Faktoren (Liu Yin) eindringen, die sich im Inneren in Hitze umwandeln können – zum Beispiel eine Erkältung, die sich im Inneren in eine Lungenentzündung umwandelt. Im Inneren entsteht Hitze durch emotionale Ursachen oder ein Ungleichgewicht in einem oder mehreren Zang-Fu. Sobald sich eine Hitze im Körper gebildet hat, kann sie sich in unterschiedlichen Körperschichten aufhalten und mehrere Zang-Fu schädigen. Die Zang-Fu, die hauptsächlich durch Hitze geschädigt werden, sind Herz, Leber, Gallenblase, Lunge, Magen, Dick- und Dünndarm.

Hitze klärende Rezepturen leiten Hitze aus, klären Feuer, kühlen das Xue, eliminieren Toxine und tonisieren das Yin. Bei diesen Disharmoniemustern ist die Zunge rot bis dunkelrot, und der Puls ist voll und schnell.

Bei Sommer-Hitze kann der Puls zusätzlich schlüpfrig sein.

Klinische Anwendungen:
- Fieber
- Blutungen
- Husten
- Lungenentzündung
- Gastritis
- Magengeschwüre
- Hepatitis
- Colitis
- Nierenerkrankungen
- Diabetes
- Konjunktivitis
- Otitis
- Gingivitis
- Rachenentzündung
- Prostatitis
- Cystitis
- Mastitis
- Harnwegsinfektionen

Untergeordnete Wirkkategorien

Aufgrund der komplexen Eigenschaften werden Hitze-Erkrankungen in sieben Unterkategorien eingeteilt (siehe unten).

Hitze kann in die Qi-, Ying- oder Xue-Schicht eindringen oder verschiedene Zang- und Fu-Organe schädigen. Außerdem kann Hitze unterschiedlich stark ausgeprägt sein (Wärme, Hitze oder Feuer) und unterschiedliche Eigenschaften mit sich bringen. (Fülle-Hitze, Mangel-Hitze, Sommer-Hitze oder Hitze-Toxine).

Die Qi-Schicht klärende Rezepturen:
Qi-Schicht klärende Rezepturen sind vor allem bei Fieber mit oder ohne Infektionen angezeigt, da diese Rezepturen eine stark fiebersenkende Wirkung haben.

Die Ying-Schicht klärende und das Xue kühlende Rezepturen:
Ying-Schicht klärende und Xue kühlende Rezepturen werden bei Fieber verordnet, und um Blutungen zu stillen.

Die Qi- und die Xue-Schicht klärende Rezepturen:
Qi- und Xue-Schicht klärende Rezepturen sind bei Fieber und Infektionen indiziert. Diese Rezepturen klären gleichzeitig die Qi- und die Xue-Schicht.

Hitze klärende und Toxine beseitigende Rezepturen:
Hitze klärende und Toxine beseitigende Rezepturen haben eine starke antibiotische Wirkung und werden häufig bei entzündungsbedingten, bakteriellen und viralen Erkrankungen eingesetzt.

Zang-Fu klärende Rezepturen:
Zang-Fu klärende Rezepturen haben antibiotische und entzündungshemmende Eigenschaften und werden bei Erkrankungen der inneren Organe, der Augen oder der Ohren verordnet, die durch Infektionen und Entzündungen gekennzeichnet sind.

Mangel-Hitze klärende Rezepturen:

Mangel-Hitze klärende Rezepturen werden bei Fieber, aufgrund einer Tumorerkrankung, nach Operationen oder auch bei Frakturen verordnet.

Sommer-Hitze zerstreuende Rezepturen:

Sommer-Hitze zerstreuende Rezepturen werden bei Erkrankungen verordnet, die durch Hitze und Feuchtigkeit gekennzeichnet sind und in den Sommermonaten auftreten.

Kontraindikationen und Behandlungshinweise:

- Hitze klärende Rezepturen sollten nur verordnet werden, wenn keine Außen-Symptome vorhanden sind, oder wenn die äußeren Symptome bereits aufgelöst wurden, so dass nur noch Hitze im Inneren besteht.
- Besteht die Hitze sowohl im Inneren wie auch im Äußeren, müssen gleichzeitig das Äußere entlastet und das Innere geklärt werden.
- Hitze klärende Rezepturen sollten nicht alleine verordnet werden, wenn sich im Inneren Stagnationen oder Verhärtungen gebildet haben. In diesen Fällen sollten nach unten ableitende Rezepturen **(Vorsicht bei Pferden, da Kolikgefahr besteht)** verordnet werden, die die Stagnationen beseitigen.

Werden Hitze klärende Rezepturen verschrieben, muss auf folgende Sicherheitsmaßnahmen geachtet werden:

- **Es ist zwingend zu klären,** ob es sich um eine Fülle- oder eine Mangel-Hitze handelt.
- Über eine TCM-Diagnose ist zu klären, welches Zang-Fu betroffen ist.
- Hitze klärende Rezepturen können den Magen schädigen und das Yang verbrauchen.
- Warme Arzneien mäßigen die starken, bitteren und kalten Arzneien.
- Eine kleine Menge an warmen Arzneien verbessert die Gesamtwirkung der Rezeptur, da sie so vom Körper besser aufgenommen wird.

4.1 Die Qi-Schicht klärende Rezepturen

白虎湯

Bai Hu Tang

Weißer-Tiger-Dekokt

Zusammensetzung:

Shi Gao (Gypsum Fibrosum)	30 g
Zhi Mu (Anemarrhenae Rhizoma)	9 g
Zhi Gan Cao (Glycyrrhizae Radix et Rhizoma Praeparatae cum Melle)	3 g
Geng Mi (Oryzae Semen)	9 g

Abb. 37: *Anemarrhena asphodeloides* gehört zu den Spargelgewächsen und wird in China als Fiebermittel verwendet.

Wirkt auf

Funktionskreis Lunge
Funktionskreis Magen
Funktionskreis Dickdarm

Temperaturverhalten: sehr kalt
Geschmacksrichtung: süß, scharf, bitter
Wirkrichtung: tief
Wirkort: vorderer Erwärmer

Chinesisch-therapeutische Wirkung:

- Hitze kühlend
- Feuer ausleitend
- JinYe erzeugend

Klinische Anwendung:

- hohes Fieber
- bakterielle Infektionen
- virale Infektionen
- Influenza
- Meningitis
- Lungenentzündung
- Gingivitis
- Diabetes

Shi Gao (Gypsum Fibrosum) klärt Hitze in den Leitbahnen und der Qi-Schicht.

Zhi Mu (Anemarrhenae Rhizoma) klärt innere Fülle-Hitze, tonisiert das Yin und befeuchtet Trockenheit.

Zhi Gan Cao (Glycyrrhizae Radix et Rhizoma Praeparatae cum Melle) und Geng Mi (Oryzae Semen) tonisieren und schützen den Magen und verhindern, dass der mittlere Erwärmer durch die kalten Arzneien geschädigt wird.

Modifikationen:

- Bei Fülle-Hitze, die Yin und JinYe aufbraucht, wird Mai Men Dong (Ophiopogonis Radix) ergänzt.
- Bei Gingivitis und Zahnschmerzen werden Huang Lian (Coptidis Rhizoma), Huang Qin (Scutellariae Radix) und Bai Zhi (Angelicae Dahuricae Radix) hinzugefügt.
- Bei Obstipation und viel Durst werden Da Huang (Rhei Radix et Rhizoma) und Mang Xiao (Natrii sulfas) ergänzt. **(Achtung! Kolikgefahr beim Pferd.)**
- Bei geschwollenem und schmerzhaftem Zahnfleisch, viel Durst und trockenem Kot werden Xuan Shen (Scrophulariae Radix) und Huai Niu Xi (Achyranthis Radix) dazugegeben.
- Bei Qi-Mangel werden Dang Shen (Codonopsitis Radix) und Huang Qi (Astragali Radix) ergänzt.
- Bei Yin-Mangel werden Shu Di Huang (Rehmanniae Radix Praeparatae) und Shi Hu (Dendrobii Caulis) hinzugefügt, und der Anteil an Mai Men Dong (Ophiopogonis Radix) wird erhöht.

Kontraindikationen:

- *Bai Hu Tang* ist kontraindiziert bei einem dünnen und tiefen Puls.
- Bei Fieber aufgrund eines Xue-Mangels darf diese Rezeptur nicht verordnet werden.
- Sie ist kontraindiziert bei Falscher Hitze.

Korrespondierende Akupunkturpunkte: Di11, Lu5, Lu9, 3E5, LG14

竹葉石膏湯

Zhu Ye Shi Gao Tang

Dekokt mit Lophatherum und Gypsum

Zusammensetzung:

Dan Zhu Ye (Lophatheri Herba)	15 g
Shi Gao (Gypsum Fibrosum)	30 g
Ren Shen (Ginseng Radix et Rhizoma)	5 g
Mai Men Dong (Ophiopogonis Radix)	15 g
Fa Ban Xia (Pinelliae Rhizoma Praeparatae)	9 g
Zhi Gan Cao (Glycyrrhizae Radix et Rhizoma Praeparatae cum Melle)	3 g
Geng Mi (Oryzae Semen)	15 g

Abb. 38: Für Lophatheri Herba wird eine Süßgras-Art (*Lophatherum* spec.) verwendet, die im Aussehen an Bambus (hier im Bild) erinnert. In der TCM wird es eingesetzt, um Glut zu kühlen.

Anmerkung der Autorin:
In der Originalrezeptur ist Ban Xia (Pinelliae Rhizoma; botanisch *Pinellia ternata*, die Mittsommerknolle) enthalten, das ich hier durch die präparierte und damit ungiftige Form, Fa Ban Xia (Pinelliae Rhizoma Praeparatae), ersetzt habe.

Wirkt auf

Funktionskreis Magen
Funktionskreis Milz-Pankreas
Funktionskreis Lunge

Temperaturverhalten: kalt
Geschmacksrichtung: süß, scharf
Wirkrichtung: emporhebend
Wirkort: vorderer und mittlerer Erwärmer

Chinesisch-therapeutische Wirkung:

- Leitet Hitze aus
- Fördert die Bildung der JinYe
- Tonisiert das Qi
- Tonisiert das Yin
- Harmonisiert den Magen

Klinische Anwendung:

- Fieber
- Influenza
- Lungenentzündung
- Gingivitis
- Gastritis
- Bronchitis
- Asthma
- Diabetes

Dan Zhu Ye (Lophatheri Herba) und Shi Gao (Gypsum Fibrosum) leiten innere Hitze aus.

Ren Shen (Ginseng Radix et Rhizoma) tonisiert das Qi.

Mai Men Dong (Ophiopogonis Radix) tonisiert das Yin.

Fa Ban Xia (Pinelliae Rhizoma Praeparatae) senkt rebellierendes Magen-Qi ab und reduziert die Bildung von Feuchtigkeit und Schleim.

Zhi Gan Cao (Glycyrrhizae Radix et Rhizoma Praeparatae cum Melle) und Geng Mi (Oryzae Semen) harmonisieren den Magen.

Modifikationen:

- Bei lediglich geringer Magen-Hitze wird Shi Gao (Gypsum Fibrosum) niedriger dosiert.
- Bei Husten und Atemnot wird Xing Ren (Armeniacae Semen) hinzugefügt.
- Bei Qi- und Yin-Mangel mit viel Durst werden Huang Qi (Astragali Radix) und Wu Wei Zi (Schisandrae Fructus) ergänzt.
- Bei Husten mit viel Schleim werden Bei Mu (Fritillariae Bulbus) und Ju Hong (Citri Reticulatae Exocarpium) hinzugefügt.
- Bei Magen-Yin-Mangel und Magen-Feuer mit Maulgeschwüren werden Shi Hu (Dendrobii Caulis) und Tian Hua Fen (Trichosanthis Radix) dazugegeben.
- Bei Magen-Feuer mit übermäßigem Hunger werden Tian Hua Fen (Trichosanthis Radix) und Zhi Mu (Anemarrhenae Rhizoma) hinzugefügt.

Kontraindikationen:

- *Zhu Ye Shi Gao Tang* ist bei einer akuten Fülle-Erkrankung ohne Mangel kontraindiziert.
- Es sollte nicht in der Trächtigkeit verordnet werden!

Korrespondierende Akupunkturpunkte: Lu5, Lu9, Ma36, Ma42, MP3, MP4, MP6

4.2 Die Ying-Schicht klärende und das Xue kühlende Rezepturen

清營沖劑

SR-Rezeptur Nr. 1, um die Ying-Schicht zu klären

Granulat, das die Nährschicht klärt

Zusammensetzung:

Chi Shao Yao (Paeoniae Radix Rubra)	9 g
Zhi Zi (Gardeniae Fructus)	9 g
Sheng Di Huang (Rehmanniae Radix)	15 g
Mai Men Dong (Ophiopogonis Radix)	9 g
Xuan Shen (Scrophulariae Radix)	12 g
Jin Yin Hua (Lonicera Flos)	9 g
Lian Qiao (Forsythiae Fructus)	6 g
Huang Lian (Coptidis Rhizoma)	4,5 g
Dan Zhu Ye (Lophatheri Herba)	5 g
Dan Shen (Salviae Miltiorrhizae Radix et Rhizoma)	9 g

Abb. 39: Die „Rote Pfingstrosenwurzel", gewonnen aus *Paeonia lactiflora* oder *P. veitchii*, trägt diesen Namen wegen der Farbe ihrer Wurzeln, nicht wegen der Blütenfarbe.

Anmerkung der Autorin:
Diese Rezeptur ist eine Ableitung von *Qing Ying Tang* / 清營湯 (Dekokt, das die Nährschicht klärt). Darin ist ursprünglich Xi Jiao (Rhinozerushorn) enthalten, das ich aus Gründen des Tier- und Artenschutzes durch einen höheren Anteil von Xuan Shen (Scrophulariae Radix) plus Zhi Zi (Gardeniae Fructus) und Chi Shao Yao (Paeoniae Radix Rubra) ersetzt habe.

Wirkt auf
Funktionskreis Herz
Funktionskreis Lunge

Temperaturverhalten: sehr kalt
Geschmacksrichtung: bitter, süß
Wirkrichtung: tief
Wirkort: Inneres

Chinesisch-therapeutische Wirkung:
- Leitet Hitze aus der Ying-Schicht aus
- Tonisiert das Yin
- Kühlt das Xue
- Bewegt das Xue
- Stützt das Herz

Klinische Anwendung:
- Fieber
- Uveitis
- Sehnerventzündung
- Dermatitis
- Ekzem
- Epilepsie

Chi Shao Yao (Paeoniae Radix Rubra) und Zhi Zi (Gardeniae Fructus) leiten Glut aus und kühlen das Xue.

Sheng Di Huang (Rehmanniae Radix), Mai Men Dong (Ophiopogonis Radix) und Xuan Shen (Scrophulariae Radix) nähren das Yin.

Jin Yin Hua (Lonicera Flos), Lian Qiao (Forsythiae Fructus) und Huang Lian (Coptidis Rhizoma) klären Hitze und beseitigen Toxine.

Dan Zhu Ye (Lophatheri Herba) beruhigt das Shen und besänftigt Reizbarkeit.

Dan Shen (Salviae Miltiorrhizae Radix et Rhizoma) belebt die Xue-Zirkulation und löst Xue-Stasen.

Modifikationen:

- Bei Xue-Mangel mit innerem Wind (Tremor, Paresen) werden Gou Teng (Uncariae Ramulus) und Tian Ma (Gastrodiae Rhizoma) hinzugefügt.
- Bei massivem JinYe-Mangel werden Nan Sha Shen (Adenophorae Radix), Bei Sha Shen (Glehniae Radix) und Gou Qi Zi (Lycii Fructus) ergänzt.

Kontraindikationen:

- Diese Rezeptur sollte nicht bei vorhandener Feuchtigkeit verordnet werden.
- In der Trächtigkeit ist diese Rezeptur kontraindiziert aufgrund ihrer stark Hitze ausleitenden und das Xue bewegenden Eigenschaften.

Korrespondierende Akupunkturpunkte: Di11, Lu5, Lu9, He3, He6, He8, Bl17, MP10, Bl40

4.3 Die Qi- und die Xue-Schicht klärende Rezepturen

清瘟敗毒沖劑

SR-Rezeptur Nr. 1, um die Qi- und die Xue-Schicht zu klären

Granulat, das Epidemien beseitigt und Toxine überwindet

Zusammensetzung:

Shi Gao (Gypsum Fibrosum)	60–120 g
Zhi Mu (Anemarrhenae Rhizoma)	12 g
Huang Lian (Coptidis Rhizoma)	6–12 g
Huang Qin (Scutellariae Radix)	9 g
Zhi Zi (Gardeniae Fructus)	9 g
Sheng Di Huang (Rehmanniae Radix)	12–18 g
Chi Shao Yao (Paeoniae Radix Rubra)	15 g
Mu Dan Pi (Moutan Cortex)	12 g
Lian Qiao (Forsythiae Fructus)	15 g
Xuan Shen (Scrophulariae Radix)	24 g
Dan Zhu Ye (Lophatheri Herba)	9 g
Jie Geng (Platycodi Radix)	3 g
Gan Cao (Glycyrrhizae Radix et Rhizoma)	3 g

Abb. 40: *Gypsum fibrosum* ist keine Pflanze, sondern die Bezeichnung für Gips – ein Mineral mit stark kühlenden Eigenschaften.

Anmerkung der Autorin:
Diese Rezeptur ist eine Ableitung von *Qing Wen Bai Du Yin* / 清瘟敗毒飲 (Dekokt, das Epidemien beseitigt und Toxine überwindet). In der Originalrezeptur ist Xi Jiao (Rhinozerushorn) enthalten, das ich aus Gründen des Tier- und Artenschutzes entfernt habe. Seine hitze- und toxineausleitende Wirkung wird hier durch einen höheren Anteil von Huang Lian (Coptidis Rhizoma), Huang Qin (Scutellariae Radix) und Zhi Zi (Gardeniae Fructus) ersetzt.

Wirkt auf
Funktionskreis Lunge
Funktionskreis Herz

Temperaturverhalten: sehr kalt
Geschmacksrichtung: bitter, süß
Wirkrichtung: tief
Wirkort: vorderer Erwärmer, Inneres

Chinesisch-therapeutische Wirkung:
- Leitet Hitze aus
- Leitet Glut aus
- Kühlt das Xue
- Beseitigt Toxine

Klinische Anwendung:
- hohes Fieber
- Kopfschmerzen
- Bewusstseinstrübung
- Meningitis
- virale Lungenentzündung
- Nierenentzündung
- Leptospirose

Shi Gao (Gypsum Fibrosum) und Zhi Mu (Anemarrhenae Rhizoma) klären Fülle-Hitze aus der Qi-Schicht.

Huang Lian (Coptidis Rhizoma), Huang Qin (Scutellariae Radix) und Zhi Zi (Gardeniae Fructus) leiten Hitze und Toxine aus.

Sheng Di Huang (Rehmanniae Radix), Chi Shao Yao (Paeoniae Radix Rubra) und Mu Dan Pi (Moutan Cortex) klären Hitze aus der Xue-Schicht und beseitigen Xue-Stagnationen.

Lian Qiao (Forsythiae Fructus) und Xuan Shen (Scrophulariae Radix) leiten Hitze und Toxine aus.

Dan Zhu Ye (Lophatheri Herba) beruhigt das Shen.

Jie Geng (Platycodi Radix) leitet Hitze aus und leitet die Rezepturen in den vorderen Erwärmer.

Gan Cao (Glycyrrhizae Radix et Rhizoma) entgiftet, desinfiziert, leitet Glut aus und harmonisiert die Arzneien.

Modifikationen:

- Bei Obstipation werden Da Huang (Rhei Radix et Rhizoma) und Mang Xiao (Natrii sulfas) hinzugefügt. **(Bei Pferden mit Vorsicht anwenden. Kolikgefahr!)**
- Bei Spasmen, Krämpfen oder Krampfanfällen werden Gou Teng (Uncariae Ramulus) und Di Long (Pheretima) ergänzt.

Kontraindikationen:

- Diese Rezeptur enthält viele kalte und bittere Arzneien und sollte deshalb nicht verordnet werden, wenn die Erkrankung keine Hitze- oder Glutanzeichen aufweist.
- Bei einer Schwäche der Funktionskreise Milz-Pankreas und Magen sollte sie mit Vorsicht angewendet werden.
- Sie ist nicht zur Langzeitanwendung geeignet.
- In der Trächtigkeit ist diese Rezeptur kontraindiziert!

Korrespondierende Akupunkturpunkte: Lu3, Lu5, Lu6, He3, He6, He8, Di11, 3E5

4.4 Hitze klärende und Toxine beseitigende Rezepturen

黃連解毒湯

Huang Lian Jie Du Tang

Entgiftendes Dekokt mit Coptidis Rhizoma

Zusammensetzung:

Huang Qin (Scutellariae Radix)	6 g
Huang Lian (Coptidis Rhizoma)	9 g
Huang Bo (Phellodendri Cortex)	6 g
Zhi Zi (Gardeniae Fructus)	9 g

Bild 41: Blüte des Goldfadens (hier die Art *Coptis occidentalis*). Der Wurzelstock klärt Hitze und trocknet Feuchtigkeit.

Wirkt auf

Funktionskreis Dreifach-Erwärmer
Funktionskreis Herz
Funktionskreis Lunge
Funktionskreis Milz-Pankreas
Funktionskreis Magen
Funktionskreis Dickdarm

Temperaturverhalten: kalt
Geschmacksrichtung: bitter
Wirkrichtung: absenkend
Wirkort: Inneres

Chinesisch-therapeutische Wirkung:

- Leitet Hitze aus
- Kühlt Glut
- Leitet Feuchte-Hitze aus
- Entgiftet und desinfiziert
- Basisrezeptur für alle toxischen Hitze-Erkrankungen

Klinische Anwendung:

- Fieber
- Meningitis
- Enzephalitis
- Otitis
- Lungenentzündung
- Harnwegsentzündung
- Colitis
- Hepatitis
- Nierenentzündung
- Geschwüre
- Hautabszesse
- Blutungen

Huang Qin (Scutellariae Radix) klärt Lungen-Hitze und leitet Feuer aus dem vorderen Erwärmer.

Huang Lian (Coptidis Rhizoma) senkt Herz-Feuer ab und leitet Hitze aus dem mittleren Erwärmer.

Huang Bo (Phellodendri Cortex) leitet Feuer im unteren Erwärmer aus.

Zhi Zi (Gardeniae Fructus) leitet Hitze aus und senkt Feuer in allen drei Erwärmern.

Modifikationen:

- Bei Obstipation wird Da Huang (Rhei Radix et Rhizoma) hinzugefügt. **(Vorsicht bei Pferden. Kolikgefahr!)**
- Bei Trockenheit und viel Durst werden Mai Men Dong (Ophiopogonis Radix) und Wu Wei Zi (Schisandrae Fructus) ergänzt.
- Bei feuchter Hitze in der Blase werden Che Qian Zi (Plantaginis Semen) und Ze Xie (Alismatis Rhizoma) dazugegeben.
- Bei Husten mit gelbem oder grünem Schleim wird Jie Geng (Platycodi Radix) ergänzt.
- Bei Abszessen oder Geschwüren aufgrund von Hitze oder Toxinen werden Pu Gong Ying (Taraxaci Herba) und Zi Hua Di Ding (Violae Herba) hinzugefügt.
- Bei feuchter Hitze im Dickdarm werden Chuan Mu Xiang (Vladimiriae Radix) und Qin Pi (Fraxini Cortex) ergänzt.

Kontraindikationen:

- *Huang Lian Jie Du Tang* ist bei Schwäche und Yin-Mangel kontraindiziert und sollte sofort abgesetzt werden, wenn sich Yinmangel-Symptome zeigen.
- In der Trächtigkeit ist diese Rezeptur kontraindiziert!
- Diese Rezeptur ist nicht zur Langzeitanwendung geeignet, da sie bei längerfristiger Anwendung die Funktionskreise Milz-Pankreas und Magen schädigen kann.

Korrespondierende Akupunkturpunkte: 3E5, 3E17, Di11, He6, Lu3, Lu6, MP4, Ma44, Ma45, Bl40, Le2, Le3

黃連上清丸

Huang Lian Shang Qing Wan

Coptidis-Rhizoma-Pille, die das Obere befreit

Zusammensetzung:

Huang Lian (Coptidis Rhizoma)	24 g
Huang Qin (Scutellariae Radix)	24 g
Huang Bo (Phellodendri Cortex)	24 g
Zhi Zi (Gardeniae Fructus)	24 g
Da Huang (Rhei Radix et Rhizoma)	36 g
Ju Hua (Chrysanthemi Flos)	12 g
Jie Geng (Platycodi Radix)	6 g
Bo He (Menthae Herba)	12 g
Jiang Huang (Curcumae Longae Rhizoma)	18 g
Lian Qiao (Forsythiae Fructus)	18 g
Xuan Shen (Scrophulariae Radix)	12 g
Tian Hua Fen (Trichosanthis Radix)	6 g
Ge Gen (Puerariae Lobatae Radix)	6 g
Dang Gui (Angelicae Sinensis Radix)	12 g
Chuan Xiong (Ligustici Chuanxiong Rhizoma)	6 g

Abb. 42: Aus dem Wurzelstock der Goldfaden-Art *Coptis chinensis* kann ein gelber Farbstoff gewonnen werden. Das chinesische Wort für *gelb* ist „Huang".

Wirkt auf

Funktionskreis Dreifach-Erwärmer
Funktionskreis Leber
Funktionskreis Lunge
Funktionskreis Blase
Funktionskreis Dickdarm

Temperaturverhalten: kalt
Geschmacksrichtung: bitter
Wirkrichtung: absenkend
Wirkort: vorderer Erwärmer, Inneres

Chinesisch-therapeutische Wirkung:

- Leitet Hitze aus
- Leitet Feuer ab
- Leitet Wind-Hitze aus
- Beseitigt Toxine
- Löst Xue-Stagnationen auf

Klinische Anwendung:

- Konjunktivitis
- Lungenentzündung
- Rachenentzündung
- Harnwegsinfektionen
- Hepatitis
- Obstipation

Huang Lian (Coptidis Rhizoma), Huang Qin (Scutellariae Radix), Huang Bo (Phellodendri Cortex) und Zhi Zi (Gardeniae Fructus) leiten pathogene Hitze und Feuer aus allen drei Erwärmern aus.

Da Huang (Rhei Radix et Rhizoma) senkt Feuer ab und leitet es nach unten über den Kot aus.

Ju Hua (Chrysanthemi Flos), Jie Geng (Platycodi Radix), Bo He (Menthae Herba), Jiang Huang (Curcumae Longae Rhizoma) und Lian Qiao (Forsythiae Fructus) leiten Wind-Hitze aus und befreien die Oberfläche.

Xuan Shen (Scrophulariae Radix) und Tian Hua Fen (Trichosanthis Radix) leiten Hitze aus und beseitigen Toxine.

Tian Hua Fen (Trichosanthis Radix) und Ge Gen (Puerariae Lobatae Radix) fördern die Bildung von JinYe und schützen das Yin vor den kalten und bitteren Arzneien.

Dang Gui (Angelicae Sinensis Radix) und Chuan Xiong (Ligustici Chuanxiong Rhizoma) lösen Xue-Stagnationen auf.

Modifikationen:

- Bei trockenem Maul und viel Durst werden Mai Men Dong (Ophiopogonis Radix) und Wu Wei Zi (Schisandrae Fructus) hinzugefügt.
- Bei Problemen, Kot abzusetzen, und bei Blut im Kot werden Chuan Mu Xiang (Vladimiriae Radix) und Bing Lang (Arecae Semen) ergänzt. **(Nicht bei Pferden! Kolikgefahr.)**
- Bei häufigem Urinieren mit spärlichem Urinabsatz werden Che Qian Zi (Plantaginis Semen) und Chuan Mu Tong (Clematidis Armandii Caulis) dazugegeben.

Kontraindikationen:

- *Huang Lian Shang Qing Wan* sollte nicht bei Yin-Mangel verordnet werden.
- In der Trächtigkeit ist diese Rezeptur verboten!
- Sie ist nicht zur Langzeitanwendung geeignet.
- Bei Pferden sollte diese Rezeptur aufgrund des hohen Anteils an Da Huang (Rhei Radix et Rhizoma) nur mit Vorsicht verordnet werden!

Korrespondierende Akupunkturpunkte: 3E5, 3E23, Le2, Le3, Lu1, Lu5, Bl40, Di11, LG14, Gb20, MP10, Bl17

普濟消毒沖劑

SR-Rezeptur Nr. 1, um Hitze zu klären und Toxine auszuleiten

Universelles Entgiftungsgranulat

Zusammensetzung:

Huang Qin (Scutellariae Radix)	15 g
Huang Lian (Coptidis Rhizoma)	15 g
Niu Bang Zi (Arctii Fructus)	3 g
Lian Qiao (Forsythiae Fructus)	3 g
Bo He (Menthae Haplocalycis Herba)	3 g
Jiang Can (Bombyx batryticatus)	2 g
Xuan Shen (Scrophulariae Radix)	6 g
Ye Ju Hua (Chrysanthemi Flos)	5 g
Ban Lan Gen (Isatitis Radix)	3 g
Jie Geng (Platycodi Radix)	6 g
Gan Cao (Glycyrrhizae Radix et Rhizoma)	6 g
Chen Pi (Citri Reticulatae Pericarpium)	6 g
Sheng Ma (Cimicifugae Rhizoma)	2 g
Chai Hu (Bupleuri Radix)	6 g
Ren Shen (Ginseng Radix et Rhizoma)	3 g

Abb. 43: Das Baikal-Helmkraut (*Scutellaria baicalensis*) enthält Wogonin. Klinische Untersuchungen haben ergeben, dass diese Substanz Krebszellen abtöten kann.

Anmerkungen der Autorin:

Diese Rezeptur ist eine Ableitung von *Pu Ji Xiao Du Jin* / 普濟消毒飲 (Universeller Entgiftungstrank). In der Originalrezeptur ist Ma Bo (*Lasiosphaeria*) enthalten. Dieser Pilz ist in Europa in der Regel nicht bestellbar, da keine nach Apothekenbetriebsordnung erforderliche zertifizierte Ware erhältlich ist. Seine Hitze klärende und Toxine beseitigende Aufgabe wird in dieser Rezeptur von Ye Ju Hua (Chrysanthemi Flos) übernommen.

Jiang Can (Bombyx batryticatus) ist ein tierischer Bestandteil: eine Seidenraupe, die durch (natürlichen) Pilzbefall mumifiziert wird. Die toten, verpilzten Raupen werden eingesammelt.

Wirkt auf

Funktionskreis Lunge
Funktionskreis Magen
Funktionskreis Herz

Temperaturverhalten: kalt
Geschmacksrichtung: bitter, scharf
Wirkrichtung: emporhebend
Wirkort: Kopf, vorderer Erwärmer

Chinesisch-therapeutische Wirkung:

- Leitet Hitze aus
- Leitet Wind-Hitze aus
- Kühlt Feuer
- Kühlt Hitze
- Entgiftet und desinfiziert

Klinische Anwendung:

- Atemwegsinfektionen
- Influenza
- Lymphknotenentzündung
- Kehlkopfentzündung
- Druse
- Abszesse im Kopfbereich
- Konjunktivitis
- Periodische Augenentzündung
- Myokarditis
- Zahn- oder Kieferentzündungen

Huang Qin (Scutellariae Radix) und Huang Lian (Coptidis Rhizoma) leiten Hitze und Toxine aus dem Kopf aus.

Niu Bang Zi (Arctii Fructus), Lian Qiao (Forsythiae Fructus), Bo He (Menthae Haplocalycis Herba) und Jiang Can (Bombyx Batryticatus) leiten Wind-Hitze aus dem Kopf aus.

Xuan Shen (Scrophulariae Radix), Ye Ju Hua (Chrysanthemi Flos) und Ban Lan Gen (Isatidis Radix) leiten Hitze und Toxine aus.

Jie Geng (Platycodi Radix) und Gan Cao (Glycyrrhizae Radix et Rhizoma) lindern Schmerzen in Hals und Rachen.

Chen Pi (Citri Reticulatae Pericarpium) löst Qi-Stau auf und reduziert Schwellungen und Entzündungen.

Sheng Ma (Cimicifugae Rhizoma) und Chai Hu (Bupleuri Radix) lenken die Arzneien in den Kopfbereich.

Ren Shen (Ginseng Radix et Rhizoma) tonisiert das Qi und schützt den Körper vor den kalten und bitteren, Hitze klärenden Arzneien.

Modifikationen:

- Bei Obstipation wird Da Huang (Rhei Radix et Rhizoma) hinzugefügt.
- Bei Feuer und vielen Toxinen werden Jin Yin Hua (Lonicera Flos) und Pu Gong (Taraxaci Herba) ergänzt.
- Liegen mehr äußere Symptome vor, wird Huang Qin (Scutellariae Radix) entfernt, dafür werden Jing Jie (Schizonepetae Herba), Fang Feng (Ledebouriellae Saposhnikoviae Radix), Chan Tui (Cicadae Periostracum) und Sang Ye (Mori Folium) hinzugefügt.
- Bei starker innerer Hitze werden Chai Hu (Bupleuri Radix) und Bo He (Menthae Haplocalycis Herba) entfernt sowie Jin Yin Hua (Lonicerae Flos), Shi Gao (Gypsum Fibrosum) und Huang Bo (Phellodendri Cortex) hinzugefügt.
- Bei harten Knötchen, die nicht zurückgehen, werden Mu Dan Pi (Moutan Cortex), Bei Mu (Fritillariae Bulbus), Chi Shao (Paeoniae Radix Rubra), Si Gua Luo (Luffae Retinervus Fructus) und Xia Ku Cao (Prunellae Spica) ergänzt.
- Bei anhaltenden Schwellungen wird Chi Shao Yao (Paeoniae Radix Rubra), Mu Dan Pi (Moutan Cortex) und Da Huang (Rhei Radix et Rhizoma) dazugegeben.

Kontraindikationen:

- Diese Rezeptur sollte bei Yin-Mangel oder Mangel an JinYe mit Vorsicht verordnet werden, da die kalten, bitteren und zerstreuenden Arzneien das Yin und die JinYe zusätzlich aufzehren können.
- In der Trächtigkeit ist diese Rezeptur kontraindiziert!

Korrespondierende Akupunkturpunkte: Lu1, Lu5, Lu11, Di11, 3E5, Ma7, He5, LG14, LG20, Bl12, Bl40, Gb20

4.5 Das Zang-Fu klärende Rezepturen

導赤散

Dao Chi San

Pulver, das das Rote ausleitet

Zusammensetzung:

Chuan Mu Tong (Clematidis armandii Caulis)	6 g
Sheng Di Huang (Rehmanniae Radix)	6 g
Dan Zhu Ye (Lophatheri Herba)	6 g
Gan Cao (Glycyrrhizae Radix et Rhizoma)	6 g

Abb. 44: Von der Waldrebe (*Clematis* spec.) gibt es rund 300 Arten und zahlreiche Sorten, von denen zwei auch in meinem Garten wachsen.

Wirkt auf

Funktionskreis Herz
Funktionskreis Dünndarm
Funktionskreis Blase

Temperaturverhalten: kalt
Geschmacksrichtung: bitter, süß
Wirkrichtung: absenkend
Wirkort: vorderer und hinterer Erwärmer

Chinesisch-therapeutische Wirkung:

- Kühlt Feuer
- Leitet Feuer aus
- Fördert die Urinausscheidung
- Tonisiert das Herz-Yin

Klinische Anwendung:

- Harnwegsinfektionen
- Dysurie
- Blut im Urin
- Entzündungen des Mauls
- nächtliche Unruhe

Chuan Mu Tong (Clematidis Armandii Caulis) senkt Herz-Feuer und Dünndarm-Feuer ab.

Sheng Di Huang (Rehmanniae Radix) tonisiert das Yin und leitet Hitze aus.

Dan Zhu Ye (Lophatheri Herba) klärt Herz-Feuer und lindert damit Unruhe.

Gan Cao (Glycyrrhizae Radix et Rhizoma) leitet Hitze aus und beseitigt Toxine.

Modifikationen:

- Bei Reizbarkeit, Schreckhaftigkeit und roter Zungenspitze werden Huang Lian (Coptidis Rhizoma) und Huang Qin (Scutellariae Radix) hinzugefügt.
- Bei Blut im Urin und Schmerzen beim Urinieren werden Han Lian Cao (Ecliptae Herba), Xiao Ji (Cirsii Herba), Hou Po (Magnoliae Officinalis Cortex) und Qu Mai (Dianthi Herba) dazugegeben.

- Bei Fieber und viel Durst werden Hua Shi (Talkum) und Shi Gao (Gypsum Fibrosum) hinzugefügt.
- Bei Entzündungen im Maulbereich werden Jin Yin Hua (Lonicerae Flos), Lian Qiao (Forsythiae Fructus) und Huang Lian (Coptidis Rhizoma) ergänzt.
- Bei massiven Ödemen wird diese Rezeptur mit *Wu Ling San 2* (Fünf-Bestandteile-Pulver mit Pilzen, siehe Seite 297) kombiniert.
- Bei Yin-Mangel werden Zhi Mu (Anemarrhenae Rhizoma) und Mai Men Dong (Ophiopogonis Radix) ergänzt.

Kontraindikationen:

- *Dao Chi San* ist in der Trächtigkeit kontraindiziert!
- Da diese Rezeptur viele kalte Arzneien enthält, sollte sie bei Schwäche in den Funktionskreisen Milz-Pankreas und Magen nur mit Vorsicht verordnet werden.
- Diese Rezeptur ist nicht zur Langzeitanwendung geeignet.

Korrespondierende Akupunkturpunkte: He5, He8, Dü5, Di11, Bl28, Bl39, Bl52, Bl64

清心蓮子飲

Qing Xin Lian Zi Yin

Dekokt mit Nelumbinis Semen, das das Herz klärt

Zusammensetzung:

Lian Zi (Nelumbinis Semen)	15 g
Mai Men Dong (Ophiopogonis Radix)	10 g
Huang Qin (Scutellariae Radix)	10 g
Di Gu Pi (Lycii Cortex)	10 g
Fu Ling (Poriae Sclerotium)	15 g
Che Qian Zi (Plantaginis Semen)	10 g
Huang Qi (Astragali Radix)	15 g
Ren Shen (Ginseng Radix et Rhizoma)	15 g
Zhi Gan Cao (Glycyrrhizae Radix et Rhizoma)	10 g

Abb. 45: Die Blätter des Lotos (*Nelumbo* spec.) sind bekannt für den wasserabweisenden „Lotoseffekt". So können sich keine schädlichen Mikroorganismen darauf ausbreiten.

Wirkt auf
Funktionskreis Herz
Funktionskreis Niere

Temperaturverhalten: kalt
Geschmacksrichtung: bitter, süß
Wirkort: vorderer und hinterer Erwärmer
Wirkrichtung: absenkend

Chinesisch-therapeutische Wirkung:
- Klärt Herz-Feuer
- Tonisiert das Qi
- Tonisiert das Yin
- Leitet Feuchte-Hitze im hinteren Erwärmer ab

Klinische Anwendung:
- Entzündungen im Urogenitaltrakt
- Blasensteine
- Nierensteine
- Nephritis
- Diabetes
- Reizbarkeit
- nächtliche Unruhe
- Erschöpfung durch übermäßige sexuelle Aktivität
- Prostatahypertrophie

Lian Zi (Nelumbinis Semen) und Mai Men Dong (Ophiopogonis Radix) leiten Hitze und Feuer aus dem Herzen aus.

Huang Qin (Scutellariae Radix) und Di Gu Pi (Lycii Cortex) leiten Hitze aus und lindern Durst.

Fu Ling (Poriae Sclerotium) und Che Qian Zi (Plantaginis Semen) leiten Feuchte-Hitze über den Urin aus.

Huang Qi (Astragali Radix), Ren Shen (Ginseng Radix et Rhizoma) und Zhi Gan Cao (Glycyrrhizae Radix et Rhizoma) tonisieren das Qi.

Modifikationen:

- Bei starkem Feuer und schweren Mangelzuständen werden Zhi Mu (Anemarrhenae Rhizoma) und Huang Bo (Phellodendri Cortex) hinzugefügt.
- Bei Fieber werden Chai Hu (Bupleuri Radix) und Bo He (Menthae Haplocalycis Herba) ergänzt.

Kontraindikationen:

- *Qing Xin Lian Zi Yin* ist bei Feuchte-Hitze in den Funktionskreisen Leber und Gallenblase kontraindiziert.
- Es sollte nicht in der Trächtigkeit verordnet werden!

Korrespondierende Akupunkturpunkte: He5, He8, Ni3, Ni6, Bl63, Pc6, Bl15, Bl23

龍膽瀉肝湯

Long Dan Xie Gan Tang

Gentianae-Radix-Dekokt, das die Leber entlastet

Zusammensetzung:

Long Dan (Gentianae Radix)	6 g
Huang Qin (Scutellariae Radix)	9 g
Zhi Zi (Gardeniae Fructus)	9 g
Ze Xie (Alismatis Rhizoma)	12 g
Chuan Mu Tong (Clematidis Armandii Caulis)	9 g
Che Qian Zi (Plantaginis Semen)	9 g
Sheng Di Huang (Rehmanniae Radix)	9 g
Dang Gui (Angelicae Sinensis Radix)	3 g
Chai Hu (Bupleuri Radix)	6 g
Gan Cao (Glycyrrhizae Radix et Rhizoma)	6 g

Abb. 46: Wegen seiner Bitterstoffe werden einige Arten des Enzian (*Gentiana* spec.) auch im Westen als Arzneimittel und zur Appetitanregung verwendet.

Wirkt auf

Funktionskreis Leber
Funktionskreis Gallenblase
Funktionskreis Dreifach-Erwärmer
Funktionskreis Blase

Temperaturverhalten: kalt
Geschmacksrichtung: bitter, süß
Wirkrichtung: absenkend
Wirkort: hinterer Erwärmer, Leitbahnen

Chinesisch-therapeutische Wirkung:

- Senkt Fülle-Feuer in den Funktionskreisen Leber und Gallenblase ab
- Klärt Feuchte-Hitze im hinteren Erwärmer
- Leitet Glut aus
- Harmonisiert den Leber-Funktionskreis

Klinische Anwendung:

- Hypertonie
- Hepatitis
- Gastritis
- Blutungen im vorderen Magen-Darm-Bereich
- Infektionen des Harntraktes
- Harnblasenentzündung
- Nephritis
- Ovaritis
- Mastitis
- Uterusprolaps
- Konjunktivitis
- Periodische Augenentzündung
- Otitis
- Schwellung und Juckreiz der äußeren Geschlechtsorgane

Long Dan (Gentianae Radix) leitet Feuer aus den Funktionskreisen Leber und Gallenblase und Feuchte-Hitze aus dem hinteren Erwärmer aus.

Huang Qin (Scutellariae Radix) und Zhi Zi (Gardeniae Fructus) lindern Feuer und Feuchte-Hitze in allen drei Erwärmern.

Ze Xie (Alismatis Rhizoma), Chuan Mu Tong (Clematidis Armandii Caulis) und Che Qian Zi (Plantaginis Semen) leiten Feuchte-Hitze über den Urin aus.

Sheng Di Huang (Rehmanniae Radix) und Dang Gui (Angelicae Sinensis Radix) tonisieren Yin und Xue.

Chai Hu (Bupleuri Radix) reguliert das Leber-Qi und leitet die Arzneien zur Leber.

Gan Cao (Glycyrrhizae Radix et Rhizoma) harmonisiert die Arzneien.

Modifikationen:

- Bei Obstipation werden Da Huang (Rhei Radix et Rhizoma) und Mang Xiao (Natrii sulfas) ergänzt.
- Bei Dysurie werden Yin Chen Hao (Artemisiae Scopariae Herba) und Fu Ling (Poriae Sclerotium) hinzugefügt.
- Bei akutem Glaukom werden Xuan Shen (Scrophulariae Radix) und Qiang Huo (Notopterygii Rhizoma seu Radix) hinzugefügt.
- Bei geröteten, schmerzhaften, geschwollenen Augen werden Chuan Xiong (Ligustici Chuanxiong Rhizoma) und Ju Hua (Chrysanthemi Flos) ergänzt.
- Bei Infektionen des Harntraktes werden Bian Xu (Polygoni Avicularis Herba), Qu Mai (Dianthi Herba), Bai Mao Gen (Imperatae Rhizoma) und Lian Qiao (Forsythiae Fructus) dazugegeben.
- Bei Tremor werden Gou Teng (Uncariae Ramulus et Uncus) und Zhe Bei Mu (Fritillariae Thunbergii Bulbus) hinzugefügt.

Kontraindikationen:

- *Long Dan Xie Gan Tang* sollte nicht bei Yang-, Yin- oder Xue-Mangel verordnet werden.
- Bei Schwäche und Kälte in den Funktionskreisen Milz-Pankreas und/oder Magen sollte diese Rezeptur nur mit Vorsicht verabreicht werden, da die bitteren und kalten Arzneien Milz und Magen zusätzlich schädigen können.
- In der Trächtigkeit ist *Long Dan Xie Gan Tang* kontraindiziert!

Korrespondierende Akupunkturpunkte: Le2, Le3, 3E5, 3E10, 3E23, Gb1, Gb12, Gb26, Gb41, Bl40, Bl63

瀉白散

Xie Bai San

Pulver, das das Weiße abfließen lässt

Zusammensetzung:

Sang Bai Pi (Mori Cortex)	15 g
Di Gu Pi (Lycii Cortex)	15 g
Zhi Gan Cao (Glycyrrhizae Radix et Rhizoma Praeparatae cum Melle)	3 g
Geng Mi (Oryzae Fructus)	15 g

Abb. 47: In Europa wurde Maulbeerensaft (*Morus*-Arten) früher bei Vergiftungen und Entzündungen empfohlen. In dieser Rezeptur wird die Rinde (= Cortex) verwendet.

Wirkt auf

Funktionskreis Lunge

Temperaturverhalten: kalt
Geschmacksrichtung: süß, scharf
Wirkrichtung: absenkend
Wirkort: Lunge

Chinesisch-therapeutische Wirkung:

- Leitet Hitze aus
- Tonisiert das Yin
- Leitet Glut aus
- Wandelt Schleim um
- Senkt rebellierendes Lungen-Qi wieder ab

Klinische Anwendung:

- Lungenentzündung
- Bronchitis
- Equines Asthma
- RAO (Recurrent Airway Obstruction)
- Nasenbluten
- trockener Husten
- wenig gelber Schleim

Sang Bai Pi (Mori Cortex) beruhigt Lungen-Feuer, klärt stagnierte Hitze und senkt gegenläufiges Lungen-Qi ab.

Di Gu Pi (Lycii Cortex) klärt die Lunge und kühlt die Oberfläche.

Zhi Gan Cao (Glycyrrhizae Radix et Rhizoma Praeparatae cum Melle) und Geng Mi (Oryzae Fructus) tonisieren das Lungen- und das Magen-Qi.

Modifikationen:

- Bei Husten aufgrund von trockener Hitze werden Zhe Bei Mu (Fritillariae Bulbus), Gua Lou Pi (Trichosanthis Pericarpium), Nan Sha Shen (Glehniae seu Adenophorae Radix) und Xing Ren (Armeniacae Semen) hinzugefügt.
- Bei Yin-Mangel werden Mai Men Dong (Ophiopogonis Radix) und Wu Wei Zi (Schisandrae Fructus) ergänzt.
- Bei Husten mit Atemnot werden Xing Ren (Armeniacae Semen) und Jie Geng (Platycodi Radix) ergänzt.

- Bei Qi-Mangel werden Ren Shen (Ginseng Radix et Rhizoma) und Huang Qi (Astragali Radix) dazugegeben.
- Bei starker Hitze im Lungen-Funktionskreis werden Huang Qin (Scutellariae Radix) und Zhi Mu (Anemarrhenae Rhizoma) hinzugefügt.

Kontraindikationen:

- *Xie Bai San* ist in der Trächtigkeit kontraindiziert!
- Es sollte nicht bei Husten aufgrund von Kälte oder Wind-Kälte verordnet werden.

Korrespondierende Akupunkturpunkte: Lu1, Lu5, Lu10, Ma36, Bl13, Di11, 3E5

左金丸

Zuo Jin Wan

Linkes-Metall-Pille

Zusammensetzung:

Huang Lian (Copditis Rhizoma)	9 g
Wu Zhu Yu (Evodiae Fructus)	1,5 g

Abb. 48: Die Stinkesche (*Evodia rutaecarpa*) lockt Bienen an, daher auch der Name „Bienenbaum". In der TCM werden die Früchte verwendet.

Wirkt auf

Funktionskreis Leber
Funktionskreis Magen

Temperaturverhalten: leicht kalt
Geschmacksrichtung: bitter, scharf
Wirkrichtung: absenkend
Wirkort: mittlerer Erwärmer, Verdauungstrakt

Chinesisch-therapeutische Wirkung:

- Harmonisiert die Leber
- Leitet Feuer aus
- Kühlt Hitze
- Senkt rebellierendes Magen-Qi ab

Klinische Anwendung:

- Gastritis
- Hepatitis
- Sodbrennen
- Erbrechen
- Übelkeit
- Berührungsempfindlichkeit an den Rippen

Huang Lian (Copditis Rhizoma) leitet Leber-Feuer aus und kühlt Magen-Hitze.

Wu Zhu Yu (Evodiae Fructus) senkt rebellierendes Magen-Qi ab.

Modifikationen:

- Bei starker Berührungsempfindlichkeit an den Rippen oder am Bauch werden Xiang Fu (Cyperi Rhizoma) und Fou Shou (Citri Sarcodactylis) hinzugefügt; oder alternativ *Si Ni San* (Kalte-Extremitäten-Pulver, siehe Seite 72).
- Bei Schmerzen im Abdomen wird Bai Shao Yao (Paeoniae Radix Alba) ergänzt.
- Bei Magengeschwüren, die durch Stress entstanden sind, wird diese Rezeptur mit *Xiao Yao San* (Umherstreifen-Pulver, siehe Seite 78) kombiniert.

Kontraindikationen:

- *Zuo Jin Wan* ist in der Trächtigkeit kontraindiziert!
- Es ist bei Yang-Mangel kontraindiziert.
- Auch bei Berührungsempfindlichkeit an den Rippen aufgrund von Schwäche in der Leber und der Gallenblase oder aufgrund von Xue-Mangel sollte es nicht verordnet werden.
- Diese Rezeptur ist nicht zur Langzeitanwendung geeignet.

Korrespondierende Akupunkturpunkte: Le2, Le3, Le13, Le14, Ma25, Ma42, Bl18, Bl21

清胃散

Qing Wei San

Pulver, das den Magen klärt

Zusammensetzung:

Huang Lian (Coptidis Rhizoma)	3 g
Sheng Di Huang (Rehmanniae Radix)	6 g
Mu Dan Pi (Moutan Cortex)	9 g
Dang Gui (Angelicae Sinensis Radix)	6 g
Sheng Ma (Cimicifugae Rhizoma)	6 g

Abb. 49: Die Wurzel des China-Fingerhuts (*Rehmannia glutinosa*) wird in der chinesischen Phytotherapie in zwei Formen verwendet.

Wirkt auf

Funktionskreis Magen (hauptsächlich)
Funktionskreis Leber
Funktionskreis Dickdarm
Funktionskreis Dünndarm
Funktionskreis Gallenblase

Temperaturverhalten: kalt
Geschmacksrichtung: bitter, süß
Wirkrichtung: absenkend
Wirkort: Kopf, Augen

Chinesisch-therapeutische Wirkung:

- Kühlt Magen-Hitze
- Kühlt das Xue
- Tonisiert das Xue
- Löst Xue-Stasen auf

Klinische Anwendung:
- Fieber
- Zahnschmerzen
- Zahnfleischentzündungen
- Maulgeschwüre
- Augenentzündung
- Trigeminusneuralgie

Huang Lian (Coptidis Rhizoma) sediert Fülle-Hitze im Magen.

Sheng Di Huang (Rehmanniae Radix) kühlt das Xue und tonisiert das Yin.

Mu Dan Pi (Moutan Cortex) kühlt das Xue und leitet Hitze aus.

Dang Gui (Angelicae Sinensis Radix) tonisiert das Xue und löst Xue-Stagnationen auf.

Sheng Ma (Cimicifugae Rhizoma) leitet Hitze aus, beseitigt Toxine und führt die Rezeptur zur Magen-Leitbahn.

Modifikationen:

- Bei Obstipation werden Da Huang (Rhei Radix et Rhizoma) und Mang Xiao (Natrii sulfas) hinzugefügt.
- Bei Schwellung und Schmerzen des Zahnfleischs werden Huang Qin (Scutellariae Radix) und Xuan Shen (Scrophulariae Radix) ergänzt.
- Bei viel Durst aufgrund von JinYe–Mangel werden Xuan Shen (Scrophulariae Radix) und Tian Hua Fen (Trichosanthis Radix) hinzugefügt.
- Bei starker Magen-Hitze wird Shi Gao (Gypsum Fibrosum) ergänzt.
- Bei Zahnfleischbluten wird Huai Niu Xi (Achyranthis Radix) dazugegeben.

Kontraindikationen:

- *Qing Wei San* ist in der Trächtigkeit kontraindiziert!
- Diese Rezeptur ist nicht zur Langzeitanwendung geeignet.
- Sie sollte nicht bei Wind-Kälte, Nieren-Yin-Mangel oder Mangel-Feuer verordnet werden.

Korrespondierende Akupunkturpunkte: Ma1, Ma7, Le2, 3E5, 3E17, Bl17, Bl40

瀉黃散

Xie Huang San

Pulver, das das Gelbe abfließen lässt

Zusammensetzung:

Shi Gao (Gypsum Fibrosum)	5 g
Zhi Zi (Gardeniae Fructus)	3 g
Fang Feng (Ledebouriellae Saposhnikoviae Radix)	12 g
Huo Xiang (Agastachis Herba)	5 g
Gan Cao (Glycyrrhizae Radix et Rhizoma)	9 g

Abb. 50: Die Gardenie (*Gardenia* spec.) ziert als Zimmerpflanze viele Fensterbänke. In der TCM werden die Früchte der hier gezeigten Art *G. jasminoides* verwendet.

Anmerkung der Autorin:
Wie der Name der Rezeptur bereits andeutet, steht neben der Kühlung von Milz-Pankreas und Magen die hitzezerstreuende Wirkung im Vordergrund. Dies zeigt sich in der hohen Dosierung von Fang Feng (Ledebouriellae Saposhnikoviae Radix), die in ihrer zerstreuenden Wirkung noch von Huo Xiang (Agastachis Herba) unterstützt wird. Außerdem tonisieren diese beiden Arzneien zusammen mit Gan Cao (Glycyrrhizae Radix et Rhizoma) die anhebende Wirkung des Funktionskreises Milz-Pankreas. Eine reine Kühlung ohne auszuleiten würde bei den unten angegebenen Krankheitsbildern keine Besserung bewirken.

Wirkt auf
Funktionskreis Magen
Funktionskreis Milz-Pankreas

Temperaturverhalten: kühl
Geschmacksrichtung: scharf, süß
Wirkrichtung: emporhebend
Wirkort: mittlerer Erwärmer

Chinesisch-therapeutische Wirkung:
- Leitet Feuer aus dem Magen sowie den Funktionskreisen Magen und Milz-Pankreas aus

Klinische Anwendung:
- Futterstagnationen
- Magenentleerungsstörungen
- Maulgeschwüre
- Fieber

Shi Gao (Gypsum Fibrosum) und Zhi Zi (Gardeniae Fructus) leiten Feuer aus den Funktionskreisen Milz-Pankreas und Magen.

Fang Feng (Ledebouriellae Saposhnikoviae Radix) und Huo Xiang (Agastachis Herba) leiten Wind-Hitze aus.

Gan Cao (Glycyrrhizae Radix et Rhizoma) leitet Hitze aus und schützt die Funktionskreise Magen und Milz-Pankreas.

Modifikationen:

- Bei Wärme in den Extremitäten werden Yin Chen (Artemisiae Scopariae Herba) und Huang Qin (Scutellariae Radix) ergänzt.
- Bei Reizbarkeit und viel Durst sowie nächtlicher Unruhe durch Yin-Mangel werden Zhi Mu (Anemarrhenae Rhizoma) und Jie Geng (Platycodi Radix) hinzugefügt.
- Bei starker Magen-Hitze wird Huang Lian (Coptidis Rhizoma) dazugegeben.
- Bei dunklem Urin und Problemen beim Urinieren wird Hua Shi (Talkum) ergänzt.

Kontraindikationen:

- *Xie Huang San* sollte nicht bei Magen-Yin-Mangel verordnet werden.
- Es ist nicht zur Langzeitanwendung geeignet.

Korrespondierende Akupunkturpunkte: Ma2, Ma25 Ma37, Ma41, MP2, MP4, MP6, Le2, Le3, 3E10, 3E17

玉女煎

Yu Nu Jian

Jadefrau-Dekokt

Zusammensetzung:

Shi Gao (Gypsum Fibrosum)	15 g
Zhi Mu (Anemarrhenae Rhizoma)	4,5 g
Shu Di Huang (Rehmanniae Radix Praeparatae)	9 g
Mai Men Dong (Ophiopogonis Radix)	6 g
Chuan Niu Xi (Cyathulae Radix)	4,5 g

Abb. 51: Die Wurzel des China-Fingerhuts (*Rehmannia glutinosa*) wird zur Aufbereitung zum Präparat „Shu Di Huang" in Wein eingelegt und anschließend 9 Tage lang je 9 Stunden im Backofen gedämpft.

Wirkt auf

Funktionskreis Magen
Funktionskreis Niere
Funktionskreis Lunge

Temperaturverhalten: kalt
Geschmacksrichtung: süß, bitter
Wirkrichtung: absenkend
Wirkort: vorderer und hinterer Erwärmer

Chinesisch-therapeutische Wirkung:

- Klärt Magen-Hitze
- Tonisiert das Yin
- Kühlt Feuer

Klinische Anwendung:
- blutige Magengeschwüre
- IBD (Inflammatory bowel disease)
- Blutungen aus Maul und Nase
- rezidivierende Maulgeschwüre
- Zahnfleischentzündungen
- Zahnstein
- Diabetes
- Trigeminusneuralgie

Shi Gao (Gypsum Fibrosum) und Zhi Mu (Anemarrhenae Rhizoma) leiten Hitze aus, bilden JinYe und befeuchten Trockenheit.

Shu Di Huang (Rehmanniae Radix Praeparatae) und Mai Men Dong (Ophiopogonis Radix) tonisieren das Magen-Yin.

Chuan Niu Xi (Cyathulae Radix) leitet Hitze nach unten, lindert so Blutungen und aufsteigende Magen-Hitze.

Modifikationen:

- Bei nächtlicher Unruhe, Reizbarkeit und viel Durst werden Tian Dong (Asparagi Radix) und Sheng Di Huang (Rehmanniae Radix) hinzugefügt.
- Bei Schwellung und Schmerzen des Zahnfleisches aufgrund von Xue-Hitze wird Shu Di Huang (Rehmanniae Radix Praeparatae) entfernt, dafür werden Sheng Di Huang (Rehmanniae Radix), Bai Mao Gen (Imperatae Rhizoma), Mo Han Lian (Ecliptae Herba) und Xuan Shen (Scrophulariae Radix) hinzugefügt.
- Bei nächtlicher Unruhe werden Suan Zao Ren (Ziziphi Spinosae Semen) und Ye Jiao Teng (Polygoni Multiflori Caulis) ergänzt.
- Bei massivem Nieren-Yin-Mangel werden Han Lian Cao (Ecliptae Herba) und Nu Zhen Zi (Ligustri Fructus) dazugegeben.

Kontraindikationen:

- *Yu Nu Jian* ist in der Trächtigkeit verboten!
- Es ist bei weichem Kot aufgrund von Leere und Kälte in den Funktionskreisen Milz-Pankreas und Magen kontraindiziert.

Korrespondierende Akupunkturpunkte: Ma2, Ma25, Ma37, Ma41, MP2, Lu5, MP6, Lu7, Ni6

黄芩湯

Huang Qin Tang

Scutellariae-Radix-Dekokt

Zusammensetzung:

Huang Qin (Scutellariae Radix)	9 g
Bai Shao Yao (Paeoniae Radix Alba)	9 g
Gan Cao (Glycyrrhizae Radix et Rhizoma)	3 g
Da Zao (Jujubae Fructus)	8 g

Abb. 52: Die Wurzel des Baikal-Helmkrauts (*Scutellaria baicalensis*) hat trocknende und kühlende Eigenschaften, die Blätter der Art *S. barbata* kühlen und desinfizieren. (Im Bild das Sumpf-Helmkraut, *S. galericulata*.)

Wirkt auf

Funktionskreis Milz-Pankreas
Funktionskreis Magen
Funktionskreis Dünndarm

Temperaturverhalten: kalt
Geschmacksrichtung: bitter, süß
Wirkrichtung: emporhebend
Wirkort: mittlerer und hinterer Erwärmer

Chinesisch-therapeutische Wirkung:

- Leitet Hitze aus
- Harmonisiert die Mitte
- Trocknet Feuchtigkeit
- Beseitigt Qi-Stagnationen

Klinische Anwendung:

- Colitis
- Diarrhö
- IBD (Inflammatory bowel disease)
- Krampfkoliken

Huang Qin (Scutellariae Radix) leitet Hitze aus und trocknet Feuchtigkeit.

Bai Shao Yao (Paeoniae Radix Alba) und Gan Cao (Glycyrrhizae Radix et Rhizoma) lassen das Qi frei fließen und lösen Krämpfe.

Gan Cao (Glycyrrhizae Radix et Rhizoma) und Da Zao (Jujubae Fructus) tonisieren den Funktionskreis Milz-Pankreas und harmonisieren den mittleren Jiao.

Modifikationen:

- Bei Schleim und Blut auf dem Kot werden Shan Zha (Crataegi Fructus) und Di Yu (Sanguisorbae Radix) hinzugefügt.
- Bei äußeren pathogenen Faktoren werden Ge Gen (Puerariae Lobatae Radix), Jing Jie (Schizonepetae Herba), Lian Qiao (Forsythiae Fructus) und Jin Yin Hua (Lonicera Flos) ergänzt.

- Bei Übelkeit, Erbrechen und Schmerzen im Abdomen wird diese Rezeptur mit *Huang Lian Tang* (Coptidis-Rhizoma-Dekokt, siehe Seite 86) kombiniert.
- Bei Erbrechen durch rebellierendes Magen-Qi werden Fa Ban Xia (Pinelliae Rhizoma Praeparatae) und Sheng Jiang (Zingiberis Rhizoma Recens) dazugegeben.

Kontraindikationen: *Huang Qin Tang* ist bei Kälte und Yang-Mangel kontraindiziert.

Korrespondierende Akupunkturpunkte: Di11, Ma25, Ma44, MP4, MP6, Bl20, Bl21, Dü3, Di4, KG12

4.6 Mangel-Hitze klärende Rezepturen

當歸六黃湯

Dang Gui Liu Huang Tang

Sechs-Gelbe-Dekokt mit Angelicae Sinensis Radix

Zusammensetzung:

Dang Gui (Angelicae Sinensis Radix)	6 g
Sheng Di Huang (Rehmanniae Radix)	6 g
Shu Di Huang (Rehmanniae Radix Praeparatae)	6 g
Huang Qin (Scutellariae Radix)	6 g
Huang Lian (Coptidis Rhizoma)	6 g
Huang Bo (Phellodendri Cortex)	6 g
Huang Qi (Astragali Radix)	12 g

Abb. 53: Die Engelwurz-Art *Angelica sinensis* ist eine der Hauptpflanzen zum Tonisieren des Xue. Sie sieht der hier abgebildeten Erzengelwurz (*A. archangelica*) relativ ähnlich.

Wirkt auf

Funktionskreis Niere
Funktionskreis Lunge
Funktionskreis Leber
Funktionskreis Herz

Temperaturverhalten: kalt
Geschmacksrichtung: bitter, süß
Wirkrichtung: tief
Wirkort: Oberfläche, Inneres

Chinesisch-therapeutische Wirkung:

- Tonisiert das Yin
- Tonisiert das Qi
- Tonisiert das Xue
- Leitet Hitze aus
- Festigt die Wei-Qi-Schicht

Klinische Anwendung:

- Bronchitis
- Hepatitis
- Nephritis
- Myokarditis
- Hyperthyreose

Dang Gui (Angelicae Sinensis Radix), Sheng Di Huang (Rehmanniae Radix) und Shu Di Huang (Rehmanniae Radix Praeparatae) tonisieren Yin und Xue.

Huang Qin (Scutellariae Radix), Huang Lian (Coptidis Rhizoma) und Huang Bo (Phellodendri Cortex) leiten Hitze aus und sedieren Feuer.

Huang Qi (Astragali Radix) stärkt die Wei-Qi-Schicht.

Modifikationen:

- Bei Yin-Mangel mit geringer Hitze werden Huang Qin (Scutellariae Radix), Huang Lian (Coptidis Rhizoma) und Huang Bo (Phellodendri Cortex) entfernt, und stattdessen werden Xuan Shen (Scrophulariae Radix) und Mai Men Dong (Ophiopogonis Radix) hinzugefügt.

Kontraindikationen:

- *Dang Gui Liu Huang Tang* ist in der Trächtigkeit verboten!
- Diese Rezeptur sollte nicht bei weichem Kot aufgrund von Schwäche in den Funktionskreisen Milz-Pankreas und Magen verordnet werden.

Korrespondierende Akupunkturpunkte: Ni3, Ni6, Lu5, Lu7, Le2, Le3, He5

滋陰降火湯

Zi Yin Jiang Huo Tang

Yin nährendes und Feuer absenkendes Dekokt

Zusammensetzung:

Dang Gui (Angelicae Sinensis Radix)	3,6 g
Bai Shao Yao (Paeoniae Radix Alba)	6,9 g
Shu Di Huang (Rehmanniae Radix Praeparatae)	3 g
Tian Dong (Asparagi Radix)	3 g
Mai Men Dong (Ophiopogonis Radix)	3 g
Bai Zhu (Atractylodis Macrocephalae Rhizoma)	3 g
Chen Pi (Citri Reticulatae Pericarpium)	2,1 g
Zhi Gan Cao (Glycyrrhizae Radix et Rhizoma Praeparatae cum Melle)	1,5 g
Da Zao (Jujubae Fructus)	1,5 g
Sheng Jiang (Zingiberis Rhizoma Recens)	1,5 g
Sheng Di Huang (Rehmanniae Radix)	2,4 g
Zhi Mu (Anemarrhenae Rhizoma)	1,5 g
Huang Bo (Phellodendri Cortex)	1,5 g

Abb. 54: Pfingstrosen (*Paeonia*-Arten) wachsen auch in unseren Gärten als Zierpflanzen. In der TCM werden die Wurzeln verwendet, die bei *Chi Shao Yao* rot und bei *Bai Shao Yao* weiß sind – es geht also nicht um die Blütenfarbe.

Wirkt auf

Funktionskreis Niere
Funktionskreis Leber
Funktionskreis Magen

Temperaturverhalten: kalt
Geschmacksrichtung: bitter, sauer, süß
Wirkrichtung: absenkend
Wirkort: Inneres

Chinesisch-therapeutische Wirkung:
- Tonisiert das Yin
- Tonisiert das Qi
- Tonisiert das Xue
- Beseitigt Qi-Stagnationen
- Senkt Feuer ab

Klinische Anwendung:
- chronische Bronchitis
- Lungenentzündung
- chronische Nephritis
- Diabetes
- nächtliche Samenergüsse

Dang Gui (Angelicae Sinensis Radix), Bai Shao Yao (Paeoniae Radix Alba) und Shu Di Huang (Rehmanniae Radix Praeparatae) tonisieren das Xue.

Tian Dong (Asparagi Radix) und Mai Men Dong (Ophiopogonis Radix) tonisieren das Yin.

Bai Zhu (Atractylodis Macrocephalae Rhizoma), Chen Pi (Citri Reticulatae Pericarpium), Zhi Gan Cao (Glycyrrhizae Radix et Rhizoma Praeparatae), Da Zao (Jujubae Fructus) und Sheng Jiang (Zingiberis Rhizoma Recens) tonisieren das Qi und beseitigen Qi-Stagnationen.

Sheng Di Huang (Rehmanniae Radix), Zhi Mu (Anemarrhenae Rhizoma) und Huang Bo (Phellodendri Cortex) kühlen Hitze.

Modifikationen:

- Bei Atemnot mit Schleim werden Sang Bai Pi (Mori Cortex), Zi Wan (Asteris Radix et Rhizoma), Huang Qin (Scutellariae Radix) und Zhu Li (Bambusae Succus) hinzugefügt.
- Bei Husten mit viel Schleim werden Chuan Bei Mu (Fritillariae Bulbus), Kuan Dong Hua (Farfarae Flos) und Sang Bai Pi (Mori Cortex) ergänzt.
- Bei Schmerzen im Abdomen werden Xiao Hui Xiang (Foeniculi Fructus) und Chuan Mu Xiang (Vladimiriae Radix) dazugegeben.

Kontraindikationen: *Zi Yin Jiang Huo Tang* ist in der Trächtigkeit verboten!

Korrespondierende Akupunkturpunkte: Ni6, Lu1, Lu5, Lu7, Bl13, LG14, Ni27

4.7 Sommer-Hitze zerstreuende Rezepturen

六一散

Liu Yi San

Sechs-zu-Eins-Pulver

Zusammensetzung:

Hua Shi (Talkum)	18 g
Gan Cao (Glycyrrhizae Radix et Rhizoma)	3 g

Wirkt auf

Funktionskreis Dreifach-Erwärmer
Funktionskreis Blase

Temperaturverhalten: kalt
Geschmacksrichtung: leicht süß
Wirkrichtung: absenkend
Wirkort: hinterer Erwärmer

Chinesisch-therapeutische Wirkung:

- Leitet Feuchtigkeit aus
- Leitet Feuchte-Hitze aus
- Wirkt diuretisch
- Tonisiert das Qi

Klinische Anwendung:

- Husten im Sommer mit Feuchtigkeit
- Diarrhö bei Welpen oder Fohlen
- Harnwegsentzündungen
- Blasensteine
- Nierensteine

Abb. 55: Echtes Süßholz (*Glycyrrhiza glabra*) enthält Glycyrrhizin, das der Lakritze ihren Geschmack verleiht.

Hua Shi (Talkum) leitet Sommer-Hitze und Feuchtigkeit über den Urin aus.

Gan Cao (Glycyrrhizae Radix et Rhizoma) leitet Hitze aus und harmonisiert den mittleren Erwärmer.

Modifikationen:

- Bei Harnsteinen oder Schmerzen beim Urinieren werden Jin Qian Cao (Lysimachiae Herba) und Hai Jin Sha (Lygodii Spora) hinzugefügt.
- Bei Diarrhö mit Blut werden Shan Zha (Crataegi Fructus) und Gan Jiang (Zingiberis Rhizoma) ergänzt.

Kontraindikationen:

- *Liu Yi San* ist in der Trächtigkeit kontraindiziert!
- Es sollte bei Patienten mit Qi- und Yin-Mangel oder bei Schwäche in den Funktionskreisen Milz-Pankreas und Magen nicht verordnet werden.

Korrespondierende Akupunkturpunkte: Bl40, Bl62, Ni3, KG3, KG6, Ma40, MP3, MP6

5

Rezepturen zur Erwärmung des Inneren

Die Rezepturen in diesem Kapitel wärmen das Innere, tonisieren das Yang, leiten Kälte aus und machen die Leitbahnen durchgängig. Diese Behandlungsmethode heißt *Wen Fa* (Erwärmen).

Rezepturen zur Erwärmung des Inneren werden bei Innen-Kälte-Mustern und Kälte in den Leitbahnen verordnet. Zu den Innen-Kälte-Mustern gehören Kälteabneigung mit Vorliebe für Wärme. Bei diesem Disharmoniemuster stellen sich Pferde gezielt in die Sonne, und Hunde legen sich vor den warmen Ofen oder ebenfalls in die Sonne. Die Tiere haben keinen Durst, trinken wenig, der Urin ist hell bis klar, die Zunge blass, und das Tier fühlt sich kalt an.

Innen-Kälte-Syndrome können im Inneren entstehen, von außen über pathogene Faktoren (Wind/Kälte) eindringen, oder beides gleichzeitig. Ein konstitutioneller Yang-Mangel erzeugt ebenfalls Kälte im Inneren. Kälte von außen (Pferd ohne Unterstand oder Hund mit dünnem Fell, ohne Mantel, im Winter) kann ins Innere eindringen und dort die Zang-Fu schädigen oder in den Leitbahnen steife Bewegungen mit nachfolgender Lahmheit verursachen.

Außerdem können Kältesyndrome sekundär über eine falsch verordnete Rezeptur (kalte Rezepturen, die zu hoch dosiert oder zu lange verabreicht werden), dauerhaft kaltes Futter (direkt aus dem Kühlschrank) oder eine falsch verabreichte Antibiose ins Innere eindringen. Hierbei wird das Yang-Qi geschädigt, und es entsteht eine Kälte im Inneren.

Kälte gehört zu den Liu Yin (die sechs äußeren pathogenen Faktoren) und greift entweder das Äußere (Muskeln, Sehnen, Faszien, Haut, Leitbahnen) oder das Innere (Organe und Knochen) an. Kälte an der Oberfläche (z. B. Wind-Kälte) wird mit scharf-warmen Arzneien zur Entlastung des Äußeren behandelt (siehe Kapitel 1.1, ab Seite 38). Kälte im Inneren mit Rezepturen zur Erwärmung des Inneren sind das Thema dieses Kapitels.

Klinische Anwendungen:
- Magen-Darm-Erkrankungen
- Erbrechen
- Diarrhö
- Gastritis
- Obstipation
- Magengeschwüre
- Herz-Kreislauf-Erkrankungen
- Kopfschmerzen
- Tumorschmerzen
- Ischialgie
- Neuropathie
- Arthrose

Untergeordnete Wirkkategorien

Rezepturen zur Erwärmung des Inneren werden in drei Unterkategorien unterschieden:

Die Mitte wärmende und Kälte ausleitende Rezepturen:
Diese Rezepturen behandeln Kältesyndrome der Funktionskreise Milz-Pankreas und Magen, die durch Qi- oder Yang-Mangel verursacht worden sind. Beide Funktionskreise gehören zum mittleren Erwärmer und sind verantwortlich für die Umwandlung und den Transport von Nahrung. Ist das Yang-Qi des mittleren Erwärmers aufgrund von Kälte geschwächt, dann wird die umwandelnde und transportierende Funktion von Milz-Pankreas und Magen gestört. Infolgedessen kommt es zu Schmerzen im Abdomen, die sich durch Wärme bessern, Erbrechen von Speichel (bei Hunden), Säurereflux, Energielosigkeit und Fressunlust.

Die Zunge ist blass, vor allem in der Mitte, und kann einen weißen Belag aufweisen. Der Puls ist tief und langsam.

Die Leitbahnen wärmende und Kälte ausleitende Rezepturen:
Die Leitbahnen wärmende und Kälte ausleitende Rezepturen werden bei Kälte, die die Leitbahnen blockiert, verordnet. Diese Rezepturen haben, klinisch gesehen, eine stark analgetische Wirkung und werden bei Schmerzen, die durch Kälte entstanden sind oder durch Kältesymptome gekennzeichnet sind, verabreicht.

Dazu gehören Kopf- und Genickschmerzen, Arthrose, die sich bei Kälte verschlimmert, Neuropathien und allgemein starke Schmerzen mit Steifigkeit.

Die Zunge wird bei diesen Erkrankungen blass sein, und der Puls tief, langsam und straff.

Rezepturen zur Wiederbelebung des Yang:

Die Rezepturen zur Wiederbelebung des Yang möchte ich hier der Vollständigkeit halber erwähnen. Da diese Rezepturen als Kaiserarznei entweder Fu Zi (*Aconitum* = Eisenhut) oder Hei Xi (Blei) enthalten, die beide stark giftig sind, werden sie in diesem Buch nicht im Einzelnen beschrieben. Bei den unten aufgeführten Syndromen eignen sich meist Yang tonisierende Rezepturen (siehe Kapitel 6.5, ab Seite 174).

Bei akuten Herzproblemen sollte der Tierarzt kontaktiert werden.

Diese Rezepturen stellen erschöpftes Herz- und Nieren-Yang wieder her und bewahren die Patienten vor einem Kollaps. Man verordnet sie bei erschöpftem Yang-Qi mit Kälte, das sowohl das Innere wie auch das Äußere beeinträchtigt. Wenn das Yang-Qi der Funktionskreise Herz und Niere verbraucht ist, kommt es zu Symptomen wie Herzinfarkt, extrem kalten Gliedmaßen, Erbrechen (bei Hunden), Schmerzen im Abdomen, Diarrhö mit unverdauten Futterresten, extremer Erschöpfung, und die Hunde rollen sich gerne komplett in einer Ecke des Sofas oder Körbchens zusammen.

Die Zunge ist blass, und der Puls, vor allem an den Herz- und Nieren-Taststellen, schwach und tief.

Wenn der Zustand des erschöpften Nieren- und Herz-Yang länger anhält, kann es zu Symptomen mit innerer Kälte und äußerer Hitze kommen. Dieses Disharmoniemuster nennt sich Falsche Hitze und äußert sich in starkem Schwitzen (Pferd) oder starkem Hecheln (Hund). Die Tiere fühlen sich hierbei aber kalt an und suchen warme Plätze auf.

Um eine Erschöpfung des Yang zu verhindern, müssen Rezepturen mit heiß-scharfen Eigenschaften verordnet werden.

Behandlungshinweise für Rezepturen zur Erwärmung des Inneren

- Rezepturen zur Erwärmung des Inneren werden verwendet, um Kälte im Innern zu zerstreuen, und sollten bei Kälte in der Oberfläche nicht verschrieben werden.
- **Eine innere Kälte muss zwingend korrekt diagnostiziert werden,** da die Einnahme von Rezepturen, die das Innere wärmen, bei einer Erkrankung mit Fülle-Hitze schwerwiegende Folgen nach sich ziehen kann.
- Rezepturen zur Erwärmung des Inneren bestehen aus scharfen und warmen Arzneien und sollten bei Tieren mit Yin-Mangel oder Xue-Hitze nicht verordnet werden. Falsch eingesetzte Arzneien, die zur Erwärmung des Inneren führen, schädigen Yin und Xue noch zusätzlich.
- Werden wärmende Rezepturen verordnet, sollten die Jahreszeit und das Klima bedacht werden. Im Sommer und bei heißen Temperaturen sollten diese Rezepturen mit Vorsicht eingesetzt und sofort abgesetzt werden, sobald die gewünschte Wirkung eingetreten ist.
- Im Winter oder bei kaltem Klima können sie auch über einen längeren Zeitraum verabreicht werden.

5.1 Die Mitte wärmende und Kälte ausleitende Rezepturen

理中丸

Li Zhong Wan

Pille, die die Mitte reguliert

Zusammensetzung:

Gan Jiang (Zingiberis Rhizoma)	9 g
Ren Shen (Ginseng Radix et Rhizoma)	9 g
Bai Zhu (Atractylodis Rhizoma)	9 g
Zhi Gan Cao (Glycyrrhizae Radix et Rhizoma cum Melle)	9 g

Abb. 56: Der Ingwer (*Zingiber* spec.) bildet ein Rhizom, das auch in der europäischen Medizin verwendet wird.

Wirkt auf

Funktionskreis Milz-Pankreas
Funktionskreis Magen

Temperaturverhalten: warm
Geschmacksrichtung: scharf
Wirkrichtung: emporhebend
Wirkort: mittlerer Erwärmer, Verdauungstrakt

Chinesisch-therapeutische Wirkung:

- Tonisiert das Yang
- Tonisiert das Qi
- Leitet Kälte aus
- Harmonisiert die Mitte

Klinische Anwendung:

- Gastritis
- Diarrhö
- Fressunlust
- Schneegastritis
- Magensenkung
- Infertilität bei Rüden und Hengsten

Gan Jiang (Zingiberis Rhizoma) wärmt den mittleren Erwärmer und leitet Kälte aus dem Inneren aus.

Ren Shen (Ginseng Radix et Rhizoma) tonisiert das Yuan-Qi.

Bai Zhu (Atractylodis Rhizoma) tonisiert den Funktionskreis Milz-Pankreas und trocknet Feuchtigkeit.

Zhi Gan Cao (Glycyrrhizae Radix et Rhizoma cum Melle) tonisiert das Qi und harmonisiert den mittleren Erwärmer.

Modifikationen:

- Bei hartem Abdomen und Berührungsempfindlichkeit am Bauch werden Wu Zhu Yu (Evodiae Fructus), Ding Xiang (Caryophylli Flos) und Gao Lian Jiang (Alpiniae Officinari Rhizoma) hinzugefügt.
- Bei Übelkeit und Erbrechen aufgrund von Magen-Kälte werden Ding Xiang (Caryophylli Flos) und Shi Di (Kaki Calyx) ergänzt.
- Bei Erbrechen aufgrund von Schleim werden Fa Ban Xia (Pinelliae Rhizoma Praeparatae) und Fu Ling (Poriae Sclerotium) dazugegeben.
- Bei Qi-Stagnationen werden Zhi Shi (Citri Aurantii Fructus) und Fu Ling (Poriae Sclerotium) ergänzt.
- Bei Leere, Kälte und Qi-Stau werden Qing Pi (Citri Reticulatae Viride Pericarpium) und Chen Pi (Citri Reticulatae Pericarpium) hinzugefügt.
- Bei rezidivierender Diarrhö werden Rou Dou Ko (Myristicae Semen) und He Zi (Chebulae Fructus) ergänzt.

Kontraindikationen:

- *Li Zhong Wan* darf in der Trächtigkeit nur mit Vorsicht verordnet werden.
- Bei Yin-Mangel oder Äußerer-Wind-Hitze ist diese Rezeptur kontraindiziert.

Korrespondierende Akupunkturpunkte: Ma36, KG12, MP3, MP6, Bl20, Bl21 (auch Moxibustion möglich)

吳茱萸湯

Wu Zhu Yu Tang

Evodiae-Fructus-Dekokt

Zusammensetzung:

Wu Zhu Yu (Evodiae Fructus)	9 g
Sheng Jiang (Zingiberis Rhizoma Recens)	18 g
Ren Shen (Ginseng Radix et Rhizoma)	6 g
Da Zao (Jujubae Fructus)	8 g

Wirkt auf

Funktionskreis Magen

Temperaturverhalten: warm
Geschmacksrichtung: scharf, süß
Wirkrichtung: absenkend
Wirkort: mittlerer Erwärmer

Chinesisch-therapeutische Wirkung:

- Tonisiert das Yang
- Leitet Kälte aus
- Senkt rebellierendes Qi ab
- Tonisiert das Qi

Abb. 57: Die Früchte der Stinkesche (*Evodia rutaecarpa*) können zu medizinischen Zwecken genutzt, aber auch zu Chutney oder Haaröl verarbeitet werden.

Klinische Anwendung:
- Erbrechen
- Erbrechen von klarem Schleim
- Übelkeit
- Schmerzen im Abdomen
- Gastritis
- Schneegastritis
- Diarrhö
- Kopfschmerzen
- Genickschmerzen
- Trigeminusneuralgie

Wu Zhu Yu (Evodiae Fructus) leitet Kälte aus, wärmt den Magen und senkt rebellierendes Qi ab.

Sheng Jiang (Zingiberis Rhizoma Recens) wärmt den Magen und lindert Übelkeit.

Ren Shen (Ginseng Radix et Rhizoma) tonisiert das Yuan-Qi und den Magen.

Da Zao (Jujubae Fructus) tonisiert das Qi und harmonisiert den mittleren Erwärmer.

Modifikationen

- Bei Schmerzen im Abdomen wird Bai Shao Yao (Paeoniae Radix Alba) hinzugefügt.
- Bei Schmerzen im Abdomen und Leber-Qi-Stagnation wird *Si Ni San* (Kalte-Extremitäten-Pulver, siehe Seite 72) hinzugefügt.
- Bei starkem Erbrechen mit viel Schleim werden Fa Ban Xia (Pinelliae Rhizoma Praeparatae) und Sha Ren (Amomi Fructus) ergänzt.
- Bei starken Schmerzen im Abdomen werden Dan Shen (Salviae Miltiorrhizae Radix) und Chuan Mu Xiang (Vladimiriae Radix) dazugegeben.

Kontraindikationen:

- In der Trächtigkeit ist diese Rezeptur kontraindiziert!
- *Wu Zhu Yu Tang* sollte nicht bei Erbrechen und Gastritis aufgrund von hochschlagendem Leber-Yang oder Hitze-Symptomen verordnet werden.
- *Mögliche Nebenwirkungen:* In seltenen Fällen kann es vorkommen, dass sich die Symptome unmittelbar nach der Einnahme verschlimmern. In der Regel normalisiert sich der Zustand nach spätestens 30 Minuten wieder.

Korrespondierende Akupunkturpunkte: Ma36, KG12, MP3, MP6, Bl21 (auch Moxibustion möglich)

桂枝人參湯

Gui Zhi Ren Shen Tang

Dekokt mit Cinnamomi Ramulus und Ginseng Radix et Rhizoma

Zusammensetzung:

Gui Zhi (Cinnamomi Ramulus)	12 g
Ren Shen (Ginseng Radix et Rhizoma)	9 g
Bai Zhu (Atractylodis Macrocephalae Rhizoma)	9 g
Gan Jiang (Zingiberis Rhizoma)	9 g
Zhi Gan Cao (Glycyrrhizae Radix et Rhizoma Praeparatae cum Melle)	12 g

Abb. 58: Die einzelnen Arzneien für diese Rezeptur

Wirkt auf

Funktionskreis Lunge
Funktionskreis Milz-Pankreas

Temperaturverhalten: warm
Geschmacksrichtung: scharf, süß
Wirkrichtung: emporhebend
Wirkort: vorderer Erwärmer, mittlerer Erwärmer

Chinesisch-therapeutische Wirkung:

- Leitet Wind-Kälte aus der Oberfläche
- Wärmt das Innere
- Tonisiert das Milz-Qi
- Lindert Körperschmerzen

Klinische Anwendung:

- akute Atemwegsinfekte
- Magengeschwüre
- Gastritis
- Gelenkschmerzen, die sich bei Kälte verschlimmern

Gui Zhi (Cinnamomi Ramulus) leitet Wind-Kälte aus der Oberfläche und lindert Schmerzen.

Ren Shen (Ginseng Radix et Rhizoma) und Bai Zhu (Atractylodis Macrocephalae Rhizoma) tonisieren das Qi, stärken die Milz und stoppen Diarrhö.

Gan Jiang (Zingiberis Rhizoma) wärmt das Innere.

Zhi Gan Cao (Glycyrrhizae Radix et Rhizoma Praeparatae cum Melle) lindert Schmerzen und harmonisiert die Arzneien.

Modifikationen:

- Bei anhaltender Diarrhö werden Shan Yao (Dioscoreae Rhizoma) und Ge Gen (Pueariae Lobatae Radix) ergänzt.

Kontraindikationen:
Gui Zhi Ren Shen Tang sollte nicht bei Kälte im Inneren ohne äußere Symptome verordnet werden.

Korrespondierende Akupunkturpunkte: Lu7, Di4, Ma36, KG12, Ma42, Ni6, MP3, MP6 (auch Moxibustion möglich)

安中散

An Zhong San

Pulver zur Beruhigung der Mitte

Zusammensetzung:

Gan Cao (Glycyrrhizae Radix et Rhizoma)	30 g
Gao Liang Jiang (Alpiniae Officinarium Rhizoma)	15 g
Gan Jiang (Zingiberis Rhizoma)	15 g
Rou Gui (Cinnamomi Cortex)	15 g
Xiao Hui Xiang (Foeniculi Fructus)	15 g
Yan Hu Suo (Corydalis Rhizoma)	15 g
Mu Li (Ostrea Concha)	12 g

Abb. 59: Die Gattung Süßholz (*Glycyrrhiza* spec.) gehört zur Familie Hülsenfrüchtler. Hohe Dosen Süßholzwurzel über einen längeren Zeitraum können Bluthochdruck und Ödeme verursachen.

Wirkt auf

Funktionskreis Milz-Pankreas
Funktionskreis Magen

Temperaturverhalten: warm
Geschmacksrichtung: süß
Wirkrichtung: absenkend
Wirkort: mittlerer Erwärmer

Chinesisch-therapeutische Wirkung:

- Wärmt die Mitte
- Leitet Kälte aus
- Senkt rebellierendes Qi ab
- Löst Qi- und Xue-Stagnationen

Klinische Anwendung:

- Schmerzen im Abdomen
- Berührungsempfindlichkeit am Abdomen und an den Rippen
- Magengeschwüre
- Sodbrennen
- chronische Gastritis
- Koliksymptome während der Rosse

Gan Cao (Glycyrrhizae Radix et Rhizoma) stärkt den Funktionskreis Milz-Pankreas und tonisiert das Qi.

Gao Liang Jiang (Alpiniae Officinarium Rhizoma), Gan Jiang (Zingiberis Rhizoma) und Rou Gui (Cinnamomi Cortex) wärmen den mittleren Jiao und leiten Kälte aus.

Xiao Hui Xiang (Foeniculi Fructus) und Yan Hu Suo (Corydalis Rhizoma) lösen Qi- und Xue-Stasen auf.

Mu Li (Ostrea Concha) beruhigt und puffert Magensäure ab.

Modifikationen:

- Bei schneller Erschöpfung nach leichter Anstrengung wird Fu Ling (Poriae Sclerotium) ergänzt.
- Bei Nahrungsstagnationen werden Shen Qu (Massa Medicata Fermentata), Zhi Shi (Citri Aurantii Fructus Immaturus) und Hou Po (Magnoliae Officinalis Cortex) hinzugefügt.
- Bei Übelkeit und Erbrechen werden Fa Ban Xia (Pinelliae Rhizoma Praeparatae) und Fu Ling (Poriae Sclerotium) dazugegeben.

Kontraindikationen:

- *An Zhong San* ist in der Trächtigkeit kontraindiziert!
- Es sollte nicht zur Behandlung von entzündungsbedingten Magenproblemen verordnet werden.
- Diese Rezeptur ist aufgrund des hohen Anteils von Gan Cao (Glycyrrhizae Radix et Rhizoma) nicht zur Langzeitanwendung geeignet.

Korrespondierende Akupunkturpunkte: Ma36, MP3, MP4, MP6, KG12, Ma42, MP10 (auch Moxibustion möglich)

5.2 Die Leitbahnen wärmende und Kälte ausleitende Rezepturen

黃耆桂枝五物湯

Huang Qi Gui Zhi Wu Wu Tang

Fünf-Substanzen-Dekokt mit Astragali Radix und Cinnamomi Ramulus

Zusammensetzung:

Huang Qi (Astragali Radix)	12 g
Gui Zhi (Cinnamomi Ramulus)	9 g
Bai Shao Yao (Paeoniae Radix Alba)	9 g
Sheng Jiang (Zingiberis Rhizoma Recens)	12 g
Da Zao (Jujubae Fructus)	6 g

Abb. 60: Wurzeln aus Tragant-Arten (*Astragalus* spec.) enthalten eine Mischung aus sekundären Pflanzenstoffen, darunter Saponine (schaumbildende Stoffe).

Wirkt auf

Funktionskreis Lunge
Funktionskreis Leber
Funktionskreis Milz-Pankreas
Funktionskreis Herz

Temperaturverhalten: leicht warm
Geschmacksrichtung: scharf, süß
Wirkrichtung: oberflächlich
Wirkort: Oberfläche, Leitbahnen

Chinesisch-therapeutische Wirkung:

- Tonisiert Qi und Xue
- Tonisiert das Yang
- Wärmt die Leitbahnen
- Bewegt Qi und Xue

Klinische Anwendung:

- Arthrose
- Schulterschmerzen
- Knieschmerzen
- Radialislähmung
- Fazialisparese
- Muskelschmerzen
- Infektanfälligkeit

Huang Qi (Astragali Radix) tonisiert das Wei-Qi.

Gui Zhi (Cinnamomi Ramulus) leitet Wind-Kälte aus und macht die Leitbahnen durchgängig.

Bai Shao Yao (Paeoniae Radix Alba) tonisiert das Xue und harmonisiert die Ying- und die Wei-Qi-Schicht.

Sheng Jiang (Zingiberis Rhizoma Recens) leitet Wind-Kälte aus.

Da Zao (Jujubae Fructus) tonisiert Qi und Xue.

Modifikationen:

- Bei Problemen in Schulter und Ellenbogen mit Schwäche wird die Menge an Gui Zhi (Cinnamomi Ramulus) verdoppelt.
- Bei Problemen in den Hintergliedmaßen mit Schwäche wird Huai Niu Xi (Achyranthis Radix) hinzugefügt.
- Bei rezidivierenden Sehnenproblemen mit Schwäche beim Aufstehen wird Mu Gua (Chaenomelis Fructus) ergänzt.
- Bei Qi-Mangel wird Ren Shen (Ginseng Radix et Rhizoma) dazugegeben.
- Bei linksseitiger Fazialisparese wird Dang Gui (Angelicae Sinensis Radix) hinzugefügt.
- Bei rechtsseitiger Fazialisparese wird die Menge an Huang Qi (Astragali Radix) verdoppelt.
- Bei Schmerzen in den Gliedmaßen werden Bai Zhu (Atractylodis Macrocephalae Rhizoma) und Fang Ji (Stephaniae Tetrandrae Radix) hinzugefügt.
- Bei starker Xue-Stase mit livider Zunge werden Tao Ren (Persicae Semen) und Hong Hua (Carthami Flos) ergänzt.

Kontraindikationen:

- *Huang Qi Gui Zhi Wu Wu Tang* ist in der Trächtigkeit kontraindiziert!
- Diese Rezeptur sollte bei Fülle-Hitze und Yin-Mangel nicht verordnet werden.

Korrespondierende Akupunkturpunkte: Lu7, Di4, Di14, LG16, Le5, Le8, MP6, MP9, Bl13, Bl18, Bl20, Ma7 (auch Moxibustion möglich)

當歸四逆沖劑

SR-Rezeptur Nr. 1, um die Leitbahnen zu wärmen

Granulat gegen die vier Gegenläufigkeiten mit Angelicae Sinensis Radix

Zusammensetzung:

Dang Gui (Angelicae Sinensis Radix)	12 g
Bai Shao Yao (Paeoniae Radix Alba)	9 g
Gui Zhi (Cinnamomi Ramulus)	9 g
Fang Feng (Ledebouriellae Saposhnikoviae Radix)	4 g
Wei Ling Xian (Clematidis Radix)	6 g
Zhi Gan Cao (Glycyrrhizae Radix et Rhizoma Praeparatae cum Melle)	6 g
Da Zao (Jujubae Fructus)	12 g
Chuan Mu Tong (Clematidis Armandii Caulis)	6 g

Abb. 61: Getrocknete Wurzel der Engelwurz-Art *Angelica sinensis*

Anmerkung der Autorin:
SR-Rezeptur Nr. 1, um die Leitbahnen zu wärmen, ist eine Ableitung von *Dang Gui Si Ni Tang* / 當歸四逆湯 (Dekokt gegen die vier Gegenläufigkeiten mit Angelicae Sinensis Radix). In der Originalrezeptur ist Xi Xin (Asari Radix et Rhizoma, botanisch: *Asarum* spec. = Haselwurz

oder Osterluzei) enthalten, das aufgrund seines Inhaltsstoffes Asaron in Europa nicht mehr verwendet werden darf. Asaron ist sowohl als kanzerogen wie auch als leber- und nierentoxisch eingestuft. In dieser Rezeptur habe ich daher Xi Xin durch Fang Feng (Ledebouriellae Saposhnikoviae Radix) und Wei Ling Xian (Clematidis Radix) ersetzt.

Wirkt auf

Funktionskreis Leber
Funktionskreis Dreifach-Erwärmer

Temperaturverhalten: warm
Geschmacksrichtung: süß, scharf
Wirkrichtung: oberflächlich
Wirkort: Leitbahnen

Chinesisch-therapeutische Wirkung:

- Wärmt die Leitbahnen
- Macht die Leitbahnen durchgängig
- Tonisiert das Xue
- Bewegt das Xue
- Leitet Kälte aus
- Tonisiert das Qi

Klinische Anwendung:

- kalte Gliedmaßen
- Schmerzen im Hüftgelenk, Kniegelenk oder Sprunggelenk
- Schmerzen im Bereich der LWS
- Ischialgie
- Schulterschmerzen
- Schmerzen im Leitbahnverlauf von Leber oder Dreifach-Erwärmer

Dang Gui (Angelicae Sinensis Radix) und Bai Shao Yao (Paeoniae Radix Alba) tonisieren das Xue und bewegen das Xue.

Gui Zhi (Cinnamomi Ramulus), Fang Feng (Ledebouriellae Saposhnikoviae Radix) und Wei Ling Xian (Clematidis Radix) wärmen die Leitbahnen, leiten äußere Kälte aus und tonisieren das Yang.

Zhi Gan Cao (Glycyrrhizae Radix et Rhizoma Praeparatae cum Melle) und Da Zao (Jujubae Fructus) tonisieren den Funktionskreis Milz-Pankreas und das Qi.

Chuan Mu Tong (Clematidis Armandii Caulis) macht die Leitbahnen durchgängig.

Modifikationen:

- Bei Übelkeit und Erbrechen aufgrund von Kälte und Schwäche im Magen werden Wu Zhu Yu (Evodiae Fructus) und Sheng Jiang (Zingiberis Rhizoma Recens) hinzugefügt.
- Bei Schmerzen in den Gliedmaßen aufgrund von Wind-Feuchtigkeit wird die Dosierung von Wei Ling Xian (Clematidis Radix) erhöht und Sang Ji Sheng (Taxilli Herba) dazugegeben.
- Bei Schmerzen im hinteren Rücken werden Huai Niu Xi (Achyranthis Radix) und Du Zhong (Eucommiae Cortex) hinzugefügt.

- Bei unregelmäßiger Rosse oder Läufigkeit aufgrund von Kälte werden Wu Yao (Linderae Radix), Xiao Hui Xiang (Foeniculi Fructus), Gao Liang Jiang (Alpiniae Officinarum Rhizoma) und Xiang Fu (Cyperi Rhizoma) ergänzt.
- Bei Schmerzen im Rücken und den Hintergliedmaßen aufgrund von Kälte und Xue-Mangel werden Xu Duan (Dipsaci Radix), Huai Niu Xi (Achyranthis Radix), Ji Xue Teng (Spatholobi Caulis) und Mu Gua (Chaenomelis Fructus) hinzugefügt.

Kontraindikationen:

- Die *SR-Rezeptur Nr. 1, um die Leitbahnen zu wärmen,* ist in der Trächtigkeit kontraindiziert!
- Diese Rezeptur sollte nicht bei Trockenheit oder Yin-Mangel verordnet werden.

Korrespondierende Akupunkturpunkte: Di4, 3E10, Le3, Le5, Le8, Bl18, Ni3, Bl23, Bl60, Gb29, Gb34, MP10 (auch Moxibustion möglich)

6
Tonisierende Rezepturen

Tonisierende Rezepturen stärken Qi, Xue (Blut), Jing (Essenz), Yin, Yang und JinYe (Körperflüssigkeiten). Diese Rezepturen werden bei Mangelerkrankungen, die die Zang-Fu-Organe schädigen, eingesetzt.

Mangelsyndrome sind in erster Linie auf einen Mangel an Grundsubstanzen zurückzuführen, also an Qi, Xue, Yin, Yang, Jing und JinYe. Es gibt verschiedene Gründe für Mangelzustände, die entweder als vorgeburtlich ererbt (genetisch bedingt) oder nachgeburtlich erworben (z. B. falsche Fütterung, überlastendes Training, chronische Erkrankungen, dauerhafter Stress im Rudel oder der Herde) eingestuft werden.

Unabhängig davon, ob die Störungen als vorgeburtlich oder nachgeburtlich diagnostiziert werden, sind diese Erkrankungen immer gekennzeichnet durch einen Mangel einer oder mehrerer Grundsubstanzen und einem oder mehreren betroffenen Funktionskreisen.

Welche Grundsubstanzen oder Funktionskreise betroffen sind, muss im Vorfeld durch eine gründliche TCM-Anamnese und -Diagnostik abgeklärt werden, denn nur dann kann die passende Rezeptur für den Patienten zusammengestellt werden.

In einfachen Fällen werden die Mangelzustände direkt behandelt, also Qi tonisierende Arzneien bei Qi-Mangel, und Xue tonisierende Arzneien bei Xue-Mangel. Häufig treten Mangelsymptome gemeinsam auf, da die Grundsubstanzen sich gegenseitig beeinflussen können. Einem Qi-Mangel folgt häufig ein Xue- oder Yang-Mangel, auf einen Xue-Mangel folgt häufig ein Yin-Mangel, und ein Yang-Mangel beeinflusst das Yin, so das es häufig zu Störungen in mehreren Grundsubstanzen und mehreren Zang-Fu kommt.

Folglich werden häufig Qi und Xue sowie Yin und Yang gleichzeitig tonisiert, wenn auch in unterschiedlicher Ausprägung.

Bevor eine tonisierende Rezeptur verordnet wird, muss zwingend abgeklärt sein, ob es sich um eine Mangel- oder eine Fülleerkrankung handelt. Tonisierende Rezepturen werden ausschließlich für Mangelsymptome verwendet, während Fülleerkrankungen mit klärenden oder ableitenden Rezepturen behandelt werden sollten. Sollte bei einer Fülleerkrankung, versehentlich oder aufgrund einer falschen Diagnose, eine tonisierende Rezeptur verabreicht werden, werden sich die Symptome verschlimmern.

Klinische Anwendungen:
- Rekonvaleszenz
- Magen-Darm-Erkrankungen
- Atemwegserkrankungen
- Tumorerkrankungen
- gynäkologische Erkrankungen
- Fortpflanzungsstörungen
- Hautkrankheiten
- Nieren- und Lebererkrankungen
- Schilddrüsenerkrankungen

Untergeordnete Wirkkategorien

Von den tonisierenden Rezepturen gibt es sechs Unterkategorien:

Qi tonisierende Rezepturen:
Rezepturen, die das Qi tonisieren, behandeln allgemeine Schwäche, Lustlosigkeit, Fressunlust, Abmagerung, Diarrhö, leichten Husten und beschleunigte Atmung bereits bei leichter Anstrengung, um nur einige Auffälligkeiten zu nennen. Qi-Mangel ist außerdem gekennzeichnet durch eine blasse Zunge und einen schwachen, leeren Puls. Häufig sind primär die Funktionskreise Milz-Pankreas und Lunge von einem Qi-Mangel betroffen.

Viele dieser Rezepturen werden bei Tumorbehandlungen unterstützend eingesetzt, da sie die Nebenwirkungen von Chemo- und Strahlentherapie behandeln können.

Qi tonisierende Rezepturen sollten im Idealfall morgens verabreicht werden.

Xue tonisierende Rezepturen:
Diese Rezepturen behandeln Xue-Mangel-Syndrome, die meist die Funktionskreise Herz und Leber beeinträchtigen. Typische Befunde eines Xue-Mangels sind Probleme während der Rosse bzw. Läufigkeit, Unfruchtbarkeit, stumpfes Fell, Juckreiz, brüchige Hufe oder Krallen, ein dünner, hohler oder rauer Puls und eine blasse Zunge mit blassen Schleimhäuten.

Xue tonisierende Rezepturen sollten im Idealfall abends verabreicht werden.

Qi und Xue tonisierende Arzneien:
Mit diesen Rezepturen werden gleichzeitiger Qi- und Xue-Mangel behandelt. Zu den klassischen Symptomen bei zusammen auftretendem Qi- und Xue-Mangel gehören Erschöpfung, Fressunlust, Kurzatmigkeit, schwache Gliedmaßen, stumpfes Fell, eine blasse Zunge und ein leerer, dünner Puls.

Yin tonisierende Rezepturen:

Rezepturen, die das Yin tonisieren, behandeln Yin-Mangel, der meist die Funktionskreise Leber und/oder Niere oder den Lungen-Funktionskreis betrifft. Die klassischen klinischen Symptome bei Yin-Mangel sind abendliche oder nächtliche Unruhe, Abmagerung, trockener Husten, Verlust von Samenflüssigkeit, Schmerzen im Bereich der Lendenwirbelsäule, Knieproblematiken, Asthma, eine rote Zunge ohne Belag und ein dünner, schneller Puls.

Yin tonisierende Rezepturen sollten bevorzugt abends verabreicht werden.

Yang tonisierende Rezepturen:

Yang tonisierende Rezepturen behandeln in erster Linie einen Mangel an Nieren-Yang. Häufige klinische Symptome sind allgemeine Kälteabneigung, Schmerzen in den Knien und der Lendenwirbelsäule, die sich bei Kälte verschlimmern, häufiges oder spärliches Harnabsetzen, eine blasse, geschwollene Zunge und ein tiefer, schwacher Puls. Yang tonisierende Rezepturen sollten bevorzugt morgens verabreicht werden.

Yin und Yang tonisierende Rezepturen:

Über diese Rezepturen werden ein gleichzeitig bestehender Yin- und Yang-Mangel behandelt. Dieser äußert sich in der Diagnostik durch schmerzhafte Hintergliedmaßen, Schwäche in den Knien, kalte Gliedmaßen, Verwirrtheit, Lähmungen, Schwindel, nächtliche Unruhe und häufiges Wechseln des Schlafplatzes. Je nachdem, ob hauptsächlich Yin oder Yang tonisiert wird, werden diese Rezepturen abends bzw. morgens verabreicht.

Behandlungshinweise für tonisierende Arzneien

Wenn tonisierende Arzneien sehr häufig oder über einen längeren Zeitraum gegeben werden, kann es zu Stagnationen kommen. Deshalb sollten tonisierende Arzneien immer in Kombination mit milztonisierenden, magenharmonisierenden und Qi und Xue bewegenden Arzneien verabreicht werden, um eventuelle Nebenwirkungen gering zu halten. In den klassischen Rezepturen wurde dies bereits berücksichtigt.

6.1 Qi tonisierende Rezepturen

四君子湯

Si Jun Zi Tang
Vier-Gentlemen-Dekokt

Zusammensetzung:

Ren Shen (Ginseng Radix et Rhizoma)	9 g
Bai Zhu (Atractylodis Macrocephalae Rhizoma)	9 g
Fu Ling (Poriae Sclerotium)	9 g
Zhi Gan Cao (Glycyrrhizae Radix et Rhizoma Praeparatae cum Melle)	6 g

> **Hinweis:**
> In der Traditionellen Chinesischen Arzneimedizin werden häufig kleine Mengen Sheng Jiang (Zingiberis Rhizoma Recens, 3 g für dieses Rezept) und Da Zao (Jujubae Fructus, 2 g für dieses Rezept) hinzugefügt, um die Arzneien zu harmonisieren.

Wirkt auf
Funktionskreis Milz-Pankreas

Temperaturverhalten: leicht warm
Geschmacksrichtung: süß, bitter
Wirkrichtung: emporhebend
Wirkort: mittlerer Erwärmer

Chinesisch-therapeutische Wirkung:
- Tonisiert das Qi
- Stärkt den Funktionskreis Milz-Pankreas
- Trocknet Feuchtigkeit

Klinische Anwendung:
- Appetitmangel
- Abmagerung
- Ödeme
- Kolikneigung
- Diarrhö
- Kotwasser
- chronische Gastritis
- chronische Hepatitis
- Überforderung

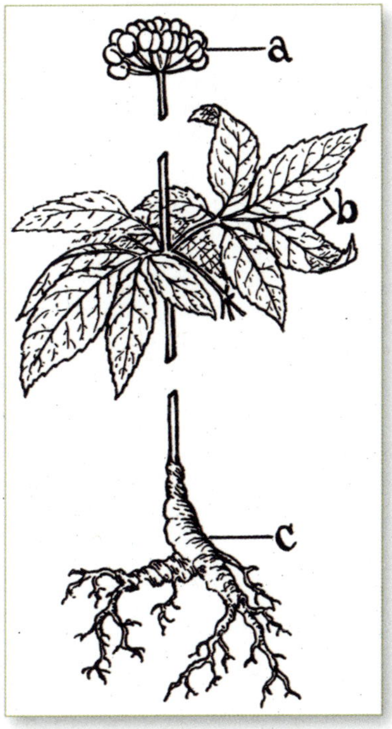

Abb. 62: Die Wurzel des Ginseng (*Panax ginseng*) hat eine menschenähnliche Gestalt, deshalb ist das chinesische Wort „Ren" = Mensch im Namen enthalten.

Ren Shen (Ginseng Radix et Rhizoma) tonisiert das Yuan-Qi, stärkt die Milz und harmonisiert den Magen.

Bai Zhu (Atractylodis Macrocephalae Rhizoma) tonisiert das Milz-Qi und trocknet Feuchtigkeit.

Fu Ling (Poriae Sclerotium) tonisiert den mittleren Erwärmer und zerstreut Feuchtigkeit.

Zhi Gan Cao (Glycyrrhizae Radix et Rhizoma Praeparatae cum Melle) tonisiert das Milz-Qi und harmonisiert die Arzneien.

Modifikationen:

- Bei starkem Milz- und Magen-Qi-Mangel werden Huang Qi (Astragali Radix) und Shan Yao (Dioscoreae Rhizoma) ergänzt.
- Bei nächtlicher Unruhe mit Ängstlichkeit werden Sheng Jiang (Zingiberis Rhizoma Recens) und Suan Zao Ren (Ziziphi Spinosae Semen) hinzugefügt.
- Bei Obstipation durch Qi-Mangel werden Dang Gui (Angelicae Sinensis Radix) und Huo Ma Ren (Cannabis Fructus) hinzugefügt.
- Bei ständig weichem Kot, Kotwasser oder Diarrhö wird He Zi (Chebulae Fructus) ergänzt.
- Bei Ödemen aufgrund von Schwäche im Funktionskreis Milz-Pankreas werden Yi Yi Ren (Coicis Semen), Ze Xie (Alismatis Rhizoma) und Gui Zhi (Cinnamomi Ramulus) hinzugefügt.
- Bei gleichzeitigem Qi- und Xue-Mangel wird *Si Wu Tang* (Vier-Arzneien-Dekokt, siehe Seite 151) hinzugefügt.

Kontraindikationen:

- Diese Rezeptur darf nicht bei Magen-Yin-Mangel, Fülle-Hitze, Mangel an JinYe und Qi-Stagnation verordnet werden.
- *Mögliche Nebenwirkungen:* Bei einer Verabreichung dieser Rezeptur über einen längeren Zeitraum kann es zu vermehrter Wasseraufnahme und trockenem Kot kommen.

Korrespondierendende Akupunkturpunkte: Ma36, KG12, MP3, MP6, Bl20, Bl21, Lu7, Le3

六君子湯

Liu Jun Zi Tang

Sechs-Gentlemen-Dekokt

Zusammensetzung:

Ren Shen (Ginseng Radix et Rhizoma)	9 g
Bai Zhu (Atractylodis Macrocephalae Rhizoma)	9 g
Fu Ling (Poriae Sclerotium)	9 g
Zhi Gan Cao (Glycyrrhizae Radix et Rhizoma Praeparatae cum Melle)	6 g
Chen Pi (Citri Reticulatae Pericarpium)	9 g
Fa Ban Xia (Pinelliae Rhizoma Praeparatae)	12 g

Abb. 63: Chen Pi ist die sonnengetrocknete Schale der Mandarine (*Citrus reticulata*).

Hinweise:

In der TCM werden häufig kleine Mengen Sheng Jiang (Zingiberis Rhizoma Recens, 3 g für diese Rezeptur) und Da Zao (Jujubae Fructus, 2 g für diese Rezeptur) hinzugefügt, um die Arzneien zu harmonisieren.

Liu Jun Zi Tang besteht aus *Si Jun Zi Tang* (Vier-Gentlemen-Dekokt, siehe Seite 139) plus Fa Ban Xia (Pinelliae Rhizoma Praeparatae) plus Chen Pi (Citri Reticulatae Pericarpium) und behandelt deshalb Milz-Magen-Qi-Schwäche mit Feuchtigkeit und Schleim.

Wirkt auf

Funktionskreis Milz-Pankreas
Funktionskreis Lunge

Temperaturverhalten: warm
Geschmacksrichtung: süß, bitter
Wirkrichtung: tief
Wirkort: Lunge, Verdauungstrakt

Chinesisch-therapeutische Wirkung:

- Tonisiert die Funktionskreise Milz-Pankreas und Magen
- Trocknet Feuchtigkeit
- Tonisiert das Qi
- Leitet Schleim aus
- Löst Qi-Stagnationen

Klinische Anwendung:

- Magen-Darm-Erkrankungen
- Husten mit Schleim
- Gastritis
- Magengeschwüre
- Übelkeit und Erbrechen
- chronische Bronchitis
- Magenkarzinom
- Leberkarzinom

Si Jun Zi Tang (Vier-Gentlemen-Dekokt, siehe Seite 139) tonisiert das Qi und stärkt Milz und Magen.

Chen Pi (Citri Reticulatae Pericarpium) trocknet Feuchtigkeit und reguliert das Lungen-Qi, um Schleimbildung zu vermindern.

Fa Ban Xia (Pinelliae Rhizoma Praeparatae) trocknet Feuchtigkeit und wandelt Schleim um und lindert damit Übelkeit und Erbrechen.

Modifikationen:

- Bei Yang-Mangel werden Wu Zhu Yu (Evodiae Fructus), Pao Jiang (Zingiberis Rhizoma Praeparatum) und Rou Gui (Cinnamomi Cortex) hinzugefügt.
- Bei Diarrhö aufgrund von Milzschwäche werden Shan Yao (Dioscoreae Rhizoma) und Qian Shi (Euryales Semen) ergänzt.
- Bei Schleim auf dem Kot werden Ge Gen (Puerariae Lobatae Radix), Bai Shao Yao (Paeoniae Radix Alba) und Chuan Mu Xiang (Vladimiriae Radix) ergänzt.
- Bei Appetitlosigkeit werden Shan Zha (Crataegi Fructus), Shen Qu (Massa Medicata Fermentata) und Mai Ya (Hordei Fructus) dazugegeben.
- Bei Kälte mit Feuchtigkeit werden Chuan Mu Xiang (Vladimiriae Radix) und Sha Ren (Amomi Fructus) hinzugefügt.

Kontraindikationen:

- Eine längere Anwendung dieser Rezeptur kann zu vermehrtem Durst und trockenem Kot führen.
- Diese Rezeptur sollte bei Patienten mit Magen-Yin-Mangel oder Füllesyndromen nicht verabreicht werden.
- Die Anwendung in der Trächtigkeit ist verboten!

Korrespondierende Akupunkturpunkte: Ma25, Ma36, Ma40, MP3, MP6, Bl20, Lu7

參苓白術散

Shen Ling Bai Zhu San

Pulver mit Ginseng, Poria und Atractylodis macrocephala

Zusammensetzung:

Ren Shen (Ginseng Radix et Rhizoma)	15 g
Bai Zhu (Atractylodis Macrocephalae Rhizoma)	15 g
Fu Ling (Poriae Sclerotium)	15 g
Gan Cao (Glycyrrhizae Radix et Rhizoma)	9 g
Shan Yao (Dioscoreae Rhizoma)	15 g
Lian Zi (Nelumbinis Semen)	9 g
Bai Bian Dou (Lablab Semen Album)	12 g
Yi Yi Ren (Coicis Semen)	9 g
Sha Ren (Amomi Fructus)	6 g
Jie Geng (Platycodi Radix)	6 g

Abb. 64: Der deutsche Name Kokospilz (*Poria cocos*) kommt von der runden Form und der braunen Haut dieses Pilzes.

Hinweis:
Laut der Originalquelle wird der Rezeptur noch eine kleine Menge Da Zao (Jujubae Fructus; hier 3 g) zum harmonisieren der Arzneien hinzugefügt.

Wirkt auf

Funktionskreis Milz-Pankreas (hauptsächlich)
Funktionskreis Lunge (leicht)
Funktionskreis Dickdarm (leicht)
Funktionskreis Dünndarm (leicht)

Temperaturverhalten: warm
Geschmacksrichtung: bitter, süß
Wirkrichtung: emporhebend
Wirkort: mittlerer Erwärmer, Verdauungstrakt

Chinesisch-therapeutische Wirkung:

- Tonisiert das Qi
- Löst Qi-Stagnationen
- Stärkt den Funktionskreis Milz-Pankreas
- Leitet Feuchtigkeit aus
- Harmonisiert den Magen

Klinische Anwendung:

- Gastritis
- chronische Diarrhö
- Diarrhö bei Welpen und Fohlen
- Abmagerung
- Erbrechen
- Nephritis
- Hepatitis
- Colitis
- unterstützend bei der Chemotherapie
- Ödeme

Ren Shen (Ginseng Radix et Rhizoma), Bai Zhu (Atractylodis Macrocephalae Rhizoma), Fu Ling (Poriae Sclerotium) und Gan Cao (Glycyrrhizae Radix et Rhizoma) tonisieren das Qi und stärken die Funktionskreise Milz-Pankreas und Magen.

Shan Yao (Dioscoreae Rhizoma) und Lian Zi (Nelumbinis Semen) stärken den Funktionskreis Milz-Pankreas, wandeln Feuchtigkeit um und stoppen damit Diarrhö.

Bai Bian Dou (Lablab Semen Album) und Yi Yi Ren (Coicis Semen) stärken den Funktionskreis Milz-Pankreas und zerstreuen Feuchtigkeit.

Sha Ren (Amomi Fructus) harmonisiert die Funktionskreise Milz-Pankreas und Magen, wandelt Feuchtigkeit um und bewegt das Qi.

Jie Geng (Platycodi Radix) kanalisiert Schleim, bewegt das Qi und belüftet die Lunge, um Druckgefühle im Thorax zu beseitigen.

Da Zao (Jujubae Fructus) harmonisiert die Arzneien.

Modifikationen:

- Bei Diarrhö mit Kälte werden Gan Jiang (Zingiberis Rhizoma) und Rou Gui (Cinnamomi Cortex) ergänzt.
- Bei Diarrhö mit Feuchte-Hitze werden Huang Lian (Coptidis Rhizoma), Che Qian Zi (Plantaginis Semen) und Ze Xie (Alismatis Rhizoma) hinzugefügt.
- Bei Schleim werden Fa Ban Xia (Pinelliae Rhizoma Praeparatae) und Chen Pi (Citri Reticulatae Pericarpium) dazugegeben.
- Bei Diarrhö und Erbrechen wird die Rezeptur mit *Ping Wei San* (Beruhige-den-Magen-Pulver, siehe Seite 283) kombiniert.

Kontraindikationen und Behandlungshinweise:

- Diese Rezeptur ist bei Hitze-Pathologien, Mangel-Feuer und Yin-Mangel kontraindiziert.
- *Shen Ling Bai Zhu San* ist nicht für die Langzeitanwendung geeignet.
- In der Trächtigkeit ist die Rezeptur verboten!

Korrespondierende Akupunkturpunkte: KG12, Ma36, MP4, MP6, Di10, Ma21, Ma25, Ma42, Le13, Bl20

補中益氣湯

Bu Zhong Yi Qi Tang

Dekokt, das die Mitte tonisiert und das Qi vermehrt

Zusammensetzung:

Huang Qi (Astragali Radix)	15 g
Ren Shen (Ginseng Radix et Rhizoma)	9 g
Bai Zhu (Atractylodis Macrocephalae Rhizoma)	9 g
Dang Gui (Angelicae Sinensis Radix)	6 g
Chen Pi (Citri Reticulatae Pericarpium)	6 g
Chai Hu (Bupleuri Radix)	6 g
Sheng Ma (Cimicifugae Rhizoma)	6 g
Zhi Gan Cao (Glycyrrhizae Radix et Rhizoma Praeparatae cum Melle)	3 g

Abb. 65: Die getrocknete Wurzel der Tragant-Art *Astragalus mongolicus* tonisiert das Qi und den Funktionskreis Milz-Pankreas.

Wirkt auf

Funktionskreis Milz
Funktionskreis Magen

Temperaturverhalten: warm
Geschmacksrichtung: scharf, bitter
Wirkrichtung: emporhebend
Wirkort: mittlerer Erwärmer, Verdauungstrakt

Chinesisch-therapeutische Wirkung:

- Tonisiert das Qi
- Stärkt den mittleren Jiao
- Hebt das Milz-Qi
- Tonisiert das Xue

Klinische Anwendung:

- chronische Diarrhö
- Organprolaps
- Inkontinenz
- Leistungsminderung
- Infektanfälligkeit
- Infertilität
- chronische Hepatitis
- Leberkarzinom

Huang Qi (Astragali Radix) tonisiert das Zhong-Qi, hebt das Yang empor und stärkt das Wei-Qi.

Ren Shen (Ginseng Radix et Rhizoma) und Bai Zhu (Atractylodis Macrocephalae Rhizoma) stärken den Funktionskreis Milz-Pankreas, tonisieren das Qi und den mittleren Jiao.

Dang Gui (Angelicae Sinensis Radix) tonisiert das Xue.

Chen Pi (Citri Reticulatae Pericarpium) reguliert das Qi und harmonisiert den Magen.

Chai Hu (Bupleuri Radix) und Sheng Ma (Cimicifugae Rhizoma) lassen das Yang-Qi aufsteigen und heben damit prolabierte Organe.

Zhi Gan Cao (Glycyrrhizae Radix et Rhizoma Praeparatae cum Melle) tonisiert das Qi und harmonisiert die Arzneien.

Modifikationen:

- Bei rezidivierenden Koliken und Schmerzen im Abdomen werden Huang Qin (Scutellariae Radix) und Bai Shao Yao (Paeoniae Radix Alba) hinzugefügt.
- Bei Schmerzen in den Extremitäten werden Fang Feng (Ledebouriellae Saposhnikoviae Radix) und Qiang Huo (Notopterygii Rhizoma seu Radix) ergänzt.
- Bei Schmerzen, die sich bei Kälte verschlimmern, wird Rou Gui (Cinnamomi Cortex) dazugegeben.

Kontraindikationen und Behandlungshinweise:

- *Bu Zhong Yi Qi Tang* ist bei Yin-Mangel oder innerer Hitze kontraindiziert.
- Diese Rezeptur sollte bevorzugt in niedriger Dosierung verschrieben werden, da sie hauptsächlich aus süßen, warmen und tonisierenden Arzneien besteht, die eher unbeweglich und schwer sind. Daher würde eine hohe Dosierung dem Zweck, das Yang anzuheben, eher entgegenwirken.
- Diese Rezeptur ist nicht zur Langzeitanwendung geeignet.

Korrespondierende Akupunkturpunkte: Lu7, Di4, Ma30, Ma36, MP4, MP6, Ni3, Ni7, KG8, KG12

益氣聰明湯

Yi Qi Cong Ming Tang

Qi vermehrendes und Sinne schärfendes Dekokt

Zusammensetzung:

Ren Shen (Ginseng Radix et Rhizoma)	15 g
Huang Qi (Astragali Radix)	15 g
Ge Gen (Puerariae Lobatae Radix)	9 g
Sheng Ma (Cimicifugae Rhizoma)	9 g
Man Jing Zi (Viticis Fructus)	4,5 g
Bai Shao Yao (Paeoniae Radix Alba)	3 g
Huang Bo (Phellodendri Cortex)	3 g
Zhi Gan Cao (Glycyrrhizae Radix et Rhizoma Praeparatae cum Melle)	15 g

Abb. 66: Der Traubensilberkerze (*Cimicifuga racemosa*) werden östrogenähnliche Eigenschaften zugesprochen. Verwendet wird der Wurzelstock (= das Rhizom).

Wirkt auf

Funktionskreis Milz-Pankreas
Funktionskreis Leber
Funktionskreis Niere

Temperaturverhalten: kühl
Geschmacksrichtung: scharf, süß
Wirkrichtung: emporhebend
Wirkort: Kopf, Augen, Ohren

Chinesisch-therapeutische Wirkung:
- Tonisiert das Qi
- Nährt Xue und Yin
- Hebt das Yang-Qi

Klinische Anwendung:
- verminderte Sehkraft
- beginnende Taubheit
- Katarakt (grauer Star)
- kognitive Dysfunktion
- Otitis
- Vestibularsyndrom aufgrund von Qi-Mangel

Ren Shen (Ginseng Radix et Rhizoma) und Huang Qi (Astragali Radix) tonisieren das Qi und stärken den Funktionskreis Milz-Pankreas.

Ge Gen (Puerariae Lobatae Radix), Sheng Ma (Cimicifugae Rhizoma) und Man Jing Zi (Viticis Fructus) heben das Yang-Qi.

Bai Shao Yao (Paeoniae Radix Alba) nährt das Xue und das Yin.

Huang Bo (Phellodendri Cortex) kontrolliert Mangel-Feuer.

Zhi Gan Cao (Glycyrrhizae Radix et Rhizoma Praeparatae cum Melle) harmonisiert die Arzneien.

Modifikationen:

- Bei schlechtem Sehvermögen und Schwindel werden Ju Hua (Chrysanthemi Flos) und Gou Qi Zi (Lycii Fructus) ergänzt.

Kontraindikationen:
Bei verminderter Sehkraft und Taubheit aufgrund von Fülle-Mustern (z. B. aufsteigendes Leber-Feuer) sollte diese Rezeptur nicht eingesetzt werden.

Korrespondierende Akupunkturpunkte: Ma1, Ma3, Ma7, Ma8, Bl1, Gb14, Gb20, Le3, Ni1, Ni6

生脈散

Sheng Mai San

Pulver, das die Pulse hervorbringt

Zusammensetzung:

Ren Shen (Ginseng Radix et Rhizoma)	10 g
Mai Men Dong (Ophiopogonis Radix)	10 g
Wu Wei Zi (Schisandrae Fructus)	6 g

Abb. 67: Die Wurzel des Japanischen Schlangenbarts (*Ophiopogon japonicus*) tonisiert das Yin und wirkt befeuchtend.

Wirkt auf

Funktionskreis Milz-Pankreas
Funktionskreis Lunge
Funktionskreis Herz

Temperaturverhalten: neutral
Geschmacksrichtung: leicht süß, leicht sauer
Wirkrichtung: emporhebend
Wirkort: vorderer Erwärmer

Chinesisch-therapeutische Wirkung:

- Tonisiert das Qi
- Stärkt den Lungen-Funktionskreis
- Nährt das Yin
- Füllt die JinYe auf
- Adstringiert

Klinische Anwendung:

- Schock
- Herzinsuffizienz
- Myokarditis
- chronischer Husten
- chronische Bronchitis
- Diabetes
- wirkt kardiovaskulär und kardioprotektiv

Ren Shen (Ginseng Radix et Rhizoma) tonisiert das Yuan-Qi und stärkt den Lungen-Funktionskreis.

Mai Men Dong (Ophiopogonis Radix) nährt das Yin und die JinYe.

Wu Wei Zi (Schisandrae Fructus) adstringiert die Lunge, um Schwitzen zu stoppen und Husten zu lindern.

Modifikationen:

- Bei Aggressionen und nächtlicher Unruhe werden Suan Zao Ren (Ziziphi Spinosae Semen) und Bai Zi Ren (Platycladi Semen) hinzugefügt.
- Bei Qi- und Yin-Mangel aufgrund einer fieberhaften Erkrankung werden Xuan Shen (Scrophulariae Radix) und Sheng Di Huang (Rehmanniae Radix) ergänzt.
- Bei chronischem Husten mit Atemnot und Schleim werden Xing Ren (Armeniacae Semen) und Chen Pi (Citri Reticulatae Pericarpium) dazugegeben.
- Bei chronischen Herzerkrankungen mit Yin- und Yang-Mangel werden Huang Qi (Astragali Radix) und Gan Cao (Glycyrrhizae Radix et Rhizoma) ergänzt.

Kontraindikationen:

- *Sheng Mai San* ist bei Qi- und Yin-Mangel, die durch Sommer-Hitze verursacht werden, kontraindiziert.
- Da diese Rezeptur adstringierend ist, sollte sie nicht bei Außen-Syndromen oder Hitze-Pathologien verordnet werden.
- Sie eignet sich nicht bei chronischem Husten mit Lungenschwäche, der durch ein Außen-Syndrom verursacht worden ist.

Korrespondierende Akupunkturpunkte: Lu2, Lu3, Lu6, He4, He6, He8, Pc2, Pc5, Pc6

補肺湯

Bu Fei Tang

Dekokt, das die Lunge tonisiert

Zusammensetzung:

Huang Qi (Astragali Radix)	24 g
Ren Shen (Ginseng Radix et Rhizoma)	9 g
Sang Bai Pi (Mori Cortex)	12 g
Zi Wan (Asteris Radix et Rhizoma)	9 g
Wu Wei Zi (Schisandrae Fructus)	6 g
Shu Di Huang (Rehmanniae Radix Praeparatae)	24 g

Wirkt auf

Funktionskreis Lunge
Funktionskreis Niere

Temperaturverhalten: warm
Geschmacksrichtung: scharf, süß
Wirkrichtung: absenkend
Wirkort: Atemwege

Chinesisch-therapeutische Wirkung:

- Tonisiert das Lungen-Qi
- Tonisiert das Wei-Qi

Klinische Anwendung:

- Husten
- Bronchitis
- COPD
- RAO (Recurrent airway obstruction)
- Equines Asthma
- Infektanfälligkeit

Abb. 68: Das Chinesische Spaltkörbchen (*Schisandra chinensis*) gehört zur Familie der Sternanisgewächse. Aus ihm kann auch eine seidenartige Faser hergestellt werden.

Huang Qi (Astragali Radix) und Ren Shen (Ginseng Radix et Rhizoma) tonisieren Qi und Wei-Qi.

Sang Bai Pi (Mori Cortex) senkt das Lungen-Qi ab und erleichtert Atemnot.

Zi Wan (Asteris Radix et Rhizoma) befeuchtet die Lunge.

Wu Wei Zi (Schisandrae Fructus) adstringiert Lungen-Qi.

Shu Di Huang (Rehmanniae Radix Praeparatae) tonisiert den Nieren-Funktionskreis, um das Lungen-Qi zu empfangen.

Modifikationen:

- Bei starkem Qi-Mangel wird *Si Jun Zi Tang* (Vier-Gentlemen-Dekokt, siehe Seite 139) hinzugefügt.

Kontraindikationen:
Während der Einnahme von *Bu Fei Tang* sollte das Tier keiner äußeren Kälte ausgesetzt werden.

Korrespondierende Akupunkturpunkte: Lu3, Lu7, Lu8, Lu9, Lu11, Ni3, Ni6, Di4

6.2 Xue tonisierende Rezepturen

四物湯

Si Wu Tang
Vier-Arzneien-Dekokt

Zusammensetzung:

Shu Di Huang (Rehmanniae Radix Praeparatae)	12 g
Dang Gui (Angelicae Sinensis Radix)	12 g
Bai Shao Yao (Paeoniae Radix Alba)	12 g
Chuan Xiong (Ligustici Chuanxiong Rhizoma)	9 g

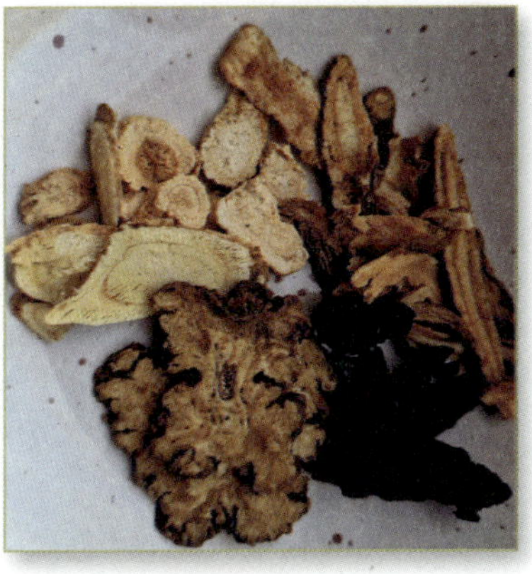

Abb. 69: Die einzelnen Arzneien für diese Rezeptur

Wirkt auf
Funktionskreis Leber
Funktionskreis Herz
Funktionskreis Dickdarm

Temperaturverhalten: leicht warm
Geschmacksrichtung: süß, scharf
Wirkrichtung: tief
Wirkort: hinterer Erwärmer

Chinesisch-therapeutische Wirkung:
- Tonisiert das Xue
- Bewegt das Xue
- Harmonisiert den Leber-Funktionskreis
- Harmonisiert den Chong Mai und den Ren Mai

Klinische Anwendung:
- Anämie
- Probleme in der Läufigkeit/Rosse
- hoher Muskeltonus
- Schmerzen im Abdomen
- Lumbalgie
- Ischias-Problematiken
- Ekzem
- Dermatitis
- Urtikaria

Shu Di Huang (Rehmanniae Radix Praeparatae) tonisiert das Yin und das Xue.

Dang Gui (Angelicae Sinensis Radix) tonisiert und bewegt das Xue und reguliert die Rosse bzw. Läufigkeit.

Bai Shao Yao (Paeoniae Radix Alba) nährt und harmonisiert das Xue und festigt das Yin.

Chuan Xiong (Ligustici Chuanxiong Rhizoma) aktiviert und reguliert die Xue-Zirkulation.

Modifikationen:

- Bei unregelmäßiger Rosse bzw. Läufigkeit aufgrund von Qi-Stagnationen und Xue-Mangel werden Xiang Fu (Cyperi Rhizoma) und Yan Hu Suo (Corydalis Rhizoma) hinzugefügt.
- Bei übermäßiger Rosse bzw. Läufigkeit werden Huang Qin (Scutellariae Radix) und Bai Zhu (Atractylodis Macrocephalae Rhizoma) ergänzt.
- Bei zusätzlichem Qi-Mangel werden Ren Shen (Ginseng Radix et Rhizoma) und Huang Qi (Astragali Radix) hinzugefügt.
- Bei Qi-Stagnationen werden Zhi Shi (Citri Aurantii Fructus), Hou Po (Magnoliae Officinalis Cortex), Xiang Fu (Cyperi Rhizoma) und Yu Jin (Curcumae Radix) ergänzt.
- Bei Xue-Stase werden Tao Ren (Persicae Semen) und Hong Hua (Carthami Flos) dazugegeben.
- Bei Xue-Hitze werden Huang Qin (Scutellariae Radix) und Huang Lian (Coptidis Rhizoma) hinzugefügt.
- Bei Übergewicht und Schleim werden Fa Ban Xia (Pinelliae Rhizoma Praeparatae) und Ju Hong (Citri Reticulatae Rubrum Exocarpium) dazugegeben.
- Bei Untergewicht und Schleim werden Zhi Zi (Gardeniae Fructus), Zhi Mu (Anemarrhenae Rhizoma) und Huang Bo (Phellodendri Cortex) ergänzt.

Kontraindikationen:

- Diese Rezeptur ist in der Trächtigkeit verboten!
- *Si Wu Tang* sollte bei Patienten mit Milz-Magen-Schwäche nur kurzzeitig eingesetzt werden, da die stagnierende Eigenschaft von Shu Di Huang die Verdauung stören kann.
- Diese Rezeptur ist nicht für Patienten mit Yin-Mangel oder Schwäche im mittleren Erwärmer geeignet.

Korrespondierende Akupunkturpunkte: MP4, MP6, MP10, Bl17, Ni3, Ni6, Le3

溫清飲

Wen Qing Yin

Wärmendes und klärendes Dekokt

Zusammensetzung:

Dang Gui (Angelicae Sinensis Radix)	5 g
Shu Di Huang (Rehmanniae Radix Praeparatae)	5 g
Bai Shao Yao (Paeoniae Radix Alba)	5 g
Chuan Xiong (Ligustici Chuanxiong Rhizoma)	5 g
Huang Lian (Coptidis Rhizoma)	5 g
Huang Qin (Scutellariae Radix)	5 g
Huang Bo (Phellodendri Cortex)	5 g
Zhi Zi (Gardeniae Fructus)	5 g

Abb. 70: Die Wurzel der Pfingstrose (*Paeonia* spec.) hat laut einer Studie[1] eine antibiotische Wirkung.

Anmerkung der Autorin:
Der Name „Wärmendes und klärendes Dekokt“ klingt evtl. irreführend, da diese Rezeptur Hitze kühlt. Mit „wärmend“ ist die Hitze klärende Wirkung gemeint, da die Rezeptur Hitze in Wärme umwandelt.

Wirkt auf
Funktionskreis Leber
Funktionskreis Niere

Temperaturverhalten: kalt
Geschmacksrichtung: bitter, scharf
Wirkrichtung: tief
Wirkort: hinterer Erwärmer

Chinesisch-therapeutische Wirkung:
- Kühlt das Xue
- Tonisiert das Xue
- Klärt Hitze und beseitigt Toxine

Klinische Anwendung:
- gynäkologische Störungen aufgrund von Xue-Mangel und Xue-Hitze
- unregelmäßige Rosse bzw. Läufigkeit
- Harnwegsinfekte
- Gastritis
- Juckreiz
- Ekzem
- Urtikaria
- Lupus

Dang Gui (Angelicae Sinensis Radix), Shu Di Huang (Rehmanniae Radix Praeparatae), Bai Shao Yao (Paeoniae Radix Alba) und Chuan Xiong (Ligustici Chuanxiong Rhizoma) tonisieren das Xue und nähren das Yin.

Huang Lian (Coptidis Rhizoma), Huang Qin (Scutellariae Radix), Huang Bo (Phellodendri Cortex) und Zhi Zi (Gardeniae Fructus) klären Hitze und beseitigen Toxine.

1 Xin Zhong Yi / New Chinese Magazin 1989

Modifikationen:

- Bei Schmerzen und Reizbarkeit während der Läufigkeit bzw. Rosse werden Chen Pi (Citri Reticulatae Pericarpium) und Xiang Fu (Cyperi Rhizoma) ergänzt.
- Bei Juckreiz werden Jin Yin Hua (Lonicerae Flos), Lian Qiao (Forsythiae Fructus) und Che Qian Zi (Plantaginis Semen) hinzugefügt.

Kontraindikationen:

- Diese Rezeptur ist in der Trächtigkeit verboten!
- *Wen Qing Yin* ist nicht zur Langzeitanwendung geeignet.

Korrespondierende Akupunkturpunkte: Lu5, Bl40, Di11, Le2, Le3, Le8, Ni3, Ni6, Mp6, Mp10

歸脾湯

Gui Pi Tang

Dekokt, das die Milz wiederherstellt

Zusammensetzung:

Ren Shen (Ginseng Radix et Rhizoma)	6 g
Huang Qi (Astragali Radix)	12 g
Bai Zhu (Atractylodis Macrocephalae Rhizoma)	9 g
Zhi Gan Cao (Glycyrrhizae Radix et Rhizoma Praeparatae cum Melle)	3 g
Dang Gui (Angelicae Sinensis Radix)	9 g
Long Yan Rou (Longan Arillus)	12 g
Fu Ling (Poriae Sclerotium)	9 g
Yuan Zhi (Polygalae Radix)	6 g
Suan Zao Ren (Ziziphi Spinosae Semen)	12 g
Chuan Mu Xiang (Vladimiriae Radix)	6 g

Abb. 71: „Drachenaugen", die Samenmäntel (= Arillus) des Longan-Baumes (*Dimocarpus longan*), tonisieren die Funktionskreise Herz und Milz-Pankreas.

Anmerkung der Autorin:
In der Originalrezeptur ist Mu Xiang (Aucklandiae Radix) enthalten, das aus einer seltenen Pflanze stammt (botanisch *Aucklandia* spec., Costuswurzel) und aus diesen Gründen in Europa nicht mehr erhältlich ist. In der Regel wird Mu Xiang durch Chuan Mu Xiang (botanisch *Vladimiria* spec.) ersetzt, eine Pflanze mit sehr ähnlicher Wirkung).
Nach manchen Quellen werden noch kleine Mengen an Sheng Jiang (Zingiberis Rhizoma Recens) und Da Zao (Jujubae Fructus) hinzugefügt, um den mittleren Erwärmer zu harmonisieren.

Wirkt auf

Funktionskreis Milz-Pankreas
Funktionskreis Herz

Temperaturverhalten: warm
Geschmacksrichtung: scharf, süß
Wirkrichtung: leicht emporhebend
Wirkort: Inneres

Chinesisch-therapeutische Wirkung:
- Tonisiert das Qi
- Nährt das Xue
- Stärkt die Milz und nährt das Herz

Klinische Anwendung:
- Anämie
- Hepatitis
- Magengeschwüre
- Tachykardie
- neurologische Störungen
- Myasthenia gravis
- Appetitmangel oder übermäßiger Appetit
- nächtliche Unruhe
- Schreckhaftigkeit
- Blut im Kot

Ren Shen (Ginseng Radix et Rhizoma), Huang Qi (Astragali Radix), Bai Zhu (Atractylodis Macrocephalae Rhizoma) und Zhi Gan Cao (Glycyrrhizae Radix et Rhizoma Praeparatae cum Melle) wärmen und tonisieren das Milz-Qi.

Dang Gui (Angelicae Sinensis Radix) und Long Yan Rou (Longan Arillus) regulieren den Transport des Xue und nähren die Leber und das Herz-Xue.

Fu Ling (Poriae Sclerotium), Yuan Zhi (Polygalae Radix) und Suan Zao Ren (Ziziphi Spinosae Semen) nähren das Herz, um den Shen-Geist zu besänftigen.

Chuan Mu Xiang (Vladimiriae Radix) bewegt das Qi und beseitigt Stagnationen, die durch die tonisierenden Arzneien entstehen können.

Modifikationen:

- Bei starker nächtlicher Unruhe und Reizbarkeit werden Gou Teng (Uncariae Ramulus cum Uncis) und Bai Zi Ren (Platycladi Semen) hinzugefügt.
- Bei Appetitlosigkeit werden Chen Pi (Citri Reticulatae Pericarpium) und Fa Ban Xia (Pinelliae Rhizoma Praeparatae) ergänzt.
- Bei Leistungsminderung und geringerer Nahrungsaufnahme werden Sha Ren (Amomi Fructus) und Cang Zhu (Atractylodis Rhizoma) dazugegeben.
- Bei neurologischen Problemen in den Vordergliedmaßen werden Qiang Huo (Notopterygii Rhizoma) und Chuan Xiong (Ligustici Chuanxiong Rhizoma) ergänzt.
- Bei neurologischen Problemen der Hintergliedmaßen werden Wei Ling Xian (Clematidis Radix), Bai Zhi (Angelicae Dahuricae Radix) und Huai Niu Xi (Achyranthis Radix) hinzugefügt.

Kontraindikationen:
Gui Pi Tang ist bei Yin-Mangel oder innerer Hitze mit einem schnellen Puls kontraindiziert.

Korrespondierende Akupunkturpunkte: MP3, MP4, MP6, MP10, He4, He5, He7, Pc6, Bl15, Bl20

當歸芍藥散

Dang Gui Shao Yao San

Pulver mit Angelicae Sinensis Radix und Paeoniae Radix

Zusammensetzung:

Dang Gui (Angelicae Sinensis Radix)	9 g
Chuan Xiong (Ligustici Chuanxiong Rhizoma)	24 g
Bai Shao Yao (Paeoniae Radix Alba)	48 g
Bai Zhu (Atractylodis Macrocephalae Rhizoma)	12 g
Fu Ling (Poriae Sclerotium)	12 g
Ze Xie (Alismatis Rhizoma)	24 g

Abb. 72: Die Wurzel der Engelwurz-Art *Angelica sinensis* wirkt laut einer Studie[2] schmerzstillend und entzündungshemmend.

Wirkt auf

Funktionskreis Leber

Funktionskreis Milz-Pankreas

Temperaturverhalten: neutral bis warm
Geschmacksrichtung: süß, scharf
Wirkrichtung: Inneres
Wirkort: mittlerer Erwärmer

Chinesisch-therapeutische Wirkung:
- Tonisiert das Xue
- Tonisiert das Leber-Xue
- Macht die Leber weich
- Tonisiert den Funktionskreis Milz-Pankreas
- Leitet Feuchtigkeit aus

Klinische Anwendung:
- Probleme in der Rosse bzw. Läufigkeit
- Ödeme
- Kolik
- Schmerzen im Abdomen mit Krämpfen
- Anämie
- Palpitationen
- Rückenschmerzen
- kalte Gliedmaßen

Dang Gui (Angelicae Sinensis Radix) tonisiert das Xue und löst Xue-Stagnationen auf.

Chuan Xiong (Ligustici Chuanxiong Rhizoma) aktiviert und reguliert den Xue-Fluss.

Bai Shao Yao (Paeoniae Radix Alba) nährt das Xue und harmonisiert den Leber-Funktionskreis.

Bai Zhu (Atractylodis Macrocephalae Rhizoma) und Fu Ling (Poriae Sclerotium) tonisieren das Milz-Qi und leiten Feuchtigkeit aus.

Ze Xie (Alismatis Rhizoma) leitet Feuchtigkeit aus und sorgt für die Rückbildung von Ödemen.

2 Yao Xue Za Zhi / Journal of Medicinals, 1971

Modifikationen:

- Bei instabiler Trächtigkeit werden Sha Ren (Amomi Fructus), Du Zhong (Eucommiae Cortex), Xu Duan (Dipsaci Radix), Ai Ye (Artemisiae Argyi Folium) und Huang Qin (Scutellariae Radix) hinzugefügt.
- Bei starken Schmerzen im Abdomen werden Xiang Fu (Cyperi Rhizoma) und Ai Ye (Artemisiae Argyi Folium) ergänzt.
- Bei Aggressionen und vermehrter Wasseraufnahme werden Huang Lian (Coptidis Rhizoma) und Huang Qin (Scutellariae Radix) dazugegeben.
- Bei Kältezeichen werden Wu Zhu Yu (Evodiae Fructus) und Gui Zhi (Cinnamomi Ramulus) ergänzt.

Kontraindikationen:
Diese Rezeptur sollte nicht verordnet werden, wenn keine Anzeichen von Feuchtigkeit vorhanden sind.

Korrespondierende Akupunkturpunkte: Ma25, Ma36, KG12, MP3, MP4, MP6, Le3, Le13, Le14, Ni3, Ni7

芍藥甘草湯

Shao Yao Gan Cao Tang

Dekokt mit Paeoniae Radix und Glycyrrhizae Radix et Rhizoma Praeparatae cum Melle

Zusammensetzung:

Bai Shao Yao (Paeoniae Radix)	12 g
Zhi Gan Cao (Glycyrrhizae Radix et Rhizoma Praeparatae cum Melle)	12 g

Abb. 73: Zhi Gan Cao ist mit Honig verarbeitete Süßholzwurzel (*Glycyrrhiza uralensis*). Es tonisiert im Vergleich zur unpräparierten Form (Gan Cao) das Milz-Qi stärker.

Wirkt auf
Funktionskreis Milz-Pankreas
Funktionskreis Leber

Temperaturverhalten: neutral
Geschmacksrichtung: süß, bitter
Wirkrichtung: absenkend
Wirkort: mittlerer Erwärmer, Bewegungsapparat

Chinesisch-therapeutische Wirkung:
- Tonisiert das Xue
- Tonisiert das Yin
- Füllt die JinYe wieder auf

Klinische Anwendung:
- Spasmen
- Krämpfe
- Krampfkolik
- Trigeminusneuralgie
- Ischialgie
- Gastritis
- Colitis
- Obstipation
- Krämpfe bei Harn- und Nierensteinen

Bai Shao Yao (Paeoniae Radix) tonisiert das Xue, nährt das Yin und füllt die JinYe auf.

Zhi Gan Cao (Glycyrrhizae Radix et Rhizoma Praeparatae cum Melle) tonisiert das Qi und stärkt den Funktionskreis Milz-Pankreas.

Modifikationen:

- Bei Rückenschmerzen werden Du Zhong (Eucommiae Cortex), Huai Niu Xi (Achyranthis Radix) und Yan Hu Suo (Corydalis Rhizoma) hinzugefügt.
- Bei Genick- und Schulterschmerzen wird Ge Gen (Puerariae Lobatae Radix) ergänzt.
- Bei starken Schmerzen wird Yan Hu Suo (Corydalis Rhizoma) ergänzt.
- Bei Verletzungen mit Frakturen werden Ru Xiang (Olibanum) und Mo Yao (Myrrha) hinzugefügt.

Kontraindikationen:

- Da die Arznei *Zhi Gan Cao* (Glycyrrhizae Radix et Rhizoma Praeparatae cum Melle) in dieser Rezeptur sehr hoch dosiert ist, sollte *Shao Yao Gan Cao Tang* wegen der blutdruckerhöhenden Wirkung nicht über einen längeren Zeitraum gegeben werden.
- *Mögliche Nebenwirkungen:* Bei längerer Anwendung kann es aufgrund des hohen Anteils an *Zhi Gan Cao* zu Ödembildung kommen.
- Diese Rezeptur sollte in der Trächtigkeit nicht verschrieben werden.

Korrespondierende Akupunkturpunkte: Dü3, Ma7, Ma25, MP4, MP6, Gb20, Gb41, Le3, Le13

6.3 Qi und Xue tonisierende Rezepturen

八珍湯

Ba Zhen Tang
Acht-Schätze-Dekokt

Zusammensetzung:

Ren Shen (Ginseng Radix et Rhizoma)	3 g
Bai Zhu (Atractylodis Macrocephalae Rhizoma)	10 g
Fu Ling (Poriae Sclerotium)	8 g
Zhi Gan Cao (Glycyrrhizae Radix et Rhizoma Praeparatae cum Melle)	5 g
Shu Di Huang (Rehmanniae Radix Praeparatae)	15 g
Dang Gui (Angelicae Sinensis Radix)	10 g
Bai Shao Yao (Paeoniae Radix Alba)	8 g
Chuan Xiong (Ligustici Chuanxiong Rhizoma)	5 g
Sheng Jiang (Zingiberis Rhizoma Recens)	3 g
Da Zao (Jujubae Fructus)	2 g

Abb. 74: Die Frucht der Chinesischen Jujube (*Ziziphus jujuba*) sollte für eine Dekoktherstellung aufgebrochen werden, um die Komponenten vollständig zu gewinnen.

Wirkt auf
Funktionskreis Milz-Pankreas
Funktionskreis Leber

Temperaturverhalten: leicht warm
Geschmacksrichtung: süß, neutral
Wirkrichtung: tief
Wirkort: mittlerer Erwärmer

Chinesisch-therapeutische Wirkung:
- Tonisiert das Xue
- Tonisiert das Qi
- Harmonisiert den Chong Mai

Klinische Anwendung:
- Abmagerung
- Ängstlichkeit
- Leistungsminderung
- Probleme in der Läufigkeit/Rosse
- Rekonvaleszenz
- Anämie
- Gastritis
- Juckreiz

Ren Shen (Ginseng Radix et Rhizoma), Bai Zhu (Atractylodis Macrocephalae Rhizoma), Fu Ling (Poriae Sclerotium) und Zhi Gan Cao (Glycyrrhizae Radix et Rhizoma Praeparatae cum Melle) tonisieren das Qi.

Shu Di Huang (Rehmanniae Radix Praeparatae), Dang Gui (Angelicae Sinensis Radix), Bai Shao Yao (Paeoniae Radix Alba) und Chuan Xiong (Ligustici Chuanxiong Rhizoma) nähren das Xue.

Sheng Jiang (Zingiberis Rhizoma Recens) und Da Zao (Jujubae Fructus) harmonisieren die Arzneien und tonisieren den mittleren Erwärmer, um die Funktionskreise Milz-Pankreas und Magen zu stärken.

Modifikationen:

- Bei Schwäche und Schmerzen in der Lendenwirbelsäule werden Huai Niu Xi (Achyranthis Radix) und Du Zhong (Eucommiae Cortex) hinzugefügt.
- Bei Appetitlosigkeit werden Shan Yao (Dioscoreae Rhizoma), Chen Pi (Citri Reticulatae Pericarpium) und Qian Shi (Euryales Semen) ergänzt.
- Bei Qi-, Xue- und Yang-Mangel werden Huang Qi (Astragali Radix) und Rou Gui (Cinnamomi Cortex) dazugegeben.
- Zur Regulation der Rosse bzw. Läufigkeit wird Yi Mu Cao (Leonuri Herba) ergänzt.
- Zur Prävention von Aborten werden Sha Ren (Amomi Fructus) und Zi Su Ye (Perillae Folium) hinzugefügt.

Kontraindikationen:

- *Ba Zhen Tang* sollte nicht bei Hitze- oder Fülle-Pathologien eingesetzt werden.
- Bei Gabe in der Trächtigkeit sollte Chuan Xiong (Ligustici Chuanxiong Rhizoma) aus der Rezeptur weggelassen werden.

Korrespondierende Akupunkturpunkte: Ma36, MP6, MP10, Bl17, Bl18, Bl20, Le3, Le8, KG6

十全大補湯

Shi Quan Da Bu Tang

Allumfassendes großes Tonisierungs-Dekokt

Zusammensetzung:

Ren Shen (Ginseng Radix et Rhizoma)	8 g
Bai Zhu (Atractylodis Macrocephalae Rhizoma)	10 g
Fu Ling (Poriae Sclerotium)	8 g
Zhi Gan Cao (Glycyrrhizae Radix et Rhizoma Praeparatae cum Melle)	5 g
Shu Di Huang (Rehmanniae Radix Praeparatae)	10 g
Dang Gui (Angelicae Sinensis Radix)	10 g
Bai Shao Yao (Paeoniae Radix Alba)	8 g
Chuan Xiong (Ligustici Chuanxiong Rhizoma)	5 g
Huang Qi (Astragali Radix)	15 g
Rou Gui (Cinnamomi Cortex)	8 g

Abb. 75: ***Ligusticum wallichii*** **heißt unter anderem „Szechuan-Liebstöckel". Geruch und Blattform erinnern an unseren hier abgebildeten heimischen Liebstöckel (*Levisticum officinale*).**

Hinweis:

Diese Rezeptur ist eine Kombination aus *Si Wu Tang* (Vier-Arzneien-Dekokt, siehe Seite 151) und *Si Jun Zi Tang* (Vier-Gentlemen-Dekokt, siehe Seite 139), plus Huang Qi (Astragali Radix) und Rou Gui (Cinnamomi Cortex).

Wirkt auf

Funktionskreis Milz-Pankreas
Funktionskreis Niere

Temperaturverhalten: warm
Geschmacksrichtung: süß, scharf
Wirkrichtung: emporhebend
Wirkort: tief

Chinesisch-therapeutische Wirkung:

- Tonisiert das Qi
- Tonisiert das Xue
- Tonisiert das Yang

Klinische Anwendung:

- Abmagerung
- Appetitmangel
- Rekonvaleszenz
- Anämie
- unterstützend bei Tumorerkrankungen
- unterstützend bei der Chemotherapie
- Gastritis

Si Jun Zi Tang (Vier-Gentlemen-Dekokt) tonisiert das Qi.

Si Wu Tang (Vier-Arzneien-Dekokt) tonisiert das Xue.

Huang Qi (Astragali Radix) tonisiert das Qi und hebt das Yang.

Rou Gui (Cinnamomi Cortex) wärmt das Innere und zerstreut Kälte.

Modifikationen:

- Bei starker Abmagerung mit Fressunlust werden Shan Yao (Dioscoreae Rhizoma) und Qian Shi (Euryalis Semen) hinzugefügt.
- Bei Spermatorrhö werden Shan Zhu Yu (Corni Fructus), Wu Wei Zi (Schisandrae Fructus), Mai Men Dong (Ophiopogonis Radix) und Shan Yao (Dioscoreae Rhizoma) ergänzt.
- Bei Erschöpfung mit allgemeinen Schmerzen werden Gui Zhi (Cinnamomi Ramulus) und Fa Ban Xia (Pinelliae Rhizoma Praeparatae) dazugegeben.
- Bei Lahmheiten werden Huai Niu Xi (Achyranthis Radix) und Xu Duan (Dipsaci Radix) ergänzt.

Kontraindikationen:

- Diese Rezeptur ist aufgrund ihrer Xue bewegenden Eigenschaften in der Trächtigkeit kontraindiziert!
- Aufgrund ihrer warmen Eigenschaften sollte sie nicht verordnet werden, wenn Fülle- oder Hitze-Anzeichen vorhanden sind.

Korrespondierende Akupunkturpunkte: Ma36, MP3, MP6, MP10, Bl17, Bl20, Ni3, Ni7, KG12

人參養榮湯

Ren Shen Yang Ying Tang

Ginseng-Dekokt, um das Nähr-Qi zu nähren

Zusammensetzung:

Ren Shen (Ginseng Radix et Rhizoma)	6 g
Huang Qi (Astragali Radix)	12 g
Bai Zhu (Atractylodis Macrocephalae Rhizoma)	6 g
Shu Di Huang (Rehmanniae Radix Praeparatae)	9 g
Dang Gui (Angelicae Sinensis Radix)	9 g
Bai Shao Yao (Paeoniae Radix Alba)	18 g
Wu Wei Zi (Schisandrae Fructus)	4 g
Fu Ling (Poriae Sclerotium)	4 g
Yuan Zhi (Polygalae Radix)	6 g
Chen Pi (Citri Reticulatae Pericarpium)	6 g
Rou Gui (Cinnamomi Cortex)	3 g
Zhi Gan Cao (Glycyrrhizae Radix et Rhizoma Praeparatae cum Melle)	3 g
Sheng Jiang (Zingiberis Rhizoma Recens)	3 g
Da Zao (Jujubae Fructus)	2 g

Abb. 76: Die Blüte von *Atractylodes macrocephala* sieht der Blüte der Artischocke (hier im Bild) sehr ähnlich.

Wirkt auf

Funktionskreis Milz-Pankreas
Funktionskreis Herz

Temperaturverhalten: leicht warm
Geschmacksrichtung: süß, bitter
Wirkrichtung: leicht absenkend
Wirkort: tief

Chinesisch-therapeutische Wirkung:
- Tonisiert das Qi
- Tonisiert das Xue
- Nährt den Funktionskreis Herz
- Beruhigt den Shen-Geist

Klinische Anwendung:
- körperliche Erschöpfung nach Krankheit
- Anämie
- Atemnot nach geringer Anstrengung
- Abmagerung
- kalte Gliedmaßen
- Nephritis
- Hepatitis
- Tumorerkrankungen

Ren Shen (Ginseng Radix et Rhizoma), Huang Qi (Astragali Radix) und Bai Zhu (Atractylodis Macrocephalae Rhizoma) tonisieren das Qi.

Shu Di Huang (Rehmanniae Radix Praeparatae), Dang Gui (Angelicae Sinensis Radix) und Bai Shao Yao (Paeoniae Radix Alba) tonisieren das Xue.

Wu Wei Zi (Schisandrae Fructus), Fu Ling (Poriae Sclerotium) und Yuan Zhi (Polygalae Radix) nähren den Funktionskreis Herz und beruhigen den Shen-Geist.

Chen Pi (Citri Reticulatae Pericarpium) reguliert die Qi-Zirkulation.

Rou Gui (Cinnamomi Cortex) tonisiert das Yang.

Zhi Gan Cao (Glycyrrhizae Radix et Rhizoma Praeparatae cum Melle) harmonisiert die Arzneien.

Sheng Jiang (Zingiberis Rhizoma Recens) und Da Zao (Jujubae Fructus) unterstützen den mittleren Erwärmer.

Modifikationen:

- Bei Fressunlust werden Cang Zhu (Atractylodis Rhizoma) und Hou Po (Magnoliae Officinalis Cortex) hinzugefügt.
- Bei Husten aufgrund von Leere im Lungen-Funktionskreis werden Chuan Bei Mu (Fritillariae Cirrhosae Bulbus) und Xing Ren (Armeniacae Semen) hinzugefügt.
- Bei Erschöpfung aufgrund von Leere im Funktionskreis Milz-Pankreas wird diese Rezeptur mit *Gui Pi Tang* (Dekokt, das die Milz wiederherstellt, siehe Seite 154) kombiniert.

Kontraindikationen:
Da die tonisierenden Arzneien stagnierende Eigenschaften haben, ist diese Rezeptur nicht zur Langzeitanwendung geeignet.

Korrespondierende Akupunkturpunkte: Ma36, MP6, MP10, Bl20, Bl13, Lu7, Lu9, Ni3, Ni7

芎帰調血飲

Xiong Gui Tiao Xue Yin

Dekokt zur Regulierung des Xue mit Chuanxiong und Angelica Sinensis

Zusammensetzung:

Dang Gui (Angelicae Sinensis Radix)	5 g
Chuan Xiong (Ligustici Chuanxiong Rhizoma)	5 g
Shu Di Huang (Rehmanniae Radix Praeparatae)	5 g
Bai Zhu (Atractylodis Macrocephalae Rhizoma)	5 g
Fu Ling (Poriae Sclerotium)	5 g
Chen Pi (Citri Reticulatae Pericarpium)	5 g
Wu Yao (Linderae Radix)	5 g
Xiang Fu (Cyperi Rhizoma)	5 g
Mu Dan Pi (Moutan Cortex)	5 g
Yi Mu Cao (Leonuri Herba)	5 g
Gan Jiang (Zingiberis Rhizoma)	5 g
Gan Cao (Glycyrrhizae Radix et Rhizoma)	5 g
Sheng Jiang (Zingiberis Rhizoma Recens)	3 g
Da Zao (Jujubae Fructus)	3 g

Abb. 77: Die Wurzel von *Ligusticum wallichii* gehört zu den am häufigsten verwendeten Arzneien, um Qi und Xue zu bewegen.

Wirkt auf

Funktionskreis Milz-Pankreas

Funktionskreis Leber

Temperaturverhalten: kühl

Geschmacksrichtung: süß, scharf

Wirkrichtung: absenkend

Wirkort: mittlerer Erwärmer

Chinesisch-therapeutische Wirkung:

- Tonisiert das Qi
- Tonisiert das Xue
- Reguliert den Fluss des Leber-Qi
- Harmonisiert die Funktionskreise Leber und Milz-Pankreas

Klinische Anwendung:

- starker Blutverlust nach dem Geburtsvorgang
- Aggressivität und Reizbarkeit
- unberechenbares Verhalten
- Schmerzen im Abdomen und in den Flanken
- Laktationsprobleme

Dang Gui (Angelicae Sinensis Radix), Chuan Xiong (Ligustici Chuanxiong Rhizoma) und Shu Di Huang (Rehmanniae Radix Praeparatae) tonisierten das Xue und lösen Xue-Stau auf.

Bai Zhu (Atractylodis Macrocephalae Rhizoma), Fu Ling (Poriae Sclerotium) und Gan Cao (Glycyrrhizae Radix et Rhizoma) tonisieren das Qi und den Funktionskreis Milz-Pankreas.

Chen Pi (Citri Reticulatae Pericarpium), Wu Yao (Linderae Radix) und Xiang Fu (Cyperi Rhizoma) lösen Leber-Qi-Stagnationen.

Mu Dan Pi (Moutan Cortex) und Yi Mu Cao (Leonuri Herba) kühlen das Xue und stoppen Blutungen.

Gan Jiang (Zingiberis Rhizoma) wärmt das Innere und zerstreut Kälte.

Gan Cao (Glycyrrhizae Radix et Rhizoma), Sheng Jiang (Zingiberis Rhizoma Recens) und Da Zao (Jujubae Fructus) stärken den mittleren Erwärmer und harmonisieren die Arzneien.

Modifikationen:

- Bei anhaltenden Blutungen werden die Dosierungen von Mu Dan Pi (Moutan Cortex) und Yi Mu Cao (Leonuri Herba) erhöht.
- Bei Berührungsempfindlichkeit am Bauch und an den Rippen werden Yan Hu Suo (Corydalis Rhizoma), Tao Ren (Persicae Semen) und Hong Hua (Carthami Flos) ergänzt.
- Bei schwerem Qi- und Xue-Mangel wird Huang Qi (Astragali Radix) hinzugefügt.
- Bei Reizbarkeit und viel Durst werden Sheng Di Huang (Rehmanniae Radix) und Huang Qin (Scutellariae Radix) dazugegeben.
- Bei Ängstlichkeit oder Schreckhaftigkeit werden Suan Zao Ren (Ziziphi Spinosae Semen), Yuan Zhi (Polygalae Radix) und Mai Men Dong (Ophiopogonis Radix) hinzugefügt.

Kontraindikationen: Diese Rezeptur ist während der Trächtigkeit kontraindiziert!

Korrespondierende Akupunkturpunkte: MP4, MP6, MP10, Le3, Le13, Le14, Bl17, Bl20

6.4 Yin tonisierende Rezepturen

六味地黄丸

Liu Wei Di Huang Wan

Sechs-Bestandteile-Pille mit Rehmanniae Radix Praeparatae

Zusammensetzung:

Shu Di Huang (Rehmanniae Radix Praeparatae)	24 g
Shan Zhu Yu (Corni Fructus)	12 g
Shan Yao (Dioscoreae Rhizoma)	12 g
Ze Xie (Alismatis Rhizoma)	9 g
Mu Dan Pi (Moutan Cortex)	9 g
Fu Ling (Poriae Sclerotium)	9 g

Abb. 78: Einige Arten der Yamswurzel (*Dioscorea* spec.) dienen als Nahrungsmittel. In der westlichen Naturheilkunde wird die Knolle in der Gynäkologie eingesetzt.

Wirkt auf

Funktionskreis Niere
Funktionskreis Leber

Temperaturverhalten: neutral
Geschmacksrichtung: süß, salzig
Wirkrichtung: tief
Wirkort: hinterer Erwärmer, Inneres

Chinesisch-therapeutische Wirkung:

- Tonisiert das Yin der Funktionskreise Leber und Niere
- Kühlt Yin-Mangel-Hitze
- Tonisiert das Xue
- Unterstützt das Jing

Klinische Anwendung:

- Hyperthyreose
- Hypothyreose
- Diabetes
- Asthma
- Gastritis
- chronische Niereninsuffizienz
- chronische Hepatitis
- Schwäche/Schmerzen in der Lendenwirbelsäule und den Knien
- Probleme im Wachstum
- Taubheit

Shu Di Huang (Rehmanniae Radix Praeparatae) tonisiert das Jing und das Nieren-Yin.

Shan Zhu Yu (Corni Fructus) tonisiert die Funktionskreise Leber und Niere.

Shan Yao (Dioscoreae Rhizoma) tonisiert die Funktionskreise Niere und Milz-Pankreas.

Ze Xie (Alismatis Rhizoma) leitet Feuchtigkeit aus.

Mu Dan Pi (Moutan Cortex) kühlt das Leber-Xue.

Fu Ling (Poriae Sclerotium) stärkt den Funktionskreis Milz-Pankreas und leitet Feuchtigkeit aus.

Modifikationen:

- Bei starken Anzeichen von Leere-Hitze werden Zhi Mu (Anemarrhenae Rhizoma) und Huang Bo (Phellodendri Cortex) hinzugefügt.
- Bei Milz-Qi-Mangel mit Qi-Stagnationen werden Bai Zhu (Atractylodis Macrocephalae Rhizoma), Sha Ren (Amomi Fructus) und Chen Pi (Citri Reticulatae Pericarpium) ergänzt.
- Bei chronischer Nephritis werden Yi Mu Cao (Leonuri Herba), Tian Hua Fen (Trichosanthis Radix) und Dan Zhu Ye (Lophatheri Herba) dazugegeben.
- Bei nächtlicher Unruhe und Ängstlichkeit werden Suan Zao Ren (Ziziphi Spinosae Semen) und Bai Zi Ren (Platycladi Semen) hinzugefügt.
- Bei Schwäche und Schmerzen in der Lendenwirbelsäule und den Knien werden Huai Niu Xi (Achyranthis Radix) und Du Zhong (Eucommiae Cortex) ergänzt.
- Bei Husten und Atemnot werden Mai Men Dong (Ophiopogonis Radix) und Wu Wei Zi (Schisandrae Fructus) hinzugefügt.

Kontraindikationen:

- *Liu Wei Di Huang Wan* sollte bei Schwäche der Funktionskreise Milz-Pankreas und Magen mit Vorsicht eingesetzt werden, da die klebrigen Eigenschaften der Rezeptur zu Diarrhö und Kotwasser führen können.
- Diese Rezeptur sollte nicht bei Yang-Mangel- oder Fülle-Hitze-Pathologien verordnet werden.

Korrespondierende Akupunkturpunkte: Ni3, Ni6, Le3, Le8, 3E5, Ma25, Lu5, Lu7, LG3, LG4

麥味地黃丸

Mai Wei Di Huang Wan

Pille mit Ophiopogonis Radix, Schisandrae Fructus und Rehmanniae Radix Praeparatae

Abb. 79: Der Froschlöffel (*Alisma* spec.) ziert viele Gartenteiche. Die Wurzelknolle (= das Rhizom) enthält verschiedene medizinische Wirkstoffe.

Zusammensetzung:

Shu Di Huang (Rehmanniae Radix Praeparatae)	24 g
Shan Zhu Yu (Corni Fructus)	12 g
Shan Yao (Dioscoreae Rhizoma)	12 g
Ze Xie (Alismatis Rhizoma)	9 g
Mu Dan Pi (Moutan Cortex)	9 g
Fu Ling (Poriae Sclerotium)	9 g
Mai Men Dong (Ophiopogonis Radix)	9 g
Wu Wei Zi (Schisandrae Fructus)	9 g

Hinweis: Diese Rezeptur besteht aus *Liu Wei Di Huang Wan* / 六味地黄丸 (Sechs-Bestandteile-Pille mit Rehmanniae Radix Praeparatae, siehe Seite 166) plus Mai Men Dong (Ophiopogonis Radix) und Wu Wei Zi (Schisandrae Fructus).

Wirkt auf

Funktionskreis Niere
Funktionskreis Lunge
Funktionskreis Herz

Temperaturverhalten: leicht kühl
Geschmacksrichtung: neutral, süß
Wirkrichtung: tief
Wirkort: Lunge, Inneres

Chinesisch-therapeutische Wirkung:

- Tonisiert das Leber- und das Nieren-Yin
- Tonisiert das Lungen-Yin
- Hält das Lungen-Qi
- Ergänzt die JinYe
- Stützt das Jing

Klinische Anwendung:

- Husten
- Atemnot
- Asthma
- Schmerzen in der Lendenwirbelsäule
- Knieproblematiken

Liu Wei Di Huang Wan (Sechs-Bestandteile-Pille mit Rehmanniae Radix Praeparatae, siehe Seite 166) tonisiert das Leber- und das Nieren-Yin.

Mai Men Dong (Ophiopogonis Radix) und Wu Wei Zi (Schisandrae Fructus) tonisieren und adstringieren das Lungen-Yin.

Modifikationen:
Für diese Rezeptur sind keine Modifikationen vorgesehen.

Kontraindikationen:
Diese Rezeptur sollte bei Problemen mit dem Verdauungsapparat oder bei Diarrhö nicht verordnet werden.

Korrespondierende Akupunkturpunkte: Lu5, Lu7, Lu9, Lu11, Bl13, Ni6, Ni27, Bl23

左歸飲

Zuo Gui Yin

Dekokt, das die linke Niere wiederherstellt

Zusammensetzung:

Shu Di Huang (Rehmanniae Radix Praeparatae)	9 g
Shan Yao (Dioscoreae Rhizoma)	6 g
Gou Qi Zi (Lycii Fructus)	6 g
Zhi Gan Cao (Glycyrrhizae Radix et Rhizoma Praeparatae cum Melle)	3 g
Fu Ling (Poriae Sclerotium)	4,5 g
Shan Zhu Yu (Corni Fructus)	6 g

Abb. 80: Extrakte aus dem Gemeinen Bocksdorn (*Lycium barbarum*) sollen bei Glaukomen hilfreich sein.[3] Seine Früchte, die Goji-Beeren, sind sehr nahrhaft.

Wirkt auf
Funktionskreis Niere
Funktionskreis Milz-Pankreas
Funktionskreis Leber

Temperaturverhalten: kühl
Geschmacksrichtung: neutral, süß
Wirkrichtung: tief
Wirkort: hinterer Erwärmer, Inneres

Chinesisch-therapeutische Wirkung:
- Tonisiert das Nieren-Yin
- Stützt das Jing

Klinische Anwendung:
- Unruhe am Nachmittag oder abends
- Schmerzen oder Schwäche in den Knien und der Lendenwirbelsäule
- Schwäche der Hintergliedmaßen
- Abmagerung
- Schwindel
- Asthma
- grauer Star

---

3 H. C. Chan, R. C. Chang, A. Koon-Ching Ip, K. Chiu, W. H. Yuen, S. Y. Zee, K. F. So: *Neuroprotective effects of Lycium barbarum Lynn on protecting retinal ganglion cells in an ocular hypertension model of glaucoma.* In: *Exp. Neurol.* Volume 203, 2007, S. 269–273, PMID 17045262

Shu Di Huang (Rehmanniae Radix Praeparatae) stützt den Nieren-Funktionskreis, tonisiert das Yin und nährt das Jing.

Shan Yao (Dioscoreae Rhizoma) tonisiert die Funktionskreise Niere und Milz-Pankreas.

Gou Qi Zi (Lycii Fructus) tonisiert den Nieren- und Leber-Funktionskreis und verbessert die Sehkraft.

Zhi Gan Cao (Glycyrrhizae Radix et Rhizoma Praeparatae cum Melle) tonisiert das Qi und stärkt den Funktionskreis Milz-Pankreas.

Fu Ling (Poriae Sclerotium) beruhigt das Shen und leitet Feuchtigkeit aus.

Shan Zhu Yu (Corni Fructus) adstringiert Yin und JinYe.

Modifikationen:

- Bei trockenem Husten wird Bai He (Lilii Bulbus) ergänzt.
- Bei Xue-Mangel werden He Shou Wu (Polygoni Multiflori Radix) und Huang Jing (Polygonati Rhizoma) hinzugefügt.
- Bei Qi-Mangel werden Ren Shen (Ginseng Radix et Rhizoma) und Huang Qi (Astragali Radix) dazugegeben.
- Bei Lungen-Hitze wird Mai Men Dong (Ophiopogonis Radix) hinzugefügt.

Kontraindikationen:

- Diese Rezeptur eignet sich nicht für die Langzeitanwendung, da die vielen Yin tonisierenden Arzneien stagnierende Eigenschaften haben und Diarrhö oder Kotwasser verursachen können.
- Für eine Langzeitanwendung bei Yin-Mangel ist *Liu Wei Di Huang Wan* (siehe Seite 166) besser geeignet.

Korrespondierende Akupunkturpunkte: Ni1, Ni3, Ni6, Ni10, MP3, MP6, Le2, Le3, Le8, Gb25, LG3, LG4, Bl23

二至丸

Er Zhi Wan

Zweifach größte Pille

Zusammensetzung:

Nu Zhen Zi (Ligustri Lucidi Fructus)	50 g
Han Lian Cao (Ecliptae Herba)	50 g

Abb. 81: Die Früchte des Glänzenden Ligusters (*Ligustrum lucidum*) sind hilfreich bei Leber- und Nierenerkrankungen. Hier eine heimische Ligusterart als Hecke.

Anmerkung der Autorin:
Gemäß manchen Quellen wird der Rezeptur noch Sang Shen (Mori Fructus) hinzugefügt, da bei der Zubereitung eines Dekoktes Han Lian Cao (Ecliptae Herba) mit Sang Shen zusammen gekocht werden sollte.

Wirkt auf

Funktionskreis Niere
Funktionskreis Leber

Temperaturverhalten: kühl
Geschmacksrichtung: neutral, süß
Wirkrichtung: tief
Wirkort: vorderer Erwärmer, Augen, Bewegungsapparat

Chinesisch-therapeutische Wirkung:

- Tonisiert die Funktionskreise Leber und Niere
- Nährt Yin und Xue
- Stützt das Jing

Klinische Anwendung:

- Anämie
- Nephritis
- Hepatitis
- nächtliche Unruhe
- Blutungen
- Schmerzen und Schwäche der Hintergliedmaßen
- Muskelatrophie der Hintergliedmaßen
- Knieprobleme
- Rückenschmerzen
- frühzeitiges Ergrauen
- Sehverlust

Nu Zhen Zi (Ligustri Lucidi Fructus) tonisiert Leber- und Nieren-Yin und erhellt die Augen.

Han Lian Cao (Ecliptae Herba) nährt das Yin und festigt Jing.

Modifikationen:

- Um die Wirkung der Rezeptur zu verstärken, wird Sang Shen (Mori Fructus) hinzugefügt.

Kontraindikationen: *Er Zhi Wan* sollte nicht bei Eindringen von Feuchte-Hitze verordnet werden.

Korrespondierende Akupunkturpunkte: Ni6, Ni3, Ni10, Le2, Le3, Bl18, Bl23

大补阴冲劑

SR-Rezeptur Nr. 1 zum Tonisieren des Yin

Granulat, das das Yin großartig tonisiert

Zusammensetzung:

Shu Di Huang (Rehmanniae Radix Praeparatae)	24 g
Gou Qi Zi (Lycii Fructus)	12 g
Shan Zhu Yu (Corni Officinalis Fructus)	10 g
Huang Bo (Phellodendri Cortex)	12 g
Zhi Mu (Anemarrhenae Rhizoma)	12 g

Abb. 82: Der Gemeine Bocksdorn (*Lycium barbarum*) wird wegen seiner dekorativen Wuchsform auch als Zierstrauch in Gärten gepflanzt.

Anmerkung der Autorin:
Diese Rezeptur ist eine Ableitung von *Da Bu Yin Wan* / 大補陰丸 (Pille, die das Yin großartig tonisiert). In dieser Rezeptur wurde Gui Ban (Testudinis Plastrum) durch einen höheren Anteil an Shu Di Huang, Gou Qi Zi und Shan Zhu Yu ersetzt. Gui Ban ist Schildkrötenpanzer, dieser ist in Deutschland nicht erhältlich und sollte auch aus Tier- und Artenschutzgründen nicht verwendet werden.

Wirkt auf
Funktionskreis Niere
Funktionskreis Herz

Temperaturverhalten: kalt
Geschmacksrichtung: neutral, süß
Wirkrichtung: tief
Wirkort: hinterer Erwärmer, Inneres

Chinesisch-therapeutische Wirkung:
- Tonisiert das Yin
- Stützt das Jing
- Leitet Glut aus

Klinische Anwendung:
- Schwäche der Lendenwirbelsäule und der Hintergliedmaßen
- Unruhe (vor allem abends)
- unruhiger Schlaf mit vielen Träumen
- Trübung der Augen
- Harnwegsinfektionen

Shu Di Huang (Rehmanniae Radix Praeparatae) tonisiert das Yin und stützt das Jing.

Gou Qi Zi (Lycii Fructus) tonisiert Yin und unterstützt die Augen.

Shan Zhu Yu (Corni Officinalis Fructus) stützt das Jing, tonisiert das Yin und adstringiert.

Huang Bo (Phellodendri Cortex) sediert Mangel-Feuer.

Zhi Mu (Anemarrhenae Rhizoma) klärt Mangel-Feuer und befeuchtet Lunge und Niere.

Modifikationen:

- Bei starkem Yin-Mangel werden Mai Men Dong (Ophiopogonis Radix) und Tian Dong (Asparagi Radix) hinzugefügt.
- Bei Husten mit festsitzendem Schleim werden Bai Bu (Stemonae Radix) und Chuan Bei Mu (Fritillariae Chirrhosae Bulbus) ergänzt.

Kontraindikationen:
Diese Rezeptur ist bei Milz- und/oder Magenschwäche mit weichem Kot oder Diarrhö kontraindiziert.

Korrespondierende Akupunkturpunkte: Ni1, Ni3, Ni6, Ni10, He3, He5, He7, Le3, Bl23, KG4

6.5 Yang tonisierende Rezepturen

金匱腎氣沖劑

SR-Rezeptur Nr. 1 zum Tonisieren des Yang

Nieren-Qi-Granulat aus dem goldenen Schrein

Zusammensetzung:

Sheng Di Huang (Rehmanniae Radix Praeparatae)	24 g
Shan Zhu Yu (Corni Fructus)	12 g
Shan Yao (Dioscoreae Rhizoma)	12 g
Fu Ling (Poriae Sclerotium)	9 g
Mu Dan Pi (Moutan Cortex)	9 g
Ze Xie (Alismatis Rhizoma)	9 g
Gui Zhi (Cinnamomi Ramulus)	6 g
Xian Mao (Curculiginis Rhizoma)	6 g
Yi Zhi Ren (Alpiniae Oxyphyllae Fructus)	9 g

Abb. 83: Hartriegel-Arten (*Cornus* spec.) wie die Kornelkische (*Cornus mas*) werden bei uns häufig als frühblühende Heckenpflanze verwendet.

Hinweis:
Diese Rezeptur ist eine Ableitung von *Jin Gui Shen Qi Wan* / 金匱腎氣丸 (Nieren-Qi-Pille aus dem goldenen Schrein). In der Originalrezeptur ist Fu Zi (Aconiti Radix), der hochgiftige Eisenhut (*Aconitum* spec.), enthalten. Wegen seiner Giftigkeit darf er in Rezepturen nicht mehr enthalten sein und wurde von mir durch einen höheren Anteil von Gui Zhi (Cinnamomi Ramulus) ersetzt, sowie durch Xian Mao (Curculiginis Rhizoma) und Yi Zhi Ren (Alpiniae Oxyphyllae Fructus).

Wirkt auf
Funktionskreis Niere

Temperaturverhalten: heiß
Geschmacksrichtung: scharf, neutral
Wirkrichtung: tief
Wirkort: hinterer Erwärmer, Leitbahnen

Chinesisch-therapeutische Wirkung:
- Tonisiert das Nieren-Yang
- Wärmt das Nieren-Yang
- Stützt das Jing

Klinische Anwendung:
- Kälte in der hinteren Körperhälfte
- Unfruchtbarkeit
- Niereninsuffizienz
- Blasensteine
- Probleme im Urogenitaltrakt mit Kälte
- Inkontinenz
- chronische Bronchitis
- Hypothyreose

Shu Di Huang (Rehmanniae Radix Praeparatae) tonisiert Nieren-Yin und Jing.

Shan Zhu Yu (Corni Fructus) und Shan Yao (Dioscoreae Rhizoma) tonisieren Leber- und Nieren-Yin.

Fu Ling (Poriae Sclerotium), Mu Dan Pi (Moutan Cortex) und Ze Xie (Alismatis Rhizoma) leiten Feuchtigkeit aus und verhindern einen Stau des Qi-Flusses, der durch die klebrigen, tonisierenden Arzneien entstehen könnte.

Gui Zhi (Cinnamomi Ramulus) tonisiert das Nieren-Yang und leitet Wind-Feuchtigkeit aus.

Xian Mao (Curculiginis Rhizoma) und Yi Zhi Ren (Alpiniae Oxyphyllae Fructus) tonisieren das Nieren-Yang.

Modifikationen:

- Bei Schmerzen in der Lendenwirbelsäule und in den Knien werden Huai Niu Xi (Achyranthis Radix) und Du Zhong (Eucommiae Cortex) hinzugefügt.
- Bei Schmerzen im Rücken und bei Ödemen der Hintergliedmaßen werden Huai Niu Xi (Achyranthis Radix) und Che Qian Zi (Plantaginis Semen) ergänzt.
- Bei chronischen Ödemen der Hintergliedmaßen werden Sang Bai Pi (Mori Cortex), Sheng Jiang (Zingiberis Rhizoma Recens), Fu Ling (Poriae Sclerotium), Chen Pi (Citri Reticulatae Pericarpium) und Da Fu Pi (Arecae Pericarpium) hinzugefügt.

Kontraindikationen:

- Diese Rezeptur ist in der Trächtigkeit kontraindiziert!
- Bei Yin-Mangel und Schwäche der Funktionskreise Milz-Pankreas und Magen mit Diarrhö sollte sie nicht verordnet werden.

Korrespondierende Akupunkturpunkte: Ni3, Ni7, Bl23, LG4, KG6 (auch Moxibustion möglich)

右歸沖劑

SR-Rezeptur Nr. 2 zum Tonisieren des Yang

Granulat 1, das die Rechte (Niere) wiederherstellt

Zusammensetzung:

Rou Gui (Cinnamomi Cortex)	15 g
Xian Mao (Curculiginis Rhizoma)	12 g
Yi Zhi Ren (Alpiniae Oxyphyllae Fructus)	15 g
Shu Di Huang (Rehmanniae Radix Praeparatae)	24 g
Shan Zhu Yu (Corni Fructus)	9 g
Shan Yao (Dioscoreae Rhizoma)	12 g
Gou Qi Zi (Lycii Fructus)	12 g
Lu Jiao Jiao (Cervi Cornus Colla Gelatinum)	12 g
Tu Si Zi (Cuscutae Semen)	12 g
Du Zhong (Eucommiae Cortex)	12 g
Dang Gui (Angelicae Sinensis Radix)	9 g

Abb. 84: Die Rinde der Zimtbäume (*Cinnamomum*-Arten) rollt sich beim Trocknen nach der Ernte ein und bekommt so ihre Röhrenform.

Diese Rezeptur ist eine Ableitung von *You Gui Wan* / 右歸丸 (Pille, die die Rechte (Niere) wiederherstellt). In der Originalrezeptur ist das toxische Fu Zi (Aconiti Radix) enthalten, der hochgiftige Eisenhut (*Aconitum* spec.). Er wurde hier durch einen höheren Anteil an Rou Gui (Cinnamomi Cortex) plus Xian Mao (Curculiginis Rhizoma) und Yi Zhi Ren (Alpiniae Oxyphyllae Fructus) ersetzt.

Wirkt auf

Funktionskreis Niere
Funktionskreis Leber

Temperaturverhalten: heiß
Geschmacksrichtung: scharf, süß
Wirkrichtung: tief
Wirkort: hinterer Erwärmer, Inneres

Chinesisch-therapeutische Wirkung:

- Tonisiert und wärmt das Nieren-Yang
- Füllt das Jing auf
- Tonisiert das Xue

Klinische Anwendung:

- Unfruchtbarkeit
- Impotenz
- häufiges Urinieren
- Inkontinenz
- Niereninsuffizienz
- Diarrhö mit Nahrungsresten im Kot
- Diabetes
- Asthma
- Ischialgie
- Rückenschmerzen

Rou Gui (Cinnamomi Cortex), Xian Mao (Curculiginis Rhizoma) und Yi Zhi Ren (Alpiniae Oxyphyllae Fructus) tonisieren das Nieren-Yang und das Ming-Men (Feuer des Lebenstores).

Shu Di Huang (Rehmanniae Radix Praeparatae), Shan Zhu Yu (Corni Fructus), Shan Yao (Dioscoreae Rhizoma) und Gou Qi Zi (Lycii Fructus) nähren das Nieren-Yin und füllen das Jing wieder auf.

Lu Jiao Jiao (Cervi Cornus Colla Gelatinum), Tu Si Zi (Cuscutae Semen) und Du Zhong (Eucommiae Cortex) wärmen das Nieren-Yang, stützen das Jing und tonisieren die Funktionskreise Leber und Niere.

Dang Gui (Angelicae Sinensis Radix) tonisiert das Xue und den Leber-Funktionskreis.

Modifikationen:

- Bei Fressunlust und Sodbrennen wird Gan Jiang (Zingiberis Rhizoma) hinzugefügt.
- Bei Schmerzen im Abdomen wird Wu Zhu Yu (Evodiae Fructus) ergänzt.
- Bei Schmerzen in der Lendenwirbelsäule und in den Knien wird Hu Tao Ren (Juglandis Semen) ergänzt.
- Bei chronischer Diarrhö werden Bu Gu Zhi (Psoraleae Fructus), Wu Wei Zi (Schisandrae Fructus) und Rou Dou Kou (Myristicae Semen) hinzugefügt.

Kontraindikationen:

- Diese Rezeptur ist in der Trächtigkeit kontraindiziert!
- In dieser Rezeptur ist Lu Jiao Jiao (Cervi Cornus Colla Gelatinum), Gelatine aus Hirschhorn, enthalten. Aus diesem Grund würde ich sie *nicht* für Pferde verschreiben. Eine für Pferde besser geeignete Rezeptur – das heißt: ohne tierische Bestandteile – ist SR-Rezeptur Nr. 3 zum Tonisieren des Yang, abgeleitet von *You Gui Yin* (siehe Seite 178).

Korrespondierende Akupunkturpunkte: Ni3, Ni7, Ni10, Bl23, LG4, Le3, MP10 (auch Moxibustion möglich)

右歸沖劑

SR-Rezeptur Nr. 3 zum Tonisieren des Yang

Granulat 2, das die Rechte (Niere) wiederherstellt

Zusammensetzung:

Shu Di Huang (Rehmanniae Radix Praeparatae)	12 g
Shan Yao (Dioscoreae Rhizoma)	6 g
Shan Zhu Yu (Corni Fructus)	3 g
Gou Qi Zi (Lycii Fructus)	6 g
Du Zhong (Eucommiae Cortex)	6 g
Rou Gui (Cinnamomi Cortex)	10 g
Yi Zhi Ren (Alpiniae Oxyphyllae Fructus)	9 g
Zhi Gan Cao (Glycyrrhizae Radix et Rhizoma Praeparatae cum Melle)	3 g

Abb. 85: *Alpinia oxyphylla,* ein Ingwergewächs, hat wunderschöne Blüten. In der chinesischen Phytotherapie werden die Früchte verwendet.

Hinweis:
Diese Rezeptur ist eine Ableitung von *You Gui Yin* / 右歸飲 (Dekokt, das die Rechte [Niere] wiederherstellt.) Das darin enthaltene Fu Zi (Aconiti Radix), der hochgiftige Eisenhut (*Aconitum* spec.), wurde in dieser Rezeptur durch Yi Zhi Ren (Alpiniae Oxyphyllae Fructus) und einen höheren Anteil an Rou Gui (Cinnamomi Cortex) ersetzt.

Wirkt auf
Funktionskreis Niere
Funktionskreis Milz

Temperaturverhalten: heiß
Geschmacksrichtung: scharf, süß
Wirkrichtung: tief
Wirkort: hinterer Erwärmer, Inneres

Chinesisch-therapeutische Wirkung:
- Wärmt Kälte
- Tonisiert das Nieren-Yang
- Nährt das Jing
- Harmonisiert den mittleren Erwärmer

Klinische Anwendung:
- Rekonvaleszenz
- Schmerzen im Abdomen mit Kälte
- Leistungsminderung
- Schmerzen in der Lendenwirbelsäule
- Knieschmerzen
- kalter Rücken
- kalte Hintergliedmaßen

Shu Di Huang (Rehmanniae Radix Praeparatae), Shan Yao (Dioscoreae Rhizoma), Shan Zhu Yu (Corni Fructus) und Gou Qi Zi (Lycii Fructus) nähren das Nieren-Yin und wärmen das Ming-Men.

Du Zhong (Eucommiae Cortex), Rou Gui (Cinnamomi Cortex) und Yi Zhi Ren (Alpiniae Oxyphyllae Fructus) wärmen Kälte, tonisieren das Nieren-Yang und nähren das Jing.

Zhi Gan Cao (Glycyrrhizae Radix et Rhizoma Praeparatae cum Melle) tonisiert das Qi und harmonisiert den mittleren Erwärmer sowie die Arzneien.

Modifikationen:

- Bei Diarrhö werden Wu Wei Zi (Schisandrae Fructus) und Rou Dou Kou (Myristicae Semen) hinzugefügt.
- Bei Qi-Mangel wird Ren Shen (Ginseng Radix et Rhizoma) ergänzt.
- Bei Ödemen werden Huai Niu Xi (Achyranthis Radix) und Che Qian Zi (Plantaginis Semen) dazugegeben.

Kontraindikationen: Diese Rezeptur ist in der Trächtigkeit kontraindiziert!

Korrespondierende Akupunkturpunkte: Ni3, Ni7, Ni10, Bl23, LG4, Bl20, MP6, Ma36 (auch Moxibustion möglich)

6.6 Rezepturen, die Yin und Yang tonisieren

二仙湯

Er Xian Tang

Zwei-Unsterbliche-Dekokt

Zusammensetzung:

Xian Mao (Curculiginis Rhizoma)	10 g
Yin Yang Huo (Epimedii Herba)	13 g
Ba Ji Tian (Morindae Radix Officinalis)	7 g
Huang Bo (Phellodendri Cortex)	5 g
Zhi Mu (Anemarrhenae Rhizoma)	5 g
Dang Gui (Angelicae Sinensis Radix)	7 g

Abb. 86: In der TCM wird der Wurzelstock (= Rhizom) der Rüssellilie (*Curculigo* spec.) als Nieren-Yang tonisierende Arznei verwendet.

Wirkt auf

Funktionskreis Niere

Funktionskreis Leber

Temperaturverhalten: leicht warm

Geschmacksrichtung: scharf, bitter

Wirkrichtung: leicht absenkend

Wirkort: Inneres, hinterer Erwärmer

Chinesisch-therapeutische Wirkung:

- Stützt das Yang
- Nährt das Jing
- Leitet Mangel-Feuer aus dem Nieren-Funktionskreis aus
- Harmonisiert den Chong Mai

Klinische Anwendung:

- Leistungsminderung
- Müdigkeit
- Störungen der Läufigkeit bzw. Rosse
- Reizbarkeit
- abendliche Unruhe
- vermehrter Durst, vor allem abends
- Harnwegsinfekte
- Nierenerkrankungen

Xian Mao (Curculiginis Rhizoma), Yin Yang Huo (Epimedii Herba) und Ba Ji Tian (Morindae Radix Officinalis) tonisieren Nieren-Yang und Jing.

Huang Bo (Phellodendri Cortex) und Zhi Mu (Anemarrhenae Rhizoma) nähren das Nieren-Yin und klären Mangel-Feuer.

Dang Gui (Angelicae Sinensis Radix) nährt das Xue.

Modifikationen:

- Bei nächtlicher Unruhe werden Yuan Zhi (Polygalae Radix) und Suan Zao Ren (Ziziphi Spinosae Semen) hinzugefügt.

Kontraindikationen:

- Diese Rezeptur sollte nicht bei Fülle-Hitze verordnet werden.
- In der Trächtigkeit ist diese Rezeptur verboten!

Korrespondierende Akupunkturpunkte: Ni3, Ni6, Ni7, Bl23, LG4, Ma36, MP4

七寶美髯丹

Qi Bao Mei Ran Dan

Pille der sieben Kostbarkeiten für einen schönen Bart

Zusammensetzung:

He Shou Wu (Polygoni Multiflori Radix)	18 g
Gou Qi Zi (Lycii Fructus)	9 g
Tu Si Zi (Cuscutae Semen)	9 g
Huai Niu Xi (Achyranthis Radix)	9 g
Dang Gui (Angelicae Sinensis Radix)	9 g
Bu Gu Zhi (Psoraleae Fructus)	6 g
Fu Ling (Poriae Sclerotium)	18 g

Abb. 87: Laut einer chinesischen Legende war *He Shou Wu* („Herr He mit schwarzen Haaren") ein schwerkranker Mann. Als er die Wurzel des Chinesischen Vogelknöterichs (*Polygonum multiflorum*, im Bild eine andere Polygonum-Art) einnahm, soll er sich massiv verjüngt haben und erst im Alter von 135 Jahren mit tiefschwarzen Haaren gestorben sein.

Wirkt auf

Funktionskreis Leber
Funktionskreis Niere

Temperaturverhalten: leicht warm
Geschmacksrichtung: bitter, süß
Wirkrichtung: tief
Wirkort: Fell, Bewegungsapparat

Chinesisch-therapeutische Wirkung:

- nährt Leber-Xue
- nährt Nieren-Yin
- stützt das Jing

Klinische Anwendung:

- Fellverlust
- Ausfall von Mähne und Schweif
- frühzeitiges Ergrauen
- frühzeitiger Zahnverlust
- Unfruchtbarkeit
- Rückenschmerzen
- häufiges Urinieren
- Inkontinenz
- Obstipation
- trockener Kot

He Shou Wu (Polygoni Multiflori Radix) tonisiert die Funktionskreise Leber und Niere und nährt Jing und Xue.

Gou Qi Zi (Lycii Fructus), Tu Si Zi (Cuscutae Semen) und Huai Niu Xi (Achyranthis Radix) nähren die Funktionskreise Leber und Niere.

Dang Gui (Angelicae Sinensis Radix) tonisiert das Xue.

Bu Gu Zhi (Psoraleae Fructus) tonisiert das Yang.

Fu Ling (Poriae Sclerotium) verhindert eine Stagnation durch die tonisierenden Arzneien.

Modifikationen:

- Bei frühzeitig ergrautem Kopf und glanzlosem Fell werden Huang Qi (Astragli Radix) und Shu Di Huang (Rehmanniae Radix Praeparatae) hinzugefügt.
- Bei Schmerzen in der Lendenwirbelsäule werden Du Zhong (Eucommiae Cortex) und Sang Ji Sheng (Taxilli Herba) ergänzt.
- Bei Yin-Mangel mit Yang-Fülle werden Zhi Mu (Anemarrhenae Radix), Huang Bo (Phellodendri Cortex), Mai Men Dong (Ophiopogonis Radix) und Wu Wei Zi (Schisandrae Fructus) dazugegeben.
- Bei Yin- und Xue-Mangel werden Nu Zhen Zi (Ligustri Lucidi Fructus), Mo Han Lian (Ecliptae Herba) und Fu Pen Zi (Rubi Fructus) hinzugefügt.

Kontraindikationen:
Qi Bao Mei Ran Dan enthält viele tonisierende Arzneien und sollte deshalb bei Schwäche in den Funktionskreisen Milz-Pankreas und Magen oder bei Feuchtigkeit und Schleim nicht über einen längeren Zeitraum verabreicht werden.

Korrespondierende Akupunkturpunkte: Ni3, Ni6, Le3, Le8, Bl23, LG4, Bl18, Bl20

地黃飲子沖劑

SR-Rezeptur Nr. 1 zum Tonisieren von Yin und Yang

Granulat mit Rehmanniae Radix Praeparatae

Zusammensetzung:

Shu Di Huang (Rehmanniae Radix Praeparatae)	12 g
Shan Zhu Yu (Corni Fructus)	9 g
Rou Cong Rong (Cistanches Herba)	9 g
Ba Ji Tian (Morindae Radix Officinalis)	9 g
Xian Mao (Curculiginis Rhizoma)	12 g
Rou Gui (Cinnamomi Cortex)	9 g
Mai Men Dong (Ophiopogonis Radix)	6 g
Shi Hu (Dendrobii Caulis)	9 g
Wu Wei Zi (Schisandrae Fructus)	6 g
Shi Chang Pu (Acori Tatarinowii Rhizoma)	6 g
Yuan Zhi (Polygalae Radix)	6 g
Fu Ling (Poriae Sclerotium)	6 g
Bo He (Menthae Haplocalycis Herba)	5 g
Sheng Jiang (Zingiberis Rhizoma Recens)	5 g
Da Zao (Jujubae Fructus)	3 g

Abb. 88: Minze (*Mentha*-Arten) wird bei uns gern als Tee gekocht. Die chinesische Medizin sagt: „Ihre Blätter klären den Kopf und erhellen die Augen."

Anmerkung der Autorin:
Diese Rezeptur ist eine Ableitung von *Di Huang Yin Zi* / 地黄飲子 (Rehmanniae-Dekokt), bei der ich das toxische Fu Zi (Aconiti Lateralis Radix, der hochgiftige Eisenhut = *Aconitum* spec.) durch einen höheren Anteil an Rou Gui (Cinnamomi Cortex) und Xian Mao (Curculiginis Rhizoma) ersetzt habe.

Wirkt auf

Funktionskreis Niere (hauptsächlich)
Funktionskreis Leber
Funktionskreis Herz

Temperaturverhalten: leicht warm
Geschmacksrichtung: süß, scharf
Wirkrichtung: tief
Wirkort: Kopf, Augen, Bewegungsapparat

Chinesisch-therapeutische Wirkung:

- Tonisiert Nieren-Yin und Nieren-Yang
- Leitet Schleim aus und öffnet die Sinne

Klinische Anwendung:
- Paresen
- Demenz
- Vestibularsyndrom
- Epilepsie
- Degenerative Myelopathie
- Bandscheibenvorfall
- Juckreiz

Shu Di Huang (Rehmanniae Radix Praeparatae) und Shan Zhu Yu (Corni Fructus) tonisieren das Nieren-Yin.

Rou Cong Rong (Cistanches Herba) und Ba Ji Tian (Morindae Radix Officinalis) tonisieren und stabilisieren das Nieren-Yang.

Xian Mao (Curculiginis Rhizoma) und Ruo Gui (Cinnamomi Cortex) wärmen den Nieren-Funktionskreis.

Mai Men Dong (Ophiopogonis Radix), Shi Hu (Dendrobii Caulis) und Wu Wei Zi (Schisandrae Fructus) nähren Yin und JinYe.

Shi Chang Pu (Acori Tatarinowii Rhizoma), Yuan Zhi (Polygalae Radix) und Fu Ling (Poriae Sclerotium) verbinden und nähren die Funktionskreise Herz und Niere, zerstreuen Feuchtigkeit und öffnen die Sinne.

Bo He (Menthae Haplocalycis Herba) klärt den Kopf und öffnet die Sinne.

Sheng Jiang (Zingiberis Rhizoma Recens) und Da Zao (Jujubae Fructus) harmonisieren die Arzneien.

Modifikationen:

- Bei heißen Gelenken aufgrund von Nieren-Yin-Mangel werden Rou Gui (Cinnamomi Cortex) und Xian Mao (Curculiginis Rhizoma) aus der Rezeptur entfernt und Sang Zhi (Mori Ramulus) und Di Gu Pi (Lycii Cortex) hinzugefügt.
- Bei Nieren-Yang-Mangel mit Kälteabstrahlung über der Lendenwirbelsäule, kalten Hintergliedmaßen und Schmerzen im Rücken und/oder den Knien wird der Anteil an Xian Mao (Curculiginis Rhizoma) erhöht und Yin Yang Huo (Epimedii Herba) hinzugefügt.
- Bei Qi-Mangel werden Huang-Qi (Astragali Radix) und Ren Shen (Ginseng Radix et Rhizoma) ergänzt.

Kontraindikationen: Bei hochschlagendem Yang ist diese Rezeptur kontraindiziert.

Korrespondierende Akupunkturpunkte: Ni3, Ni6, Ni7, Ni10, Ma40, LG20, LG4, Bl23, He5, He7, He9, Gb20, Le3

7
Shen-Geist beruhigende Rezepturen

Rezepturen, die den Shen-Geist beruhigen, werden bei Shen-Störungen verordnet, die sich durch allgemeine oder nächtliche Unruhe, Palpitationen, Reizbarkeit, Angst oder Schreckhaftigkeit bemerkbar machen.

Shen-Störungen stehen in Verbindung mit Ungleichgewichten in den Funktionskreisen Herz (Sitz des Shen), Leber (Sitz der Wanderseele Hun) und Niere (Sitz der Willenskraft/Zhi).

Es gibt viele Ursachen für Shen-Störungen. Die individuelle Störung des Tieres sollte aber auf jeden Fall entweder einem Fülle- oder einem Leere-Muster zugeordnet werden.

Fülle-Muster:
Shen-Störungen vom Fülle-Muster-Typ haben häufig Furcht und Angst als äußere Ursache und eine Leber-Qi-Stagnation als innere Ursache, die sich unbehandelt in Leber-Feuer umwandeln kann. Zu den Symptomen gehören Ruhelosigkeit, Aggressivität, starke Furcht und Angst, mit einem vollen, schnellen, rauen und eventuell saitenförmigen Puls sowie einer roten Zunge mit geschwollenen Rändern. Shen-Füllemuster werden mit Arzneien behandelt, die Hitze klären und das Shen sedieren.

Leere-Muster:
Shen-Störungen vom Leere-Muster-Typ werden durch Herz-Yin-Mangel oder Leber- und Herz-Xue-Mangel verursacht, was zu einem Aufsteigen von Mangel-Feuer im Inneren führen kann. Bei Menschen wird dies oft durch zu viel Nachdenken oder Sich-Sorgen hervorgerufen. Ich denke, auch Tiere können sich sorgen und dadurch beeinträchtigt werden. Die klinischen Symptome bei Shen-Störungen vom Leere-Muster sind Ruhelosigkeit, nächtliche Unruhe, starke Ängstlichkeit, ein schwacher, schneller Puls sowie eine rote, dünne Zunge mit deutlich roter oder deutlich schmaler Spitze. Die Behandlung bei Shen-Leere-Mustern besteht darin, das Herz zu nähren und das Shen zu besänftigen.

Fülle- und Leere-Muster können sowohl separat wie auch zusammen auftreten. Je nach Störungsmuster und Komplikation müssen die Rezepturen zusätzlich modifiziert werden. In den meisten Fällen werden Shen-Störungen durch die gleichzeitige Behandlung von Symptomen und Ursache therapiert.

Westlich gesehen, entsprechen Shen-Störungen verschiedenen emotionalen Störungen, Verhaltensstörungen und psychischen Störungen. Zu den pharmakologischen Eigenschaften der Shen beruhigenden Rezepturen gehören sedierende und schlaffördernde Wirkungen auf das zentrale Nervensystem, die sowohl geistige als auch körperliche Aktivitäten dämpfen. Aus diesem Grund sollte während der Einnahme dieser Rezepturen kein forderndes Training betrieben werden.

Klinische Anwendungen:
- Verhaltensauffälligkeiten
- nächtliche Unruhe
- Reizbarkeit
- Depressionen
- Ängstlichkeit
- Epilepsie

Untergeordnete Wirkkategorien

Shen-Geist behandelnde Rezepturen werden in zwei untergeordnete Wirkkategorien eingeordnet: beruhigende Rezepturen zur Behandlung von Fülle-Mustern, und nährende Rezepturen zur Behandlung von Leere-Mustern.

Beruhigende Rezepturen, die das Shen besänftigen:
Diese Rezepturen behandeln Fülle-Muster. Sie kühlen emporloderndes Herz-Feuer und dämpfen überaktives Herz-Yang. Bei diesen Disharmoniemustern haben die Tiere eine rote bis dunkelrote Zungenspitze und häufig eine Herzkerbe. Der Puls ist voll, überflutend und schnell.

Nährende Rezepturen, die das Shen besänftigen:
Diese Rezepturen behandeln Shen-Störungen mit Mangel-Feuer, das aus zugrunde liegendem Yin- und Xue-Mangel entsteht. Nährende Rezepturen tonisieren Yin und Xue und besänftigen den Shen-Geist. Tiere mit diesem Disharmoniemuster haben eine rote (Yin-Mangel) oder blasse (Xue-Mangel) Zunge. Der Puls ist schnell und leer.

Behandlungshinweise für Shen-Geist beruhigende Rezepturen

Shen beruhigende Rezepturen, die Mineralien enthalten, sollten nicht über einen längeren Zeitraum angewendet werden, da sie auf Dauer die Funktionskreise Milz-Pankreas und Magen schädigen.

7.1 Beruhigende Rezepturen, die den Shen-Geist besänftigen

柴胡加龍骨牡蠣湯

Chai Hu Jia Long Gu Mu Li Tang

Dekokt mit Bupleuri Radix, Fossilia Ossis Mastodi und Ostreae Concha

Zusammensetzung:

Chai Hu (Bupleuri Radix)	12 g
Huang Qin (Scutellariae Radix)	4,5 g
Long Gu (Fossilia Ossis Mastodi)	4,5 g
Mu Li (Ostreae Concha)	4,5 g
Gui Zhi (Cinnamomi Ramulus)	4,5 g
Da Huang (Rhei Radix et Rhizoma)	6 g
Fa Ban Xia (Pinelliae Rhizoma Praeparatae)	6 g
Fu Ling (Poriae Sclerotium)	4,5 g
Ren Shen (Ginseng Radix et Rhizoma)	4,5 g
Sheng Jiang (Zingiberis Rhizoma Recens)	4,5 g
Da Zao (Jujubae Fructus)	6 g

Abb. 89: ***Mu Li*** **ist die Schale einer Austernart (*Ostrea gigas*), die eine beruhigende Wirkung auf das Shen hat.**

Anmerkung der Autorin:
In der Originalrezeptur ist Minium (auch: Mennige) enthalten, ein Blei-Salz, das giftig ist sowie bei längerer Anwendung Anämie hervorrufen kann, weshalb es in modernen Rezepturen nicht mehr enthalten ist. Seine Shen beruhigenden Eigenschaften übernehmen in dieser Rezeptur Long Gu (Fossilia Ossis Mastodi) und Mu Li (Ostrea Concha).

Wirkt auf
Funktionskreis Blase
Funktionskreis Dickdarm
Funktionskreis Dreifach-Erwärmer
Funktionskreis Gallenblase

Temperaturverhalten: kühl
Geschmacksrichtung: salzig, bitter
Wirkrichtung: leicht absenkend
Wirkort: Leitbahnen

Chinesisch-therapeutische Wirkung:
- Besänftigt das Shen
- Harmonisiert das Shaoyang
- Löst die drei Yang-Stadien

Klinische Anwendung:
- Ängstlichkeit
- Reizbarkeit
- nächtliche Unruhe
- Krampfanfälle
- Epilepsie
- Depressionen
- Herzerkrankungen
- Hyperthyreose
- Obstipation
- Schmerzen im Abdomen/Kolikneigung

Chai Hu (Bupleuri Radix) und Huang Qin (Scutellariae Radix) klären Hitze und harmonisieren das Shaoyang (Innen und Außen).

Long Gu (Fossilia Ossis Mastodi) und Mu Li (Ostrea Concha) besänftigen das Shen und lindern Ängstlichkeit.

Gui Zhi (Cinnamomi Ramulus) vertreibt äußere pathogene Faktoren und wärmt die Leitbahnen.

Da Huang (Rhei Radix et Rhizoma) leitet innere Hitze aus.

Fa Ban Xia (Pinelliae Rhizoma Praeparatae) bringt das Qi zum absteigen.

Fu Ling (Poriae Sclerotium) leitet Feuchtigkeit aus und fördert die Miktion.

Ren Shen (Ginseng Radix et Rhizoma) tonisiert den Funktionskreis Milz-Pankreas und beruhigt das Shen.

Sheng Jiang (Zingiberis Rhizoma Recens) und Da Zao (Jujubae Fructus) harmonisieren die Arzneien.

Modifikationen:

- Bei Qi-Mangel wird Huang Qi (Astragali Radix) hinzugefügt und Ren Shen (Ginseng Radix et Rhizome) höher dosiert.
- Bei Schmerzen in der Lendenwirbelsäule werden Du Zhong (Eucommiae Cortex) und Huai Niu Xi (Achyranthis Radix) ergänzt.

Kontraindikationen:

- Diese Rezeptur ist in der Trächtigkeit verboten!
- Bei Schwäche der Funktionskreise Milz-Pankreas und Magen wird Da Huang (Rhei Radix et Rhizoma) aus der Rezeptur entfernt, da diese Arznei Diarrhö verursachen kann.
- Diese Rezeptur ist nicht zur Langzeitanwendung geeignet.

Korrespondierende Akupunkturpunkte: He3, He5, He7, Bl14, KG14, Pc6, Ma40, Gb20, LG20, Le3

珍珠母沖劑

SR-Rezeptur Nr. 1, um das Shen zu besänftigen

Perlmutt(er)-Granulat

Zusammensetzung:

Zhen Zhu Mu (Margaritiferae Concha)	22 g
Long Gu (Fossilia Ossis Mastodi)	15 g
Ren Shen (Ginseng Radix et Rhizoma)	30 g
Dang Gui (Angelicae Sinensis Radix)	45 g
Shu Di Huang (Rehmanniae Radix Praeparatae)	55 g
Suan Zao Ren (Ziziphi Spinosae Semen)	30 g
Bai Zi Ren (Platycladi Semen)	30 g
Fu Shen (Poriae Pararadicis Sclerotium)	15 g
Sheng Di Huang (Rehmanniae Radix)	15 g
Chen Xiang (Aquilariae Lignum Resinatum)	15 g

Abb. 90: Die Samen der Stacheljujube (*Ziziphus jujuba* var. *spinosa*) wirken laut verschiedenen Studien[4] sedierend und schlaffördernd.

Anmerkungen der Autorin:

Diese Rezeptur ist abgeleitet von *Zhen Zhu Mu Wan* / 珍珠母丸 (Perlmutter-Pille). In der Originalrezeptur ist Xi Jiao (Rhinocerotis Cornu = Rhinozerushorn) enthalten, das in dieser Rezeptur die Aufgabe hat, das Xue zu kühlen und Angst zu dämpfen. Aus Tier- und Artenschutzgründen habe ich hier Xi Jiao durch Sheng Di Huang (Rehmanniae Radix) und einen höheren Anteil an Shu Di Huang (Rehmanniae Radix Praeparatae) ersetzt.

In der Originalquelle wurden die Pillen in Zhu Sha (Cinnabaris = Zinnober) gewälzt und zusätzlich ein Dekokt aus Yin Bo (Silberfolie) und Bo He (Menthae Herba; botanisch *Mentha* spec. = Minze) eingenommen. Da Zhu Sha eine Quecksilberverbindung und damit giftig ist und Silberfolie in Europa als Arznei nicht gebräuchlich ist, wurde die Rezeptur stattdessen aus den Arzneien, die oben angegeben sind, zusammengestellt.

Wirkt auf

Funktionskreis Herz
Funktionskreis Leber

Temperaturverhalten: kühl
Geschmacksrichtung: bitter, salzig
Wirkrichtung: absenkend
Wirkort: Inneres

4 z. B. Shanghai Journal of Chinese Medicine and Herbology, 1984

Chinesisch-therapeutische Wirkung:
- Sediert den Funktionskreis Herz
- Beruhigt das Shen
- Nährt Qi, Yin und Xue

Klinische Anwendung:
- Ängstlichkeit
- Palpitationen
- nächtliche Unruhe
- Desinteresse bei Ängstlichkeit

Zhen Zhu Mu (Margaritiferae Concha) und Long Gu (Fossilia Ossis Mastodi) senken das Leber-Yang ab und beruhigen das Herz-Shen.

Ren Shen (Ginseng Radix et Rhizoma), Dang Gui (Angelicae Sinensis Radix) und Shu Di Huang (Rehmanniae Radix Praeparatae) nähren Qi, Yin und Xue.

Suan Zao Ren (Ziziphi Spinosae Semen), Bai Zi Ren (Platycladi Semen) und Fu Shen (Poria Pararadicis Sclerotium) besänftigen das Shen und verankern Zhi/Willenskraft.

Sheng Di Huang (Rehmanniae Radix) kühlt das Xue.

Chen Xiang (Aquilariae Lignum Resinatum) senkt das überaktive Yang, um das Shen zu besänftigen.

Modifikationen:
Für diese Rezeptur sind keine Modifikationen angegeben.

Kontraindikationen: Diese Rezeptur sollte nicht bei Schleim-Hitze verordnet werden.

Korrespondierende Akupunkturpunkte: He3, He5, He6, He7, He9, Pc4, Pc6, Bl15, KG14, LG14, LG24

7.2 Nährende Rezepturen, die das Shen besänftigen

酸棗仁湯

Suan Zao Ren Tang
Dekokt mit Ziziphi Spinosae Semen

Zusammensetzung:

Suan Zao Ren (Ziziphi Spinosae Semen)	15 g
Chuan Xiong (Ligustici Chuanxiong Rhizoma)	3 g
Fu Ling (Poriae Sclerotium)	10 g
Zhi Mu (Anemarrhenae Rhizoma)	8 g
Gan Cao (Glycyrrhizae Rhizoma)	3 g

Abb. 91: *Suan Zao Ren*, die Samen (= Semen) der Stacheljujube (*Ziziphus jujuba* var. *spinosa*), als Granulat

Wirkt auf
Funktionskreis Herz
Funktionskreis Leber

Temperaturverhalten: kühl
Geschmacksrichtung: süß, bitter
Wirkrichtung: absenkend
Wirkort: Inneres

Chinesisch-therapeutische Wirkung:
- Tonisiert das Xue
- Tonisiert das Yin
- Beruhigt das Shen

Klinische Anwendung:
- Unruhe
- nächtliche Unruhe
- Aggressivität
- Geräuschempfindlichkeit
- Kopfschmerzen
- intensives Träumen

Suan Zao Ren (Ziziphi Spinosae Semen) nährt das Leber-Xue und beruhigt das Shen.

Chuan Xiong (Ligustici Chuanxiong Rhizoma) reguliert das Leber-Xue.

Fu Ling (Poriae Sclerotium) besänftigt das Shen.

Zhi Mu (Anemarrhenae Rhizoma) nährt das Yin und klärt Mangel-Hitze.

Gan Cao (Glycyrrhizae Rhizoma) klärt Hitze und harmonisiert die Arzneien.

Modifikationen:

- Bei Qi-Mangel werden Ren Shen (Ginseng Radix et Rhizoma) und Huang Qi (Astragali Rhizoma) hinzugefügt.
- Bei nächtlicher Unruhe, Aggressivität und viel Durst werden Mai Men Dong (Ophiopogonis Radix) und Wu Wei Zi (Schisandrae Fructus) hinzugefügt.
- Bei nächtlicher Unruhe aufgrund von Xue-Mangel werden Dang Gui (Angelicae Sinensis Radix), Shu Di Huang (Rehmanniae Radix Praeparatae) und He Shou Wu (Polygoni Multiflori Radix) ergänzt.
- Bei nächtlicher Unruhe aufgrund von Hitze werden Mu Dan Pi (Moutan Cortex), Zhi Zi (Gardeniae Fructus) und Dan Zhu Ye (Lophatheri Herba) dazugegeben.
- Bei Ängstlichkeit und Palpitationen werden Yuan Zhi (Polygalae Radix) und Shi Chang Pu (Acori Tatarinowii Rhizoma) hinzugefügt.

Kontraindikationen:

- Diese Rezeptur darf bei eingeschlossener Hitze nicht verordnet werden.
- *Mögliche Nebenwirkungen: Suan Zao Ren Tang* kann in seltenen Fällen allergische Reaktionen hervorrufen.

Korrespondierende Akupunkturpunkte: He3, He5, He7, Pc6, Le3, Le8, Mp10, Ni6, Bl15, KG14, Le3

定志丸

Ding Zhi Wan

Pille, die die Emotionen beruhigt

Abb. 92: In der TCM wird die Wurzel von *Polygala tenuifolia*, einer Kreuzblumen-Art, eingesetzt. Sie konnte im Tierversuch das Zentralnervensystem beruhigen.

Zusammensetzung:

Ren Shen (Ginseng Radix et Rhizoma)	9 g
Fu Ling (Poriae Sclerotium)	9 g
Fu Shen (Poriae Paradicis Sclerotium)	6 g
Shi Chang Pu (Acori Tatarinowii Rhizoma)	6 g
Yuan Zhi (Polygalae Radix)	6 g

Wirkt auf

Funktionskreis Herz
Funktionskreis Niere (leicht)
Funktionskreis Milz-Pankreas (leicht)

Temperaturverhalten: neutral
Geschmacksrichtung: süß
Wirkrichtung: absenkend
Wirkort: Inneres

Chinesisch-therapeutische Wirkung:

- Tonisiert das Herz-Qi
- Eliminiert Schleim
- Beruhigt das Shen

Klinische Anwendung:

- Ängstlichkeit
- Panikattacken
- Palpitationen

Ren Shen (Ginseng Radix et Rhizoma) tonisiert das Qi und beruhigt das Shen.

Fu Ling (Poriae Sclerotium), Fu Shen (Poriae Paradicis Sclerotium) und Shi Chang Pu (Acori Tatarinowii Rhizoma) leiten Schleim aus und machen die Sinnesöffnungen frei.

Yuan Zhi (Polygalae Radix) stützt das Shen und macht die Sinnesöffnungen frei.

Modifikationen:

- Bei Xue-Mangel werden Dang Gui (Angelicae Sinensis Radix) und Shu Di Huang (Rehmanniae Radix Praeparatae) hinzugefügt.

Kontraindikationen: Diese Rezeptur darf nicht bei Bluthochdruck verordnet werden.

Korrespondierende Akupunkturpunkte: He3, He5, He7, Pc6, Ni3, Ni6, Ma36, Ma40, MP6

天王補心丹

Tian Wang Bu Xin Dan

Besondere Pille des himmlischen Kaisers, die das Herz tonisiert

Zusammensetzung:

Sheng Di Huang (Rehmanniae Radix)	12 g
Xuan Shen (Scrophulariae Radix)	5 g
Tian Dong (Asparagi Radix)	9 g
Mai Men Dong (Ophiopogonis Radix)	9 g
Dan Shen (Salviae Miltiorrhizae Radix et Rhizoma)	5 g
Dang Gui (Angelicae Sinensis Radix)	9 g
Ren Shen (Ginseng Radix et Rhizoma)	5 g
Fu Ling (Poriae Sclerotium)	5 g
Suan Zao Ren (Ziziphi Spinosae Semen)	9 g
Wu Wei Zi (Schisandrae Fructus)	9 g
Bai Zi Ren (Platycladi Semen)	9 g
Yuan Zhi (Polygalae Radix)	5 g
Jie Geng (Platycodi Radix)	5 g
Dan Zhu Ye (Lophatheri Herba)	5 g

Abb. 93: Die Salbei-Art *Salvia miltiorrhiza* (Rotwurzelsalbei) hat rötliche Wurzeln, weshalb sie auch „Roter Ingwer" genannt wird.

Hinweis:
Gemäß der Originalquelle ist Zhu Sha (Cinnabaris = Zinnober, eine Quecksilberverbindung) enthalten, das stark Shen absenkend und herzbesänftigend wirkt. Aufgrund seiner Giftigkeit ist es in der modernen Rezeptur nicht mehr enthalten.

Wirkt auf

Funktionskreis Herz
Funktionskreis Leber
Funktionskreis Niere

Temperaturverhalten: kühl
Geschmacksrichtung: süß, bitter
Wirkrichtung: absenkend
Wirkort: Inneres

Chinesisch-therapeutische Wirkung:

- Tonisiert das Xue
- Nährt das Yin
- Tonisiert die Funktionskreise Herz und Niere
- Besänftigt das Shen

Klinische Anwendung:
- nächtliche Unruhe
- Ängstlichkeit
- Reizbarkeit
- Hyperaktivität
- Hyperthyreose
- Hepatitis
- Zungengeschwüre
- trockener Kot

Sheng Di Huang (Rehmanniae Radix) tonisiert Xue und Yin, befeuchtet Trockenheit und bändigt das Leber-Yang.

Xuan Shen (Scrophulariae Radix), Tian Dong (Asparagi Radix) und Mai Men Dong (Ophiopogonis Radix) tonisieren das Yin.

Dan Shen (Salviae Miltiorrhizae Radix et Rhizoma) und Dang Gui (Angelicae Sinensis Radix) tonisieren und bewegen das Xue.

Ren Shen (Ginseng Radix et Rhizoma) und Fu Ling (Poriae Sclerotium) tonisieren das Qi und besänftigen das Shen.

Suan Zao Ren (Ziziphi Spinosae Semen) und Wu Wei Zi (Schisandrae Fructus) besänftigen das Shen, indem sie das Herz-Qi adstringieren.

Bai Zi Ren (Platycladi Semen) und Yuan Zhi (Polygalae Radix) nähren den Herz-Funktionskreis, um das Shen zu besänftigen.

Jie Geng (Platycodi Radix) leitet die Arzneien in den vorderen Erwärmer.

Dan Zhu Ye (Lophatheri Herba) führt die Rezeptur zum Funktionskreis Herz und besänftigt das Shen.

Modifikationen:

- Bei Mund- und Zungengeschwüren werden Huang Lian (Coptidis Rhizoma) und Mu Dan Pi (Moutan Cortex) hinzugefügt.
- Bei Obstipation werden Zhi Shi (Citri Aurantii Fructus) und Hou Po (Magnoliae Officinalis Cortex) ergänzt.
- Bei sehr starker nächtlicher Unruhe wird Long Gu (Fossilia Ossis Mastodi) ergänzt.
- Bei Konzentrationsstörungen werden Yuan Zhi (Polygalae Radix), Shi Chang Pu (Acori Tatarinowii Rhizoma) und Yin Xing Ye (Gingko Folium) dazugegeben.
- Bei Spermatorrhö werden Jin Ying Zi (Rosae Laevigatae Fructus), Qian Shi (Euryalis Semen) und Mu Li (Ostrea Concha) hinzugefügt.
- Bei Schwindel werden Chuan Xiong (Ligustici Chuanxiong Rhizoma) und Bai Zhi (Angelicae Dahurica Radix) ergänzt.

Kontraindikationen:

- Da diese Rezeptur viele tonisierende Arzneien enthält, sollte sie bei Patienten mit einer Schwäche im Milz-Pankreas- und im Magen-Funktionskreis nicht über einen längeren Zeitraum angewendet werden.
- *Mögliche Nebenwirkungen:* Sehr selten können bei Einnahme dieser Rezeptur Nebenwirkungen, wie leichte Diarrhö und leichte Ekzeme, auftreten.

Korrespondierende Akupunkturpunkte: He6, He5, He7, He8, Pc6, Le3, Le8, Ni3, Ni6, MP6, MP10, KG14, KG15

甘麥大棗湯

Gan Mai Da Zao Tang

Dekokt aus Glycyrrhizae Radix, Tritici Fructus und Jujubae Fructus

Zusammensetzung:

Gan Cao (Glycyrrhizae Radix et Rhizoma)	9 g
Fu Xiao Mai (Tritici Fructus Levis)	9–15 g
Da Zao (Jujubae Fructus)	10 g

Abb. 94: *Fu Xiao Mai* bedeutet „Schwimmender kleiner Weizen", was sich auf die Körner des darin verwendeten Winterweizens (*Triticum* spec. = Weizen) bezieht.

Anmerkungen der Autorin:

Die Menge von *Fu Xiao Mai* (Tritici Fructus) kann variiert werden: Je nachdem, ob das Shen nur leicht oder stärker beruhigt werden soll, kann zwischen 9 und 15 Gramm variiert werden.

Diese Rezeptur wirkt etwas schwächer als *Ding Zhi Wan* (Pille, die die Emotionen beruhigt, siehe Seite 193) und ist gut geeignet bei chronischen Erkrankungen.

Wirkt auf

Funktionskreis Herz
Funktionskreis Milz-Pankreas

Temperaturverhalten: leicht warm
Geschmacksrichtung: süß
Wirkrichtung: absenkend
Wirkort: Inneres

Chinesisch-therapeutische Wirkung:

- Nährt den Funktionskreis Herz
- Besänftigt das Shen
- Harmonisiert den mittleren Erwärmer
- Tonisiert das Milz-Qi

Klinische Anwendung:

- nächtliche Unruhe
- Desorientiertheit
- Verhaltensauffälligkeiten
- Konzentrationsprobleme
- häufiges Gähnen
- Aggressivität
- Husten durch Spasmen der Trachea

Gan Cao (Glycyrrhizae Radix et Rhizoma) harmonisiert die Funktionskreise Milz-Pankreas und Magen und tonisiert den Herz-Funktionskreis.

Fu Xiao Mai (Tritici Fructus Levis) beruhigt das Shen und nährt das Herz.

Da Zao (Jujubae Fructus) tonisiert das Milz-Qi, löst Leber-Qi-Stagnationen und nährt das Herz.

Modifikationen:

- Bei Reizbarkeit und Durst werden Mai Men Dong (Ophiopogonis Radix) und Wu Wei Zi (Schisandrae Fructus) hinzugefügt.
- Bei Yin-Mangel mit Aggressivität und nächtlicher Unruhe werden Sheng Di Huang (Rehmanniae Radix), Bai Zi Ren (Platycladi Semen) und Bai He (Lilii Bulbus) hinzugefügt.
- Bei Angststörungen werden Ren Shen (Ginseng Radix et Rhizoma) und Huang Qi (Astragali Radix) ergänzt.
- Bei Inkontinenz im Schlaf werden Yi Zhi Ren (Alpiniae Oxyphyllae Fructus) und Tu Si Zi (Cuscutae Semen) dazugegeben.
- Bei Leber-Xue-Mangel werden Suan Zao Ren (Ziziphi Spinosae Semen) und Dang Gui (Angelicae Sinensis) hinzugefügt.
- Bei trockenem Kot werden Hei Zhi Ma (Sesami Nigrum Semen) und He Shou Wu (Polygoni Multiflori Radix) ergänzt.

Kontraindikationen:

- Bei Feuchtigkeit und Schleimbelastung sollte diese Rezeptur nicht verordnet werden (Kolikgefahr).
- Bei längerfristiger Anwendung sollte – aufgrund des hohen Anteils von Gan Cao – der Blutdruck kontrolliert werden, da Gan Cao in höherer Dosierung und bei längerer Anwendung Bluthochdruck fördern kann.

Korrespondierende Akupunkturpunkte: He7, Pc6, MP3, MP6, Bl20, Bl15, KG14, Le3, Ni3

養心湯

Yang Xin Tang

Dekokt, das das Herz nährt

Zusammensetzung:

Ren Shen (Ginseng Radix et Rhizoma)	0,3 g
Huang Qi (Astragali Radix)	15 g
Fu Ling (Poriae Sclerotium)	15 g
Zhi Gan Cao (Glycyrrhizae Radix et Rhizoma Praeparatae cum Melle)	12 g
Dang Gui (Angelicae Sinensis Radix)	15 g
Chuan Xiong (Ligustici Chuanxiong Rhizoma)	15 g
Fu Shen (Poriae Pararadicis Sclerotium)	15 g
Yuan Zhi (Polygalae Radix)	0,3 g
Bai Zi Ren (Platycladi Semen)	0,3 g
Wu Wei Zi (Schisandrae Fructus)	0,3 g
Suan Zao Ren (Ziziphi Spinosae Semen)	0,3 g
Fa Ban Xia (Pinelliae Rhizoma Praeparatae)	15 g
Rou Gui (Cinnamomi Cortex)	0,3 g
Sheng Jiang (Zingiberis Rhizoma Recens)	3 g
Da Zao (Jujubae Fructus)	3 g

Abb. 95: Die Samen des Morgenländischen Lebensbaumes (*Platycladus orientalis*) haben laut TCM eine beruhigende Wirkung auf das Shen.

Wirkt auf

Funktionskreis Herz
Funktionskreis Niere
Funktionskreis Milz-Pankreas

Temperaturverhalten: warm
Geschmacksrichtung: süß, bitter
Wirkrichtung: absenkend
Wirkort: Inneres

Chinesisch-therapeutische Wirkung:

- Tonisiert das Xue
- Tonisiert das Qi
- Nährt den Funktionskreis Herz

Klinische Anwendung:

- Kardiomyopathien
- Anämie
- nächtliche Unruhe
- Schreckhaftigkeit
- Ängstlichkeit
- Konzentrationsschwäche
- Leistungsminderung

Ren Shen (Ginseng Radix et Rhizoma), Huang Qi (Astragali Radix), Fu Ling (Poriae Sclerotium) und Zhi Gan Cao (Glycyrrhizae Radix et Rhizoma Praeparatae cum Melle) tonisieren das Qi.

Dang Gui (Angelicae Sinensis Radix) und Chuan Xiong (Ligustici Chuanxiong Rhizoma) tonisieren und bewegen das Xue.

Fu Shen (Poriae Paradicis Sclerotium), Yuan Zhi (Polygalae Radix), Bai Zi Ren (Platycladi Semen), Wu Wei Zi (Schisandrae Fructus) und Suan Zao Ren (Ziziphi Spinosae Semen) besänftigen das Shen.

Fa Ban Xia (Pinelliae Rhizoma Praeparatae) trocknet Feuchtigkeit und beseitigt Schleim.

Rou Gui (Cinnamomi Cortex) leitet die Arzneien zum Nieren-Funktionskreis.

Sheng Jiang (Zingiberis Rhizoma Recens) und Da Zao (Jujubae Fructus) harmonisieren die Arzneien.

Modifikationen:

- Bei Hitzezeichen mit viel Durst werden Mai Men Dong (Ophiopogonis Radix) und Zhu Ru (Bambusae Caulis in Taeniam) hinzugefügt.
- Bei Aggressivität, Hitzezeichen und nächtlicher Unruhe werden Zhi Mu (Anemarrhenae Rhizoma) und Huang Bo (Phellodendri Cortex) ergänzt.
- Bei Schreckhaftigkeit und Konzentrationsstörungen werden Shi Chang Pu (Acori Tatarinowii Rhizoma) und Bai Shao Yao (Paeoniae Radix Alba) dazugegeben.

Kontraindikationen:

- Bei längerfristiger Anwendung sollte – aufgrund des hohen Anteils von Gan Cao – der Blutdruck kontrolliert werden, da Gan Cao in höherer Dosierung und längerer Anwendung Bluthochdruck fördern kann.
- Durch den hohen Anteil an *Zhi Gan Cao* kann es bei längerer Anwendung zu Ödembildung kommen.

Korrespondierende Akupunkturpunkte: He7, Pc6, 3E6, Bl15, MP4, Le7, Ma40, MP10, Bl17

8
Adstringierende Rezepturen

Adstringierende Rezepturen stabilisieren und festigen die Grundsubstanzen und verhindern den Verlust von Qi, Xue, Jing und JinYe.

Qi, Xue, Jing und JinYe sind lebenswichtige Körpersubstanzen, die ständig verbraucht, wieder ersetzt und im Körper verteilt werden – ähnlich dem ununterbrochenen Zu- und Ablauf des Wassers in den Flüssen. Das Gleichgewicht von Verbrauch und Auffüllung hilft dabei, das Leben und die Gesundheit aufrechtzuerhalten. Bei übermäßigem Verbrauch, fehlender oder mangelnder Auffüllung oder dauerhaftem Verlust der Grundsubstanzen kommt es zu Störungen im Organismus.

Beim Verlust von Qi, Xue, Jing oder JinYe kann es zu vielfältigen klinischen Symptomen kommen, wie spontanem Schwitzen, chronischem Husten, Inkontinenz, Verlust von Samenflüssigkeit, chronischer Diarrhö oder Problemen in der Rosse bzw. der Läufigkeit. Die klinischen Befunde unterscheiden sich je nach Ursache und Lokalisation.

Adstringierende Rezepturen behandeln Erkrankungen, die durch einen zugrunde liegenden Mangel gekennzeichnet sind. Dieser Mangel führt dazu, dass Qi, Xue, Jing oder JinYe nicht erzeugt werden können, so dass es zu einem kontinuierlichen Verlust dieser Substanzen im Körper kommt.

Für diese Syndrome werden adstringierende Arzneien eingesetzt, um den Verlust der Grundsubstanzen zu stoppen. Gleichzeitig werden Arzneien mit tonisierenden Eigenschaften zur Rezeptur hinzugefügt, damit es zu einer Neubildung und Auffüllung der jeweiligen Grundsubstanzen kommen kann.

Bei einem massiven Verlust an Grundsubstanzen kann es nötig sein, zuerst adstringierende Arzneirezepturen zu verordnen, um den Verlust zu stoppen. Anschließend werden tonisierende Rezepturen verordnet, die Qi, Xue, Jing oder JinYe wieder auffüllen.

Klinische Anwendungen:

- Atemwegserkrankungen
- Nierenerkrankungen
- Darmerkrankungen
- Störungen des Urogenitaltraktes
- gynäkologische Erkrankungen

Untergeordnete Wirkkategorien

Adstringierende Rezepturen werden anhand ihrer klinischen Anwendungsgebiete und ihrer chinesisch-therapeutischen Wirkung in fünf Unterkategorien eingeteilt:

Das Äußere stabilisierende Rezepturen:
Diese Rezepturen behandeln spontanes Schwitzen (bei Pferden) und eine Schwäche der Wei-Qi-Schicht. Bei diesen Erkrankungen ist der Puls schwach und oberflächlich, und die Zunge ist blass.

Den Darm festigende Rezepturen:
Diese Rezepturen behandeln Diarrhö und Dysenterie (Kot mit Schleim oder Blut), die durch chronischen Mangel und Kälte in den Funktionskreisen Milz-Pankreas und Niere gekennzeichnet sind. Bei diesen Erkrankungen zeigt der Patient Leere- und Kältesymptome, der Puls ist tief, schwach und langsam, und die Zunge ist blass.

Jing stabilisierende Rezepturen:
Jing stabilisierende Rezepturen behandeln Erkrankungen, die mit dem Verlust von Urin oder Sperma auftreten. Häufig liegt hier eine chronische Schwäche des Funktionskreises Niere zugrunde. Bei diesen Erkrankungen ist der Puls tief und schwach (besonders an den Nieren-Taststellen), und die Zunge ist im hinteren Bereich sehr blass.

Den Mutterleib stabilisierende Rezepturen:
Diese Rezepturen behandeln gynäkologische Störungen, wie unregelmäßige oder atypische Rosse oder Läufigkeit, Vaginitis oder Cervicitis, die durch einen Mangel verursacht worden sind. Betroffen sind hierbei die Funktionskreise Milz-Pankreas, Niere und der Chong Mai. Der Puls ist schwach und fadenförmig, und die Zunge wird blass erscheinen.

Kontraindikationen:

- Adstringierende Rezepturen sollten nicht verordnet werden bei Mangel an den Grundsubstanzen oder Verlust von JinYe (Körperflüssigkeiten), der durch äußere pathogene Faktoren, die ins Innere vorgedrungen sind, entstanden ist.
- **Adstringierende Rezepturen sind nicht zur Langzeitanwendung geeignet.**

8.1 Das Äußere stabilisierende Rezepturen

玉屏風散

Yu Ping Feng San

Jade-Windschutz-Pulver

Zusammensetzung:

Huang Qi (Astragali Radix)	12 g
Bai Zhu (Atractylodis Macrocephalae Rhizoma)	6 g
Fang Feng (Ledebouriellae Saposhnikoviae Radix)	6 g
Sheng Jiang (Zingiberis Rhizoma Recens)	4 g
Da Zao (Jujubae Fructus)	2 g

Wirkt auf

Funktionskreis Lunge

Temperaturverhalten: warm
Geschmacksrichtung: scharf, bitter
Wirkrichtung: oberflächlich
Wirkort: Oberfläche, Haut

Chinesisch-therapeutische Wirkung:

- Tonisiert das Wei-Qi
- Festigt die Oberfläche
- Leitet Wind aus
- Stoppt Schwitzen

Klinische Anwendung:

- schwaches Immunsystem
- Infektanfälligkeit

Abb. 96: *Fang Feng* heißt „Schutz gegen Wind". Die Arzneipflanze „Ledebouriella Saposhnikovia" (botanisch: *Saposhnikovia divaricata*) wirkt nachweislich gegen Influenzaviren.[5]

Huang Qi (Astragali Radix) tonisiert das Wei-Qi.

Bai Zhu (Atractylodis Macrocephalae Rhizoma) tonisiert das Qi und festigt die Oberfläche.

Fang Feng (Ledebouriellae Saposhnikoviae Radix) leitet pathogene Faktoren aus.

Sheng Jiang (Zingiberis Rhizoma Recens) und Da Zao (Jujubae Fructus) harmonisieren die Arzneien und den mittleren Erwärmer.

5 Journal of Chinese Herbology, 1988

Modifikationen:

- Bei Xue-Mangel werden Dang Gui (Angelicae Sinensis Radix) und Chuan Xiong (Ligustici Chuanxiong Rhizoma) ergänzt.
- Bei Leistungsminderung aufgrund von Qi-Mangel werden Ren Shen (Ginseng Radix et Rhizoma) und Gan Cao (Glycyrrhizae Radix et Rhizoma) hinzugefügt.
- Bei Hautekzemen werden Dang Gui (Angelicae Sinensis Radix) und Bai Shao Yao (Paeoniae Radix Alba) hinzugefügt.
- Bei allergischem Husten werden Xin Yi Hua (Magnoliae Flos) und Cang Er Zi (Xanthii Fructus) dazugegeben.

Kontraindikationen:

Yu Ping Feng San sollte nicht verordnet werden, wenn schon deutliche Krankheitssymptome zu sehen sind. Da diese Rezeptur die Oberfläche festigt, werden bereits ins Innere eingedrungene pathogene Faktoren dort eingeschlossen, und es kann sich ein chronisches Geschehen entwickeln.

> **Merke:** Nicht die Stadttore verschließen, wenn der Feind schon in der Stadt ist! (das heißt: pathogene Faktoren befinden sich bereits im Inneren.)
> *(Danke an dieser Stelle an meinen Mentor Helge!)*

Korrespondierende Akupunkturpunkte: Lu7, Di4, Di11, Ma36, Bl12, Bl13, LG14, LG16, Gb20

8.2 Den Darm festigende Rezepturen

四神丸

Si Shen Wan

Vier-Wunder-Pille

Zusammensetzung:

Bu Gu Zhi (Psoraleae Fructus)	12 g
Rou Dou Kou (Myristicae Semen)	6 g
Wu Zhu Yu (Evodiae Fructus)	3 g
Wu Wei Zi (Schisandrae Fructus)	6 g
Da Zao (Jujubae Fructus)	10 g
Sheng Jiang (Zingiberis Rhizoma Recens)	12 g

Abb. 97: In der TCM werden die Samen der Muskatnuss (*Myristica*-Arten) verwendet. Hierzulande kennen wir die Muskatnuss als Gewürz (*Myristica fragrans*).

Anmerkung der Autorin:
Diese Rezeptur wurde für die „Fünf-Uhr-Diarrhö" entwickelt. Dabei kommt es in den frühen Morgenstunden zu Durchfall, der wässrig sein oder unverdaute Nahrungsreste enthalten kann. Die „Fünf-Uhr-Diarrhö" entsteht, wenn es dem Yang-Qi nicht möglich ist, am frühen Morgen aufzusteigen. Sie geht häufig einher mit Schmerzen und Kälte im Lendenbereich, Schmerzen im Abdomen, kalten Hintergliedmaßen, Leistungsminderung und Fressunlust.

Wirkt auf
Funktionskreis Niere
Funktionskreis Dickdarm
Funktionskreis Milz-Pankreas

Temperaturverhalten: leicht warm
Geschmacksrichtung: leicht scharf, leicht sauer
Wirkrichtung: tief
Wirkort: Verdauungstrakt, Inneres

Chinesisch-therapeutische Wirkung:
- Tonisiert das Yang
- Tonisiert den Nieren-Funktionskreis
- Stützt die Mitte
- Beendet Diarrhö

Klinische Anwendung:
- Diarrhö
- Darmentzündung
- IBD (Inflammatory bowel disease)
- Dysenterie
- Inkontinenz
- Spermaverlust ohne Erektion

Bu Gu Zhi (Psoralae Fructus) wärmt den Nieren-Funktionskreis und das Ming-Men (Feuer des Lebenstores).

Rou Dou Kou (Myristica Semen) wärmt die Funktionskreise Milz-Pankreas und Niere und festigt den Darm, um Diarrhö zu beenden.

Wu Zhu Yu (Evodiae Fructus) wärmt die Funktionskreise Milz-Pankreas und Magen, um Schmerzen zu lindern.

Wu Wei Zi (Schisandrae Fructus) adstringiert, tonisiert das Qi und das Yin und stoppt Diarrhö.

Da Zao (Jujubae Fructus) tonisiert die Funktionskreise Milz-Pankreas und Magen.

Sheng Jiang (Zingiberis Rhizoma Recens) leitet Kälte aus und reguliert Wasser.

Modifikationen:

- Bei Rektumprolaps werden Sheng Ma (Cimicifugae Rhizoma) und Huang Qi (Astragali Radix) hinzugefügt.
- Bei Schmerzen in der Lendenwirbelsäule und kalten Hintergliedmaßen wird Rou Gui (Cinnamomi Cortex) ergänzt.

Kontraindikationen:

- *Si Shen Wan* ist in der Trächtigkeit kontraindiziert!
- Diese Rezeptur ist bei Diarrhö aufgrund von Feuchte-Hitze oder Futterstagnation kontraindiziert.

Korrespondierende Akupunkturpunkte: Ni3, Ni7, Di4, Ma36, Ma25, MP6, MP21, Bl20, Bl25, LG4 (auch Moxibustion möglich)

8.3 Jing stabilisierende Rezepturen

金鎖固精沖劑

SR-Rezeptur Nr. 1 zum Stabilisieren des Jing

Granulat des goldenen Schlosses zur Stabilisierung des Jing

Zusammensetzung:

Sha Yuan Zi (Astragali Complanati Semen)	12 g
Qian Shi (Euryales Semen)	12 g
Lian Zi (Nelumbinis Semen)	12 g
Fu Pen Zi (Rubi Fructus)	12 g
Long Gu (Fossilia Ossis Mastodi)	10 g
Mu Li (Ostrea Concha)	10 g

Abb. 98: Die Früchte wilder Himbeeren (*Rubus idaeus*) haben laut TCM eine adstringierende Wirkung.

Anmerkung der Autorin:
Diese Rezeptur ist eine Ableitung von *Jin Suo Gu Jing Wan* / 金鎖固精丸 (Pille des goldenen Schlosses zur Stabilisierung des Jing). In der Originalrezeptur ist das in Europa nicht erhältliche Lian Xu (Nelumbinis Stamen; botanisch: *Nelumbo* spec. = Lotosblume) enthalten, das ich hier durch Fu Pen Zi (Rubi Fructus; botanisch: *Rubus* spec. = Brombeere oder Himbeere; hier die Himbeere), eine Frucht mit ähnlicher Wirkung, ersetzt habe.

Wirkt auf
Funktionskreis Niere

Temperaturverhalten: warm
Geschmacksrichtung: salzig, süß
Wirkrichtung: tief
Wirkort: hinterer Erwärmer, Inneres

Chinesisch-therapeutische Wirkung:
- Tonisiert den Nieren-Funktionskreis
- Tonisiert Nieren-Yin und Nieren-Yang
- Stabilisiert das Jing
- Adstringiert

Klinische Anwendung:
- Spermaverlust ohne Erektion
- Urinverlust während des Schlafes
- sexuelle Funktionsstörungen
- Kälteabstrahlung im Bereich der LWS und Hinterhandschwäche
- Myasthenia gravis

Sha Yuan Zi (Astragali Complanati Semen) tonisiert den Nieren-Funktionskreis und stabilisiert das Jing.

Qian Shi (Euryales Semen) stützt das Jing und hält den Urin.

Lian Zi (Nelumbinis Semen) stützt das Jing und beruhigt.

Fu Pen Zi (Rubi Fructus), Long Gu (Fossilia Ossis Mastodi) und Mu Li (Ostrea Concha) stabilisieren und beenden das Auslaufen von Jing.

Modifikationen:

- Bei Nieren-Yang-Mangel werden Bu Gu Zhi (Psoraleae Fructus), Rou Cong Rong (Cistanches Herba) und Xian Mao (Curculiginis Rhizoma) hinzugefügt.
- Bei Nieren-Yin-Mangel wird diese Rezeptur mit *Liu Wei Di Huang Wan* (Sechs-Bestandteile-Pille mit Rehmanniae Radix Praeparatae, siehe Seite 166) kombiniert.
- Bei Aggressivität und nächtlicher Unruhe werden Suan Zao Ren (Ziziphi Spinosae Semen) und Bai Zi Ren (Platycladi Semen) ergänzt.
- Bei Obstipation werden Rou Cong Rong (Cistanches Herba) und Dang Gui (Angelicae Sinensis Radix) hinzugefügt.
- Bei Diarrhö werden Bu Gu Zhi (Psoraleae Semen), Tu Si Zi (Cuscutae Semen) und Wu Wei Zi (Schisandrae Semen) dazugegeben.

Kontraindikationen:
SR-Rezeptur Nr. 1 zum Stabilisieren des Jing sollte nicht bei Spermaverlust durch Herz-Feuer, Leber-Feuer, Nieren-Yin-Mangel oder Feuchte-Hitze im hinteren Erwärmer verordnet werden.

Korrespondierende Akupunkturpunkte: Ni3, Ni6, Ni7, LG3, LG4, Bl23

縮泉丸

Suo Quan Wan

Pille, die die Schleuse schließt

Zusammensetzung:

Yi Zhi Ren (Alpiniae Oxyphyllae Fructus)	15 g
Wu Yao (Linderae Radix)	15 g
Shan Yao (Dioscoreae Rhizoma)	15 g

Abb. 99: Die Rinde des Fieberstrauchs (*Lindera benzoin*) diente früher als fiebersenkendes Mittel. In der TCM wird die Wurzel verwendet.

Wirkt auf

Funktionskreis Niere

Temperaturverhalten: warm
Geschmacksrichtung: scharf, leicht süß
Wirkrichtung: tief
Wirkort: hinterer Erwärmer, Lumbalbereich

Chinesisch-therapeutische Wirkung:
- Tonisiert das Nieren-Yang
- Adstringiert und sammelt JinYe
- Tonisiert das Nieren-Yin

Klinische Anwendung:
- Inkontinenz
- Spermaverlust ohne Erektion
- Urinverlust im Schlaf
- häufige, länger andauernde Miktion
- „Freudenpinkeln" bei Hunden
- Schwäche der Lendenwirbelsäule
- urologische Erkrankungen aufgrund von Mangel und Kälte

Yi Zhi Ren (Alpiniae Oxyphyllae Fructus) tonisiert und wärmt den Nieren-Funktionskreis.

Wu Yao (Linderae Radix) wärmt den hinteren Erwärmer und leitet Kälte aus.

Shan Yao (Dioscoreae Rhizoma) tonisiert die Funktionskreise Niere und Milz-Pankreas, um den zugrunde liegenden Mangel zu behandeln.

Modifikationen:

- Bei häufiger Miktion werden Jin Ying Zi (Rosae Laevigatae Fructus) und Huang Qi (Astragali Radix) hinzugefügt.
- Bei Urinverlust im Schlaf werden Long Gu (Fossilia Ossis Mastodi) und Mu Li (Ostreae Concha) ergänzt.
- Zur Wirkungsverstärkung können Fu Pen Zi (Rubi Fructus) und Wu Wei Zi (Schisandrae Fructus) hinzugefügt werden.

Kontraindikationen: *Suo Quan Wan* sollte nicht bei Feuchte-Hitze verordnet werden.

Korrespondierende Akupunkturpunkte: Ni3, Ni7, Bl23, KG3, LG4 (auch Moxibustion möglich)

桂枝加龍骨牡蠣湯

Gui Zhi Jia Long Gu Mu Li Tang

Dekokt mit Cinnamomi Ramulus, Fossilia Ossis Mastodi und Ostrea Concha

Zusammensetzung:

Gui Zhi (Cinnamomi Ramulus)	9 g
Bai Shao Yao (Paeoniae Radix Alba)	9 g
Long Gu (Fossilia Ossis Mastodi)	9 g
Mu Li (Ostrea Concha)	9 g
Sheng Jiang (Zingiberis Rhizoma Recens)	9 g
Da Zao (Jujubae Fructus)	12 g
Gan Cao (Glycyrrhizae Radix et Rhizoma)	6 g

Abb. 100: Die Ingwerwurzel (*Zingiber* spec.) – genauer gesagt, der Wurzelstock (= Rhizom) – findet als Gewürz, Heilpflanze, Getränk und Süßigkeit Verwendung.

Wirkt auf

Funktionskreis Niere

Temperaturverhalten: warm
Geschmacksrichtung: salzig, süß
Wirkrichtung: tief
Wirkort: hinterer Erwärmer

Chinesisch-therapeutische Wirkung:

- Tonisiert Yin und Yang
- Harmonisiert die Ying-Qi-Schicht und die Wei-Qi-Schicht
- Festigt das Jing

Klinische Anwendung:

- Spermaverlust ohne Erektion
- Impotenz bei älteren Zuchtrüden und Hengsten
- nächtliche Unruhe
- Urinverlust im Schlaf

Gui Zhi (Cinnamomi Ramulus) und Bai Shao Yao (Paeoniae Radix Alba) gleichen Yin und Yang aus und harmonisieren Ying-Qi und Wei-Qi.

Long Gu (Fossilia Ossis Mastodi) und Mu Li (Ostreae Concha) bringen Yin und Yang im Innern ins Gleichgewicht, besänftigen das Shen und verhindern den Verlust von Jing.

Sheng Jiang (Zingiberis Rhizoma Recens) tonisiert das Yang und leitet Kälte aus.

Da Zao (Jujubae Fructus) tonisiert das Qi und füllt die JinYe wieder auf.

Gan Cao (Glycyrrhizae Radix et Rhizoma) harmonisiert die Arzneien.

Modifikationen:

- Bei Leistungsminderung und Qi-Mangel werden Ren Shen (Ginseng Radix et Rhizoma) und Huang Qi (Astragali Radix) hinzugefügt.
- Bei Schmerzen im Bereich der Lendenwirbelsäule werden Du Zhong (Eucommiae Cortex) und Huai Niu Xi (Achyranthis Radix) ergänzt.

Kontraindikationen:
Diese Rezeptur sollte nicht bei Spermaverlust oder Inkontinenz aufgrund von alleinigem Yin- oder Yang-Mangel verordnet werden.

Korrespondierende Akupunkturpunkte: Ni3, LG3, LG4, Bl23, Ma36, He5

治濁固本丸

Zhi Zhuo Gu Ben Wan

„Behandle das Trübe und schütze die Wurzel"-Pille

Zusammensetzung:

Huang Lian (Coptidis Rhizoma)	6 g
Huang Bo (Phellodendri Cortex)	3 g
Fu Ling (Poriae Sclerotium)	3 g
Zhu Ling (Polyporus Sclerotium)	7,5 g
Sha Ren (Amomi Fructus)	3 g
Fa Ban Xia (Pinelliae Rhizoma Praeparatae)	3 g
Lian Zi (Nelumbinis Semen)	6 g
Yi Zhi Ren (Alpiniae Oxyphyllae Fructus)	3 g
Zhi Gan Cao (Glycyrrhizae Radix et Rhizoma Praeparatae cum Melle)	9 g

Bild 101: *Sha Ren* sind die Früchte von *Amomum villosum*, einer Pflanze aus der Familie der Ingwergewächse. Im Bild die verwandte Art *A. compactum.*

Wirkt auf
Funktionskreis Blase

Temperaturverhalten: kühl
Geschmacksrichtung: bitter, süß
Wirkrichtung: emporhebend
Wirkort: hinterer Erwärmer

Chinesisch-therapeutische Wirkung:
- Leitet Feuchte-Hitze aus
- Tonisiert das Qi
- Stützt das Jing

Klinische Anwendung:
- Harnwegsinfekte
- Prostatahypertrophie
- chronische Cystitis
- häufige Miktion mit trübem, gelbem Urin
- Verlust von Samenflüssigkeit

Huang Lian (Coptidis Rhizoma) und Huang Bo (Phellodendri Cortex) leiten Feuchte-Hitze aus.

Fu Ling (Poriae Sclerotium) und Zhu Ling (Polyporus Sclerotium) regulieren die Verteilung der JinYe und fördern die normale Urinausscheidung.

Sha Ren (Amomi Fructus) und Fa Ban Xia (Pinelliae Rhizoma Praeparatae) stärken die Funktionskreise Milz-Pankreas und Magen, um Feuchtigkeit auszuleiten und die Neubildung von Feuchtigkeit zu verhindern.

Lian Zi (Nelumbinis Semen) und Yi Zhi Ren (Alpiniae Oxyphyllae Fructus) festigen das Jing, um Auslaufen zu verhindern.

Zhi Gan Cao (Glycyrrhizae Radix et Rhizoma Praeparatae cum Melle) harmonisiert die Arzneien.

Modifikationen:

- Bei Problemen in der Lendenwirbelsäule und in den Hintergliedmaßen werden Du Zhong (Eucommiae Cortex) und Xu Duan (Dipsaci Radix) hinzugefügt.

Kontraindikationen:
Zhi Zhuo Gu Ben Wan sollte nicht bei Harnwegsproblemen aufgrund von Feuchte-Kälte verordnet werden.

Korrespondierende Akupunkturpunkte: Bl28, Bl40, Ni3, Ni10, KG3, KG6

8.4 Den Mutterleib stabilisierende Rezepturen

完帶湯

Wan Dai Tang

Dekokt, das Ausfluss beendet

Zusammensetzung:

Bai Zhu (Atractylodis Macrocephalae Rhizoma)	30 g
Shan Yao (Dioscoreae Rhizoma)	30 g
Ren Shen (Ginseng Radix et Rhizoma)	6 g
Cang Zhu (Atractylodis Rhizoma)	9 g
Chen Pi (Citri Reticulatae Pericarpium)	1,5 g
Che Qian Zi (Plantaginis Semen)	9 g
Bai Shao Yao (Paeoniae Radix Alba)	15 g
Chai Hu (Bupleuri Radix)	1,8 g
Jing Jie Tan (Schizonepetae Herba Praeparatae)	1,5 g
Gan Cao (Glycyrrhizae Radix et Rhizoma)	3 g

Abb. 102: Die Wegerich-Art *Plantago asiatica*, deren Samen hier verwendet werden, sieht unserem hier gezeigten heimischen Breitwegerich (*Plantago major*) sehr ähnlich.

Wirkt auf

Funktionskreis Milz-Pankreas
Funktionskreis Leber

Temperaturverhalten: neutral
Geschmacksrichtung: süß, bitter
Wirkrichtung: tief
Wirkort: hinterer Erwärmer

Chinesisch-therapeutische Wirkung:

- Tonisiert das Qi
- Trocknet Feuchtigkeit
- Leitet Feuchtigkeit aus
- Stärkt die Funktionskreise Milz-Pankreas und Magen
- Beseitigt Leber-Qi-Stagnationen
- Besänftigt die Leber

Klinische Anwendung:

- Vaginalausfluss
- Vaginitis
- Cervicitis
- Infertilität
- chronische Hepatitis
- Diarrhö

Bai Zhu (Atractylodis Macrocephalae Rhizoma) und Shan Yao (Dioscoreae Rhizoma) tonisieren den Funktionskreis Milz-Pankreas und trocknen Feuchtigkeit.

Ren Shen (Ginseng Radix et Rhizoma) tonisiert das Qi.

Cang Zhu (Atractylodis Rhizoma) und Chen Pi (Citri Reticulatae Pericarpium) regen die Qi-Zirkulation an und trocknen Feuchtigkeit.

Che Qian Zi (Plantaginis Semen) leitet Feuchtigkeit über den Urin aus.

Bai Shao Yao (Paeoniae Radix Alba) besänftigt die Leber.

Chai Hu (Bupleuri Radix) beseitigt Leber-Qi-Stagnationen und hebt das Yang.

Jing Jie Tan (Schizonepetae Herba Praeparatae) stoppt Vaginalausfluss.

Gan Cao (Glycyrrhizae Radix et Rhizoma) harmonisiert die Arzneien.

Modifikationen:

- Bei gelbem Vaginalausfluss durch Hitze werden Huang Bo (Phellodendri Cortex) und Long Dan (Gentianae Radix et Rhizoma) ergänzt.
- Bei chronischem Vaginalausfluss mit zugrunde liegendem Mangel werden Long Gu (Fossilia Ossis Mastodi) und Mu Li (Ostrea Concha) dazugegeben.
- Bei Xue-Mangel werden Shu Di Huang (Rehmanniae Radix Praeparatae) und Dang Gui (Angelicae Sinensis Radix) hinzugefügt.
- Bei Schwäche in den Funktionskreisen Milz-Pankreas und Niere werden Tu Si Zi (Cuscutae Semen) und Ba Ji Tian (Morindae Officinalis Radix) ergänzt.
- Bei Problemen in der Lendenwirbelsäule und den Knien werden Du Zhong (Eucommiae Cortex) und Xu Duan (Dipsaci Radix) hinzugefügt.

Kontraindikationen:

- *Wan Dai Tang* ist bei gelbem oder übel riechendem Vaginalausfluss aufgrund von Feuchte-Hitze kontraindiziert.
- **Vaginalausfluss gehört in erster Linie in die Hände eines Tierarztes oder einer Tierärztin.** Diese Rezeptur kann, bei passender Indikation, zur Unterstützung verordnet werden.

Korrespondierende Akupunkturpunkte: MP6, MP3, MP9, Ni3, Ni5, Ni10, Le3, Le5, Le6, Le8

八味带下方

Ba Wei Dai Xia Fang

Rezeptur aus acht Bestandteilen bei Leukorrhö

Zusammensetzung:

Tu Fu Ling (Smilacis Glabrae Rhizoma)	4 g
Jin Yin Hua (Lonicerae Flos)	2 g
Fu Ling (Poriae Sclerotium)	3 g
Mu Tong (Akebiae Caulis)	3 g
Chen Pi (Citri Reticulatae Pericarpium)	2 g
Da Huang (Rhei Radix et Rhizoma)	0,5 g
Dang Gui (Angelicae Sinensis Radix)	5 g
Chuan Xiong (Ligustici Chuanxiong Rhizoma)	3 g

Abb. 103: Die Blüten des Japanischen Geißblatts (*Lonicera japonica*) haben antibiotische und entzündungshemmende Eigenschaften.[6] Im Bild eine der zahlreichen Gartensorten des Geißblatts.

Wirkt auf

Funktionskreis Niere

Funktionskreis Leber

Temperaturverhalten: kalt

Geschmacksrichtung: bitter

Wirkrichtung: tief

Wirkort: unterer Erwärmer

Chinesisch-therapeutische Wirkung:

- Klärt Hitze
- Leitet Feuchtigkeit aus
- Beseitigt pathogene Faktoren
- Beseitigt Stagnationen

Klinische Anwendung:

- gelber oder eitriger Vaginalausfluss
- Uterusentzündung
- Juckreiz der Genitalien

Tu Fu Ling (Smilacis Glabrae Rhizoma) und Jin Yin Hua (Lonicerae Flos) klären Hitze und leiten pathogene Faktoren aus.

Fu Ling (Poriae Sclerotium), Mu Tong (Akebiae Caulis) und Chen Pi (Citri Reticulatae Pericarpium) leiten Feuchte-Hitze aus.

Da Huang (Rhei Radix et Rhizoma) leitet pathogene Hitze aus.

Dang Gui (Angelicae Sinensis Radix) und Chuan Xiong (Ligustici Chuanxiong Rhizoma) tonisieren das Xue und verhindern, dass die trockenen und ausleitenden Arzneien das Yin verbrauchen.

---

6 Xin Yi Xue, New Magazin, 1975

Modifikationen:

- Bei Juckreiz und Schmerzen in der Genitalregion aufgrund von Feuchte-Hitze wird diese Rezeptur mit *Huang Lian Jie Du Tang* (Entgiftendes Dekokt mit Coptidis Rhizoma, siehe Seite 99) kombiniert.
- Bei Xue-Mangel und allgemeiner Schwäche wird diese Rezeptur mit *Si Wu Tang* (Vier-Arzneien-Dekokt, siehe Seite 151) kombiniert.

Kontraindikationen:

- *Ba Wei Dai Xia Fang* sollte bei Schwäche in den Funktionskreisen Milz-Pankreas und Magen nicht verordnet werden, da diese Rezeptur bei bereits vorhandenem Mangel Diarrhö und Schmerzen im Abdomen hervorrufen kann.
- Die Rezeptur ist in der Trächtigkeit kontraindiziert!

Korrespondierende Akupunkturpunkte: Bl40, Ni3, Ni6, Ni10, Le3, Le5, Le8, MP9

9
Qi regulierende Rezepturen

Qi regulierende Rezepturen aktivieren die Qi-Zirkulation, um Qi-Stasen zu beseitigen, und behandeln gegenläufigen Qi-Fluss.

Das frei zirkulierende Qi hat die Aufgabe, den Körper zu schützen und zu wärmen, außerdem ist es für die Transformation der Nahrung in körperverwertbare Substanzen zuständig und sorgt für den reibungslosen Transport der JinYe (Körperflüssigkeiten).

Qi-Störungen sind meist die Folge von Überforderung, Fehlernährung, übermäßigem Stress oder Wetterumschwüngen. Im allgemeinen sind Qi-Störungen durch Mangel (Qi-Mangel) oder Fülle (Qi-Stagnationen und gegenläufiger Qi-Fluss) gekennzeichnet. Diese Störungen können unabhängig voneinander oder gleichzeitig auftreten. Es kann aber auch vorkommen, dass eine Störung eine weitere nach sich zieht.

Ein Qi-Mangel muss mit tonisierenden Rezepturen (siehe Kapitel 6, Seite 136) behandelt werden.

Qi-Stagnationen werden hingegen mit Qi bewegenden Rezepturen behandelt, und gegenläufiges Qi mit Qi absenkenden Rezepturen. Wenn die Qi-Störung sowohl durch Qi-Stagnation als auch durch einen gegenläufigen Qi-Fluss gekennzeichnet ist, müssen Rezepturen verordnet werden, die eine Kombination aus Qi bewegenden und Qi absenkenden Arzneien beinhalten. Auch bei zugrunde liegendem Qi-Mangel sollte eine Qi regulierende Rezeptur durch Qi tonisierende Arzneien unterstützt werden.

Klinische Anwendungen:
- Magen-Darm-Erkrankungen
- Erkrankungen der Atemwege
- psychische Störungen
- Hernien

Untergeordnete Wirkkategorien

Qi regulierende Rezepturen werden in Qi bewegende und Qi absenkende Rezepturen unterschieden:

Qi bewegende Rezepturen:
Qi bewegende Rezepturen aktivieren die Qi-Zirkulation und lösen Qi-Stagnationen auf. In der Regel treten Qi-Stagnationen zusammen mit Stagnationen von Xue, Schleim und Nahrung auf. Längerfristig beeinträchtigt eine Qi-Stagnation in einem bestimmten Zang-Fu nachfolgend die physiologische Funktion der anderen Zang-Fu. Aus diesem Grund werden viele Qi regulierenden Rezepturen so zusammengestellt, dass sie Qi-Stagnationen und deren Komplikationen behandeln. Qi-Stagnationen betreffen häufig die Funktionskreise Milz-Pankreas, Magen und Leber.

Qi-Stagnationen in den Funktionskreisen Milz-Pankreas und Magen führen zu Schmerzen im Abdomen, Koliksymptomen, reduzierter Futteraufnahme, Erbrechen, Sodbrennen, Aufgasung oder Obstipation.

Leber-Qi-Stagnationen führen zu Schmerzen im Abdomen mit Berührungsempfindlichkeit an den Rippen oder an den Flanken, Reizbarkeit, aggressivem Verhalten, Hernien und unregelmäßiger Rosse bzw. Läufigkeit.

Qi-Stagnationen sind gekennzeichnet durch einen knotigen oder rauen Puls und Erkrankungen, die sich auf Druck verschlechtern und bei Bewegung verbessern. Je nach Grundstörung kann die Zunge unterschiedliche Merkmale aufweisen.

Qi absenkende Rezepturen:
Qi absenkende Rezepturen werden verordnet, um den Qi-Fluss zu korrigieren. Ein gegenläufiger Qi-Fluss ist häufig eine Folge von Stagnation oder Obstruktion. Am häufigsten sind die Funktionskreise Lunge und Magen von gegenläufigem Qi betroffen.

Gegenläufiges Magen-Qi führt zu Übelkeit, Erbrechen und Sodbrennen. Bei gegenläufigem Lungen-Qi kommt es zu Husten, Keuchen, Kurzatmigkeit und Atemnot.

Bei gegenläufigem Qi ist häufig ein langer Puls tastbar. Die Zunge kann unterschiedlich erscheinen, je nach Grundstörung.

9.1 Qi bewegende Rezepturen

越鞠丸

Yue Ju Wan

„Flucht aus der Einschnürung"-Pille

Zusammensetzung:

Xiang Fu (Cyperi Rhizoma)	6 g
Chuan Xiong (Ligustici Chuanxiong Rhizoma)	6 g
Zhi Zi (Gardeniae Fructus)	6 g
Cang Zhu (Atractylodis Rhizoma)	6 g
Shen Qu (Massa Medicata Fermentata)	6 g

Abb. 104: Laut Studien[7] können die Inhaltsstoffe aus dem Wurzelstock der Zypergras-Art *Cyperus rotundus* Muskelkrämpfe und Erbrechen lindern.

Anmerkung der Autorin:
Shen Qu (Massa Medicata Fermentata) ist eine Kombination aus mehr als 40 gemeinsam fermentierten Arzneien. Die chemische Zusammensetzung besteht aus Hefe, Amylase, B-Vitaminen, Ergosterol und Proteinen.

Wirkt auf

Funktionskreis Magen
Funktionskreis Milz-Pankreas
Funktionskreis Dreifach-Erwärmer
Funktionskreis Leber

Temperaturverhalten: warm
Geschmacksrichtung: bitter, scharf
Wirkrichtung: absenkend
Wirkort: mittlerer Erwärmer

Chinesisch-therapeutische Wirkung:

- Reguliert das Qi
- Beseitigt Blockaden

Klinische Anwendung:

- Verdauungsstörungen
- Erbrechen
- Sodbrennen
- Blähungen
- Gastritis

7 z. B. *USDA Plant Guide: Purple Nutsedge - Cyperus rotundus L.*

- Hepatitis
- Gallensteine
- Intercostalneuralgien
- psychische Störungen

Xiang Fu (Cyperi Rhizoma) aktiviert die Qi-Zirkulation und löst Qi-Stagnationen auf.

Chuan Xiong (Ligustici Chuanxiong Rhizoma) aktiviert die Xue-Zirkulation und beseitigt Xue-Stasen.

Zhi Zi (Gardeniae Fructus) klärt Hitze und sediert Feuer.

Cang Zhu (Atractylodis Rhizoma) trocknet Feuchtigkeit, um Schleim-Stagnationen zu verhindern.

Shen Qu (Massa Medicata Fermentata) fördert die Verdauung und löst Futterstagnationen.

Modifikationen:

- Bei starker Qi-Stagnation werden entweder Chuan Mu Xiang (Vladimiriae Radix), Zhi Qiao (Citri Aurantii Fructus) und Hou Po (Magnoliae Officinalis Cortex) oder die Rezeptur *Xiao Yao San* (Umherstreifen-Pulver, siehe Seite 78) hinzugefügt.
- Bei starker Xue-Stagnation werden entweder Tao Ren (Persicae Semen), Hong Hua (Carthami Flos) und Chi Shao Yao (Paeoniae Radix Rubra) oder die Rezeptur *Xue Fu Zhu Yu Tang* (Dekokt, das Stasen aus dem Haus des Blutes treibt, siehe Seite 234) ergänzt.
- Bei starker Feuchtigkeit werden Fu Ling (Poriae Sclerotium) und Ze Xie (Alismatis Rhizoma) dazugegeben.
- Bei viel Schleim werden Fa Ban Xia (Pinelliae Rhizoma Praeparatae) und Gua Lou (Trichosanthis Fructus) ergänzt.
- Bei starker Nahrungsstagnation werden Mai Ya (Hordei Fructus) und Shan Zha (Crataegi Fructus) ergänzt.
- Bei Hitze werden Huang Qin (Scutellariae Radix) und Huang Lian (Coptidis Rhizoma) hinzugefügt.

Kontraindikationen:

- *Yue Ju Wan* ist in der Trächtigkeit kontraindiziert!
- Bei Schwäche und Mangelzuständen mit Schmerzen im Abdomen und weichem Kot ist diese Rezeptur kontraindiziert.
- Da in dieser Rezeptur Shen Qu (Massa Medicata Fermentata) enthalten ist, sollte sie für Pferde nur mit Vorsicht verordnet werden, da es bei längerer oder hochdosierter Einnahme zu Koliksymptomen kommen kann.

Korrespondierende Akupunkturpunkte: Ma36, Bl21, MP6, KG12, Ma25, Le3, Di11, Pc6, Gb41

半夏厚朴湯

Ban Xia Hou Po Tang

Dekokt mit Pinellia und Magnolia

Zusammensetzung:

Fa Ban Xia (Pinelliae Rhizoma Praeparatae)	12 g
Hou Po (Magnoliae Officinalis Cortex)	9 g
Fu Ling (Poriae Sclerotium)	12 g
Sheng Jiang (Zingiberis Rhizoma Recens)	9 g
Zi Su Ye (Perillae Folium)	6 g

Anmerkung der Autorin:
In der Originalrezeptur wurde Ban Xia (Pinelliae Rhizoma, botanisch: *Pinellia ternata*, die Mittsommerknolle) verwendet, das aufgrund seiner Giftigkeit in Europa nicht mehr erhältlich ist. In dieser Rezeptur wurde Ban Xia durch die präparierte, ungiftige Form, Fa Ban Xia (Pinelliae Rhizoma Praeparatae) ersetzt.

Wirkt auf

Funktionskreis Magen
Funktionskreis Lunge
Funktionskreis Leber

Temperaturverhalten: warm
Geschmacksrichtung: scharf
Wirkrichtung: absenkend
Wirkort: vorderer und mittlerer Erwärmer

Chinesisch-therapeutische Wirkung:

- Aktiviert den Qi-Fluss
- Löst Stagnationen
- Senkt gegenläufigen Qi-Fluss ab
- Löst Schleim auf

Klinische Anwendung:

- Husten
- Erbrechen
- Magensenkung
- Laryngitis
- Tracheitis
- Schluckstörungen
- Nervosität
- Stress
- Depressionen
- Panikstörungen

Abb. 105: Magnolien (*Magnolia*-Arten) werden wegen ihrer dekorativen Blüten als Ziergehölze geschätzt. In der TCM öffnen die Blüten die Oberfläche und wärmen. In dieser Rezeptur wird die Rinde verwendet.

Fa Ban Xia (Pinelliae Rhizoma Praeparatae) löst Schleim auf, zerstreut ihn und stellt die absenkende Funktion des Magens wieder her.

Hou Po (Magnoliae Officinalis Cortex) aktiviert den Qi-Fluss, um Schleimansammlungen zu klären, und senkt rebellierendes Magen- und Lungen-Qi wieder ab.

Fu Ling (Poriae Sclerotium) beseitigt Feuchtigkeit und Schleim über die Urinausscheidung.

Sheng Jiang (Zingiberis Rhizoma Recens) harmonisiert den Magen.

Zi Su Ye (Perillae Folium) reguliert die Zirkulation des Lungen-Qi und fördert den sanften Fluss des Leber-Qi.

Modifikationen:

- Bei Husten mit viel Schleim werden Chen Pi (Citri Reticulatae Pericarpium) und Gan Cao (Glycyrrhizae Radix et Rhizoma) hinzugefügt.
- Bei Husten mit Atemnot werden Bei Mu (Fritillariae Bulbus) und Xing Ren (Armeniacae Semen) ergänzt.
- Bei Schleim-Stagnationen wird diese Rezeptur mit *Er Chen Tang* (Zweifach behandelndes Dekokt, siehe Seite 328) kombiniert.
- Bei Depressionen wird diese Rezeptur mit *Yue Ju Wan* („Flucht aus der Einschnürung"-Pille, siehe Seite 218) kombiniert.
- Bei Palpitationen und nächtlicher Unruhe wird diese Rezeptur mit *Gan Mai Da Zao Tang* (Dekokt aus Glycyrrhizae Radix, Tritici Fructus und Jujubae Fructus, siehe Seite 196) kombiniert.
- Bei stark ausgeprägten Qi-Stagnationen werden Xiang Fu (Cyperi Rhizoma) und Yu Jin (Curcumae Radix) ergänzt.
- Bei Mangel-Kälte im Magen wird Wu Zhu Yu (Evodiae Fructus) hinzugefügt.
- Bei Stress und Ängstlichkeit aufgrund von Leber-Qi-Stagnationen werden Chai Hu (Bupleuri Radix), Yu Jin (Curcumae Radix), Xiang Fu (Cyperi Rhizoma) und Qing Pi (Citri Reticulatae Viride Pericarpium) dazugegeben.

Kontraindikationen:

- Diese Rezeptur ist in der Trächtigkeit kontraindiziert!
- *Ban Xia Hou Po Tang* darf nicht bei Yin-Mangel oder innerer Hitze verordnet werden.

Korrespondierende Akupunkturpunkte: Le3, Lu7, Pc6, He7, Ma36, MP6, KG12, KG17

枳實薤白桂枝湯

Zhi Shi Xie Bai Gui Zhi Tang

Dekokt mit Aurantii Fructus, Allii Macrostemi und Cinnamomi Ramulus

Zusammensetzung:

Zhi Shi (Citri Aurantii Immaturi Fructus)	12 g
Hou Po (Magnoliae Officinalis Cortex)	12 g
Xie Bai (Allii Macrostemi Bulbus)	9 g
Gui Zhi (Cinnamomi Ramulus)	6 g
Gua Lou (Trichosanthis Fructus)	12 g

Abb. 106: Der Schlangenhaarkürbis (*Trichosanthes kirilowii*) hat wunderschöne weiße Blüten. In der TCM kommen die Früchte und die Wurzeln zur Anwendung.

Wirkt auf

Funktionskreis Lunge
Funktionskreis Leber
Funktionskreis Herz

Temperaturverhalten: warm
Geschmacksrichtung: scharf, süß
Wirkrichtung: absenkend
Wirkort: Leitbahnen, vorderer Erwärmer

Chinesisch-therapeutische Wirkung:

- Wärmt und aktiviert das Yang
- Zerstreut Stagnationen
- Löst Schleim auf
- Leitet das Qi nach unten

Klinische Anwendung:

- Asthma
- Atemnot
- RAO (Reccurent Airway Obstruction)
- Intercostalneuralgien
- Husten mit zähem, weißem Schleim
- Palpitationen
- Kälteanzeichen

Zhi Shi (Citri Aurantii Immaturi Fructus) löst Qi-Stagnationen auf und aktiviert die Qi-Zirkulation.

Hou Po (Magnoliae Officinalis Cortex) löst Schleim auf und senkt rebellierendes Qi ab.

Xie Bai (Allii Macrostemi Bulbus) wärmt das Yang und löst Stagnationen in der Brust.

Gui Zhi (Cinnamomi Ramulus) aktiviert das Yang, um Kälte zu vertreiben.

Gua Lou (Trichosanthis Fructus) löst Stagnationen auf und leitet Schleim ab.

Modifikationen:

- Bei Atemnot werden Xing Ren (Armeniacae Semen) und Wu Wei Zi (Schisandrae Fructus) hinzugefügt.
- Bei Husten mit viel Schleim werden Fa Ban Xia (Pinelliae Rhizoma Praeparatae), Sheng Jiang (Zingiberis Rhizoma Recens) und Chen Pi (Citri Reticulatae Pericarpium) ergänzt.
- Bei Berührungsempfindlichkeit an den Rippen werden Xiang Fu (Cyperi Rhizoma), Chuan Xiong (Ligustici Chuanxiong Rhizoma) und Dan Shen (Salviae Miltiorrhizae Radix) dazugegeben.

Kontraindikationen:

- Diese Rezeptur ist in der Trächtigkeit kontraindiziert!
- *Zhi Shi Xie Bai Gui Zhi Tang* sollte nicht bei Lungen-Yin-Mangel oder Lungen-Hitze verordnet werden.

Korrespondierende Akupunkturpunkte: Lu7, Ni6, Ni27, KG17, KG22, Ma40, Pc6, He7, Bl17

暖肝煎

Nuan Gan Jiang

Dekokt zum Wärmen der Leber

Zusammensetzung:

Dang Gui (Angelicae Sinensis Radix)	9 g
Gou Qi Zi (Lycii Fructus)	9 g
Rou Gui (Cinnamomi Cortex)	6 g
Xiao Hui Xiang (Foeniculi Semen)	6 g
Wu Yao (Linderae Radix)	6 g
Chen Xiang (Aquilariae Lignum Resinatum)	3 g
Fu Ling (Poriae Sclerotium)	6 g
Sheng Jiang (Zingiberis Rhizoma Recens)	3 g

Abb. 107: Adlerholz (*Aquilaria* spec.) wurde schon im Altertum als Duftstoff verwendet. Als Arznei entspannt es die glatte Muskulatur des Darms.

Wirkt auf

Funktionskreis Leber
Funktionskreis Dreifach-Erwärmer

Temperaturverhalten: warm
Geschmacksrichtung: neutral, scharf
Wirkrichtung: tief
Wirkort: hinterer Erwärmer

Chinesisch-therapeutische Wirkung:

- Wärmt den Leber- und den Nieren-Funktionskreis
- Aktiviert die Qi-Zirkulation
- Vertreibt Kälte

Klinische Anwendung:

- Hernien in der Leber- oder Nieren-Leitbahn
- Unterbauchschmerzen
- Probleme nach Kastration
- Harnsteine

Dang Gui (Angelicae Sinensis Radix) und Gou Qi Zi (Lycii Fructus) wärmen und tonisieren den Nieren- und den Leber-Funktionskreis.

Rou Gui (Cinnamomi Cortex) und Xiao Hui Xiang (Foeniculi Semen) wärmen den Leber- und den Nieren-Funktionskreis und vertreiben Kälte.

Wu Yao (Linderae Radix) und Chen Xiang (Aquilariae Lignum Resinatum) aktivieren die Qi-Zirkulation, um Schmerzen zu beenden.

Fu Ling (Poriae Sclerotium) stärkt den Funktionskreis Milz-Pankreas und leitet Feuchtigkeit aus.

Sheng Jiang (Zingiberis Rhizoma Recens) vertreibt Kälte und harmonisiert den Magen.

Modifikationen:

- Bei starker Kälte werden Wu Zhu Yu (Evodiae Fructus) und Gan Jiang (Zingiberis Rhizoma Recens) ergänzt.
- Bei starken Schmerzen im Abdomen wird Xiang Fu (Cyperi Rhizoma) hinzugefügt.
- Bei Schmerzen durch die Kastrationsnarbe werden Qing Pi (Citri Reticulatae Viride Pericarpium) und Ju He (Citri Reticulatae Semen) dazugegeben.

Kontraindikationen:

- *Nuan Gan Jian* ist in der Trächtigkeit kontraindiziert!
- Es ist bei feuchter Hitze im hinteren Erwärmer kontraindiziert.

Korrespondierende Akupunkturpunkte: Le3, Le5, Le8, Ni3, Ni7, Ma36, 3E5, 3E10, MP6

9.2 Qi absenkende Rezepturen

蘇子降氣湯

Su Zi Jiang Qi Tang

Perillae-Fructus-Dekokt, das das Qi nach unten leitet

Zusammensetzung:

Zi Su Zi (Perillae Fructus)	9 g
Fa Ban Xia (Pinelliae Rhizoma Praeparatae)	9 g
Hou Po (Magnoliae Officinalis Cortex)	6 g
Qian Hu (Peucedani Radix)	6 g
Rou Gui (Cinnamomi Cortex)	3 g
Dang Gui (Angelicae Sinensis Radix)	6 g
Sheng Jiang (Zingiberis Rhizoma Recens)	4 g
Gan Cao (Glycyrrhizae Radix et Rhizoma)	6 g
Da Zao (Jujubae Fructus)	2 g

Abb. 108: Die Samen von *Perilla frutescens* werden in der chinesischen Phytotherapie häufig bei Husten eingesetzt, da sie das Lungen-Qi absenken können.

Wirkt auf

Funktionskreis Lunge

Funktionskreis Niere (leicht)

Temperaturverhalten: warm
Geschmacksrichtung: scharf, bitter
Wirkrichtung: absenkend
Wirkort: Lunge

Chinesisch-therapeutische Wirkung:

- Senkt das Lungen-Qi ab
- Beseitigt Schleim
- Behandelt Atemwegsprobleme mit Fülle-Schleim in der Lunge und Nieren-Yang-Mangel

Klinische Anwendung:

- Asthma
- RAO (Reccurent Airway Obstruction)
- Bronchitis
- Lungenemphysem
- Atemnot
- gestörte Atmung mit Bauchpresse

Zi Su Zi (Perillae Fructus) leitet das Lungen-Qi nach unten, eliminiert Schleim und stoppt Husten.

Fa Ban Xia (Pinelliae Rhizoma Praeparatae), Hou Po (Magnoliae Officinalis Cortex) und Qian Hu (Peucedani Radix) leiten Schleim aus und lindern Husten und Atemnot.

Rou Gui (Cinnamomi Cortex) wärmt das Nieren-Yang, um das Qi nach unten zu ziehen und die Lunge zu befeuchten.

Dang Gui (Angelicae Sinensis Radix) nährt das Xue, um die scharfen und trocknenden Eigenschaften der anderen Arzneien abzumildern.

Sheng Jiang (Zingiberis Rhizoma Recens) vertreibt Kälte und belüftet die Lunge.

Gan Cao (Glycyrrhizae Radix et Rhizoma) und Da Zao (Jujubae Fructus) harmonisieren die Arzneien.

Modifikationen:

- Bei Qi-Mangel werden Ren Shen (Ginseng Radix et Rhizoma) und Wu Wei Zi (Schisandrae Fructus) hinzugefügt.
- Bei Schwäche und Kälte wird Huang Qi (Astragali Radix) ergänzt und Rou Gui (Cinnamomi Cortex) höher dosiert.
- Bei Husten und Atemnot mit viel Schleim werden entweder Bei Mu (Fritillariae Bulbus) und Xing Ren (Armeniacae Semen) oder die Rezeptur *Er Chen Tang* (Zweifach behandelndes Dekokt, siehe Seite 328) hinzugefügt.
- Bei Übelkeit, Erbrechen und viel Speichelausfluss werden Fu Ling (Poriae Sclerotium) und Jie Geng (Platycodi Radix) ergänzt.

Kontraindikationen:

- *Su Zi Jiang Qi Tang* ist warm und trocknend und sollte deshalb nicht bei Husten aufgrund von Lungen-Schwäche oder Yin-Mangel verordnet werden.
- Die Rezeptur ist in der Trächtigkeit kontraindiziert!

Korrespondierende Akupunkturpunkte: Lu7, Lu1, Ni3, Ni27, Ma40, KG17, KG22

四磨湯

Si Mo Tang

Vier-gemahlene-Arzneien-Dekokt

Zusammensetzung:

Wu Yao (Linderae Radix)	9 g
Chen Xiang (Aquilariae Lignum Resinatum)	3 g
Bing Lang (Arecae Semen)	9 g
Ren Shen (Ginseng Radix et Rhizoma)	3 g

Abb. 109: Betelnüsse, die Früchte der Betelnusspalme (*Areca catechu*), wirken gegen Parasiten.

Wirkt auf

Funktionskreis Leber
Funktionskreis Magen
Funktionskreis Lunge

Temperaturverhalten: warm
Geschmacksrichtung: scharf, bitter
Wirkrichtung: absenkend
Wirkort: vorderer und mittlerer Erwärmer

Chinesisch-therapeutische Wirkung:

- Aktiviert die Qi-Zirkulation
- Senkt rebellierendes Qi ab
- Löst Stagnationen auf
- Öffnet den Thorax

Klinische Anwendung:

- Asthma
- Reizbarkeit aufgrund Leber-Qi-Stagnation
- Hecheln
- Atemnot
- Fressunlust

Wu Yao (Linderae Radix) aktiviert die Qi-Zirkulation und löst Qi-Stagnationen auf.

Chen Xiang (Aquilariae Lignum Resinatum) korrigiert gegenläufigen Qi-Fluss.

Bing Lang (Arecae Semen) aktiviert die Qi-Zirkulation und bricht Qi-Stagnationen auf.

Ren Shen (Ginseng Radix et Rhizoma) tonisiert das Qi.

Modifikationen:

- Bei reizbaren Patienten mit Berührungsempfindlichkeit am Bauch und an den Rippen wird Ren Shen (Ginseng Radix et Rhizoma) entfernt, und Chuan Mu Xiang (Vladimiriae Radix) sowie Zhi Shi (Citri Aurantii Fructus Immaturus) werden hinzugefügt.
- Bei Obstipation und Schmerzen im Abdomen werden Zhi Shi (Citri Aurantii Fructus Immaturus) und Da Huang (Rhei Radix et Rhizoma) ergänzt.

Kontraindikationen:

- *Si Mo Tang* ist in der Trächtigkeit verboten!
- Diese Rezeptur ist nicht zur Langzeitanwendung geeignet.

Korrespondierende Akupunkturpunkte: Lu7, Ni27, KG22, KG17, Ma36, Le3, Le13, 3E10

橘皮竹茹湯

Ju Pi Zhu Ru Tang

Dekokt mit Citri Reticulatae Pericarpium und Bambusae Caulis

Zusammensetzung:

Chen Pi (Citri Reticulatae Pericarpium)	12 g
Zhu Ru (Bambusae Caulis in Taeniam)	12 g
Ren Shen (Ginseng Radix et Rhizoma)	3 g
Sheng Jiang (Zingiberis Rhizoma Recens)	9 g
Da Zao (Jujubae Fructus)	5 g
Gan Cao (Glycyrrhizae Radix et Rhizoma)	6 g

Abb. 110: *Chen Pi,* getrocknete Mandarinenschale (*Citrus reticulata*), bedeutet wörtlich übersetzt „gealterte Schale". Das heißt: Die Wirkung der Arznei verstärkt sich mit der Aufbewahrungsdauer.

Wirkt auf

Funktionskreis Magen
Funktionskreis Milz-Pankreas

Temperaturverhalten: leicht warm
Geschmacksrichtung: scharf, süß
Wirkrichtung: absenkend
Wirkort: Verdauungstrakt, mittlerer Erwärmer

Chinesisch-therapeutische Wirkung:

- Senkt rebellierendes Qi ab
- Tonisiert das Qi
- Klärt Hitze

Klinische Anwendung:

- Übelkeit und Erbrechen
- unstillbarer Schluckauf
- Erbrechen mit neurogenen Ursachen
- Gastritis
- Ösophagitis
- Magen-Feuer
- trockenes Würgen

Chen Pi (Citri Reticulatae Pericarpium) reguliert das Qi und harmonisiert den Magen.

Zhu Ru (Bambusae Caulis in Taeniam) klärt Magen-Hitze.

Ren Shen (Ginseng Radix et Rhizoma) tonisiert das Qi und stärkt den Magen.

Sheng Jiang (Zingiberis Rhizoma Recens) harmonisiert den Magen.

Da Zao (Jujubae Fructus) und Gan Cao (Glycyrrhizae Radix et Rhizoma) tonisieren das Qi und harmonisieren die Arzneien.

Modifikationen:

- Bei Magen-Yin-Mangel werden Mai Men Dong (Ophiopogonis Radix) und Shi Hu (Dendrobii Caulis) hinzugefügt.
- Bei Magen-Hitze mit Qi-Mangel werden Mai Men Dong (Ophiopogonis Radix), Fu Ling (Poriae Sclerotium), Fa Ban Xia (Pinelliae Rhizoma Praeparatae) und Pi Pa Ye (Eriobotryae Folium) ergänzt.
- Bei Magen-Hitze ohne Qi-Mangel wird Shi Di (Kaki Calyx) hinzugefügt und Ren Shen (Ginseng Radix et Rhizoma), Da Zao (Jujubae Fructus) und Gan Cao (Glycyrrhizae Radix et Rhizoma) entfernt.
- Bei gegenläufigem Magen-Qi durch Magen-Hitze wird Huang Lian (Coptidis Rhizoma) ergänzt.
- Bei Schleim werden Fu Ling (Poriae Sclerotium) und Fa Ban Xia (Pinelliae Rhizoma Praeparatae) hinzugefügt.

Kontraindikationen:

- *Ju Pi Zhu Ru Tang* ist in der Trächtigkeit kontraindiziert!
- Diese Rezeptur ist nicht geeignet bei Fülle-Hitze oder Mangel-Kälte.

Korrespondierende Akupunkturpunkte: Ma36, Ma25, Ma43, KG12, MP3, MP6, Bl17, Bl20

丁香柿蒂湯

Ding Xiang Shi Di Tang

Dekokt mit Caryophylli Flos und Kaki Calyx

Zusammensetzung:

Ding Xiang (Caryophylli Flos)	6 g
Shi Di (Kaki Calyx)	9 g
Ren Shen (Ginseng Radix et Rhizoma)	3 g
Sheng Jiang (Zingiberis Rhizoma Recens)	6 g

Abb. 111: „Ding Xiang" (Caryophylli Flos) sind Gewürznelken (botanisch *Eugenia caryophyllata*). Sie wärmen den mittleren Erwärmer und tonisieren das Nieren-Yang.

Wirkt auf

Funktionskreis Magen
Funktionskreis Milz-Pankreas

Temperaturverhalten: warm
Geschmacksrichtung: neutral
Wirkrichtung: absenkend
Wirkort: Verdauungstrakt, mittlerer Erwärmer

Chinesisch-therapeutische Wirkung:

- Wärmt den mittleren Erwärmer
- Tonisiert das Qi
- Senkt gegenläufiges Qi ab

Klinische Anwendung:

- Erbrechen bei Magen-Kälte
- Schluckauf
- Schmerzen im Abdomen

Ding Xiang (Caryophylli Flos) wärmt den Magen, leitet Kälte aus und senkt rebellierendes Magen-Qi wieder ab.

Shi Di (Kaki Calyx) senkt rebellierendes Magen-Qi ab.

Ren Shen (Ginseng Radix et Rhizoma) tonisiert das Qi.

Sheng Jiang (Zingiberis Rhizoma Recens) wärmt und harmonisiert den Magen.

Modifikationen:

- Bei Kälte, Qi- und Schleim-Stagnation werden Ju Hong (Citri Reticulatae Exocarpium), Fa Ban Xia (Pinelliae Rhizoma Praeparatae) und Chen Xiang (Aquilariae Lignum Resinatum) ergänzt.
- Bei Qi- und Schleim-Stagnationen werden Fa Ban Xia (Pinelliae Rhizoma Praeparatae) und Chen Pi (Citri Reticulatae Pericarpium) dazugegeben.
- Bei ständigem Erbrechen werden Fa Ban Xia (Pinelliae Rhizoma Praeparatae) und Fu Ling (Poriae Sclerotium) ergänzt.
- Bei vermehrten Kälteanzeichen werden Rou Gui (Cinnamomi Cortex) und Wu Zhu Yu (Evodiae Fructus) hinzugefügt.

Kontraindikationen: *Ding Xiang Shi Di Tang* ist bei Magen-Hitze kontraindiziert.

Korrespondierende Akupunkturpunkte: Ma36, MP6, KG12, Bl20, Bl21 (auch Moxibustion möglich)

10
Xue regulierende Rezepturen

Xue regulierende Rezepturen lösen Xue-Stasen auf, aktivieren die Xue-Zirkulation oder stillen Blutungen.

Das Xue der chinesischen Medizin wird häufig mit „Blut" übersetzt. Allerdings ist Xue in der TCM nur etwas Ähnliches wie Blut, am ehesten ist es noch in seiner *Funktion* mit dem Blut vergleichbar. Das Xue hat die Aufgabe, den Körper zu ernähren und zu befeuchten. Xue ist eine lebenswichtige Substanz, die sowohl das Innere (innere Organe und Knochen), wie auch das Äußere (Muskeln, Sehnen und Faszien) ernährt und befeuchtet. Xue-Mangel, Xue-Stasen und Blutungen haben unterschiedliche Ursachen und können getrennt voneinander oder zusammen auftreten.

Xue-Mangel wird mit tonisierenden Rezepturen (siehe Kapitel 6, Seite 136) behandelt. Xue-Stasen werden mit Rezepturen behandelt, die das Xue beleben und Stagnationen auflösen. Bei Blutungen werden Rezepturen, die Blutungen stillen, verschrieben.

Die genaue TCM-Diagnose ist auch bei Xue-Störungen außerordentlich wichtig für die Sicherheit des Patienten und den Erfolg der Behandlung. Mittels TCM-Diagnose muss festgestellt werden, ob es sich um eine Hitze- oder eine Kälteerkrankung handelt, und ob eine Fülle- oder eine Leere-Erkrankung zugrunde liegt.

Zwingend müssen die Ursachen der Xue-Störungen diagnostiziert werden, und es muss unterschieden werden, ob es sich um eine ernste oder um eine leichte Erkrankung handelt. Ernste Erkrankungen mit einer Xue-Störung gehören unbedingt zusätzlich in die Behandlung durch einen Tierarzt bzw. eine Tierärztin. Im Idealfall können Ursache und Symptome von Xue-Störungen gleichzeitig behandelt werden.

Klinische Anwendungen:
- traumatische Verletzungen
- Schmerzen
- Gerinnungsstörungen
- Nierenerkrankungen
- Lebererkrankungen
- Gallenblasenerkrankungen
- Pankreaserkrankungen
- gynäkologische Erkrankungen

Untergeordnete Wirkkategorien

Rezepturen, die das Xue regulieren, werden in zwei Unterkategorien eingeteilt: zum einen in Rezepturen, die die Xue-Zirkulation aktivieren und Xue-Stasen auflösen; und zum anderen in Rezepturen, die Blutungen stoppen.

Xue belebende und Xue-Stasen beseitigende Rezepturen:
Mit diesen Rezepturen werden Xue-Stagnationen behandelt. Zu den Erkrankungen durch Xue-Stasen gehören akute Traumata, Verletzungen mit chronischem Verlauf und Störungen in der Läufigkeit bzw. Rosse. Die Symptome bei Xue-Stasen sind starke Schmerzen an fest umschriebener Stelle, Schmerzen, die sich auf Druck verschlimmern, und eine tastbare Verhärtung oder Versteifung an der betroffenen Stelle. Die Zunge ist in der Regel livide, bei zusätzlicher Hitze rot-livide, und bei zusätzlicher Kälte blass-livide. Der Puls ist straff oder knotig.

Störungen mit Xue-Stasen sind häufig sehr komplex, so dass in der Regel weitere Arzneien hinzugefügt werden müssen. Bei zusätzlicher Qi-Stagnation müssen Qi regulierende Arzneien hinzugefügt werden, bei zusätzlicher Hitze werden Xue belebende und kühlende Arzneien ergänzt. Ist die Xue-Stase durch Kälte entstanden, müssen Arzneien hinzugefügt werden, die die Leitbahnen wärmen und Kälte zerstreuen. Eine chronische Xue-Stagnation kann zu Qi- und Xue-Mangel führen, so dass Qi und Xue tonisierende Arzneien hinzugefügt werden müssen.

Rezepturen, die Blutungen stoppen:
Diese Rezepturen werden zur Behandlung unterschiedlichster Arten von Blutungen eingesetzt, wie zum Beispiel Bluthusten, Nasenbluten, Bluterbrechen, blutiges Ekzem oder Blut im Kot.

Diese Erkrankungen gehören natürlich in erster Linie in die Hand von Tierärzt:innen, können aber auch begleitend mit chinesischen Arzneien unterstützt werden.

Auch bei Erkrankungen mit Blutungen muss zwingend zwischen Blutungen mit Kälte, Blutungen mit Hitze, Mangel- oder Fülleblutung unterschieden werden. Auch die Lokalisation der Blutung (vorderer oder hinterer Teil des Körpers) ist wichtig für die Behandlung.

Je nach Grundstörung weist das Tier unterschiedliche Pulsbilder und unterschiedliche Zungenbilder auf.

Blutungen aufgrund von Hitze in der Xue-Schicht müssen mit Xue kühlenden und Blutung stillenden Arzneien behandelt werden. Blutungen, die durch einen Mangel gekennzeichnet sind, müssen mit Xue tonisierenden und Blutungen stoppenden Arzneien behandelt werden. Blutungen im vorderen Teil des Körpers sollten mit absenkenden Arzneien behandelt werden, wohingegen Blutungen im hinteren Teil mit anhebenden Arzneien behandelt werden sollten.

In chronischen Fällen sollte auf jeden Fall die Ursache der Erkrankung mit behandelt werden, da eine ausschließliche Symptombehandlung zu Rezidiven führen wird.

Kontraindikationen und Behandlungshinweise:

- Rezepturen, die das Xue regulieren, haben bewegende Eigenschaften. Sie sollten deshalb nicht in der Trächtigkeit verabreicht werden!
- Xue regulierende Rezepturen sind nicht zur Langzeitanwendung geeignet und sollten nicht in hoher Dosierung gegeben werden.
- Xue belebende Rezepturen können Qi und Xue schädigen, indem sie diese Grundsubstanzen bei hoher Dosierung oder langfristiger Einnahme aufzehren können. Deshalb werden häufig Qi und Xue tonisierende Arzneien ergänzt, um dem entgegenzuwirken.
- Rezepturen, die Blutungen stillen, sollten nicht zu hoch dosiert werden und nur kurzzeitig verabreicht werden, da sie die Entwicklung einer Xue-Stase begünstigen können.

10.1 Xue belebende und Xue-Stasen beseitigende Rezepturen

血府逐瘀湯

Xue Fu Zhu Yu Tang

Dekokt, das Stasen aus dem Haus des Blutes treibt

Zusammensetzung:

Tao Ren (Persicae Semen)	12 g
Hong Hua (Carthami Flos)	9 g
Sheng Di Huang (Rehmanniae Radix)	9 g
Dang Gui (Angelicae Sinensis Radix)	9 g
Chi Shao Yao (Paeoniae Radix Rubra)	6 g
Chuan Xiong (Ligustici Chuanxiong Rhizoma)	4,5 g
Chai Hu (Bupleuri Radix)	3 g
Zhi Qiao (Citri Aurantii Fructus)	6 g
Jie Geng (Platycodi Radix)	4,5 g
Chuan Niu Xi (Cyathulae Radix)	9 g
Gan Cao (Glycyrrhizae Radix et Rhizoma)	6 g

Abb. 112: *Tao Ren* sind die Samen des Pfirsichs (*Prunus persica*). Zur Dekoktherstellung sollten Pfirsichkerne gemahlen werden.

Wirkt auf

Funktionskreis Leber
Funktionskreis Magen
Funktionskreis Herz

Temperaturverhalten: warm
Geschmacksrichtung: leicht scharf, leicht bitter
Wirkrichtung: emporhebend
Wirkort: Leitbahnen, vorderer Erwärmer

Chinesisch-therapeutische Wirkung:

- Xue bewegend
- Xue regulierend
- Xue-Stasen auflösend
- Qi bewegend
- Funktionskreis Leber harmonisierend

Klinische Anwendung:

- Herzerkrankungen
- Hepatitis
- Pankreatitis
- Schlaganfall
- nächtliche Unruhe
- Reizbarkeit
- Kopfschmerzen
- craniomandibuläre Dysfunktion
- Kiefergelenksprobleme
- Erbrechen nach Wasseraufnahme

Tao Ren (Persicae Semen) und Hong Hua (Carthami Flos) beseitigen Xue-Stasen und aktivieren die Xue-Zirkulation.

Sheng Di Huang (Rehmanniae Radix), Dang Gui (Angelicae Sinensis Radix), Chi Shao Yao (Paeoniae Radix Rubra) und Chuan Xiong (Ligustici Chuanxiong Rhizoma) nähren das Xue, lösen die Xue-Stagnationen auf und leiten Hitze aus.

Chai Hu (Bupleuri Radix) beruhigt das Leber-Qi.

Zhi Qiao (Citri Aurantii Fructus) reguliert das Qi in der Brust und im vorderen Erwärmer.

Jie Geng (Platycodi Radix) leitet die Arzneien in den vorderen Erwärmer.

Chuan Niu Xi (Cyathulae Radix) zerstreut Stagnationen in den Blutgefäßen und leitet das Xue nach hinten.

Gan Cao (Glycyrrhizae Radix et Rhizoma) harmonisiert die Arzneien.

Modifikationen:

- Bei Steifheit und Schmerzen im Genick und den Schultern werden Ge Gen (Puerariae Lobatae Radix), Yan Hu Suo (Corydalis Rhizoma) und Qiang Huo (Notopterygii Rhizoma seu Radix) ergänzt.
- Bei Vestibularsyndrom werden Ju Hua (Chrysanthemi Flos), Gou Teng (Uncariae Ramulus) und Xia Ku Cao (Prunellae Spica) hinzugefügt.
- Bei Lebertumoren werden Yu Jin (Curcumae Radix), Dan Shen (Salviae Miltiorrhizae Radix et Rhizoma), Chuan Lian Zi (Toosendan Fructus) und Bai Hua She She Cao (Hedyotis Herba) hinzugefügt.
- Bei nächtlicher Unruhe und vielen Träumen werden Shou Wu Teng (Polygoni Multiflori Caulis) und He Huan Pi (Albiziae Cortex) ergänzt.
- Bei Xue-Stasen mit Qi-Mangel werden Ren Shen (Ginseng Radix et Rhizoma) und Huang Qi (Astragali Radix) ergänzt.
- Bei Hitze werden Huang Qi (Scutellariae Radix), Long Dan (Gentianae Radix et Rhizoma) und Mu Dan Pi (Moutan Cortex) dazugegeben.
- Bei Kälte werden Gui Zhi (Cinnamomi Ramulus) und Sheng Jiang (Zingiberis Radix et Rhizoma) ergänzt.
- Bei Obstipation wird Da Huang (Rhei Radix et Rhizoma) ergänzt.

Kontraindikationen:

- *Xue Fu Zhu Yu Tang* ist in der Trächtigkeit kontraindiziert!
- Bei Einnahme über einen längeren Zeitraum (mehr als vier Wochen) sollten tonisierende Arzneien zugefügt werden.

Korrespondierende Akupunkturpunkte: Le3, Le14, Bl17, MP10, He7, Pc6, Bl15

膈下逐瘀湯

Ge Xia Zhu Yu Tang

Dekokt, das Xue-Stasen unterhalb des Diaphragmas eliminiert

Zusammensetzung:

Tao Ren (Persicae Semen)	9 g
Hong Hua (Carthami Flos)	9 g
Dang Gui (Angelicae Sinensis Radix)	9 g
Chuan Xiong (Ligustici Chuanxiong Rhizoma)	6 g
Mu Dan Pi (Moutan Cortex)	6 g
Chi Shao Yao (Paeoniae Radix Rubra)	6 g
Zhi Qiao (Citri Aurantii Fructus)	4,5 g
Wu Yao (Linderae Radix)	6 g
Xiang Fu (Cyperi Rhizoma)	4,5 g
Wu Ling Zhi (Trogopteri Faeces)	9 g
Yan Hu Suo (Corydalis Rhizoma)	3 g
Gan Cao (Glycyrrhizae Radix et Rhizoma)	9 g

Abb. 113: Das getrocknete Rhizom des „Szechuan-Liebstöckels" (*Ligusticum wallichii*) mit seiner bizarren Form gehört zu den 50 Hauptarzneien in der TCM.

Anmerkung der Autorin:
Diese Rezeptur enthält Wu Ling Zhi (Flughörnchenexkremente), das sich nur schwer ersetzen lässt. Ohne diese Zutat ist die Rezeptur leider wirkungslos.

Wirkt auf

Funktionskreis Leber
Funktionskreis Dreifach-Erwärmer
Funktionskreis Gallenblase
Funktionskreis Dünndarm
Funktionskreis Dickdarm
Funktionskreis Milz-Pankreas

Temperaturverhalten: warm
Geschmacksrichtung: scharf, bitter
Wirkrichtung: tief
Wirkort: mittlerer Erwärmer

Chinesisch-therapeutische Wirkung:

- Löst Xue-Stagnationen auf
- Aktiviert die Xue-Zirkulation
- Aktiviert die Qi-Zirkulation

Klinische Anwendung:

- fixierte Schmerzen im Abdomen
- Berührungsempfindlichkeit an den Rippen/in den Flanken
- tastbare Verhärtungen im Abdomen
- Tumoren
- Hepatitis
- Colitis

Tao Ren (Persicae Semen) und Hong Hua (Carthami Flos) lösen Xue-Stagnationen, regen die Xue-Zirkulation an und beseitigen damit Schmerzen.

Dang Gui (Angelicae Sinensis Radix) und Chuan Xiong (Ligustici Chuanxiong Rhizoma) tonisieren das Xue und regen die Xue-Zirkulation an.

Mu Dan Pi (Moutan Cortex) und Chi Shao Yao (Paeoniae Radix Rubra) kühlen das Xue, beseitigen Hitze und regen die Xue-Zirkulation an.

Zhi Qiao (Citri Aurantii Fructus), Wu Yao (Linderae Radix) und Xiang Fu (Cyperi Rhizoma) regen die Qi-Zirkulation an und lindern Schmerzen.

Wu Ling Zhi (Trogopteri Faeces) und Yan Hu Suo (Corydalis Rhizoma) lösen Xue-Stagnationen auf und lindern Schmerzen.

Gan Cao (Glycyrrhizae Radix et Rhizoma) tonisiert das Qi und harmonisiert die Arzneien.

Modifikationen:

- Bei Qi-Mangel werden Dang Shen (Codonopsis Radix) und Huang Qi (Astragali Radix) hinzugefügt.
- Bei Yin-Mangel werden Zhi Mu (Anemarrhenae Rhizoma), Sha Shen (Glehniae seu Adenophorae Radix) und Sheng Di Huang (Rehmanniae Radix) ergänzt.
- Bei Obstipation wird Da Huang (Rhei Radix et Rhizoma) ergänzt.
- Bei Leberkarzinom werden *Xiao Chai Hu Tang* (Kleines Bupleurum-Dekokt, siehe Seite 67), Ban Zhi Lian (Scutellariae Barbatae Herba) und Bai Hua She She Cao (Hedyotis Herba) dazugegeben.
- Bei Uterustumoren werden *Gui Zhi Fu Ling Wan* (Pille mit Cinnamomi Ramulus und Poria, siehe Seite 243), E Zhu (Curcumae Rhizoma) und San Leng (Sparganii Rhizoma) ergänzt.

Kontraindikationen:

- *Ge Xia Zhu Yu Tang* ist in der Trächtigkeit kontraindiziert!
- In der Rosse bzw. Läufigkeit sollte es mit Vorsicht eingesetzt werden.

Korrespondierende Akupunkturpunkte: Le13, Le14, MP6, MP10, Bl17, 3E5, 3E6, Di4, Gb34, Gb41, Le3

身痛逐瘀湯

Shen Tong Zhu Yu Tang

Dekokt, das Xue-Stasen aus einem schmerzenden Körper treibt

Zusammensetzung:

Tao Ren (Persicae Semen)	9 g
Hong Hua (Carthami Flos)	9 g
Dang Gui (Angelicae Sinensis)	9 g
Chuan Xiong (Ligustici Chuanxiong Rhizoma)	6 g
Mo Yao (Myrrha)	6 g
Wu Ling Zhi (Trogopteri Faeces)	6 g
Di Long (Pheretima)	6 g
Qin Jiao (Gentianae Macrophyllae Radix)	3 g
Qiang Huo (Notopterygii Rhizoma seu Radix)	3 g
Xiang Fu (Cyperi Rhizoma)	3 g
Huai Niu Xi (Achyranthis Radix)	9 g
Gan Cao (Glycyrrhizae Radix et Rhizoma)	6 g

Abb. 114: Das in *Qin Jiao* enthaltene Gentianin (aus der Enzianart *Gentiana macrophylla*, im Bild eine andere Art) hat eine ausgeprägte entzündungshemmende Wirkung.

Anmerkung der Autorin:
Diese Rezeptur enthält Wu Ling Zhi (Flughörnchenexkremente) und Di Long (eine Riesenregenwurm-Art). Leider lassen sich diese beiden Arzneien nur sehr schwer ersetzen, das heißt, ohne diese Bestandteile verliert die Rezeptur ihre Wirkung. Beide Arzneien sind jedoch problemlos bestellbar.

Wirkt auf
Funktionskreis Leber

Temperaturverhalten: leicht warm
Geschmacksrichtung: scharf
Wirkrichtung: leicht emporhebend
Wirkort: Leitbahnen

Chinesisch-therapeutische Wirkung:
- Beseitigt Xue-Stasen und macht die Leitbahnen durchgängig
- Regt die Xue- und die Qi-Regulation an
- Löst Bi-Zheng (schmerzhaftes Blockade-Syndrom)

Klinische Anwendung:
- Arthrose
- Arthritis
- Ischiassyndrom
- Neuralgien
- Spondylosen
- Spondylarthrosen
- Kissing Spines
- Bandscheibenvorfall

- Gonarthrose
- Patellaluxation
- Kreuzbandriss
- Panosteitis
- craniomandibuläre Osteodystrophie
- eosinophile Myositis

Tao Ren (Persicae Semen) und Hong Hua (Carthami Flos) regen die Xue-Zirkulation an und beseitigen Xue-Stasen.

Dang Gui (Angelicae Sinensis) und Chuan Xiong (Ligustici Chuanxiong Rhizoma) nähren das Xue und regen die Xue-Zirkulation an.

Mo Yao (Myrrha) regt die Xue-Zirkulation an und beseitigt Schmerzen.

Wu Ling Zhi (Trogopteri Faeces) und Di Long (Pheretima) lösen Xue-Stasen und machen die Leitbahnen durchgängig.

Qin Jiao (Gentianae Macrophyllae Radix) und Qiang Huo (Notopterygii Rhizoma seu Radix) vertreiben Wind-Feuchtigkeit und beseitigen Schmerzen.

Xiang Fu (Cyperi Rhizoma) regt die Qi-Zirkulation an und beseitigt Schmerzen.

Huai Niu Xi (Achyranthis Radix) stärkt Knochen, Sehnen und Muskeln.

Gan Cao (Glycyrrhizae Radix et Rhizoma) harmonisiert die Arzneien.

Modifikationen:

- Bei Schmerzen im vorderen Bereich wird Ge Gen (Puerariae Lobatae Radix) hinzugefügt.
- Bei Schmerzen im hinteren Bereich wird Du Huo (Angelicae Pubescentis Radix) dazugegeben.
- Bei Schmerzen in den Gliedmaßen werden Sang Zhi (Mori Ramulus) und Gui Zhi (Cinnamomi Ramulus) ergänzt.

Kontraindikationen:

- *Shen Tong Zhu Yu Tang* ist in der Trächtigkeit kontraindiziert!
- Diese Rezeptur ist nicht zur Langzeitanwendung geeignet.

Korrespondierende Akupunkturpunkte: Di4, Bl60, MP6, Bl20, Bl17, MP10, Gb34, Bl12, Bl62, Le8, Bl18

補陽還五湯

Bu Yang Huan Wu Tang

Dekokt, das das Yang tonisiert und die Fünf (Zehntel) zurückkehren lässt

Zusammensetzung:

Huang Qi (Astragali Radix)	120 g
Dang Gui (Angelicae Sinensis Radix)	6 g
Chuan Xiong (Ligustici Chuanxiong Rhizoma)	3 g
Chi Shao Yao (Paeoniae Radix Rubra)	4,5 g
Hong Hua (Carthami Flos)	3 g
Tao Ren (Persicae Semen)	3 g
Di Long (Pheretima)	3 g

Abb. 115: Die roten Blütenblätter der Färberdistel (*Carthamus tinctorius*) werden in der TCM bei Xue-Stasen eingesetzt. Sie wirken kardiovaskulär und gerinnungshemmend.

Anmerkung der Autorin:
Di Long (Pheretima) ist ein tierischer Bestandteil: die Gattung Riesenregenwurm (zoologisch *Pheretima* spec.). Ohne diesen Bestandteil funktioniert die Rezeptur leider nicht.

Wirkt auf

Funktionskreis Milz-Pankreas
Funktionskreis Leber
Funktionskreis Herz (leicht)

Temperaturverhalten: leicht warm
Geschmacksrichtung: süß, scharf
Wirkrichtung: leicht emporhebend
Wirkort: Leitbahnen, Inneres

Chinesisch-therapeutische Wirkung:

- Tonisiert das Qi
- Regt die Xue-Zirkulation an
- Löst Xue-Stasen
- Öffnet die Leitbahnen

Klinische Anwendung:

- Vestibularsyndrom
- Apoplex
- Fazialisparese
- Paresen der Hintergliedmaßen
- Polyneuritis
- koronare Herzkrankheit
- chronische Nephritis

Huang Qi (Astragali Radix) tonisiert das Zheng-Qi und das Yuan-Qi.

Dang Gui (Angelicae Sinensis Radix), Chuan Xiong (Ligustici Chuanxiong Rhizoma), Chi Shao Yao (Paeoniae Radix Rubra), Hong Hua (Carthami Flos) und Tao Ren (Persicae Semen) aktivieren die Xue-Zirkulation und lösen Xue-Stasen auf.

Di Long (Pheretima) macht die Leitbahnen durchgängig.

Modifikationen:

- Bei beginnender Hemiplegie wird Fang Feng (Ledebouriellae Saposhnikoviae Radix) ergänzt.
- Bei Paralysen der Hintergliedmaßen werden Du Zhong (Eucommiae Cortex) und Huai Niu Xi (Achyranthis Radix) hinzugefügt.
- Bei viel Schleim werden Fa Ban Xia (Pinelliae Rhizoma Praeparatae) und Tian Zhu Huang (Bambusae Concretio Silicea) ergänzt.
- Bei Reizbarkeit, nächtlicher Unruhe und einem schnellen, schwachen Puls werden Zhi Zi (Gardeniae Fructus) und Suan Zao Ren (Ziziphi Spinosae Semen) dazugegeben.
- Bei Herzerkrankungen werden San Qi (Notoginseng Radix et Rhizoma) und Dan Shen (Salviae Miltiorrhizae Radix et Rhizoma) ergänzt.
- Bei Inkontinenz werden Yi Zhi Ren (Alpiniae Oxyphyllae Fructus) und Wu Yao (Linderae Radix) hinzugefügt.

Kontraindikationen:

- *Bu Yang Huan Wu Tang* ist in der Trächtigkeit kontraindiziert!
- Es darf nicht bei Yin-Mangel und hochschlagendem Leber-Yang verordnet werden.
- Diese Rezeptur ist nicht zur Langzeitanwendung geeignet.

Korrespondierende Akupunkturpunkte: LG20, Ma36, Bl17, MP10, He5, He7, Bl15, Bl10, Ma7, Gb20, Le3, Bl60

生化湯

Sheng Hua Tang

Dekokt zur Erzeugung und Transformation

Zusammensetzung:

Dang Gui (Angelicae Sinensis Radix)	24 g
Chuan Xiong (Ligustici Chuanxiong Rhizoma)	9 g
Tao Ren (Persicae Semen)	6 g
Pao Jiang (Zingiberis Rhizoma Praeparatae)	1,5 g
Zhi Gan Cao (Glycyrrhizae Radix et Rhizoma Praeparatae cum Melle)	1,5 g

Wirkt auf

Funktionskreis Milz-Pankreas
Funktionskreis Leber

Temperaturverhalten: warm
Geschmacksrichtung: süß, scharf
Wirkrichtung: tief
Wirkort: unterer Erwärmer

Chinesisch-therapeutische Wirkung:

- Zerstreut Xue-Stasen
- Regt die Xue-Zirkulation an
- Wärmt die Leitbahnen

Abb. 116: Hildegard von Bingen empfahl bestimmte Teile des Pfirsichs (*Prunus persica*) bei tränenden Augen, Kopfschmerzen und Gicht.

Klinische Anwendung:

- Schmerzlinderung und Blutstillung nach dem Geburtsvorgang
- Uterusmyome
- Uterusblutung nach Abort

Dang Gui (Angelicae Sinensis Radix) tonisiert das Xue und regt die Xue-Zirkulation an.

Chuan Xiong (Ligustici Chuanxiong Rhizoma) regt die Qi- und die Xue-Zirkulation an.

Tao Ren (Persicae Semen) löst Xue-Stagnationen.

Pao Jiang (Zingiberis Rhizoma Praeparatae) wärmt die Leitbahnen und zerstreut Kälte.

Zhi Gan Cao (Glycyrrhizae Radix et Rhizoma Praeparatae cum Melle) wärmt und harmonisiert die Arzneien.

Modifikationen:

- Bei Schmerzen im Abdomen aufgrund von Xue-Stasen werden Hong Hua (Carthami Flos) und Bai Shao Yao (Paeoniae Radix Alba) hinzugefügt.
- Bei Schmerzen im Abdomen mit Kälte-Syndromen nach dem Gebären werden Rou Gui (Cinnamomi Cortex) und Xiao Hui Xiang (Foeniculi Fructus) hinzugefügt.
- Bei postpartalem Fieber werden Chai Hu (Bupleuri Radix) und Huang Qin (Scutellariae Radix) ergänzt.
- Bei postpartalem Qi-Mangel werden Ren Shen (Ginseng Radix et Rhizoma) und Huang Qi (Astragali Radix) hinzugefügt.

Kontraindikationen:

- *Sheng Hua Tang* ist in der Trächtigkeit kontraindiziert!
- Diese Rezeptur sollte aufgrund der wärmenden Arzneien nicht bei Xue-Stase mit Hitze verordnet werden.

Korrespondierende Akupunkturpunkte: MP10, MP6, Bl17, 3E5, Ma36, Ni7, Le3, Le6, Le8

桂枝茯苓丸

Gui Zhi Fu Ling Wan

Pille mit Cinnamomi Ramulus und Poria

Zusammensetzung:

Gui Zhi (Cinnamomi Ramulus)	6 g
Fu Ling (Poriae Sclerotium)	6 g
Tao Ren (Persicae Semen)	6 g
Mu Dan Pi (Moutan Cortex)	6 g
Chi Shao (Paeoniae Radix Rubra)	6 g

Abb. 117: Die Strauch-Pfingstrose (Moutan; botanisch *Paeonia* x *suffruticosa*) wird in China wegen der krampflösenden Wirkung ihrer Wurzelrinde als Heilpflanze kultiviert.

Wirkt auf

Funktionskreis Leber
Funktionskreis Niere
Funktionskreis Dreifach-Erwärmer
Funktionskreis Blase

Temperaturverhalten: neutral
Geschmacksrichtung: leicht scharf, leicht bitter
Wirkrichtung: tief
Wirkort: unterer Erwärmer, Uterus

Chinesisch-therapeutische Wirkung:

- Löst Xue-Stasen
- Regt die Xue-Zirkulation an

Klinische Anwendung:

- Eierstockzysten
- Uterusmyome
- unregelmäßige Läufigkeit bzw. Rosse
- entzündliche Beckenerkrankung
- instabile Trächtigkeit
- Totgeburt

Gui Zhi (Cinnamomi Ramulus) wärmt das Xue und öffnet die Gefäße, um die Xue-Zirkulation zu unterstützen.

Fu Ling (Poriae Sclerotium) beseitigt Xue-Stasen und leitet das Xue nach unten, stärkt die Funktionskreise Herz und Milz-Pankreas und beruhigt dadurch den Fötus und stabilisiert die Trächtigkeit.

Tao Ren (Persicae Semen) regt die Xue-Zirkulation an und beseitigt Xue-Stasen.

Mu Dan Pi (Moutan Cortex) und Chi Shao Yao (Paeoniae Radix Rubra) regen die Xue-Zirkulation an und leiten Hitze aus.

Modifikationen:

- Bei Schmerzen während der Rosse bzw. Läufigkeit werden Xiang Fu (Cyperi Rhizoma), Chen Pi (Citri Reticulatae Pericarpium) und Yan Hu Suo (Corydalis Rhizoma) ergänzt.
- Bei Amenorrhö werden Zhi Shi (Citri Aurantii Fructus Immaturus) und Hong Hua (Carthami Flos) hinzugefügt.

Kontraindikationen:
Gui Zhi Fu Ling Wan wird für die sanfte Behandlung von Xue-Stasen verordnet, die zusammen mit leichter Hitze auftreten. Diese Rezeptur eignet sich nicht bei massiver Xue-Stase, starker Xue-Hitze und fehlender Xue-Stase.

Korrespondierende Akupunkturpunkte: Bl17, MP10, Ni3, Ni6, Bl23, Ma40

复元活血冲剂

SR-Rezeptur Nr. 1, um das Xue zu regulieren

Granulat, das die Gesundheit wiederherstellt, indem es das Xue belebt

Zusammensetzung:

Da Huang (Rhei Radix et Rhizoma)	30 g
Chai Hu (Bupleuri Radix)	15 g
Dang Gui (Angelicae Sinensis Radix)	9 g
Tao Ren (Persicae Semen)	9 g
Hong Hua (Carthami Flos)	6 g
Tian Hua Fen (Trichosanthis Radix)	9 g
San Leng (Sparganii Rhizoma)	6 g
Gan Cao (Glycyrrhizae Radix et Rhizoma)	6 g

Anmerkung der Autorin:
Diese Rezeptur ist abgeleitet von *Fu Yuan Huo Xue Tang* / 复元活血汤 (Dekokt, das die Gesundheit wiederherstellt, indem es das Xue belebt). In der Originalrezeptur ist Chuan Shan Jia (Manitis Squama, das sind die Schuppen des Gürteltiers = *Manis*) enthalten, das ich hier aus Tierschutzgründen durch San Leng (Sparganii Rhizoma) ersetzt habe.

Abb. 118: Igelkolben (*Sparganium* spec.) ist bei uns als Zierpflanze im Gartenteich beliebt.

Wirkt auf
Funktionskreis Leber
Funktionskreis Dickdarm

Temperaturverhalten: neutral
Geschmacksrichtung: leicht bitter, leicht salzig
Wirkrichtung: tief
Wirkort: vorderer und mittlerer Erwärmer, Leitbahnen

Chinesisch-therapeutische Wirkung:
- Löst Xue-Stasen
- Regt die Xue-Zirkulation an
- Öffnet die Leitbahnen
- Löst Leber-Qi-Stagnationen auf

Klinische Anwendung:
- Traumata
- muskuloskelettale Verletzungen
- Weichteilverletzungen
- Frakturen
- Intercostalneuralgien
- Schmerzen im Hypochondrium

Da Huang (Rhei Radix et Rhizoma) leitet Hitze aus, löst Xue-Stasen auf und verringert dadurch Schwellungen und Schmerzen.

Chai Hu (Bupleuri Radix) löst Leber-Qi-Stagnationen auf und reguliert die Qi-Zirkulation.

Dang Gui (Angelicae Sinensis Radix), Tao Ren (Persicae Semen) und Hong Hua (Carthami Flos) regen die Zirkulation des Xue an und beseitigen dadurch Xue-Stasen.

Tian Hua Fen (Trichosanthis Radix) beseitigt Hitze, verringert Schwellungen und fördert die Wundheilung und die Bildung von Muskelgewebe.

San Leng (Sparganii Rhizoma) löst Xue-Stasen auf und öffnet die Leitbahnen.

Gan Cao (Glycyrrhizae Radix et Rhizoma) lindert Krämpfe und harmonisiert die Arzneien.

Modifikationen:

- Bei stärkerer Qi-Stagnation werden Chuan Mu Xiang (Vladimiriae Radix), Xiang Fu (Cyperi Rhizoma), Qing Pi (Citri Reticulatae Viride Pericarpium) und Zhi Qiao (Citri Aurantii Fructus) ergänzt.
- Bei stärker ausgeprägter Xue-Stase werden San Qi (Notoginseng Radix et Rhizoma), Ru Xiang (Olibanum) und Mo Yao (Myrrha) dazugegeben.
- Bei starken Schmerzen wird Yan Hu Suo (Corydalis Rhizoma) ergänzt.
- Bei nächtlicher Unruhe werden Yuan Zhi (Polygalae Radix) und Suan Zao Ren (Ziziphi Spinosae Semen) hinzugefügt.
- Bei Berührungsempfindlichkeit am Bauch und den Rippen werden Hou Po (Magnoliae Officinalis Cortex) und Zhi Qiao (Citri Aurantii Fructus) dazugegeben.
- Bei Schmerzen in den Hintergliedmaßen werden Chuan Niu Xi (Cyathulae Radix) und Mu Gua (Chaenomelis Fructus) ergänzt.

Kontraindikationen:

- Diese Rezeptur ist in der Trächtigkeit kontraindiziert!
- *SR-Rezeptur Nr. 1, um das Xue zu regulieren,* sollte nicht bei Mangel-Symptomen verordnet werden.
- Es ist nicht zur Langzeitanwendung geeignet.

Korrespondierende Akupunkturpunkte: Bl17, MP10, MP6, Le3, Le14, Gb34, Bl11, Bl18

10.2 Rezepturen, die Blutungen stoppen

咳血方

Ke Xue Fang
Bluthusten-Rezeptur

Zusammensetzung:

Qing Dai (Indigo Naturalis)	6 g
Zhi Zi (Gardeniae Fructus)	9 g
Gua Lou Ren (Trichosanthis Semen)	12 g
He Zi (Chebulae Fructus)	6 g

Wirkt auf
Funktionskreis Leber
Funktionskreis Lunge

Temperaturverhalten: kalt
Geschmacksrichtung: scharf, sauer
Wirkrichtung: absenkend
Wirkort: vorderer Erwärmer

Chinesisch-therapeutische Wirkung:
- Beruhigt Leber-Feuer
- Klärt Hitze
- Löst Schleim auf
- Adstringiert die Lunge
- Bei Leber-Feuer, das die Lunge angreift

Klinische Anwendung:
- starker Husten
- Bluthusten
- Husten mit Unruhe
- Obstipation

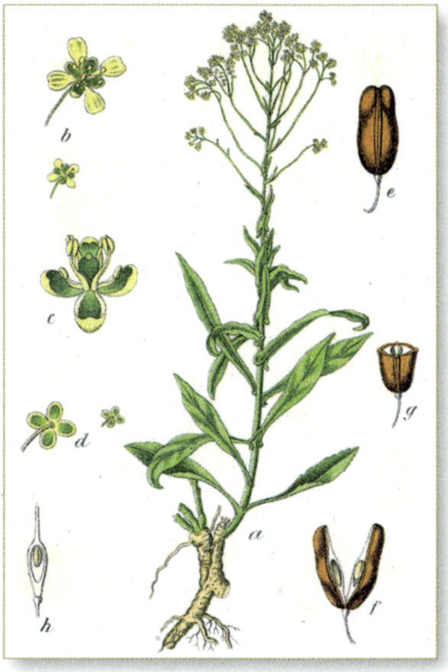

Abb. 119: Aus den Blättern des Färberwaids (*Isatis tinctoria*) wird der blaue Farbstoff Indigo gewonnen. Ein Dekokt daraus wirkt antibiotisch.

Qing Dai (Indigo Naturalis) und Zhi Zi (Gardeniae Fructus) beruhigen Leber-Feuer und kühlen das Xue.
Gua Lou Ren (Trichosanthis Semen) klärt Hitze und befeuchtet Trockenheit.
He Zi (Chebulae Fructus) adstringiert die Lunge und lindert dadurch Husten.

Modifikationen:

- Bei starkem Husten wird Xing Ren (Armeniacae Semen) ergänzt.
- Bei Husten mit viel Auswurf werden Bei Mu (Fritillariae Bulbus) , Tian Zhu Huang (Bambusae Concretio Silicea) und Pi Pa Ye (Eriobotryae Folium) hinzugefügt.
- Bei zähem Schleim und Hitze-Zeichen werden Bei Sha Shen (Glehniae Radix), Mai Men Dong (Ophiopogonis Radix) und Pi Pa Ye (Eriobotryae Folium) hinzugefügt.

Kontraindikationen:

- *Ke Xue Fang* ist bei Lungen- und Nieren-Yin-Mangel sowie bei Milz-Qi-Mangel mit weichem Kot kontraindiziert.
- Außerdem darf diese Rezeptur nicht bei Husten aufgrund von Lungen-Kälte verordnet werden.

Korrespondierende Akupunkturpunkte: Le2, Le3, Le14, Lu7, Lu9, KG17, Di11, Bl13, Bl18

小薊飲子

Xiao Ji Yin Zi

Cirsii-Herba-Dekokt

Zusammensetzung:

Xiao Ji (Cirsii Herba)	15 g
Ou Jie (Nelumbinis Nodus Rhizomatis)	9 g
Pu Huang (Typhae Pollen)	9 g
Hua Shi (Talkum)	15 g
Mu Tong (Akebiae Caulis)	9 g
Dan Zhu Ye (Lophatheri Herba)	9 g
Zhi Zi (Gardeniae Fructus)	9 g
Sheng Di Huang (Rehmanniae Radix)	30 g
Dang Gui (Angelicae Sinensis Radix)	6 g
Zhi Gan Cao (Glycyrrhizae Radix et Rhizoma Praeparatae cum Melle)	6 g

Abb. 120: Die Blätter der Kratzdistel-Art *Cirsium japonicum* werden in der TCM bei Blutungen, Abszessen und Ekzemen eingesetzt. Hier die verwandte Kohl-Kratzdistel, *C. oleraceum*.

Wirkt auf

Funktionskreis Dreifach-Erwärmer

Temperaturverhalten: kalt
Geschmacksrichtung: bitter, sauer
Wirkrichtung: absenkend
Wirkort: unterer Erwärmer, Harnblase

Chinesisch-therapeutische Wirkung:

- Kühlt das Xue
- Stoppt Blutungen
- Fördert die JinYe-Verteilung und -Ausscheidung

Klinische Anwendung:

- akute Harnwegsinfekte
- Proteinurie
- Hämaturie
- Glomerulonephritis

Xiao Ji (Cirsii Herba) kühlt das Xue und stoppt Blutungen.

Ou Jie (Nelumbinis Nodus Rhizomatis) und Pu Huang (Typhae Pollen) kühlen das Xue, stoppen Blutungen und lösen Xue-Stasen auf.

Hua Shi (Talkum) klärt Hitze und regt die Urinausscheidung an.

Mu Tong (Akebiae Caulis), Dan Zhu Ye (Lophatheri Herba) und Zhi Zi (Gardeniae Fructus) leiten Feuer aus Herz, Lunge und Dreifach-Erwärmer ab.

Sheng Di Huang (Rehmanniae Radix) nährt das Yin und kühlt das Xue.

Dang Gui (Angelicae Sinensis Radix) nährt das Xue und verhindert, dass die kalten Arzneien in dieser Rezeptur dem Körper Schaden zufügen.

Zhi Gan Cao (Glycyrrhizae Radix et Rhizoma Praeparatae cum Melle) harmonisiert die Arzneien.

Modifikationen:

- Bei Harnverhalten mit Hitze-Zeichen werden Shi Wei (Pyrrosiae Folium), Pu Gong Ying (Taraxaci Herba) und Huang Bo (Phellodendri Cortex) hinzugefügt.
- Bei chronischem Xue Lin (Dysurie mit Blut) mit Qi- und Xue-Mangel werden Hua Shi (Talkum) und Mu Tong (Akebiae Caulis) niedriger dosiert und Dang Shen (Codonopsis Radix) und Huang Qi (Astragali Radix) ergänzt.
- Bei mehr Hitze wird Zhi Gan Cao (Glycyrrhizae Radix et Rhizoma Praeparatae cum Melle) durch Gan Cao (Glycyrrhizae Radix et Rhizoma) ersetzt.

Kontraindikationen:

- *Xiao Ji Yin Zi* ist in der Trächtigkeit kontraindiziert!
- Es sollte nur bei Harnwegsinfektionen mit Schmerzen und Blut im Urin verordnet werden, da diese Rezeptur hauptsächlich kalte und nach unten ableitende Arzneien enthält.
- Diese Rezeptur ist nicht zur Langzeitanwendung geeignet.

Korrespondierende Akupunkturpunkte: 3E5, Bl40, Bl64, Lu5, Ni2, Ni8

11
Wind vertreibende Rezepturen

Wind vertreibende Rezepturen werden sowohl zur Behandlung von innerem Wind wie auch zur Behandlung von äußerem Wind eingesetzt. Sie leiten äußeren Wind über scharfe, zerstreuende Arzneien aus und beruhigen und beseitigen inneren Wind mit kalten und tonisierenden Arzneien.

Disharmoniemuster mit äußerem Wind entwickeln sich, wenn Wind von außen, als pathogener Faktor, in die Oberfläche (Haut, Muskeln, Sehnen, Bänder, Nerven und Leitbahnen) eindringt. Weil sich äußerer Wind mit Hitze, Kälte und Feuchtigkeit verbinden kann, werden die Syndrome weiter in Wind-Hitze, Wind-Kälte und Wind-Feuchtigkeit unterschieden.

Die wichtigsten klinischen Erscheinungsbilder bei äußerem Wind sind Juckreiz, Hauterkrankungen, wechselnde Lahmheiten, Lähmungen und Spasmen.

Disharmoniemuster mit innerem Wind entwickeln sich durch aufsteigenden Leber-Wind. Häufige Ursachen für aufsteigenden Leber-Wind sind starke Hitze, Yin- oder Xue-Mangel. Die klinischen Erscheinungsbilder bei innerem Wind sind Spasmen, Paresen und Paralysen.

Die Grundlage für eine korrekte Behandlung von Wind-Störungen ist eine genaue TCM-Diagnose, um die Hauptstörung zu differenzieren: Äußerer Wind oder Innerer Wind, Leere oder Fülle, Hitze oder Kälte. **Äußerer Wind** muss mit scharfen, zerstreuenden Arzneien behandelt werden, die äußeren Wind vertreiben. **Innerer Wind** muss mit kalten Arzneien behandelt werden, die inneren Wind beseitigen. Zusätzlich müssen, je nach Disharmoniemuster, tonisierende, sedierende, kalte oder warme Arzneien hinzugefügt werden, um den Patienten erfolgreich behandeln zu können.

Äußerer und innerer Wind können sich gegenseitig hervorrufen oder auch gleichzeitig bestehen und zu weiteren Komplikationen führen. Für eine erfolgreiche Behandlung muss im Vorfeld, durch eine TCM-Diagnose **inklusive Zungen- und Pulsbefundung,** das vorhandene Disharmoniemuster des Hundes oder Pferdes bestimmt werden, damit alle Komplikationen berücksichtigt werden können.

Klinische Anwendungen:

- Urtikaria
- Ekzeme
- Lahmheiten
- neurologische Erkrankungen
- Nervenlähmungen
- Fazialisparese
- Trigeminusneuralgie
- Kopfschmerzen
- Vestibularsyndrom
- Paresen
- Paralysen
- Epilepsie
- Headshaking
- Headbobbing
- Koppen
- Weben
- Herpes
- Tetanus

Untergeordnete Wirkkategorien

Wind vertreibende Rezepturen werden differenziert in Rezepturen, die äußeren Wind vertreiben, und Rezepturen, die inneren Wind vertreiben.

Rezepturen, die äußeren Wind vertreiben:

Diese Rezepturen eigenen sich für Erkrankungen, die durch äußeren Wind, der die Körperoberfläche angreift, entstanden sind.

Äußerer Wind gelangt über die Wei-Qi-Schicht in die Haut, die Muskeln, die Faszien, die Sehnen, die Bänder, die Nerven, die Gelenke und die Leitbahnen. Dort verursacht er Juckreiz, Spasmen, Krämpfe, Tics oder Lahmheiten, die in ihrer Intensität oder zwischen den Gliedmaßen wechseln können. Die Zunge kann bei diesem Disharmoniemuster eventuell zittern, und der Puls ist saitenförmig.

Rezepturen für äußeren Wind werden in diesem Buch zusätzlich in zwei anderen Kapiteln besprochen: In Kapitel 1 (Das Äußere entlastende Rezepturen, ab Seite 36) werden die Anwendungen von Rezepturen, die bei Wind in der Haut eingesetzt werden, besprochen; und in Kapitel 14 (Wind-Feuchtigkeit vertreibende Rezepturen, ab Seite 304) werden Arzneirezepturen besprochen, die Wind-Feuchtigkeit aus Muskeln und Gelenken vertreiben und bei Bi-Syndromen verordnet werden.

Rezepturen, die inneren Wind vertreiben:
Diese Rezepturen eignen sich zur Behandlung von aufsteigendem Leber-Wind, der von Fülle- oder Leere-Zuständen begleitet wird.

Leber-Wind vom Fülle-Typ ist durch starke Hitze oder überaktives Leber-Yang gekennzeichnet, die beide den Wind aufsteigen lassen. Bei innerem Wind, der durch starke Hitze aufsteigt, kommt es zu hohem Fieber, Spasmen und Krämpfen in den Extremitäten. Wird der aufsteigende Leber-Wind durch überaktives Leber-Yang verursacht, treten Schwindel, gerötete Augen, Kopfschmerzen oder Fazialisparesen auf.

Aufsteigender Wind aufgrund von Hitze oder aufsteigendem Leber-Yang wird als Fülle-Syndrom betrachtet. Die korrekte Therapie besteht demnach darin, die vorhandene Hitze zu klären, die Leber zu besänftigen und den Wind auszuleiten.

Die Zunge kann bei diesem Disharmoniemuster steif erscheinen, und die Ränder sind geschwollen und rot. Der Puls ist saitenförmig und schnell.

Leber-Wind vom Leere-Typ steigt aufgrund eines zugrunde liegenden Yin- oder Xue-Mangels auf. Hierbei führt aufsteigender Leber-Wind zu Symptomen wie Muskelspasmen und Krämpfen, die nicht kontrollierbar sind. Die richtige Behandlungsstrategie besteht darin, Yin und Xue zu tonisieren, um den aufsteigenden Wind unter Kontrolle zu bringen.

Bei Leber-Wind vom Leere-Typ sind die Zungenränder entweder rot und ohne Belag (Yin-Mangel), oder die Zungenränder und die Schleimhäute sind sehr blass (Xue-Mangel). Der Puls ist schwer tastbar und in der Tiefe saitenförmig.

Wichtige Grundsätze für die Behandlung von Wind-Erkrankungen

- **Bei der Behandlung von Wind-Erkrankungen ist die korrekte Diagnose entscheidend.** Äußerer Wind muss ausgeleitet werden, während innerer Wind beruhigt und gelöscht werden muss.
- Es ist ein Behandlungsfehler, wenn bei äußerem Wind Rezepturen verordnet werden, die inneren Wind beseitigen. Dieses Vorgehen verstärkt die Schädigung und führt zu zusätzlichen Komplikationen.
- Es ist ebenso ein Behandlungsfehler, bei innerem Wind scharfe und zerstreuende Rezepturen zu verwenden, die das Äußere vom Wind befreien. Ein solches fehlerhaftes Vorgehen verschlimmert den Zustand des Pferdes oder Hundes, weil diese Rezepturen das Leber-Yang stimulieren und Leber-Wind aufwirbeln.
- Arzneien, die Äußeren Wind ausleiten, sind scharf, warm und trocknend. Bei starkem Yin-Mangel oder Mangel an JinYe sollten diese Rezepturen nur mit Vorsicht verordnet werden.
- Äußerer Wind kann außerdem das Aufsteigen von Leber-Wind hervorrufen, was zu einer komplizierten Störung im Inneren und Äußeren führt. In diesem Fall müssen äußere und innere Störungen gleichzeitig behandelt werden.
- Innerer Wind kann durch Fülle (starke Hitze oder hochschlagendes Leber-Yang) oder durch Mangel (Yin- und/oder Xue-Mangel) verkompliziert werden und muss entsprechend diagnostiziert und behandelt werden.

11.1 Rezepturen, die äußeren Wind vertreiben

消風散

Xiao Feng San

Wind ausleitendes Pulver

Zusammensetzung:

Jing Jie (Schizonepetae Herba)	6 g
Fang Feng (Ledebouriellae Saposhnikoviae Radix)	6 g
Chan Tui (Cicadae Periostracum)	6 g
Niu Bang Zi (Arctii Fructus)	6 g
Cang Zhu (Atractylodis Rhizoma)	6 g
Ku Shen (Sophorae Flavescentis Radix)	6 g
Chuan Mu Tong (Clematidis Armandii Caulis)	1,5 g
Shi Gao (Gypsum Fibrosum)	6 g
Zhi Mu (Anemarrhenae Rhizoma)	6 g
Sheng Di Huang (Rehmanniae Radix)	6 g
Dang Gui (Angelicae Sinensis Radix)	6 g
Hei Zhi Ma (Sesami Nigrum Semen)	6 g
Gan Cao (Glycyrrhizae Radix et Rhizoma)	3 g

Abb. 121: Die Japanische Katzenminze (*Schizonepeta tenuifolia*) darf nicht verwechselt werden mit der hier abgebildeten Echten Katzenminze (*Nepeta cataria*).

Anmerkungen der Autorin:

Chan Tui (Cicadae Periostracum) ist der Panzer einer Zikadenart. Dafür müssen keine Tiere sterben. Die Zikaden werfen den Panzer bei ihren Häutungen ab, und er wird dann eingesammelt. Alle anderen Bestandteile in dieser Rezeptur sind pflanzlich.

! **Achtung:** Es gibt drei verschiedene klassische Rezepturen mit dem Namen „Xiao Feng San".

Wirkt auf

Funktionskreis Lunge

Temperaturverhalten: leicht kalt
Geschmacksrichtung: scharf, bitter
Wirkrichtung: oberflächlich
Wirkort: Haut, Fell

Chinesisch-therapeutische Wirkung:

- Leitet Wind aus der Oberfläche
- Wandelt Feuchtigkeit um
- Leitet Hitze aus
- Kühlt das Xue

Klinische Anwendung:
- Ekzeme
- Urtikaria
- Dermatitis
- Hot Spots
- Juckreiz

Jing Jie (Schizonepetae Herba), Fang Feng (Ledebouriellae Saposhnikoviae Radix), Chan Tui (Cicadae Periostracum) und Niu Bang Zi (Arctii Fructus) leiten Wind aus der Oberfläche.

Cang Zhu (Atractylodis Rhizoma) tonisiert den Funktionskreis Milz-Pankreas und trocknet Feuchtigkeit.

Ku Shen (Sophorae Flavescentis Radix) leitet Hitze aus und trocknet Feuchtigkeit.

Chuan Mu Tong (Clematidis Armandii Caulis) leitet Feuchte-Hitze über den Urin aus.

Shi Gao (Gypsum Fibrosum) und Zhi Mu (Anemarrhenae Rhizoma) leiten Hitze aus und beruhigen Feuer.

Sheng Di Huang (Rehmanniae Radix), Dang Gui (Angelicae Sinensis Radix) und Hei Zhi Ma (Sesami Nigrum Semen) tonisieren das Xue, kühlen das Xue und tonisieren das Yin.

Gan Cao (Glycyrrhizae Radix et Rhizoma) leitet Hitze und Toxine aus und harmonisiert die Arzneien.

Modifikationen:
- Bei starker Wind-Hitze können Jin Yin Hua (Lonicerae Flos) und Lian Qiao (Forsythiae Fructus) hinzugefügt werden.
- Bei stärkerer Feuchte-Hitze werden Di Fu Zi (Kochiae Fructus) und Che Qian Zi (Plantaginis Semen) ergänzt.
- Bei Hitze in der Xue-Schicht werden Chi Shao Yao (Paeoniae Radix Rubra) und Zi Cao (Arnebiae seu Lithospermi Radix) dazugegeben.
- Bei nässenden Ekzemen wird Yi Yi Ren (Coicis Semen) ergänzt.

Kontraindikationen:
- Bei Qi-, Yin- und Xue-Mangel sollte diese Rezeptur nur mit Vorsicht verordnet werden.
- *Xiao Feng San* ist nicht zur Langzeitanwendung geeignet.

Korrespondierende Akupunkturpunkte: Lu5, Di11, Bl40, Lu1, Gb20, MP6, MP10

當歸飲子

Dang Gui Yin Zi

Dekokt mit Angelicae Sinensis Radix

Zusammensetzung:

Sheng Di Huang (Rehmanniae Radix)	9 g
Dang Gui (Angelicae Sinensis Radix)	9 g
Bai Shao Yao (Paeoniae Radix Alba)	9 g
Chuan Xiong (Ligustici Chuanxiong Rhizoma)	9 g
Bai Ji Li (Tribuli Fructus)	9 g
Jing Jie (Schizonepetae Herba)	9 g
Fang Feng (Ledebouriellae Saposhnikoviae Radix)	9 g
Huang Qi (Astragali Radix)	6 g
He Shou Wu (Polygoni Multiflori Radix)	6 g
Gan Cao (Glycyrrhizae Radix et Rhizoma)	3 g

Abb. 122: In einer Studie[8] erwies sich der Chinesische Vogelknöterich (*Polygonum multiflorum*) als wirksam bei vorzeitig ergrauten Haaren.

Wirkt auf

Funktionskreis Lunge
Funktionskreis Leber
Funktionskreis Niere

Temperaturverhalten: kühl
Geschmacksrichtung: scharf, süß
Wirkrichtung: oberflächlich
Wirkort: Haut, Fell

Chinesisch-therapeutische Wirkung:

- Leitet Wind aus
- Tonisiert das Xue
- Tonisiert das Yin
- Befeuchtet Trockenheit

Klinische Anwendung:

- Hauterkrankungen
- Ekzeme
- Urtikaria
- Abszesse

8 Shandong Journal of Chinese Medicine, 1989

Sheng Di Huang (Rehmanniae Radix) tonisiert den Nieren-Funktionskreis und das Xue.

Dang Gui (Angelicae Sinensis Radix) tonisiert und bewegt das Xue.

Bai Shao Yao (Paeoniae Radix Alba) tonisiert Xue und Yin.

Chuan Xiong (Ligustici Chuanxiong Rhizoma) bewegt das Xue.

Bai Ji Li (Tribuli Fructus) leitet inneren und äußeren Wind aus.

Jing Jie (Schizonepetae Herba) und Fang Feng (Ledebouriellae Saposhnikoviae Radix) leiten Wind aus der Haut aus.

Huang Qi (Astragali Radix) tonisiert das Wei-Qi und festigt die Oberfläche.

He Shou Wu (Polygoni Multiflori Radix) tonisiert Jing und Xue.

Gan Cao (Glycyrrhizae Radix et Rhizoma) harmonisiert die Arzneien.

Modifikationen:

- Bei schwerem Xue-Mangel werden Gou Qi Zi (Lycii Fructus), Huo Ma Ren (Cannabis Fructus) und Ji Xue Teng (Spatholobi Caulis) hinzugefügt.
- Bei starkem Juckreiz werden Chan Tui (Cicadae Periostracum), Gou Teng (Uncariae Ramulus cum Uncis), Ye Jiao Teng (Polygoni Multiflori Caulis) und He Huan Pi (Albiziae Cortex) ergänzt.
- Bei trockenem, schuppigem Fell mit Xue-Stase werden Dan Shen (Salviae Miltiorrhizae Radix et Rhizoma) und Hong Hua (Carthami Flos) dazugegeben.

Kontraindikationen:

- *Dang Gui Yin Zi* ist in der Trächtigkeit kontraindiziert!
- Es ist nicht zur Langzeitanwendung geeignet.

Korrespondierende Akupunkturpunkte: Lu5, Le8, Ni6, MP10, Bl17, Le5, Lu7

玉真散

Yu Zhen San

Echte-Jade-Pulver

Zusammensetzung:

Bai Fu Zi (Typhonii Rhizoma Praeparatae)	6 g
Tian Nan Xing (Arisaematis Rhizoma Praeparatae)	6 g
Qiang Huo (Notopterygii Rhizoma seu Radix)	6 g
Fang Feng (Ledebouriellae Saposhnikoviae Radix)	6 g
Bai Zhi (Angelicae Dahuricae Radix)	6 g
Tian Ma (Gastrodiae Rhizoma)	6 g

Anmerkung der Autorin:
Aufgrund der Giftigkeit der unpräparierten Arzneidrogen werden hier die präparierten Formen von Bai Fu Zi (Typhonii Rhizoma Praeparatae; botanisch *Typhonium* spec., ein Aronstabgewächs) und Tian Nan Xing (Arisaematis Rhizoma Praeparatae, botanisch *Arisaema* spec., ebenfalls ein Aronstabgewächs) verwendet.

Abb. 123: Die Gattung *Typhonium* gehört zu den giftigen Aronstabgewächsen. Hier im Bild ein naher Verwandter aus unseren Breiten, der Gefleckte Aronstab (*A. maculatum*).

Wirkt auf
Funktionskreis Leber
Funktionskreis Lunge

Temperaturverhalten: warm
Geschmacksrichtung: scharf
Wirkrichtung: emporhebend
Wirkort: Kopf, Augen, Leitbahnen

Chinesisch-therapeutische Wirkung:
- Leitet Wind aus
- Löst Schleim auf

Klinische Anwendung:
- Paresen
- Paralysen
- Schwindel
- Vestibularsyndrom
- Epilepsie
- Trigeminusneuralgie
- Headshaking
- Fazialisparese
- Tetanus
- craniomandibuläre Osteopathie

Bai Fu Zi (Typhonii Rhizoma Praeparatae) und Tian Nan Xing (Arisaematis Rhizoma Praeparatae) leiten Wind aus und lösen Schleim auf.

Qiang Huo (Notopterygii Rhizoma seu Radix), Fang Feng (Ledebouriellae Saposhnikoviae Radix) und Bai Zhi (Angelicae Dahuricae Radix) leiten Wind aus den Leitbahnen.

Tian Ma (Gastrodiae Rhizoma) leitet Wind aus und beseitigt Spasmen.

Modifikationen:
Alle Modifikationen für diese Rezeptur enthalten Bestandteile bedrohter Tierarten, weshalb ich hier auf ihre Nennung verzichte.

Kontraindikationen:

- Während der Trächtigkeit ist diese Rezeptur kontraindiziert!
- *Yu Zhen San* ist nicht für die Langzeitanwendung geeignet.

Korrespondierende Akupunkturpunkte: Le3, Gb20, Ma40, Lu7, Dü3, Gb1

川芎茶調沖劑

SR-Rezeptur Nr. 1, um äußeren Wind zu vertreiben

Ligusticum-Granulat, das man mit grünem Tee einnimmt

Zusammensetzung:

Chuan Xiong (Ligustici Chuanxiong Rhizoma)	12 g
Bai Zhi (Angelicae Dahuricae Radix)	6 g
Qiang Huo (Notopterygii Rhizoma seu Radix)	6 g
Gui Zhi (Cinnamomi Ramulus)	5 g
Bo He (Menthae Haplocalycis Herba)	12 g
Jing Jie (Schizonepetae Herba)	12 g
Fang Feng (Ledebouriellae Saposhnikoviae Radix)	6 g
Gan Cao (Glycyrrhizae Radix et Rhizoma)	6 g

Anmerkungen der Autorin:
Diese Rezeptur ist eine Ableitung von *Chuan Xiong Cha Tiao San* / 川芎茶調散 (Ligustici-Pulver, das man mit grünem Tee einnimmt). In der Originalrezeptur ist Xi Xin (Asari Radix et Rhizoma; botanisch *Asarum* spec. = Haselwurz) enthalten, das aufgrund seiner kanzerogenen Wirkung und seiner leber- und nierentoxischen Eigenschaften in Europa nicht mehr verwendet werden darf. Ich habe Xi Xin in dieser Rezeptur durch Gui Zhi (Cinnamomi Ramulus)und einen höheren Anteil an Fang Feng (Ledebouriellae Saposhnikoviae Radix) ersetzt.

Abb. 124: Die Haselwurz-Art *Asarum sieboldii* ist wegen ihres giftigen Inhaltsstoffes Asaron nicht mehr als Arzneimittel erhältlich.

Traditionell werden diese Arzneikräuter zusammen mit grünem Tee eingenommen. Es steht Ihnen also frei, das Granulat in grünem Tee aufzulösen und anschließend über das Futter zu geben oder es trinken zu lassen. Es funktioniert aber auch ohne grünen Tee.

Wirkt auf
Funktionskreis Lunge

Temperaturverhalten: leicht warm
Geschmacksrichtung: scharf
Wirkrichtung: emporhebend
Wirkort: Oberfläche, Kopf, Augen

Chinesisch-therapeutische Wirkung:
- Leitet Wind-Kälte aus
- Leitet Feuchtigkeit aus
- Öffnet die Oberfläche und die Leitbahnen

Klinische Anwendung:
- Kopfschmerzen
- Schmerzen im *Nervus trigeminus*
- Schmerzen im *Nervus fazialis*
- Headshaking
- Headbobbing
- klarer Ausfluss aus Nase oder Nüstern

Chuan Xiong (Ligustici Chuanxiong Rhizoma), Bai Zhi (Angelicae Dahuricae Radix) und Qiang Huo (Notopterygii Rhizoma seu Radix) leiten Wind aus und lindern Schmerzen am Kopf.

Gui Zhi (Cinnamomi Ramulus) leitet äußeren Wind aus und macht die Leitbahnen durchgängig.

Bo He (Menthae Haplocalycis Herba) leitet Wind aus und macht die Sinnesöffnungen frei.

Jing Jie (Schizonepetae Herba) und Fang Feng (Ledebouriellae Saposhnikoviae Radix) leiten Wind aus den vorderen Teilen des Körpers.

Gan Cao (Glycyrrhizae Radix et Rhizoma) harmonisiert die Arzneien.

Modifikationen:

- Bei Wind-Hitze wird Ju Hua (Chrysanthemi Flos) hinzugefügt.
- Bei Wind-Kälte werden Sheng Jiang (Zingiberis Rhizoma Recens) und Zi Su Ye (Perillae Folium) ergänzt.
- Bei Wind-Schleim werden Fa Ban Xia (Pinelliae Rhizoma Praeparatae) und Fu Ling (Poriae Sclerotium) dazugegeben.

Kontraindikationen:

- Diese Rezeptur sollte nicht bei hochschlagendem Leber-Yang, Xue-Mangel und/oder Leber- und Nieren-Yin-Mangel verordnet werden.
- *SR-Rezeptur Nr. 1, die äußeren Wind vertreibt,* ist nicht zur Langzeitanwendung geeignet.

Korrespondierende Akupunkturpunkte: Gb20, Bl10, Ma7, Lu7, Di4, Di14, Gb1, Gb6

大秦艽沖劑

SR-Rezeptur Nr. 2, um äußeren Wind zu vertreiben

Großes Granulat mit Gentianae Macrophyllae Radix

Zusammensetzung:

Qin Jiao (Gentianae Macrophyllae Radix)	9 g
Qiang Huo (Notopterygii Rhizoma seu Radix)	3 g
Du Huo (Angelicae Pubescentis Radix)	6 g
Fang Feng (Ledebouriellae Saposhnikoviae Radix)	6 g
Bai Zhi (Angelicae Dahuricae Radix)	3 g
Gui Zhi (Cinnamomi Ramulus)	4 g
Dang Gui (Angelicae Sinensis Radix)	6 g
Bai Shao Yao (Paeoniae Radix Alba)	6 g
Shu Di Huang (Rehmanniae Radix Praeparatae)	3 g
Chuan Xiong (Ligustici Chuanxiong Rhizoma)	6 g
Bai Zhu (Atractylodis Macrocephalae Rhizoma)	3 g
Fu Ling (Poriae Sclerotium)	3 g
Huang Qin (Scutellariae Radix)	3 g
Shi Gao (Gypsum Fibrosum)	6 g
Sheng Di Huang (Rehmanniae Radix)	3 g
Gan Cao (Glycyrrhizae Radix et Rhizoma)	6 g

Abb. 125: Die Engelwurz-Art *Angelica pubescens* ist ein Doldenblütler, der unserem Wiesenbärenklau (hier im Bild) für Ungeübte ziemlich ähnlich sieht.

Anmerkung der Autorin:
Diese Rezeptur ist eine Ableitung von *Da Qin Jiao Tang* / 大秦蟬湯 (Großes Dekokt mit Gentianae Macrophyllae Radix). In der Originalrezeptur ist Xi Xin (Asari Radix et Rhizoma; botanisch *Asarum* spec. = Haselwurz) enthalten, das aufgrund seine kanzerogenen Wirkung und seiner leber- und nierentoxischen Eigenschaften in Europa nicht mehr verwendet werden darf. Ich habe Xi Xin in dieser Rezeptur durch Gui Zhi (Cinnamomi Ramulus) und einen höheren Anteil an Fang Feng (Ledebouriellae Saposhnikoviae Radix) ersetzt.

Wirkt auf

Funktionskreis Leber
Funktionskreis Lunge
Funktionskreis Milz-Pankreas

Temperaturverhalten: kalt
Geschmacksrichtung: scharf, bitter
Wirkrichtung: emporhebend
Wirkort: vorderer Erwärmer, Bewegungsapparat

Chinesisch-therapeutische Wirkung:
- Leitet Wind-Feuchtigkeit aus
- Leitet Wind aus
- Tonisiert das Xue
- Bewegt das Xue
- Kühlt Hitze

Klinische Anwendung:
- Gelenkschmerzen
- Muskelspasmen
- Muskelzittern
- Radialislähmung
- Sweeny Shoulder
- Fazialisparese
- Arthritis

Qin Jiao (Gentianae Macrophyllae Radix) leitet Wind aus und öffnet die Leitbahnen.

Qiang Huo (Notopterygii Rhizoma seu Radix), Du Huo (Angelicae Pubescentis Radix), Fang Feng (Ledebouriellae Saposhnikoviae Radix), Bai Zhi (Angelicae Dahuricae Radix) und Gui Zhi (Cinnamomi Ramulus) leiten Wind aus den Leitbahnen und den Netzleitbahnen.

Dang Gui (Angelicae Sinensis Radix), Bai Shao Yao (Paeoniae Radix Alba), Shu Di Huang (Rehmanniae Radix Praeparatae) und Chuan Xiong (Ligustici Chuanxiong Rhizoma) tonisieren und bewegen das Xue.

Bai Zhu (Atractylodis Macrocephalae Rhizoma) und Fu Ling (Poriae Sclerotium) tonisieren den Funktionskreis Milz-Pankreas.

Huang Qin (Scutellariae Radix), Shi Gao (Gypsum Fibrosum) und Sheng Di Huang (Rehmanniae Radix) leiten Hitze aus.

Gan Cao (Glycyrrhizae Radix et Rhizoma) harmonisiert die Arzneien.

Modifikationen:

- Bei Feuchtigkeit wird Sheng Jiang (Zingiberis Rhizoma Recens) hinzugefügt.
- Bei starker Hitze wird Zhi Mu (Anemarrhenae Rhizoma) ergänzt.
- Bei Qi-Stagnation wird Zhi Ke (Citri Aurantii Fructus) dazugegeben.

Kontraindikationen:

- *SR-Rezeptur Nr. 2, um äußeren Wind zu vertreiben,* ist in der Trächtigkeit kontraindiziert!
- Diese Rezeptur ist nicht zur Langzeitanwendung geeignet.

Korrespondierende Akupunkturpunkte: Lu7, Lu5, Le3, Le8, Bl10, Gb20, Gb6, MP6, 3E5

11.2 Rezepturen, die inneren Wind vertreiben

鉤藤散大

Gou Teng San

Pulver mit Uncariae Ramulus cum Uncis

Zusammensetzung:

Gou Teng (Uncariae Ramulus cum Uncis)	15 g
Ren Shen (Ginseng Radix et Rhizoma)	15 g
Fu Ling (Poriae Sclerotium)	15 g
Fu Shen (Poriae Sclerotium Paradicis)	15 g
Mai Men Dong (Ophiopogonis Radix)	15 g
Chen Pi (Citri Reticulatae Pericarpium)	15 g
Fa Ban Xia (Pinelliae Rhizoma Praeparatae)	15 g
Fang Feng (Ledebouriellae Saposhnikoviae Radix)	15 g
Ju Hua (Chrysanthemi Flos)	15 g
Shi Gao (Gypsum Fibrosum)	30 g
Zhi Gan Cao (Glycyrrhizae Radix et Rhizoma Praeparatae cum Melle)	5 g

Abb. 126: In der TCM werden die Zweige von *Uncaria rhynchophylla* verwendet. Es hat eine beruhigende Wirkung auf das Zentralnervensystem.

Wirkt auf

Funktionskreis Leber

Funktionskreis Herz

Temperaturverhalten: kalt
Geschmacksrichtung: bitter, süß
Wirkrichtung: absenkend
Wirkort: vorderer Erwärmer, Kopf, Augen

Chinesisch-therapeutische Wirkung:

- Senkt das Leber-Yang ab
- Kühlt Hitze
- Beruhigt Wind
- Beseitigt Leber-Qi-Stagnationen
- Beruhigt das Shen

Klinische Anwendung:

- Vestibularsyndrom
- Demenz
- Augenentzündung
- Koppen/Weben
- Kreislaufen
- Headshaking
- Headbobbing

- Schwindel
- Kopfschmerzen
- Benommenheit
- Reizbarkeit/Aggressivität
- nächtliche Unruhe

Gou Teng (Uncariae Ramulus cum Uncis) reguliert das Leber-Qi, leitet Hitze aus der Leber-Leitbahn und beseitigt Leber-Wind.

Ren Shen (Ginseng Radix et Rhizoma), Fu Ling (Poriae Sclerotium) und Fu Shen (Poriae Sclerotium Paradicis) tonisieren das Qi und beruhigen das Shen.

Mai Men Dong (Ophiopogonis Radix) tonisiert das Yin.

Chen Pi (Citri Reticulatae Pericarpium) und Fa Ban Xia (Pinelliae Rhizoma Praeparatae) lösen Qi-Stagnationen und senken das Qi ab.

Fang Feng (Ledebouriellae Saposhnikoviae Radix) und Ju Hua (Chrysanthemi Flos) leiten Wind und Hitze aus Augen und Kopf.

Shi Gao (Gypsum Fibrosum) leitet Hitze stark aus.

Zhi Gan Cao (Glycyrrhizae Radix et Rhizoma Praeparatae cum Melle) harmonisiert die Arzneien.

Modifikationen:

- Bei Kopfschmerzen und Schwindel werden Bai Zhi (Angelicae Dahuricae Radix) und Chuan Xiong (Ligustici Chuanxiong Rhizoma) hinzugefügt.

Kontraindikationen:

- In der Trächtigkeit ist diese Rezeptur kontraindiziert!
- *Gou Teng San* ist nicht zur Langzeitanwendung geeignet.

Korrespondierende Akupunkturpunkte: Le2, Le3, Bl18, He5, He7, Gb20, 3E5, 3E10

天麻鉤藤飲

Tian Ma Gou Teng Yin

Dekokt mit Gastrodiae Rhizoma und Uncariae Ramulus cum Uncis

Zusammensetzung:

Tian Ma (Gastrodiae Rhizoma)	9 g
Gou Teng (Uncariae Ramulus cum Uncis)	12 g
Zhi Zi (Gardeniae Fructus)	9 g
Huang Qin (Scutellariae Radix)	9 g
Shi Jue Ming (Haliotidis Concha)	18 g
Yi Mu Cao (Leonuri Herba)	9 g
Chuan Niu Xi (Cyathulae Radix)	12 g
Du Zhong (Eucommiae Cortex)	9 g
Sang Ji Sheng (Taxilli Herba)	9 g
Ye Jiao Teng (Polygoni Multiflori Caulis)	9 g
Fu Shen (Poriae Paradicis Sclerotium)	9 g

Abb. 127: Von der Maulbeermistel (*Taxillus chinensis*), einer mistelähnlichen Halbschmarotzerpflanze, werden Zweige und Blätter verwendet. Hier im Bild *Viscum album,* unsere einheimische Mistel.

Wirkt auf

Funktionskreis Leber
Funktionskreis Niere

Temperaturverhalten: kühl
Geschmacksrichtung: bitter, süß
Wirkrichtung: stark absenkend
Wirkort: Kopf/Augen, Inneres

Chinesisch-therapeutische Wirkung:

- Beruhigt inneren Wind
- Senkt Leber-Yang ab
- Stützt den Nieren-Funktionskreis
- Kühlt Hitze
- Bewegt das Xue

Klinische Anwendung:

- Epilepsie
- Trigeminusneuralgie
- Headshaking
- Headbobbing
- Paresen
- Tremor
- Parästhesien
- Krampfanfälle
- Schlaganfall
- Hirnblutung
- zerebrale Ischämie
- nächtliche Unruhe

Anmerkung der Autorin:
Solch drastische Krankheitsbilder wie oben beschrieben gehören selbstverständlich primär in tierärztliche Behandlung! Aber man kann sie unterstützend mit einer angepassten Phytotherapie behandeln.

Tian Ma (Gastrodiae Rhizoma) und Gou Teng (Uncariae Ramulus cum Uncis) senken Leber-Yang ab und beruhigen Leber-Wind.

Zhi Zi (Gardeniae Fructus) und Huang Qin (Scutellariae Radix) kühlen Hitze, beruhigen Feuer und verhindern, dass das Leber-Yang aufsteigt.

Shi Jue Ming (Haliotidis Concha) leitet Hitze aus und beruhigt das Leber-Yang.

Yi Mu Cao (Leonuri Herba) bewegt und kühlt das Xue.

Chuan Niu Xi (Cyathulae Radix) bewegt das Xue und beruhigt die Leber.

Du Zhong (Eucommiae Cortex) und Sang Ji Sheng (Taxilli Herba) tonisieren die Funktionskreise Leber und Niere.

Ye Jiao Teng (Polygoni Multiflori Caulis) und Fu Shen (Poriae Paradicis Sclerotium) beruhigen das Shen.

Modifikationen:

- Bei Leber-Yin-Mangel wird Bai Shao Yao (Paeoniae Radix Alba) ergänzt.
- Bei zusätzlichem Schleim werden Chuan Bei Mu (Fritillariae Cirrhosae Bulbus) und Zhu Ru (Bambusae Caulis in Taeniam) hinzugefügt.

Kontraindikationen: *Tian Ma Gou Teng Yin* ist bei aufsteigendem Leber-Wind kontraindiziert.

Korrespondierende Akupunkturpunkte: LG20, Le2, Le3, Ni3, Ni6, Gb20, Bl10

建瓴冲劑

SR-Rezeptur Nr. 1, um inneren Wind zu vertreiben

Granulat, das Dachziegel errichtet

Zusammensetzung:

Huai Niu Xi (Achyranthis Radix)	30 g
Ci Shi Duan (Magnetitum Praeparatae)	18 g
Long Gu (Fossilia Ossis Mastodi)	18 g
Mu Li (Ostrea Concha)	18 g
Shan Yao (Dioscoreae Rhizoma)	30 g
Sheng Di Huang (Rehmanniae Radix)	18 g
Bai Shao Yao (Paeoniae Radix Alba)	12 g
Bai Zi Ren (Platycladi Semen)	12 g

Abb. 128: *Achyranthes*-Arten gehören zur Familie Fuchsschwanzgewächse. Die Wurzel der Art *A. bidentata* (im Bild eine andere Art) heißt auf Chinesisch *Huai Niu Xi*, was übersetzt „Ochsenknie" bedeutet.

Anmerkung der Autorin:
Diese Rezeptur ist eine Ableitung von *Jian Ling Tang* / 建瓴湯 (Dekokt, das Dachziegel errichtet). In der Originalrezeptur ist das in Europa nicht mehr erhältliche Zhe Shi (Haematitum = Hämatit, ein Eisenmineral) enthalten, das ich hier durch Ci Shi Duan (Magnetitum Praeparatae = Zubereitung aus Magnetit, ebenfalls ein Eisenmineral) ersetzt habe.

Wirkt auf

Funktionskreis Leber
Funktionskreis Herz
Funktionskreis Niere

Temperaturverhalten: leicht kühl
Geschmacksrichtung: bitter, süß
Wirkrichtung: absenkend
Wirkort: vorderer Erwärmer, Inneres

Chinesisch-therapeutische Wirkung:

- Beruhigt Leber-Wind
- Senkt Leber-Yang ab
- Harmonisiert den Leber-Funktionskreis
- Tonisiert das Yin
- Beruhigt das Shen

Klinische Anwendung:

- Vestibularsyndrom
- Trigeminusneuralgie
- Headshaking
- Headbobbing
- Fazialisparese
- Kopfschmerzen
- Schwindel
- Reizbarkeit

- Aggressivität
- Unruhe
- übermäßiges Träumen (Hund)

Huai Niu Xi (Achyranthis Radix) tonisiert Leber- und Nieren-Yin und beruhigt dadurch Wind und Yang.

Ci Shi Duan (Magnetitum Praeparatae), Long Gu (Fossilia Ossis Mastodi) und Mu Li (Ostrea Concha) senken Leber-Yang und Leber-Wind ab.

Shan Yao (Dioscoreae Rhizoma), Sheng Di Huang (Rehmanniae Radix) und Bai Shao Yao (Paeoniae Radix Alba) tonisieren das Yin und erzeugen JinYe.

Bai Zi Ren (Platycladi Semen) tonisiert den Funktionskreis Herz und beruhigt das Shen.

Modifikationen:

- Bei Kälte wird statt Sheng Di Huang (Rehmanniae Radix) Shu Di Huang (Rehmanniae Radix Praeparatae) verwendet.
- Bei Trigeminusneuralgie aufgrund von Leber-Feuer wird Long Dan (Gentianae Radix et Rhizoma) ergänzt.
- Bei viel Schleim wird Dan Nan Xing (Arisaematis cum Bile) hinzugefügt.

Kontraindikationen: Diese Rezeptur ist in der Trächtigkeit kontraindiziert!

Korrespondierende Akupunkturpunkte: Le2, Le3, Gb1, Gb20, LG20, He5, He7, Ni6

12 Trockenheit behandelnde Rezepturen

Trockenheit behandelnde Rezepturen können äußere Trockenheit zerstreuen und befeuchten, oder innere Trockenheit nähren und befeuchten.

Äußere Trockenheit tritt häufig zusammen mit trockenem Klima auf oder wird durch trocknende Einflüsse von außen verstärkt. Äußere Trockenheit greift, als pathogener Faktor, den Körper an und verursacht Fieber, Kehlkopfentzündungen und trockenen Husten. Die Behandlung von äußerer Trockenheit besteht darin, die Trockenheit zu belüften und zu zerstreuen. Äußere Trockenheit kann in Kombination mit Kälte oder Hitze auftreten. Bei diesen Komplikationen werden der jeweiligen Rezeptur Arzneien hinzugefügt, die, entsprechend dem Disharmoniemuster, die zusätzliche Kälte oder Hitze behandeln.

Innere Trockenheit entsteht meist durch eine chronische Entwicklung, übermäßige sexuelle Aktivität, anhaltendes Erbrechen oder ständige Diarrhö. Auch unpassende Ernährung (z. B. Trockenfutter) oder eine falsch verordnete Rezeptur mit warmen und scharfen Arzneien kann eine innere Trockenheit verursachen. Durch diese Faktoren können Jing-Essenz und JinYe-Körpersäfte geschädigt werden.

Je nach betroffenem Zang-Fu-Organ wird innere Trockenheit als Trockenheitssyndrom dem hinteren, mittleren oder vorderen Erwärmer zugeordnet. Trockenheit **im vorderen Erwärmer** greift die Lunge an und führt zu trockenem Husten. Trockenheit **im mittleren Erwärmer** greift den Magen an und führt zu Erbrechen und Verweigern von Futter. Trockenheit **im hinteren Erwärmer** attackiert den Dickdarm oder die Niere, und es kommt zu trockenem Kot, Obstipation, Koliken, Abmagerung und eingefallenen Flanken.

Innere Trockenheit wird über das Befeuchten des betroffenen Zang-Fu-Organs behandelt.

Klinische Anwendungen:

- Atemwegserkrankungen
- Magen-Darm-Erkrankungen
- Diabetes
- Blutungen
- Entzündungen
- Stoffwechselerkrankungen

Untergeordnete Wirkkategorien

Bei den Trockenheit behandelnden Rezepturen gibt es zwei Unterkategorien:

Zerstreuende und befeuchtende Rezepturen:
Diese Rezepturen wurden entwickelt, um Trockenheit zu behandeln, die durch andere Liu Yin (äußere pathogene Faktoren) verkompliziert sind und sich in Kälte-Trockenheit oder Wärme-Trockenheit umwandeln.

Äußere Kälte-Trockenheit entsteht oft im frühen Winter, wenn Kälte und Trockenheit den Körper angreifen und die Wei-Qi-Schicht nicht stark genug ist. Dann entwickelt sich trockener Husten ohne Ausfluss. Die Zunge ist trocken und blass, eventuell sind auch Risse sichtbar. Der Puls ist oberflächlich und langsam.

Kälte-Trockenheit wird mit warmen Arzneien behandelt, die sanft zerstreuen und Trockenheit befeuchten.

Äußere Wärme-Trockenheit entsteht aus einer Kombination von Hitze und trockenen pathogenen Faktoren, die meist im späteren Frühjahr und im Sommer auftreten. Greifen die pathogenen Faktoren die Lunge an, kommt es zu trockenem Husten, Halsentzündungen, Atemnot, Bauchatmung und viel Durst. Die Zunge ist trocken und rot und weist eventuell Risse auf. Der Puls ist oberflächlich und schnell.

Äußere Wärme-Trockenheit wird mit kalten Arzneien behandelt, die sanft zerstreuen und befeuchten.

Nährende und befeuchtende Rezepturen:
Diese Rezepturen behandeln Trockenheit, die das Innere angreift und einen JinYe-Mangel in den Zang-Fu-Organen verursacht. Die klinischen Befunde und Behandlungsstrategien variieren je nach betroffenem Bereich.

Trockenheit **im vorderen Jiao** greift die Lunge an und verursacht trockenen Husten und Atemnot. Hier werden Arzneien eingesetzt, die die Lunge nähren und befeuchten. Trockenheit **im mittleren Jiao** greift den Magen an und verursacht Erbrechen. Dabei werden Arzneien eingesetzt, die die Funktionskreise Milz-Pankreas und Magen nähren und befeuchten. Trockenheit **im hinteren Jiao** verursacht trockenen Kot und Obstipation, wenn sie den Darm angreift, und Abmagerung mit eingefallenen Flanken, wenn der Nieren-Funktionskreis betroffen ist. Diese Störungen werden mit Arzneien behandelt, die den Dickdarm oder die Niere nähren und befeuchten.

Wichtige Grundsätze für die Behandlung von Trockenheit

- Trockenheit wandelt sich häufig in Hitze um. Hierdurch werden das Yin geschädigt und das Qi aufgezehrt. Deshalb sollten neben Arzneien, die Trockenheit befeuchten, auch Arzneien verwendet werden, die Hitze klären, das Qi tonisieren und die Bildung der JinYe anregen.
- Erkrankungen, die durch Trockenheit verursacht worden sind, sollten nicht mit scharfen, aromatischen Arzneien behandelt werden, die das Qi verbrauchen, oder mit bitteren und austrocknenden Arzneien, die das Yin verletzen.
- Trockenheit befeuchtende Rezepturen sollen nicht in hoher Dosierung oder länger als 4–6 Wochen verabreicht werden, da die nährenden und befeuchtenden Arzneien zu Milz-Qi-Mangel mit Diarrhö, Kotwasser, Ödemen und Schleim- oder Qi-Stagnationen führen können.

12.1 Zerstreuende und befeuchtende Rezepturen

杏蘇散

Xing Su San

Pulver mit Armeniacae Semen und Perillae Folium

Zusammensetzung:

Zi Su Ye (Perillae Folium)	6 g
Qian Hu (Peucedani Radix)	6 g
Xing Ren (Armeniacae Semen)	6 g
Jie Geng (Platycodi Radix)	6 g
Fa Ban Xia (Pinelliae Rhizoma Praeparate)	6 g
Fu Ling (Poriae Sclerotium)	6 g
Zhi Qiao (Citri Aurantii Fructus)	6 g
Chen Pi (Citri Reticulatae Pericarpium)	6 g
Sheng Jiang (Zingiberis Rhizoma Recens)	6 g
Da Zao (Jujubae Fructus)	6 g
Gan Cao (Glycyrrhizae Radix et Rhizoma)	3 g

Abb. 129: In der TCM wird der bittere Samen der Aprikose (*Prunus armeniaca*) verwendet. Aprikosenkerne enthalten Stoffe, die leicht hemmend auf das Atemzentrum im Gehirn wirken und deshalb Husten stillen können.

Wirkt auf
Funktionskreis Lunge

Temperaturverhalten: warm
Geschmacksrichtung: scharf, süß
Wirkrichtung: absenkend
Wirkort: vorderer Erwärmer

Chinesisch-therapeutische Wirkung:
- Senkt das Lungen-Qi ab
- Leitet Wind-Kälte aus
- Befeuchtet Trockenheit
- Wandelt Hitze-Schleim um

Klinische Anwendung:
- trockener Husten
- Husten mit festem Schleim
- Bronchitis
- RAO (Recurrent airway obstruction)
- Lungenemphysem

Zi Su Ye (Perillae Folium) und Qian Hu (Peucedani Radix) leiten Wind-Kälte aus.

Xing Ren (Armeniacae Semen) und Jie Geng (Platycodi Radix) kühlen und befeuchten die Lunge und senken rebellierendes Lungen-Qi ab.

Fa Ban Xia (Pinelliae Rhizoma Praeparatae) und Fu Ling (Poriae Sclerotium) lösen Schleim auf.

Zhi Qiao (Citri Aurantii Fructus) und Chen Pi (Citri Reticulatae Pericarpium) regulieren das Lungen-Qi.

Sheng Jiang (Zingiberis Rhizoma Recens) und Da Zao (Jujubae Fructus) harmonisieren die Ying-Nähr- und die Wei-Abwehr-Schicht.

Gan Cao (Glycyrrhizae Radix et Rhizoma) harmonisiert die Arzneien.

Modifikationen:

- Bei Fieber oder stärker ausgeprägten Hitzezeichen werden Chai Hu (Bupleuri Radix) und Huang Qin (Scutellariae Radix) hinzugefügt.
- Bei viel Durst und trockenem Maul werden Huang Qin (Scutellariae Radix) und Shi Gao (Gypsum Fibrosum) ergänzt.
- Bei Wind-Kälte in der Wei-Qi-Schicht werden Fang Feng (Ledebouriellae Saposhnikoviae Radix) und Jing Jie (Schizonepetae Herba) dazugegeben.
- Bei Erbrechen wird Huo Xiang (Agastachis Herba) ergänzt.
- Bei Diarrhö werden Cang Zhu (Atractylodis Rhizoma) und Hou Po (Magnoliae Officinalis Cortex) hinzugefügt.

Kontraindikationen: *Xing Su San* ist nicht zur Langzeitanwendung geeignet.

Korrespondierende Akupunkturpunkte: Lu1, Lu5, Lu7, Lu9, Di11, LG16, Bl12, Bl13, Ma40

清燥救肺湯

Qing Zao Jiu Fei Tang

Dekokt, das Trockenheit klärt und die Lunge rettet

Zusammensetzung:

Sang Ye (Mori Folium)	9 g
Shi Gao (Gypsum Fibrosum)	7,5 g
Mai Men Dong (Ophiopogonis Radix)	3,6 g
Xing Ren (Armeniacae Semen)	2,1 g
Pi Pa Ye (Eriobotryae Folium)	3 g
E Jiao (Asini Corii Colla)	2,4 g
Hei Zhi Ma (Sesami Nigrum Semen)	3 g
Ren Shen (Ginseng Radix et Rhizoma)	2,1 g
Gan Cao (Glycyrrhizae Radix et Rhizoma)	3 g

Abb. 130: Die Blätter der Maulbeerbäume (*Morus* spec.) haben antibiotische und metabolische Wirkung.

Anmerkung der Autorin:
In dieser Rezeptur ist E Jiao (Asini Corii Colla) enthalten, das ist schwarze Gelatine aus Eselhaut. Wenn Sie diese Rezeptur für ein Pferd verordnen wollen oder wenn Sie auf die Gelatine verzichten möchten, kann E Jiao durch jeweils 2 g Sang Shen (Mori Fructus) und Bai He (Lilii Bulbus) ersetzt werden.

Wirkt auf

Funktionskreis Lunge
Funktionskreis Dickdarm

Temperaturverhalten: kühl
Geschmacksrichtung: süß, leicht bitter
Wirkrichtung: absenkend
Wirkort: Lunge

Chinesisch-therapeutische Wirkung:

- Befeuchtet Trockenheit
- Befeuchtet die Lunge
- Tonisiert das Yin
- Senkt das Lungen-Qi ab

Klinische Anwendung:

- trockener Husten
- Rachenentzündungen
- Asthma
- RAO (Recurrent airway obstruction)
- Lungenentzündung
- Juckreiz

Sang Ye (Mori Folium) befeuchtet Trockenheit und vertreibt pathogene Faktoren.

Shi Gao (Gypsum Fibrosum) und Mai Men Dong (Ophiopogonis Radix) klären Lungen-Hitze und befeuchten Trockenheit.

Xing Ren (Armeniacae Semen) und Pi Pa Ye (Eriobotryae Folium) tonisieren die Lunge und regulieren das Lungen-Qi.

E Jiao (Asini Corii Colla) und Hei Zhi Ma (Sesami Nigrum Semen) nähren das Yin und befeuchten dadurch die Lunge.

Ren Shen (Ginseng Radix et Rhizoma) und Gan Cao (Glycyrrhizae Radix et Rhizoma) tonisieren das Qi.

Modifikationen:

- Bei viel zähem Schleim werden Chuan Bei Mu (Fritillariae Cirrhosae Bulbus) und Gua Lou Pi (Trichosanthis Pericarpium) hinzugefügt.
- Bei Obstipation werden Huo Ma Ren (Cannabis Fructus), Rou Cong Rong (Cistanches Herba) und Tao Ren (Persicae Semen) hinzugefügt.

Kontraindikationen:
Qing Zao Jiu Fei Tang sollte bei Magen- und Milz-Schwäche nicht länger als vier bis sechs Wochen verabreicht werden.

Korrespondierende Akupunkturpunkte: Lu9, Lu7, Bl13, Lu5, Ni6, Di11

12.2 Nährende und befeuchtende Rezepturen

養陰清肺湯

Yang Yin Qing Fei Tang

Dekokt, das das Yin nährt und die Lunge klärt

Zusammensetzung:

Sheng Di Huang (Rehmanniae Radix)	12 g
Mai Men Dong (Ophiopogonis Radix)	9 g
Xuan Shen (Scrophulariae Radix)	9 g
Mu Dan Pi (Moutan Cortex)	5 g
Chuan Bei Mu (Fritillariae Cirrhosae Bulbus)	5 g
Bai Shao Yao (Paeoniae Radix Alba)	5 g
Bo He (Menthae Haplocalycis Herba)	3 g
Gan Cao (Glycyrrhizae Radix et Rhizoma)	3 g

Wirkt auf

Funktionskreis Lunge

Funktionskreis Niere

Temperaturverhalten: kühl
Geschmacksrichtung: süß, bitter
Wirkrichtung: absenkend
Wirkort: Lunge, Rachen

Chinesisch-therapeutische Wirkung:

- Nährt das Yin
- Kühlt Hitze
- Beseitigt Toxine

Klinische Anwendung:

- trockener Husten
- trockenes Maul, trockene Nase
- Rachenentzündung
- Bronchitis
- RAO (Recurrent airway obstruction)
- Bluthusten

Abb. 131: *Scrophularia nodosa* heißt auf Deutsch Knoten-Braunwurz, was sich auf die braunen Blüten und das knotige Aussehen ihres Rhizoms bezieht.

Sheng Di Huang (Rehmanniae Radix) tonisiert das Nieren-Yin.

Mai Men Dong (Ophiopogonis Radix) tonisiert das Lungen-Yin.

Xuan Shen (Scrophulariae Radix) nährt das Yin und leitet Hitze aus.

Mu Dan Pi (Moutan Cortex) kühlt das Xue und lässt Schwellungen zurückgehen.

Chuan Bei Mu (Fritillariae Cirrhosae Bulbus) befeuchtet die Lunge und löst Schleim auf.

Bai Shao Yao (Paeoniae Radix Alba) tonisiert das Xue und das Yin.

Bo He (Menthae Haplocalycis Herba) öffnet die Oberfläche und klärt den Kopf.

Gan Cao (Glycyrrhizae Radix et Rhizoma) tonisiert das Qi und harmonisiert die Arzneien.

Modifikationen:

- Bei starker Trockenheit werden Tian Dong (Asparagi Radix) und Shi Hu (Dendrobii Caulis) hinzugefügt.
- Bei schwerem Yin-Mangel wird Shu Di Huang (Rehmanniae Radix Praeparatae) ergänzt.

Kontraindikationen:
Yang Yin Qing Fei Tang sollte bei Schwäche in den Funktionskreisen Milz-Pankreas und Magen mit weichem Kot, Kotwasser oder Diarrhö nicht verordnet werden.

Korrespondierende Akupunkturpunkte: Lu9, Di11, Di4, Ni6, Lu5, He5, Ma40, Bl13, Bl40

百合固金湯

Bai He Gu Jin Tang

Lilii-Bulbus-Dekokt zur Erhaltung des Metalls

Zusammensetzung:

Sheng Di Huang (Rehmanniae Radix)	6 g
Shu Di Huang (Rehmanniae Radix Praeparatae)	9 g
Mai Men Dong (Ophiopogonis Radix)	4,5 g
Bai He (Lilii Bulbus)	3 g
Chuan Bei Mu (Fritillariae Cirrhosae Bulbus)	3 g
Xuan Shen (Scrophulariae Radix)	2,4 g
Dang Gui (Angelicae Sinensis Radix)	3 g
Bai Shao Yao (Paeoniae Radix Alba)	3 g
Jie Geng (Platycodi Radix)	2,4 g
Gan Cao (Glycyrrhizae Radix et Rhizoma)	3 g

Abb. 132: Die Zwiebeln der Lilienart *Lilium lancifolium* werden in der TCM verwendet, um die Lunge zu befeuchten und Husten zu stoppen.

Wirkt auf

Funktionskreis Lunge
Funktionskreis Niere

Temperaturverhalten: kühl
Geschmacksrichtung: süß, bitter
Wirkrichtung: absenkend
Wirkort: Atemwege

Chinesisch-therapeutische Wirkung:

- Tonisiert das Yin
- Befeuchtet die Lunge
- Löst Schleim auf
- Senkt rebellierendes Lungen-Qi ab

Klinische Anwendung:
- trockener Husten
- entzündeter Rachen
- heiße Hufe bzw. Pfoten
- chronische Bronchitis
- RAO (Recurrent airway obstruction)
- Lungenkarzinom
- Asthma

Sheng Di Huang (Rehmanniae Radix) und Shu Di Huang (Rehmanniae Radix Praeparatae) tonisieren das Yin.

Mai Men Dong (Ophiopogonis Radix), Bai He (Lilii Bulbus) und Chuan Bei Mu (Fritillariae Bulbus) tonisieren das Yin und befeuchten die Lunge.

Xuan Shen (Scrophulariae Radix) und Sheng Di Huang (Rehmanniae Radix) nähren das Yin und kühlen das Xue.

Dang Gui (Angelicae Sinensis Radix) und Bai Shao Yao (Paeoniae Radix Alba) nähren das Yin und tonisieren das Xue.

Jie Geng (Platycodi Radix) wandelt Schleim um.

Gan Cao (Glycyrrhizae Radix et Rhizoma) harmonisiert alle Arzneien.

Modifikationen:

- Bei Berührungsempfindlichkeit am Bauch werden Zhi Shi (Citri Aurantii Immaturi Fructus) und Chai Hu (Bupleuri Radix) ergänzt.
- Bei Husten mit Atemnot werden Xing Ren (Armeniacae Semen), Wu Wei Zi (Schisandrae Fructus) und Kuan Dong Hua (Farfarae Flos) ergänzt.
- Bei zähem, gelbem Schleim werden Gua Lou (Trichosanthis Fructus) und Zhu Ru (Bambusae Caulis in Taeniam) dazugegeben.
- Bei vermehrten Hitze-Zeichen werden Zhi Mu (Anemarrhenae Rhizoma) und Yu Xing Cao (Houttuyniae Herba) hinzugefügt.

Kontraindikationen:

- *Bai He Gu Jin Tang* ist bei Fülle-Husten durch äußere pathogene Faktoren kontraindiziert.
- Bei Milz-Qi-Mangel mit weichem Kot und Fressunlust sollte diese Rezeptur nicht verordnet werden.

Korrespondierende Akupunkturpunkte: Lu9, Lu5, Lu7, Ma40, Ni6, MP6, Di11

麥門冬湯

Mai Men Dong Tang

Ophiopogonis-Radix-Dekokt

Zusammensetzung:

Mai Men Dong (Ophiopogonis Radix)	60 g
Fa Ban Xia (Pinelliae Rhizoma Praeparatae)	10 g
Ren Shen (Ginseng Radix et Rhizoma)	6 g
Geng Mi (Oryzae Semen)	6 g
Da Zao (Jujubae Fructus)	4 g
Gan Cao (Glycyrrhizae Radix et Rhizoma)	6 g

Abb. 133: Der Schlangenbart (*Ophiopogon*-Arten) hat grasartige Blätter und hübsche Blüten, die sich später in blaue Beeren verwandeln.

Anmerkung der Autorin:
In der Originalrezeptur ist das unpräparierte Ban Xia (Pinelliae Rhizoma; botanisch *Pinellia ternata* = Mittsommerknolle) enthalten, das hier durch das ungiftige Fa Ban Xia (Pinelliae Rhizoma Praeparatae) ersetzt wurde.

Wirkt auf
Funktionskreis Lunge
Funktionskreis Magen

Temperaturverhalten: kühl
Geschmacksrichtung: süß, sauer
Wirkrichtung: absenkend
Wirkort: vorderer und mittlerer Erwärmer

Chinesisch-therapeutische Wirkung:
- Tonisiert das Yin
- Senkt rebellierendes Qi ab
- Tonisiert das Qi
- Harmonisiert den mittleren Erwärmer

Klinische Anwendung:
- Gastritis
- Erbrechen
- Übelkeit
- Sodbrennen
- Bronchitis
- trockener Husten

Mai Men Dong (Ophiopogonis Radix) tonisiert das Yin und klärt Mangel-Hitze.

Fa Ban Xia (Pinelliae Rhizoma Praeparatae) leitet Schleim aus und senkt rebellierendes Qi ab.

Ren Shen (Ginseng Radix et Rhizoma) tonisiert das Qi und erzeugt JinYe/Körperflüssigkeiten.

Geng Mi (Oryzae Semen), Da Zao (Jujubae Fructus) und Gan Cao (Glycyrrhizae Radix et Rhizoma) nähren die Funktionskreise Milz-Pankreas und Magen.

Modifikationen:

- Bei starker Schädigung der JinYe werden Bei Sha Shen (Glehniae Radix) und Yu Zhu (Polygonati Odorati Rhizoma) hinzugefügt.
- Bei Reizbarkeit und viel Durst werden Shi Gao (Gypsum Fibrosum) und Zhi Mu (Anemarrhenae Rhizoma) ergänzt.
- Bei trockenem Würgen aufgrund von Magen-Yin-Mangel wird Bai He (Lilii Bulbus) dazugegeben.

Kontraindikationen: *Mai Men Dong Tang* sollte nicht bei Lungen-Kälte verordnet werden.

Korrespondierende Akupunkturpunkte: MP4, MP6, Ma36, Ma40, Ma42, Lu7, 3E5, Ni6

玉泉丸

Yu Quan Wan

Jade-Quelle-Pille

Zusammensetzung:

Tian Hua Fen (Trichosanthis Radix)	4,5 g
Sheng Di Huang (Rehmanniae Radix)	3 g
Ge Gen (Puerariae Lobatae Radix)	4,5 g
Fu Ling (Poriae Sclerotium)	3 g
Mai Men Dong (Ophiopogonis Radix)	3 g
Ren Shen (Ginseng Radix et Rhizoma)	3 g
Huang Qi (Astragali Radix)	3 g
Wu Mei (Mume Fructus)	3 g
Wu Wei Zi (Schisandrae Fructus)	3 g
Gan Cao (Glycyrrhizae Radix et Rhizoma)	3 g

Abb. 134: Die Ume (*Prunus mume*) blüht in der kältesten Zeit des Jahres und wird deswegen als Symbol für das Trotzen gegen widrige Bedingungen angesehen. Hier eine einheimische Zierpflaume in Blüte.

Wirkt auf
Funktionskreis Lunge
Funktionskreis Magen
Funktionskreis Niere

Temperaturverhalten: kühl
Geschmacksrichtung: süß, sauer
Wirkrichtung: emporhebend
Wirkort: mittlerer und hinterer Erwärmer

Chinesisch-therapeutische Wirkung:
- Tonisiert das Yin
- Erzeugt JinYe
- Befeuchtet Trockenheit

Klinische Anwendung:
- Diabetes
- Polydipsie und Polyurie
- dauernder Hunger mit Gewichtsverlust

Tian Hua Fen (Trichosanthis Radix) und Sheng Di Huang (Rehmanniae Radix) fördern die Bildung der JinYe (Körperflüssigkeiten) und leiten Hitze aus.

Ge Gen (Puerariae Lobatae Radix) hat eine emporhebende Funktion und verteilt die JinYe in die unterschiedlichen Körperregionen.

Fu Ling (Poriae Sclerotium) stärkt die Funktionskreise Milz-Pankreas und Magen und fördert die physiologische Urinausscheidung.

Mai Men Dong (Ophiopogonis Radix) nährt Lungen- und Magen-Yin.

Ren Shen (Ginseng Radix et Rhizoma) und Huang Qi (Astragali Radix) tonisieren das Qi.

Wu Mei (Mume Fructus) und Wu Wei Zi (Schisandrae Fructus) befeuchten und lindern Durst.

Gan Cao (Glycyrrhizae Radix et Rhizoma) harmonisiert die Arzneien.

Modifikationen:

- Bei Schleim werden Chen Pi (Citri Reticulatae Pericarpium) und Fa Ban Xia (Pinelliae Rhizoma Praeparatae) ergänzt.
- Bei Nieren-Yang-Mangel werden Tu Si Zi (Cuscutae Semen), Rou Gui (Cinnamomi Cortex) und Xian Mao (Curculiginis Rhizoma) hinzugefügt.
- Bei Nieren-Yin-Mangel werden Xuan Shen (Scrophulariae Radix) und Gou Qi Zi (Lycii Fructus) dazugegeben.
- Bei sehr ausgeprägtem Hunger werden Sheng Di Huang (Rehmanniae Radix) und Shu Di Huang (Rehmanniae Radix Praeparatae) hinzugefügt.

Kontraindikationen: Diese Rezeptur ist nicht zur Langzeitanwendung geeignet.

Korrespondierende Akupunkturpunkte: Ni3, Ni6, Lu9, Lu5, Ma25, Lu7, Bl20, Ma36, MP6

13
Feuchtigkeit beseitigende Rezepturen

Feuchtigkeit beseitigende Rezepturen trocknen Feuchtigkeit und leiten Feuchtigkeit aus, indem sie die Urinausscheidung fördern und Dysurie lindern. Rezepturen, die Feuchtigkeit beseitigen, werden bei Disharmoniemustern mit Feuchtigkeit und Wasseransammlungen verordnet.

Störungen mit Feuchtigkeit sind gekennzeichnet durch einen schleichenden Krankheitsbeginn, eine bereits lang andauernde Erkrankung, einen langwierigen Krankheitsverlauf und häufige Rezidive. Nicht umsonst heißt es: „Feuchtigkeit klebt am Patienten."

Feuchtigkeits-Störungen werden entweder als Außen-Erkrankung (durch äußere pathogene Faktoren eingedrungen) oder Innen-Erkrankungen (im Innern entstanden oder ins Innere vorgedrungen) klassifiziert. Oft werden jedoch das Innere und das Äußere gleichzeitig beeinträchtigt, da die äußeren Leitbahnen eng mit den inneren Organen verbunden sind.

Äußere Feuchtigkeit tritt meist als Folge einer lang andauernden oder ständig wiederkehrenden Nässeeinwirkung auf, wie zum Beispiel lang andauernder Regen bei Weidetieren ohne Unterstand, oder häufiges Baden bei Hunden mit dichter Unterwolle, die nicht richtig abgetrocknet werden. Hier dringt äußerlich zugezogene Feuchtigkeit in die Wei-Qi-Schicht und die Leitbahnen ein und kann dort Ödeme, Fieber und Gelenk- oder Muskelschmerzen verursachen.

Innere Feuchtigkeit entsteht meist durch falsches Futter, wie Silage, zu frühes Anweiden und zu viel gehaltvolles Weidegras bei Pferden, oder durch zu feuchtes und zu kaltes Futter (z. B direkt aus dem Kühlschrank gefüttert) bei Hunden. Diese falsche Fütterung kann das Milz-Qi beeinträchtigen, und in der Folge kann die Milz ihrer transformierenden und transportierenden Funktion nicht mehr vollständig nachkommen. Daraus können dann Kotwasser, Diarrhö, Übelkeit, Erbrechen und Ödeme am Bauch oder an den Hintergliedmaßen entstehen.

Disharmoniemuster aufgrund von Feuchtigkeit beeinträchtigen die Funktionskreise Milz-Pankreas, Lunge und Niere. Die Milz nimmt Wasser auf und transformiert es, die Lunge verteilt es, und die Nieren scheiden das Wasser wieder aus. Eine Störung in einem dieser Zang-Fu verursacht eine gestörte Zirkulation der JinYe/Körperflüssigkeiten, dadurch kommt es zu Wassereinlagerungen oder gestörter Miktion. Feuchtigkeit kann außerdem zu einer Störung des San Jiao (Dreifach-Erwärmer) führen, wobei es zu Feuchtigkeitsansammlungen mit Hitze-Zeichen kommen kann, oder sie kann die Blase beeinträchtigen, die dann nicht mehr in der Lage ist, den Urin auszuscheiden.

Da Feuchtigkeit häufig mit Disharmoniemustern in den Zang-Fu einhergehen, **ist die genaue Diagnose entscheidend für eine erfolgreiche Therapie.**

Die Behandlungsmethoden variieren je nach Komplikationen oder Zustand des Patienten:

- Bei Feuchtigkeit in den Leitbahnen oder der Muskelschicht muss das Äußere entlastet werden.
- Stört die Feuchtigkeit das Innere oder den hinteren Körperbereich, werden aromatische, bittere und trocknende Arzneien verwendet, um Feuchtigkeit aufzulösen; oder süße, milde diuretische Arzneien, um Feuchtigkeit auszuleiten.
- Tritt die Feuchtigkeit zusammen mit Kälte-Symptomen auf, sollte das Yang tonisiert und Kälte vertrieben werden.
- Bei Feuchtigkeit in Kombination mit Hitze sollten Arzneien, die Hitze klären, Bestandteil der Rezeptur sein.
- Bei Mangel-Zuständen sollten zusätzlich tonisierende Arzneien enthalten sein.
- Und bei Feuchtigkeit aufgrund einer Qi-Stagnation sollten Arzneien zum Beleben der Qi-Zirkulation hinzugefügt werden.

Rezepturen zum Vertreiben von Wind-Feuchtigkeit, die Bi-Syndrome behandeln, werden in Kapitel 14 (ab Seite 304) besprochen.

Klinische Anwendungen:
- Ödeme
- gastrointestinale Erkrankungen
- Nierenerkrankungen
- Harnwegserkrankungen
- Herz-Kreislauf-Erkrankungen
- Lebererkrankungen
- Gallenblasenerkrankungen
- Infektionen

Untergeordnete Wirkkategorien

Aufgrund der Komplexität von Feuchtigkeits-Störungen werden diese Rezepturen in vier Unterkategorien eingeteilt:

Feuchtigkeit trocknende und den Magen harmonisierende Rezepturen:
Diese Rezepturen werden zur Behandlung von Feuchtigkeits-Störungen eingesetzt, die die Funktionskreise Milz-Pankreas und Magen beeinträchtigen. Die typischen klinischen Befunde sind Übelkeit, Erbrechen, Koliksymptome, Sodbrennen, Diarrhö, Fressunlust und Leistungsminderung.

Die Zunge ist bei diesen Erkrankungen geschwollen und weist eventuell einen Belag auf. Der Puls ist sanft und schlüpfrig.

Feuchtigkeit vertreibende und Hitze klärende Rezepturen:
Diese Rezepturen werden bei äußerer Feuchte-Hitze, innerer Feuchte-Hitze oder bei Feuchte-Hitze im hinteren Erwärmer (San Jiao) verordnet. Feuchtigkeit vertreibende und Hitze klärende Rezepturen wirken antibiotisch und entzündungshemmend. Zu den klinischen Anwendungsgebieten gehören Infektionen des Urogenitaltraktes, Störungen der Leber und der Gallenblase sowie Probleme in den Nieren und der Harnblase.

Die Zunge ist bei diesen Störungen rot und geschwollen, der Puls schnell und schlüpfrig.

Wasser regulierende und Feuchtigkeit beseitigende Rezepturen:
Diese Rezepturen kommen bei übermäßiger Feuchtigkeitsansammlung, die die Wasserwege blockiert, zum Einsatz. Aus schulmedizinischer Sicht haben diese Rezepturen eine starke diuretische Wirkung und behandeln effektiv unterschiedliche Erkrankungen, die mit Wasseransammlungen einhergehen. Dazu gehören Ödeme, Herz-Kreislauf-, Nieren- und Harnwegserkrankungen.

Bei diesen Störungen ist die Zunge geschwollen und weist eventuell einen dicken Belag auf, und der Puls ist schlüpfrig.

Warme Rezepturen, die Feuchtigkeit beseitigen:
Diese warmen Rezepturen werden zur Behandlung von Herz-Kreislauf-, Nieren- und Harnwegserkrankungen mit Feuchtigkeit und Kälte eingesetzt.

Die Zunge ist bei diesen Erkrankungen blass und geschwollen, und der Puls ist langsam und schlüpfrig.

13.1 Feuchtigkeit trocknende und den Magen harmonisierende Rezepturen

平胃散

Ping Wei San

Beruhige-den-Magen-Pulver

Zusammensetzung:

Cang Zhu (Atractylodis Rhizoma)	15 g
Hou Po (Magnoliae Officinalis Cortex)	9 g
Chen Pi (Citri Reticulatae Pericarpium)	9 g
Gan Cao (Glycyrrhizae Radix et Rhizoma)	4 g
Sheng Jiang (Zingiberis Rhizoma Recens)	4 g
Da Zao (Jujubae Fructus)	4 g

Abb. 135: Die Rinde der Magnolie (*Magnolia officinalis*) gehört zur Gruppe der „aromatischen und Feuchtigkeit umwandelnden" Arzneien.

Wirkt auf

Funktionskreis Milz-Pankreas
Funktionskreis Magen

Temperaturverhalten: warm
Geschmacksrichtung: scharf, bitter
Wirkrichtung: emporhebend
Wirkort: mittlerer Erwärmer

Chinesisch-therapeutische Wirkung:
- Trocknet Feuchtigkeit
- Tonisiert die Milz
- Harmonisiert den Magen
- Tonisiert das Qi
- Löst Qi-Stau auf

Klinische Anwendung:
- Gastritis
- Übelkeit
- Erbrechen
- Magengeschwür
- Colitis
- Abmagerung
- Diarrhö
- weicher Kot
- Leistungsminderung

Cang Zhu (Atractylodis Rhizoma) trocknet Feuchtigkeit und tonisiert den Funktionskreis Milz-Pankreas.

Hou Po (Magnoliae Officinalis Cortex) vertreibt Feuchtigkeit und löst Qi-Stau auf.

Chen Pi (Citri Reticulatae Pericarpium) reguliert das Qi und vertreibt Stagnationen.

Sheng Jiang (Zingiberis Rhizoma Recens) und Da Zao (Jujubae Fructus) harmonisieren die Funktionskreise Milz-Pankreas und Magen.

Gan Cao (Glycyrrhizae Radix et Rhizoma) harmonisiert die Arzneien.

Modifikationen:

- Bei Feuchtigkeit mit Hitze werden Huang Lian (Coptidis Rhizoma) und Huang Qin (Scutellariae Radix) hinzugefügt.
- Bei Feuchtigkeit mit Kälte werden Gan Jiang (Zingiberis Rhizoma) und Rou Gui (Cinnamomi Cortex) ergänzt.
- Bei Berührungsempfindlichkeit am Bauch und den Rippen werden Chuan Mu Xiang (Vladimiriae Radix) und Zhi Qiao (Citri Aurantii Fructus) dazugegeben.
- Bei Schmerzen im Abdomen werden Yan Hu Suo (Corydalis Rhizoma) und Xiang Fu (Cyperi Rhizoma) ergänzt.
- Bei Verdauungsstörungen und Fressunlust werden Shan Zha (Crataegi Fructus) und Mai Ya (Hordei Fructus) hinzugefügt.
- Bei Milz-Qi-Mangel werden Ren Shen (Ginseng Radix et Rhizoma) und Huang Qi (Astragali Radix) ergänzt.
- Bei Diarrhö werden Bai Zhu (Atractylodis Macrocephalae Rhizoma), Yi Yi Ren (Coicis Semen) und Bai Bian Dou (Lablab Semen) ergänzt.
- Bei Diarrhö mit Schleim durch Kälte wird Wu Zhu Yu (Evodiae Fructus) hinzugefügt.
- Bei Obstipation werden Da Huang (Rhei Radix et Rhizoma) und Mang Xiao (Natrii sulfas) dazugegeben.
- Bei Ödemen wird Sang Bai Pi (Mori Cortex) ergänzt.

Kontraindikationen:

- *Ping Wei San* ist in der Trächtigkeit kontraindiziert!
- Da diese Rezeptur viele bittere, scharfe und warme Arzneien enthält, zehrt sie bei längerer Anwendung Xue und Yin auf. Deshalb ist sie nicht zur Langzeitanwendung geeignet und sollte nicht bei Yin- oder Xue-Mangel verordnet werden.

Korrespondierende Akupunkturpunkte: Ma36, KG12, KG6, MP6, MP4, MP3, Bl20, Bl21

香砂平胃散

Xiang Sha Ping Wei San

Pulver mit Cyperus und Amomum, das den Magen beruhigt

Zusammensetzung:

Cang Zhu (Atractylodis Rhizoma)	6 g
Hou Po (Magnoliae Officinalis Cortex)	6 g
Zhi Qiao (Citri Aurantii Fructus)	1 g
Chen Pi (Citri Reticulatae Pericarpium)	6 g
Sha Ren (Amomi Fructus)	1,5 g
Xiang Fu (Cyperi Rhizoma)	3 g
Chuan Mu Xiang (Vladimiriae Radix)	1,5 g
Shan Zha (Crataegi Fructus)	1 g
Mai Ya (Hordei Fructus)	1 g
Shen Qu (Massa Medicata Fermentata)	1 g
Gan Jiang (Zingiberis Rhizoma)	1 g
Gan Cao (Glycyrrhizae Radix et Rhizoma)	1 g

Abb. 136: Das Rhizom des Zypergrases (*Cyperus rotundus* und andere Arten) ist eine der gebräuchlichsten Arzneien bei Qi-Stagnationen.

Wirkt auf

Funktionskreis Milz-Pankreas
Funktionskreis Magen
Funktionskreis Leber

Temperaturverhalten: warm
Geschmacksrichtung: süß, bitter
Wirkort: mittlerer Erwärmer
Wirkrichtung: absenkend

Chinesisch-therapeutische Wirkung:

- Harmonisiert die Mitte
- Leitet Feuchtigkeit aus
- Beseitigt Qi-Stagnationen

Klinische Anwendung:

- Fehlernährung bei Welpen und Fohlen
- Verdauungsstörungen
- Berührungsempfindlichkeit am Bauch und an den Rippen
- Magenentleerungsstörungen
- Fressunlust
- Diarrhö
- Erbrechen

Cang Zhu (Atractylodis Rhizoma) trocknet Feuchtigkeit und stärkt den Funktionskreis Milz-Pankreas.

Hou Po (Magnoliae Officinalis Cortex) und Zhi Qiao (Citri Aurantii Fructus) beseitigen Qi-Stagnationen.

Chen Pi (Citri Reticulatae Pericarpium) und Sha Ren (Amomi Fructus) bewegen das Qi, trocknen Feuchtigkeit und leiten Schleim aus.

Xiang Fu (Cyperi Rhizoma) und Chuan Mu Xiang (Vladimiriae Radix) beseitigen Leber-Qi-Stagnationen.

Shan Zha (Crataegi Fructus), Mai Ya (Hordei Fructus) und Shen Qu (Massa Medicata Fermentata) tonisieren den Funktionskreis Magen und beseitigen Nahrungs-Stagnationen.

Gan Jiang (Zingiberis Rhizoma) wärmt und harmonisiert den mittleren Erwärmer.

Gan Cao (Glycyrrhizae Radix et Rhizoma) harmonisiert die Arzneien.

Modifikationen:

- Bei Milz-Qi-Mangel werden Bai Zhu (Atractylodis Macrocephalae Rhizoma) und Dang Shen (Codonopsis Radix) ergänzt.
- Bei Milz- und Magen-Qi-Mangel werden Huang Qi (Astragali Radix) und Shan Yao (Dioscoreae Rhizoma) hinzugefügt.
- Bei Übelkeit und Erbrechen aufgrund von Nahrungsstagnation werden Huo Xiang (Agastachis Herba) und Zhu Ru (Bambusae Caulis in Taeniam) dazugegeben.
- Bei rezidivierenden Nahrungsstagnationen wird Gan Jiang (Zingiberis Rhizoma) entfernt und Da Huang (Rhei Radix et Rhizoma) dazugegeben.

Kontraindikationen:

- *Xiang Sha Ping Wei San* ist in der Trächtigkeit kontraindiziert!
- Da in dieser Rezeptur Shen Qu (Massa Medicata Fermentata) enthalten ist, sollte es für Pferde nur mit Vorsicht verordnet werden, da es bei längerer oder hochdosierter Einnahme zu Koliksymptomen kommen kann.

Korrespondierende Akupunkturpunkte: Ma36, Ma42, Ma25, KG12, MP4, MP6, Ma40, Le13, Le3, Bl18, Bl20

不換金正氣散

Bu Huan Jin Zheng Qi San

Pulver, das das Qi ausrichtet und mehr wert ist als Gold

Zusammensetzung:

Cang Zhu (Atractylodis Rhizoma)	12 g
Hou Po (Magnoliae Officinalis Cortex)	9 g
Chen Pi (Citri Reticulatae Pericarpium)	9 g
Huo Xiang (Agastachis Herba)	6 g
Fa Ban Xia (Pinelliae Rhizoma Praeparatae)	6 g
Sheng Jiang (Zingiberis Rhizoma Recens)	3 g
Da Zao (Jujubae Fructus)	3 g
Gan Cao (Glycyrrhizae Radix et Rhizoma)	3 g

Abb. 137: Die Dreizählige Pinellie (*Pinellia ternata*) wird auch Mittsommerknolle genannt und gehört zur Familie der Aronstabgewächse.

Wirkt auf

Funktionskreis Milz-Pankreas
Funktionskreis Magen

Temperaturverhalten: warm
Geschmacksrichtung: leicht scharf, leicht bitter
Wirkrichtung: emporhebend
Wirkort: mittlerer Erwärmer

Chinesisch-therapeutische Wirkung:

- Reguliert das Qi
- Senkt rebellierendes Magen-Qi ab
- Trocknet Feuchtigkeit
- Klärt den Magen

Klinische Anwendung:

- Erbrechen
- Diarrhö
- Gastroenteritis
- Verdauungsstörungen
- Fressunlust
- Sodbrennen

Cang Zhu (Atractylodis Rhizoma) tonisiert die Milz und trocknet Feuchtigkeit.

Hou Po (Magnoliae Officinalis Cortex) löst Qi-Stagnationen, vertreibt Feuchtigkeit und mindert Schmerzen im Abdomen.

Chen Pi (Citri Reticulatae Pericarpium) reguliert das Qi und beseitigt Stagnationen.

Huo Xiang (Agastachis Herba) regt die Qi-Zirkulation an, vertreibt Feuchtigkeit und harmonisiert den Magen.

Fa Ban Xia (Pinelliae Rhizoma Praeparatae) trocknet Feuchtigkeit und senkt rebellierendes Magen-Qi ab.

Sheng Jiang (Zingiberis Rhizoma Recens) harmonisiert die Arzneien und stillt Brechreiz.

Da Zao (Jujubae Fructus) tonisiert das Qi und harmonisiert den mittleren Erwärmer.

Gan Cao (Glycyrrhizae Radix et Rhizoma) harmonisiert die Arzneien.

Modifikationen:

- Bei Erbrechen mit viel Speichel oder Schleim werden Fu Ling (Poriae Sclerotium) und Jie Geng (Platycodi Radix) hinzugefügt.
- Bei Wind-Kälte werden Fang Feng (Ledebouriellae Saposhnikoviae Radix) und Cong Bai (Allii Fistulosi Bulbus) hinzugefügt.
- Bei starker Diarrhö und Erbrechen wird die Rezeptur mit *Huang Lian Tang* (Coptidis-Rhizoma-Dekokt, siehe Seite 86) kombiniert.

Kontraindikationen:
Diese Rezeptur wirkt durch die enthaltenen Arzneien warm und trocknend. Deshalb sollte sie nicht für Patienten mit Yin- oder Xue-Mangel verordnet werden.

Korrespondierende Akupunkturpunkte: Le13, KG12, Ma36, MP6, Bl20, Bl21, MP4, Ma25

藿香正氣散

Huo Xiang Zheng Qi San

Agastachis-Herba-Pulver, das das Qi korrigiert

Zusammensetzung:

Huo Xiang (Agastachis Herba)	15 g
Zi Su Ye (Perillae Folium)	5 g
Bai Zhi (Angelicae Dahuricae Radix)	5 g
Fa Ban Xia (Pinelliae Rhizoma Praeparatae)	10 g
Chen Pi (Citri Reticulatae Pericarpium)	10 g
Bai Zhu (Atractylodis Macrocephalae Rhizoma)	10 g
Fu Ling (Poriae Sclerotium)	5 g
Hou Po (Magnoliae Officinalis Cortex)	10 g
Da Fu Pi (Arecae Pericarpium)	5 g
Jie Geng (Platycodi Radix)	10 g
Zhi Gan Cao (Glycyrrhizae Radix et Rhizoma Praeparatae cum Melle)	5 g
Sheng Jiang (Zingiberis Rhizoma Recens)	3 g
Da Zao (Jujubae Fructus)	3 g

Abb. 138: Von Duftnesseln (*Agastache* spec.) werden in der TCM alle oberirdischen Teile verwendet, um Feuchtigkeit umzuwandeln.

Wirkt auf

Funktionskreis Milz-Pankreas
Funktionskreis Magen
Funktionskreis Lunge

Temperaturverhalten: warm
Geschmacksrichtung: leicht scharf
Wirkrichtung: leicht emporhebend
Wirkort: mittlerer Erwärmer

Chinesisch-therapeutische Wirkung:
- Öffnet die Oberfläche
- Leitet Feuchtigkeit aus
- Reguliert das Qi
- Leitet Wind-Kälte aus
- Harmonisiert den mittleren Erwärmer

Klinische Anwendung:
- Infekte im Sommer
- Gastroenteritis
- Colitis
- Diarrhö
- Pilzinfektionen
- Husten mit Kälteaversion

Huo Xiang (Agastachis Herba) beseitigt äußere Wind-Kälte und vertreibt Feuchtigkeit.

Zi Su Ye (Perillae Folium) und Bai Zhi (Angelicae Dahuricae Radix) beseitigen äußere Wind-Kälte und zerstreuen innere Feuchtigkeit.

Fa Ban Xia (Pinelliae Rhizoma Praeparatae) und Chen Pi (Citri Reticulatae Pericarpium) trocknen Feuchtigkeit, harmonisieren den Magen und senken rebellierendes Qi ab.

Bai Zhu (Atractylodis Macrocephalae Rhizoma) und Fu Ling (Poriae Sclerotium) tonisieren den Funktionskreis Milz-Pankreas, leiten Feuchtigkeit aus und harmonisieren den mittleren Erwärmer.

Hou Po (Magnoliae Officinalis Cortex) und Da Fu Pi (Arecae Pericarpium) beseitigen Qi-Stagnationen und leiten Feuchtigkeit aus.

Jie Geng (Platycodi Radix) belüftet die Lunge und klärt Feuchtigkeit.

Zhi Gan Cao (Glycyrrhizae Radix et Rhizoma Praeparatae cum Melle), Sheng Jiang (Zingiberis Rhizoma Recens) und Da Zao (Jujubae Fructus) harmonisieren die Arzneien und regulieren die Funktionskreise Milz-Pankreas und Magen.

Modifikationen:
- Bei stärkerer Hitze werden Huang Lian (Coptidis Rhizoma) und Huang Qi (Scutellariae Radix) hinzugefügt.
- Bei stärker ausgeprägter Kälte wird Gan Jiang (Zingiberis Rhizoma) ergänzt.
- Bei stärker ausgeprägter Feuchtigkeit werden Yi Yi Ren (Coicis Semen) und Cang Zhu (Atractylodis Rhizoma) dazugegeben.
- Bei Schmerzen im Abdomen mit Diarrhö werden Cang Zhu (Atractylodis Rhizoma) und Huang Lian (Coptidis Rhizoma) ergänzt.
- Bei Schmerzen im Abdomen und Berührungsempfindlichkeit an den Rippen aufgrund von Qi-Stagnationen werden Chuan Mu Xiang (Vladimiriae Radix) und Yan Hu Suo (Corydalis Rhizoma) hinzugefügt.

Kontraindikationen:
- Die meisten Arzneien in dieser Rezeptur sind scharf und trocknend, deshalb ist sie bei Patienten mit Yin- oder Xue-Mangel kontraindiziert.
- *Mögliche Nebenwirkungen:* In seltenen Fällen kann es bei der Gabe von *Huo Xiang Zheng Qi San* zu Juckreiz und Urticaria kommen.

Korrespondierende Akupunkturpunkte: Ma36, KG12, MP6, MP4, Lu7, LG16, Bl20, Bl21, Bl25

13.2 Feuchtigkeit vertreibende und Hitze klärende Rezepturen

茵陳蒿湯

Yin Chen Hao Tang

Dekokt mit Artemisiae Scopariae Herba

Zusammensetzung:

Yin Chen (Artemisiae Scopariae Herba)	18 g
Zhi Zi (Gardeniae Fructus)	9 g
Da Huang (Rhei Radix et Rhizoma)	6 g

Wirkt auf

Funktionskreis Dickdarm
Funktionskreis Milz-Pankreas
Funktionskreis Magen
Funktionskreis Leber
Funktionskreis Gallenblase

Temperaturverhalten: kalt
Geschmacksrichtung: bitter
Wirkrichtung: absenkend
Wirkort: mittlerer Erwärmer

Chinesisch-therapeutische Wirkung:

- klärt Hitze
- leitet Feuchtigkeit aus

Klinische Anwendung:

- Hepatitis
- Gallenblasenerkrankungen
- Ikterus
- Erbrechen

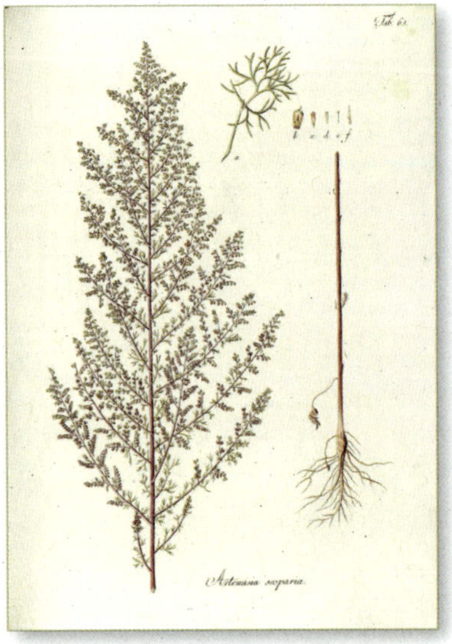

Abb. 139: Der Besen-Beifuß (*Artemisia scoparia*) ist eine der am häufigsten verwendeten Pflanzen bei Gelbsucht.

Yin Chen (Artemisiae Scopariae Herba) klärt Feuchte-Hitze in Leber und Gallenblase.

Zhi Zi (Gardeniae Fructus) klärt Feuchte-Hitze in allen drei Erwärmern und scheidet sie über den Urin aus.

Da Huang (Rhei Radix et Rhizoma) leitet Feuchte-Hitze über den Kot aus.

Modifikationen:

- Bei schwerem Ikterus werden Hu Zhang (Polygoni Cuspidati Rhizoma) und Pu Gong Ying (Taraxaci Herba) ergänzt.
- Bei Wassereinlagerung mit geringer Urinmenge werden Fu Ling (Poriae Sclerotium), Ze Xie (Alismatis Rhizoma) und Hua Shi (Talkum) hinzugefügt.

- Bei Schmerzen beim Urinieren werden Mu Tong (Akebiae Caulis), Hua Shi (Talkum) und Jin Qian Cao (Lysimachiae Herba) dazugegeben.
- Bei viel Durst und angespanntem Abdomen mit Berührungsempfindlichkeit werden Huang Lian (Coptidis Rhizoma) und Huang Qin (Scutellariae Radix) hinzugefügt.
- Bei Fieber mit Kälteabneigung werden Chai Hu (Bupleuri Radix) und Huang Qin (Scutellariae Radix) ergänzt.
- Bei wenig dunklem Urin werden Jin Qian Cao (Lysimachiae Herba) und Ze Xie (Alismatis Rhizoma) hinzugefügt.
- Bei Schmerzen im Hypochondrium werden Chai Hu (Bupleuri Radix), Chuan Lian Zi (Toosendan Fructus), Yu Jin (Curcumae Radix) und Xiang Fu (Cyperi Rhizoma) ergänzt.
- Bei Erbrechen werden Huang Lian (Coptidis Rhizoma), Bai Shao Yao (Paeoniae Radix Alba) und Fa Ban Xia (Pinelliae Rhizoma Praeparatae) hinzugefügt.

Kontraindikationen:

- Diese Rezeptur ist für Pferde nicht geeignet, da es zu Koliksymptomen kommen kann.
- *Yin Chen Hao Tang* ist in der Trächtigkeit kontraindiziert!
- *Mögliche Nebenwirkungen:* Die Rezeptur kann eventuell zu dunklem Urin und zu weichem Kot oder Diarrhö führen.

Korrespondierende Akupunkturpunkte: Le2, Le3, Le14, Gb24, Gb25, Di11, Ma42

三仁湯

San Ren Tang

Drei-Kerne-Dekokt

Zusammensetzung:

Xing Ren (Armeniacae Semen)	12 g
Dou Kou (Amomi Rotundi Fructus)	6 g
Yi Yi Ren (Coicis Semen)	18 g
Hua Shi (Talkum)	18 g
Tong Cao (Tetrapanacis Medulla)	6 g
Zhu Ye (Phyllostachys Herba)	6 g
Fa Ban Xia (Pinelliae Rhizoma Praeparatae)	10 g
Hou Po (Magnoliae Officinalis Cortex)	6 g

Wirkt auf

Funktionskreis Dreifach-Erwärmer
Funktionskreis Lunge
Funktionskreis Magen

Abb. 140: Die Hiobsträne (*Coix lacrima-jobi*) ist ein hochwüchsiges tropisches Süßgras. Ihr Same tonisiert die Milz und leitet Feuchtigkeit aus.

Temperaturverhalten: kühl
Geschmacksrichtung: scharf, süß
Wirkrichtung: emporhebend
Wirkort: vorderer und mittlerer Erwärmer

Chinesisch-therapeutische Wirkung:
- Klärt Feuchte-Hitze
- Öffnet die Oberfläche
- Leitet Feuchtigkeit aus
- Stützt und reguliert den Funktionskreis Dreifach-Erwärmer

Klinische Anwendung:
- Lungenentzündung
- Otitis
- Hepatitis
- Herz-Lungen-Erkrankungen
- Harnblasenentzündung
- Arthritis
- Gastroenteritis

Xing Ren (Armeniacae Semen) belüftet die Lunge und reguliert das Lungen-Qi.

Dou Kou (Amomi Rotundi Fructus) trocknet Feuchtigkeit und löst Qi-Stagnationen auf.

Yi Yi Ren (Coicis Semen) tonisiert die Milz und leitet Feuchtigkeit aus.

Hua Shi (Talkum), Tong Cao (Tetrapanacis Medulla) und Zhu Ye (Phyllostachys Herba) leiten Hitze und Feuchtigkeit aus.

Fa Ban Xia (Pinelliae Rhizoma Praeparatae) und Hou Po (Magnoliae Officinalis Cortex) aktivieren die Qi-Zirkulation und leiten Feuchtigkeit aus.

Modifikationen:
- Im Frühstadium von Wen Bing (Wärme-Erkrankung) mit Feuchtigkeit, die die Wei-Qi-Schicht angreift, werden Huo Xiang (Agastachis Herba) und Xiang Ru (Mosla Herba) ergänzt.
- Bei Berührungsempfindlichkeit am Abdomen mit häufigem Absetzen von Kot werden Lai Fu Zi (Raphani Semen) und Shen Qu (Massa Medicata Fermentata) hinzugefügt.

Kontraindikationen:
- *San Ren Tang* behandelt mehr Feuchtigkeit als Hitze und ist für Patienten mit mehr Hitze als Feuchtigkeit nicht geeignet, ebenso wie bei Trockenheit.
- Die Anwendung in der Trächtigkeit ist kontraindiziert!

Korrespondierende Akupunkturpunkte: Di11, Di4, 3E5, MP6, MP9, Ma25, Ma42, Ma44, Lu5, Lu6, Lu7, MP4, MP6, Pc6, KG12

八正散

Ba Zheng San

Acht-Arzneien-Pulver zur Korrektur

Zusammensetzung:

Mu Tong (Akebiae Caulis)	9 g
Qu Mai (Dianthi Herba)	9 g
Bian Xu (Polygoni Avicularis Herba)	9 g
Hua Shi (Talkum)	9 g
Che Qian Zi (Plantaginis Semen)	9 g
Zhi Zi (Gardeniae Fructus)	9 g
Da Huang (Rhei Radix et Rhizoma)	9 g
Zhi Gan Cao (Glycyrrhizae Radix et Rhizoma Praeparatae cum Melle)	9 g

Abb. 141: Nelken (*Dianthus*-Arten) kennen wir als Zierpflanzen. In der TCM werden die oberirdischen Teile der Prachtnelke (*Dianthus superbus*) oder der Art *D. chinensis* verwendet.

Wirkt auf

Funktionskreis Blase

Funktionskreis Dreifach-Erwärmer

Temperaturverhalten: sehr kalt
Geschmacksrichtung: bitter, leicht süß
Wirkrichtung: stark absenkend
Wirkort: hinterer Erwärmer

Chinesisch-therapeutische Wirkung:
- Leitet Hitze aus
- Besänftigt Feuer
- Leitet Feuchte-Hitze aus
- Wirkt diuretisch

Klinische Anwendung:
- Harnwegsinfektionen
- Harnblasenentzündung
- Prostatitis
- Blasensteine
- Nierensteine
- Blut im Urin

Mu Tong (Akebiae Caulis), Qu Mai (Dianthi Herba), Bian Xu (Polygoni Avicularis Herba), Hua Shi (Talkum) und Che Qian Zi (Plantaginis Semen) unterstützen die Miktion und klären Feuchte-Hitze.

Zhi Zi (Gardeniae Fructus) leitet Feuchte-Hitze aus.

Da Huang (Rhei Radix et Rhizoma) leitet Hitze aus und besänftigt Feuer.

Zhi Gan Cao (Glycyrrhizae Radix et Rhizoma Praeparatae cum Melle) harmonisiert die Arzneien und besänftigt Schmerzen.

Modifikationen:

- Bei Blasensteinen werden Jin Qian Cao (Lysimachiae Herba) und Hai Jin Sha (Lygodii Spora) hinzugefügt.
- Bei Feuchte-Hitze mit dunklem Urin und Schmerzen beim Urinieren werden Huang Bo (Phellodendri Cortex), Jin Yin Hua (Lonicerae Flos), Pu Gong Ying (Taraxaci Herba), Bai Hua She She Cao (Hedyotidis Diffusae Herba) und Zi Hua Di Ding (Violae Herba) ergänzt.
- Bei Spannung im Abdomen und Berührungsempfindlichkeit an den Rippen und in den Flanken werden Wu Yao (Linderae Radix) und Chuan Lian Zi (Toosendan Fructus) dazugegeben.
- Bei Ödemen werden Fu Ling Pi (Poriae Cutis) und Ze Xie (Alismatis Rhizoma) ergänzt.

Kontraindikationen:

- In der Trächtigkeit ist *Ba Zheng San* kontraindiziert!
- Die Rezeptur enthält viele starke Arzneien, die bitter und kalt sind, und sollte deshalb nicht bei Patienten mit Mangel- und Schwäche-Erkrankungen verordnet werden.
- Sie ist nicht zur Langzeitanwendung geeignet und sollte abgesetzt werden, sobald die Wirkung eingetreten ist.
- Sie ist aufgrund der starken Arzneien nicht für Pferde geeignet.
- Bei Hunden mit Problemen im Magen-Darm-Trakt sollte Da Huang (Rhei Radix et Rhizoma) aus der Rezeptur entfernt werden.

Korrespondierende Akupunkturpunkte: Bl40, Bl60, Ni6, Ni3, MP6, MP10, Ma40, Di11

五苓散

Wu Ling San 1

Fünf-Bestandteile-Pulver bei Miktionsstörungen

Zusammensetzung:

Chi Fu Ling (Poriae Rubra)	9 g
Dang Gui (Angelicae Sinensis Radix)	7 g
Chi Shao (Paeoniae Radix Rubra)	15 g
Zhi Zi (Gardeniae Fructus)	15 g
Gan Cao (Glycyrrhizae Radix et Rhizoma)	7 g

Abb. 142: Die Früchte der Gardenien-Art *Gardenia jasminoides* wirken schmerzlindernd, sedierend, hepatoprotektiv, antihypertensiv und antibiotisch.

Anmerkung der Autorin:

Achtung: Es gibt mehrere Rezepturen mit dem Namen *Wu Ling San*, die aber unterschiedliche Zusammensetzungen haben – siehe auch Seite 297.

Wirkt auf

Funktionskreis Blase
Funktionskreis Dreifach-Erwärmer

Temperaturverhalten: kalt
Geschmacksrichtung: neutral, bitter
Wirkrichtung: absenkend
Wirkort: unterer Erwärmer

Chinesisch-therapeutische Wirkung:

- Klärt Hitze
- Kühlt das Xue
- Reguliert die Zirkulation der JinYe

Klinische Anwendung:

- Harnblasenentzündung
- Blut im Urin
- trüber Urin
- Schmerzen beim Urinieren

Chi Fu Ling (Poriae Rubra) klärt Hitze und fördert die Urinausscheidung.

Dang Gui (Angelicae Sinensis Radix) und Chi Shao (Paeoniae Radix Rubra) tonisieren das Xue und befeuchten Trockenheit.

Zhi Zi (Gardeniae Fructus) klärt Hitze und kühlt das Xue.

Gan Cao (Glycyrrhizae Radix et Rhizoma) lindert Schmerzen und harmonisiert die Arzneien.

Modifikationen:

- Bei Blut im Urin werden Xiao Ji (Cirsii Herba), Mo Han Lian (Ecliptae Herba) und Bai Mao Gen (Imperatae Rhizoma) ergänzt.
- Bei Blasensteinen werden Hai Jin Sha (Lygodii Spora), Jin Qian Cao (Lysimachiae Herba) und Shi Wei (Pyrrhosiae Folium) hinzugefügt.
- Bei viel Durst durch Hitze und Feuer werden Hua Shi (Talkum) und Shi Gao (Gypsum Fibrosum) dazugegeben.

Kontraindikationen: Die Anwendung von *Wu Ling San 1* ist in der Trächtigkeit verboten!

Korrespondierende Akupunkturpunkte: Bl40, Bl60, Ni3, Ni6, Lu5, MP6, MP9, Bl28, 3E5

13.3 Wasser regulierende und Feuchtigkeit beseitigende Rezepturen

五苓散

Wu Ling San 2

Fünf-Bestandteile-Pulver mit Pilzen

Zusammensetzung:

Ze Xie (Alismatis Rhizoma)	15 g
Zhu Ling (Polyporus)	9 g
Fu Ling (Poriae Sclerotium)	9 g
Bai Zhu (Atractylodis Macrocephalae Rhizoma)	9 g
Gui Zhi (Cinnamomi Ramulus)	6 g

Anmerkung der Autorin:
Sowohl die „Feuchtigkeit vertreibende und Hitze klärende" (von Seite 295) wie auch diese „Wasser regulierende und Feuchtigkeit vertreibende" Rezeptur heißen „*Wu Ling San*". Unterschieden werden sie durch ihre unterschiedliche Zusammensetzung und die unterschiedliche Wirkung.

Abb. 143: Das Rhizom der Froschlöffel-Art *Alisma orientalis* reguliert die Zirkulation der JinYe und leitet Feuchtigkeit aus. Hier im Bild die verwandte Art *A. graminium*.

Wirkt auf
Funktionskreis Blase
Funktionskreis Dreifach-Erwärmer
Funktionskreis Milz-Pankreas

Temperaturverhalten: leicht warm
Geschmacksrichtung: neutral, leicht scharf
Wirkrichtung: absenkend
Wirkort: unterer Erwärmer

Chinesisch-therapeutische Wirkung:
- Leitet Feuchtigkeit aus
- Fördert die Zirkulation der JinYe
- Wärmt das Yang

Klinische Anwendung:
- Harnwegserkrankungen
- viel Durst mit sofortigem Erbrechen nach dem Trinken
- Ödeme
- weicher Kot
- Kotwasser
- Diarrhö
- Niereninsuffizienz

Ze Xie (Alismatis Rhizoma) leitet Feuchtigkeit über den Urin aus.

Zhu Ling (Polyporus) und Fu Ling (Poriae Sclerotium) stärken den Funktionskreis Milz-Pankreas, leiten Feuchtigkeit aus und lösen Wasseransammlungen auf.

Bai Zhu (Atractylodis Macrocephalae Rhizoma) tonisiert das Milz-Qi und trocknet Feuchtigkeit.

Gui Zhi (Cinnamomi Ramulus) tonisiert das Yang und öffnet die Oberfläche.

Modifikationen:

- Bei Kälte und Feuchtigkeit wird Cang Zhu (Atractylodis Rhizoma) ergänzt.
- Bei Inkontinenz und Milz-Pankreas-Qi-Mangel wird Dang Shen (Codonopsis Radix) hinzugefügt.
- Bei Diarrhö durch Hitze wird Gui Zhi (Cinnamomi Ramulus) entfernt, dafür werden Che Qian Zi (Plantaginis Semen) und Mu Tong (Akebiae Caulis) dazugegeben.
- Bei akuter Gastroenteritis wird *Ping Wei San* (Beruhige-den-Magen-Pulver, siehe Seite 283) hinzugefügt.
- Bei Schmerzen in den Gliedmaßen durch Kälte und Feuchtigkeit wird Qiang Huo (Notopterygii Rhizoma seu Radix) hinzugefügt.

Kontraindikationen:

- Da die Rezeptur *Wu Ling San 2* die vorhandene Feuchtigkeit über den Urin ausleitet, ist diese Rezeptur nicht zur Langzeitanwendung geeignet.
- Sie sollte nicht bei Leere-Erkrankungen verordnet werden.
- *Wu Ling San 2* ist in der Trächtigkeit verboten!

Korrespondierende Akupunkturpunkte: Ni3, MP6, MP9, Ma36, Bl20, Bl28

防己黃耆湯

Fang Ji Huang Qi Tang

Dekokt mit Stephania und Astragalus

Zusammensetzung:

Fen Fang Ji (Stephaniae Tetrandrae Radix)	12 g
Huang Qi (Astragali Radix)	15 g
Bai Zhu (Atractylodis Macrocephalae Rhizoma)	9 g
Sheng Jiang (Zingiberis Rhizoma)	4 g
Da Zao (Jujubae Fructus)	2 g
Gan Cao (Glycyrrhizae Radix et Rhizoma)	6 g

Abb. 144: Die Wurzel *von Stephania tetrandra* enthält Tetrandin, einen analgetisch und antipyretisch wirkenden Inhaltsstoff.

Wirkt auf

Funktionskreis Lunge
Funktionskreis Milz-Pankreas
Funktionskreis Blase

Temperaturverhalten: leicht warm
Geschmacksrichtung: süß, scharf
Wirkrichtung: oberflächlich
Wirkort: Oberfläche

Chinesisch-therapeutische Wirkung:

- Leitet Wind-Feuchtigkeit aus
- Leitet Feuchtigkeit aus
- Tonisiert das Milz-Qi
- Festigt die Oberfläche

Klinische Anwendung:

- Arthritis
- Arthrose
- Frakturen
- Nephritis
- Ödeme

Fang Ji (Stephaniae Tetrandrae Radix) vertreibt Wind und reguliert die JinYe.

Huang Qi (Astragali Radix) tonisiert das Qi, festigt die Oberfläche und lässt Schwellungen zurückgehen.

Bai Zhu (Atractylodis Macrocephalae Rhizoma) tonisiert das Milz-Qi und trocknet Feuchtigkeit.

Sheng Jiang (Zingiberis Rhizoma) und Da Zao (Jujubae Fructus) harmonisieren die Ying-Nähr- und die Wei-Abwehr-Schicht.

Gan Cao (Glycyrrhizae Radix et Rhizoma) tonisiert das Qi und harmonisiert die Arzneien.

Modifikationen:

- Bei Ödemen und Schwellungen aufgrund von viel Feuchtigkeit wird die Rezeptur mit *Wu Ling San 2* (Fünf-Bestandteile-Pulver mit Pilzen, siehe Seite 297) kombiniert.
- Bei festem Abdomen und Berührungsempfindlichkeit am Bauch werden Chen Pi (Citri Reticulatae Pericarpium) und Hou Po (Magnoliae Officinalis Cortex) hinzugefügt.
- Bei Schmerzen im Abdomen und Berührungsempfindlichkeit an den Rippen aufgrund einer Disharmonie der Funktionskreise Leber und Milz-Pankreas wird Bai Shao Yao (Paeoniae Radix Alba) ergänzt.
- Bei Gelenkschmerzen mit Schwellung werden Cang Zhu (Atractylodis Rhizoma), Yi Yi Ren (Coicis Semen), Wei Ling Xian (Clematidis Radix et Rhizoma) und Mu Gua (Chaenomelis Fructus) hinzugefügt.
- Bei Schmerzen in den Gliedmaßen durch Qi- und Xue-Stagnationen werden Dang Gui (Angelicae Sinensis Radix) und Gui Zhi (Cinnamomi Ramulus) ergänzt.
- Bei Qi-Mangel werden Huang Qi (Astragali Radix) und Bai Zhu (Atractylodis Macrocephalae Rhizoma) dazugegeben.

Kontraindikationen:

- *Fang Ji Huang Qi Tang* darf bei Schwellungen oder Ödemen aufgrund von Fülle- oder Hitze-Erkrankungen nicht verordnet werden.
- In der Trächtigkeit ist die Rezeptur kontraindiziert!
- Eine Überdosierung dieser Rezeptur kann zu Übelkeit und Fressunlust führen.
- Diese Rezeptur ist nicht zur Langzeitanwendung geeignet.

Korrespondierende Akupunkturpunkte: MP3, MP4, MP6, MP9, Bl60, Bl62, Ni3, 3E5, Bl11, Bl20

13.4 Warme Rezepturen, die Feuchtigkeit beseitigen

苓桂朮甘湯

Ling Gui Zhu Gan Tang

Dekokt mit Poria, Cinnamomum, Atractylodis und Glycyrrhiza

Zusammensetzung:

Fu Ling (Poriae Sclerotium)	12 g
Gui Zhi (Cinnamomi Ramulus)	9 g
Bai Zhu (Atractylodis Macrocephalae Rhizoma)	6 g
Zhi Gan Cao (Glycyrrhizae Radix et Rhizoma Praeparatae cum Melle)	6 g

Abb. 145: Die einzelnen Arzneien dieser Rezeptur

Wirkt auf

Funktionskreis Milz-Pankreas
Funktionskreis Lunge

Temperaturverhalten: warm
Geschmacksrichtung: süß, scharf
Wirkrichtung: absenkend
Wirkort: vorderer Erwärmer

Chinesisch-therapeutische Wirkung:

- Leitet Feuchtigkeit aus
- Wandelt Schleim um
- Tonisiert das Yang
- Stützt die Mitte

Klinische Anwendung:

- Ödeme
- Husten
- wässriger Schleim
- Atemnot
- Herzinsuffizienz
- Nephritis
- Diarrhö

Fu Ling (Poriae Sclerotium) tonisiert den Funktionskreis Milz-Pankreas, leitet Feuchtigkeit aus und wandelt Schleim um.

Gui Zhi (Cinnamomi Ramulus) löst Feuchtigkeitsansammlungen auf und wärmt den Körper und die Leitbahnen.

Bai Zhu (Atractylodis Macrocephalae Rhizoma) tonisiert den Funktionskreis Milz-Pankreas und trocknet Feuchtigkeit.

Zhi Gan Cao (Glycyrrhizae Radix et Rhizoma Praeparatae cum Melle) tonisiert das Qi und harmonisiert die Arzneien.

Modifikationen:

- Bei Diarrhö durch Milz-Qi-Mangel mit Feuchtigkeit wird diese Rezeptur mit *Ping Wei San* (Beruhige-den-Magen-Pulver, siehe Seite 283) kombiniert.
- Bei Qi-Mangel mit Leistungsminderung wird Dang Shen (Codonopsis Radix) ergänzt.
- Bei Husten mit viel Ausfluss werden Fa Ban Xia (Pinelliae Rhizoma Praeparatae) und Chen Pi (Citri Reticulatae Pericarpium) hinzugefügt.
- Bei Herzinsuffizienz wird diese Rezeptur mit *Sheng Mai San* (Pulver, das die Pulse hervorbringt, siehe Seite 148) kombiniert.

Kontraindikationen:

- *Ling Gui Zhu Gan Tang* enthält viele warme und trocknende Arzneien und ist deshalb bei Yin- und/oder JinYe-Mangel kontraindiziert.
- Die Rezeptur ist in der Trächtigkeit verboten.

Korrespondierende Akupunkturpunkte: Ma36, MP9, KG9, 3E5, MP6

真武沖劑

Warme SR-Rezeptur Nr. 1, um Feuchtigkeit zu beseitigen

Wahrer-Krieger-Granulat

Zusammensetzung:

Rou Gui (Cinnamomi Cassiae Cortex)	9 g
Gan Jiang (Zingiberis Rhizoma)	9 g
Fu Ling (Poriae Sclerotium)	9 g
Sheng Jiang (Zingiberis Rhizoma Recens)	9 g
Bai Zhu (Atractylodis Macrocephalae Rhizoma)	6 g
Bai Shao Yao (Paeoniae Radix Alba)	9 g

Abb. 146: Hier sind sowohl frischer (= Recens) als auch getrockneter Ingwer (*Zingiber* spec.) enthalten. Frisch öffnet Ingwer die Oberfläche und wärmt, getrocknet erwärmt er das Innere.

Diese Rezeptur ist abgeleitet von *Zhen Wu Tang* / 真武湯 (Wahrer-Krieger-Dekokt). In der Originalrezeptur ist das giftige Fu Zi (Aconiti Radix, botanisch *Aconitum* = Eisenhut) enthalten, das aufgrund seiner extremen Giftigkeit in Europa nicht erhältlich ist. In dieser Rezeptur habe ich die Niere- und Milz-Yang tonisierenden Eigenschaften von Fu Zi durch die beiden Arzneien Rou Gui (Cinnamomi Cassiae Cortex) und Gan Jiang (Zingiberis Rhizoma) ersetzt.

Wirkt auf

Funktionskreis Niere
Funktionskreis Milz-Pankreas

Temperaturverhalten: warm
Geschmacksrichtung: scharf
Wirkrichtung: emporhebend
Wirkort: mittlerer und hinterer Erwärmer

Chinesisch-therapeutische Wirkung:
- Tonisiert das Yang
- Zerstreut Kälte
- Tonisiert die Milz
- Tonisiert die Niere
- Wirkt diuretisch

Klinische Anwendung:
- Niereninsuffizienz
- Ödeme
- Arthrose
- Asthma
- Husten
- Hypothyreose
- Herz-Lungen-Erkrankungen

Rou Gui (Cinnamomi Cassiae Cortex) und Gan Jiang (Zingiberis Rhizoma) wärmen das Yang und tonisieren die Funktionskreise Niere und Milz-Pankreas.

Fu Ling (Poriae Sclerotium) leitet Feuchtigkeit aus.

Sheng Jiang (Zingiberis Rhizoma Recens) wärmt den Körper, vertreibt Kälte und löst Wasseransammlungen auf.

Bai Zhu (Atractylodis Macrocephalae Rhizoma) tonisiert das Milz-Qi und trocknet Feuchtigkeit.

Bai Shao Yao (Paeoniae Radix Alba) lindert Schmerzen und verhindert, dass die warmen Arzneien das Yin aufzehren.

Modifikationen:

- Bei fehlenden Miktionsstörungen wird Fu Ling (Poriae Sclerotium) aus der Rezeptur entfernt, um einen zu starken Verlust an Körperflüssigkeiten zu verhindern.
- Bei Husten durch Kälte wird Wu Wei Zi (Schisandrae Fructus) hinzugefügt.
- Bei ausgeprägten Ödemen wird diese Rezeptur mit *Wu Ling San 2* (Fünf-Bestandteile-Pulver mit Pilzen, siehe Seite 297) kombiniert.
- Bei Arthritis durch Wind-Feuchtigkeit werden Gui Zhi (Cinnamomi Ramulus) und Dang Shen (Codonopsis Radix) ergänzt.
- Bei Diarrhö wird Bai Shao Yao (Paeoniae Radix Alba) aus der Rezeptur entfernt.

Kontraindikationen:
Diese Rezeptur behandelt Feuchtigkeit, die durch einen Milz- und Nieren-Yang-Mangel verursacht worden ist. Aus diesem Grund ist sie bei Feuchtigkeitsansammlungen, die durch einen Fülle-Zustand gekennzeichnet sind, kontraindiziert.

Korrespondierende Akupunkturpunkte: MP3, MP6, Ni3, Ni7, Ni10, Bl20, Bl23 (auch Moxibustion möglich)

14
Wind-Feuchtigkeit ausleitende Rezepturen

Wind-Feuchtigkeit ausleitende Rezepturen behandeln Bi-Syndrome. Sie richten sich also gegen pathogene Faktoren, die durch Wind-Feuchtigkeit, Feuchte-Hitze, Feuchte-Kälte oder Nässe-Schleim von außen in den Körper eindringen.

Bei Eindringen von Wind-Feuchtigkeit werden die Leitbahnen blockiert, wodurch Schmerzen entstehen. Verkompliziert werden können die Erkrankungen noch durch zusätzliche Kälte, Hitze oder Schleim. Dadurch können Steifheit, Schwellungen, Entzündungen und starke Schmerzen verursacht werden.

Wind-Feuchtigkeit ausleitende Rezepturen vertreiben äußere pathogene Faktoren, öffnen die Leitbahnen, entspannen Sehnen und Bänder und beseitigen Schmerzen.

Klinische Anwendungen:
- Arthrose
- Arthritis
- Bandscheibenvorfall
- Spondylose
- Ischiassyndrom
- Sehnenschäden
- Erkrankungen der Weichteile

Untergeordnete Wirkkategorien

Wind-Feuchtigkeit ausleitende Rezepturen werden in vier Unterkategorien eingeteilt:

Wind-Feuchtigkeit vertreibende Rezepturen:
Diese Rezepturen vertreiben Wind, Kälte und Feuchtigkeit von der Oberfläche. Die Symptome sind hierbei Kopfschmerzen, Muskelschmerzen und Schmerzen in den Extremitäten. Bei diesem Disharmoniemuster ist die Zunge blass und geschwollen, und der Puls ist oberflächlich, schlüpfrig und gegebenenfalls saitenförmig.

Feuchte-Kälte vertreibende Rezepturen:
Diese Rezepturen tonisieren das Yang und vertreiben so Kälte und Feuchtigkeit. Erkrankungen, die durch Feuchte-Kälte entstanden sind, sind gekennzeichnet durch starke Schmerzen und Steifheit mit Schwellungen. Die Zunge ist sehr hell und deutlich geschwollen, der Puls ist langsam und straff.

Feuchte-Hitze vertreibende Rezepturen:
Diese Rezepturen leiten Hitze und Feuchtigkeit aus. Feuchte-Hitze-Erkrankungen sind gekennzeichnet durch geschwollene, warme bis heiße und schmerzhafte Gelenke. Die Zunge ist rot und geschwollen, eventuell mit gelbem Belag, und der Puls ist schnell und schlüpfrig.

Nässe-Schleim vertreibende Rezepturen:
Diese Rezepturen trocknen Feuchtigkeit und leiten Schleim aus. Bei Nässe-Schleim-Erkrankungen sind die Leitbahnen blockiert, was sich in Steifigkeit und Schwellungen zeigt. Die Zunge ist geschwollen mit viel Speichelbildung, und der Puls ist oberflächlich und gespannt.

Kontraindikationen:

- Wind-Feuchtigkeit vertreibende Rezepturen sind scharf, warm und trocknend und dürfen deshalb nicht bei Problemen im Bewegungsapparat, die durch Yin-Mangel verursacht worden sind, verordnet werden, da die scharf-warmen und trocknenden Arzneien Yin und Xue verbrauchen können.
- Bei Erkrankungen mit aufsteigendem Leber-Wind sind Wind-Feuchtigkeit vertreibende Rezepturen kontraindiziert, da sie Erkrankungen durch Leber-Wind verschlimmern können.

14.1 Wind-Feuchtigkeit vertreibende Rezepturen

蠲痹湯

Juan Bi Tang

Dekokt, das schmerzhafte Blockaden beseitigt

Zusammensetzung:

Qiang Huo (Notopterygii Rhizoma seu Radix)	9 g
Fang Feng (Ledebouriellae Saposhnikoviae Radix)	9 g
Chi Shao Yao (Paeoniae Radix Rubra)	9 g
Jiang Huang (Curcumae Longae Rhizoma)	9 g
Huang Qi (Astragali Radix)	9 g
Dang Gui (Angelicae Sinensis Radix)	9 g
Zhi Gan Cao (Glycyrrhizae Praeparatae Radix et Rhizoma cum Melle)	3 g
Sheng Jiang (Zingiberis Rhizoma Recens)	3 g

Abb. 147: Von der wunderschön blühenden Gelbwurz oder Kurkuma (*Curcuma longa*) werden der Wurzelstock und die Knollen verwendet. Hier eine verwandte Art mit ähnlichem Aussehen.

Wirkt auf

Funktionskreis Lunge
Funktionskreis Milz-Pankreas

Temperaturverhalten: warm
Geschmacksrichtung: scharf-bitter
Wirkrichtung: oberflächlich
Wirkort: Leitbahnen und Bewegungsapparat

Chinesisch-therapeutische Wirkung:

- Tonisiert das Qi
- Tonisiert das Yang
- Öffnet die Leitbahnen
- Löst Qi- und Xue-Stau auf

Klinische Anwendung:

- Arthrose
- Rheuma
- Rückenschmerzen
- Gelenkschmerzen, die sich durch Wärme verbessern und bei Kälte verschlimmern

Qiang Huo (Notopterygii Rhizoma seu Radix) und Fang Feng (Ledebouriellae Saposhnikoviae Radix) leiten Wind-Feuchtigkeit aus und beseitigen Schmerzen.

Chi Shao Yao (Paeoniae Radix Rubra) und Jiang Huang (Curcumae Longae Rhizoma) regen den Qi- und den Xue-Fluss an.

Huang Qi (Astragali Radix) und Dang Gui (Angelicae Sinensis Radix) tonisieren Qi und Xue.

Zhi Gan Cao (Glycyrrhizae Radix et Rhizoma Praeparatae) und Sheng Jiang (Zingiberis Rhizoma Recens) harmonisieren die Arzneien.

Modifikationen:

- Bei Muskelschmerzen der Vordergliedmaßen durch Wind-Kälte-Feuchtigkeit werden Gui Zhi (Cinnamomi Ramulus) und Wei Ling Xian (Clematidis Radix et Rhizoma) hinzugefügt.
- Bei Muskelschmerzen in den Hintergliedmaßen werden Du Zhong (Eucommiae Cortex), Huai Niu Xi (Achyranthis Radix) und Du Huo (Angelicae Pubescentis Radix) ergänzt.
- Bei viel Feuchtigkeit werden Cang Zhu (Atractylodis Rhizoma), Fang Ji (Stephaniae Tetrandae Radix) und Yi Yi Ren (Coicis Semen) hinzugefügt.

Kontraindikationen: Diese Rezeptur ist in der Trächtigkeit verboten!

Korrespondierende Akupunkturpunkte: Lu7, Lu9, Di4, MP6, Ma34, Ma36, Ni3, Ni7, Bl20, Bl23, Gb34

上中下通用痛風丸

Shang Zhong Xia Tong Yong Feng Wan

Allgemeine Pille für Wind-Schmerzen im oberen, mittleren und unteren Erwärmer

Zusammensetzung:

Gui Zhi (Cinnamomi Ramulus)	3 g
Qiang Huo (Notopterygii Rhizoma seu Radix)	3 g
Fen Fang Ji (Stephaniae Tetrandrae Radix)	9 g
Wei Ling Xian (Clematidis Radix et Rhizoma)	3 g
Chuan Xiong (Ligustici Chuanxiong Rhizoma)	9 g
Tao Ren (Persicae Semen)	9 g
Hong Hua (Carthami Flos)	3 g
Bai Zhi (Angelicae Dahuricae Radix)	9 g
Long Dan Cao (Gentianae Radix et Rhizoma)	9 g
Huang Bo (Phellodendri Cortex)	21 g
Cang Zhu (Atractylodis Rhizoma)	21 g
Tian Nan Xing (Arisaematis Rhizoma Praeparatae)	21 g
Shen Qu (Massa Medicata Fermentata)	9 g

Abb. 148: Die Färberdistel (*Carthamus tinctorius*) wurde schon im Altertum zum Färben von Stoffen verwendet.

Wirkt auf

Funktionskreis Leber
Funktionskreis Milz-Pankreas
Funktionskreis Lunge

Temperaturverhalten: kühl
Geschmacksrichtung: scharf, süß
Wirkrichtung: oberflächlich
Wirkort: Leitbahnen

Chinesisch-therapeutische Wirkung:

- Vertreibt Wind
- Leitet Feuchtigkeit aus
- Beseitigt Xue-Stau

Klinische Anwendung:
- Arthritis
- Arthrose
- Rheuma
- Sehnenschäden
- Spat
- Spondylose
- Kissing Spines
- Diskospondylitis
- Bursitis

Gui Zhi (Cinnamomi Ramulus), Qiang Huo (Notopterygii Rhizoma seu Radix), Fen Fang Ji (Stephaniae Tetrandrae Radix) und Wei Ling Xian (Clematidis Radix et Rhizoma) lindern Schmerzen und lassen Schwellungen zurückgehen.

Chuan Xiong (Ligustici Chuanxiong Rhizoma), Tao Ren (Persicae Semen) und Hong Hua (Carthami Flos) beseitigen Xue-Stasen und lindern Schmerzen.

Bai Zhi (Angelicae Dahuricae Radix) leitet Wind von der Oberfläche ab und beseitigt Schmerzen im Kopfbereich.

Long Dan Cao (Gentianae Radix et Rhizoma) und Huang Bo (Phellodendri Cortex) klären Hitze, lassen Schwellungen zurückgehen und wirken entzündungshemmend.

Cang Zhu (Atractylodis Rhizoma) trocknet Feuchtigkeit.

Tian Nan Xing (Arisaematis Rhizoma Praeparatae) eliminiert Schleim.

Shen Qu (Massa Medicata Fermentata) harmonisiert und schützt den mittleren Erwärmer.

Modifikationen:
- Bei Schmerzen durch Wind, Kälte und Feuchtigkeit werden Fang Feng (Ledebouriellae Saposhnikoviae Radix), Du Huo (Angelicae Pubescentis Radix) und Bai Shao Yao (Paeoniae Radix Alba) hinzugefügt.
- Bei Schmerzen durch Xue-Mangel werden Dang Gui (Angelicae Sinensis Radix) und Bai Shao Yao (Paeoniae Radix Alba) hinzugefügt.
- Bei Schmerzen durch Qi-Mangel werden Ren Shen (Ginseng Radix et Rhizoma) und Huang Qi (Astragali Radix) hinzugefügt.
- Bei Schmerzen durch Schleimansammlungen wird *Er Chen Tang* (Zweifach behandelndes Dekokt, siehe Seite 328) dazugegeben.

Kontraindikationen: In der Trächtigkeit ist diese Rezeptur kontraindiziert!

Korrespondierende Akupunkturpunkte: Lu5, Di4, Ma34, Ma36, MP4, MP6, MP10, Dü6, Gb41, Le3, Le8, LG14

痺沖劑

SR-Rezeptur Nr. 1, um Wind-Feuchtigkeit zu vertreiben

Drei-schmerzhafte-Blockaden-Granulat

Zusammensetzung:

Du Huo (Angelicae Pubescentis Radix)	3 g
Wei Ling Xian (Clematidis Radix)	6 g
Qin Jiao (Gentianae Macrophyllae Radix)	3 g
Fang Feng (Ledebouriellae Saposhnikoviae Radix)	12 g
Rou Gui (Cinnamomi Cortex)	6 g
Du Zhong (Eucommiae Cortex)	6 g
Xu Duan (Dipsaci Radix)	6 g
Huai Niu Xi (Achyranthis Radix)	6 g
Dang Gui (Angelicae Sinensis Radix)	6 g
Chuan Xiong (Ligustici Chuanxiong Rhizoma)	3 g
Bai Shao Yao (Paeoniae Radix Alba)	6 g
Sheng Di Huang (Rehmanniae Radix)	3 g
Huang Qi (Astragali Radix)	6 g
Ren Shen (Ginseng Radix et Rhizoma)	6 g
Fu Ling (Poriae Sclerotium)	6 g
Gan Cao (Glycyrrhizae Radix et Rhizoma)	6 g
Sheng Jiang (Zingiberis Rhizoma Recens)	3 g
Da Zao (Jujubae Fructus)	3 g

Abb. 149: Die Gummiulme (*Eucommia ulmoides*) gehört zu den 50 Hauptkräutern in der TCM.

Anmerkung der Autorin:
Diese Rezeptur ist eine Ableitung von *San Bi Tang* / 三痺湯 (Drei-schmerzhafte-Blockaden-Dekokt). In der Originalrezeptur ist Xi Xin (Asari Radix et Rhizoma; botanisch *Asarum* spec. = Haselwurz) enthalten, das aufgrund seiner schädigenden Wirkung auf Leber und Nieren nicht mehr erhältlich ist. Ich habe in dieser Rezeptur Xi Xin durch Wei Ling Xian (Clematidis Radix)und einen höheren Anteil an Fang Feng (Ledebouriellae Saposhnikoviae Radix) ersetzt.

Wirkt auf
Funktionskreis Niere
Funktionskreis Lunge
Funktionskreis Leber
Funktionskreis Milz-Pankreas

Temperaturverhalten: warm
Geschmacksrichtung: scharf, süß
Wirkrichtung: emporhebend
Wirkort: hinterer Erwärmer, Bewegungsapparat

Chinesisch-therapeutische Wirkung:
- Tonisiert das Qi
- Nährt das Xue
- Beseitigt Qi- und Xue-Blockaden
- Leitet Wind, Kälte und Feuchtigkeit aus

Klinische Anwendung:

- Arthrose
- Arthritis
- Rheuma
- Muskel- und Gelenkschmerzen in den Extremitäten
- Steifigkeit der Gliedmaßen
- Schmerzen in der LWS und den Knien
- Kraftlosigkeit der Hintergliedmaßen

Du Huo (Angelicae Pubescentis Radix) und Wei Ling Xian (Clematidis Radix) leiten Wind und Feuchtigkeit aus und lindern Schmerzen.

Qin Jiao (Gentianae Macrophyllae Radix) und Fang Feng (Ledebouriellae Saposhnikoviae Radix) leiten Wind-Feuchtigkeit aus.

Rou Gui (Cinnamomi Cortex) tonisiert das Yang und vertreibt Kälte.

Du Zhong (Eucommiae Cortex), Xu Duan (Dipsaci Radix) und Huai Niu Xi (Achyranthis Radix) tonisieren Niere und Leber und stärken so Knochen und Sehnen.

Dang Gui (Angelicae Sinensis Radix), Chuan Xiong (Ligustici Chuanxiong Rhizoma), Bai Shao Yao (Paeoniae Radix Alba) und Sheng Di Huang (Rehmanniae Radix) nähren das Yin, tonisieren das Xue und beseitigen Xue-Stagnationen.

Huang Qi (Astragali Radix), Ren Shen (Ginseng Radix et Rhizoma), Fu Ling (Poriae Sclerotium) und Gan Cao (Glycyrrhizae Radix et Rhizoma) tonisieren das Qi und stärken die Milz.

Sheng Jiang (Zingiberis Rhizoma Recens) und Da Zao (Jujubae Fructus) harmonisieren die Arzneien.

Modifikationen:

- Bei Schmerzen mit starker Wind-Beteiligung werden Qiang Huo (Notopterygii Rhizoma seu Radix) und Gui Zhi (Cinnamomi Ramulus) hinzugefügt.
- Bei Schmerzen mit stärker ausgeprägter Kälte-Beteiligung werden Xian Mao (Curculiginis Rhizoma) und Gui Zhi (Cinnamomi Ramulus) ergänzt.
- Bei Schmerzen mit stärker ausgeprägter Beteiligung von Feuchtigkeit werden Cang Zhu (Atractylodis Rhizoma) und Yin Chen Hao (Artemisia Scopariae Herba) hinzugefügt.

Kontraindikationen: Diese Rezeptur ist in der Trächtigkeit verboten.

Korrespondierende Akupunkturpunkte: Lu7, Ni3, Ni7, Bl60, Bl63, Le3, Le8, MP3, MP6, MP10, Ma36, LG3, LG16

独活寄生沖劑

SR-Rezeptur Nr. 2, um Wind-Feuchtigkeit zu vertreiben

Granulat mit Angelicae Pubescentis Radix und Taxilli Herba

Zusammensetzung:

Du Huo (Angelicae Pubescentis Radix)	9 g
Wei Ling Xian (Clematidis Radix)	6 g
Fang Feng (Ledebouriellae Saposhnikoviae Radix)	12 g
Qin Jiao (Gentianae Macrophyllae Radix)	6 g
Sang Ji Sheng (Taxilli Herba)	6 g
Du Zhong (Eucommiae Cortex)	6 g
Chuan Niu Xi (Cyathulae Radix)	6 g
Dang Gui (Angelicae Sinensis Radix)	6 g
Chuan Xiong (Ligustici Chuanxiong Rhizoma)	6 g
Shu Di Huang (Rehmanniae Radix Praeparatae)	6 g
Bai Shao Yao (Paeoniae Radix Alba)	6 g
Ren Shen (Ginseng Radix et Rhizoma)	6 g
Fu Ling (Poriae Sclerotium)	6 g
Gui Zhi (Cinnamomi Ramulus)	9 g
Gan Cao (Glycyrrhizae Radix et Rhizoma)	6 g

Abb. 150: Taxilli Herba (*Sang Ji Sheng*), ist die sogenannte Maulbeermistel (*Taxillus* spec.). Mit Mistelarten aus der Gattung *Viscum* (im Bild) wurden früher Nervenleiden und Epilepsie behandelt.

Anmerkung der Autorin:
Diese Rezeptur ist eine Ableitung von *Du Huo Ji Sheng Tang* / 独活寄生湯 (Dekokt mit Angelicae Pubescentis Radix und Taxilli Herba). In der Originalrezeptur ist Xi Xin (Asari Radix et Rhizoma; botanisch *Asarum* spec. = Haselwurz) enthalten, das für Nieren und Leber toxisch ist. Deshalb habe ich hier Xi Xin durch Wei Ling Xian (Clematidis Radix) und einen höheren Anteil von Fang Feng (Ledebouriellae Saposhnikoviae Radix)und Gui Zhi (Cinnamomi Ramulus) ersetzt.

Wirkt auf

Funktionskreis Niere
Funktionskreis Lunge
Funktionskreis Leber

Temperaturverhalten: warm
Geschmacksrichtung: scharf, süß
Wirkrichtung: emporhebend
Wirkort: hinterer Erwärmer, Bewegungsapparat

Chinesisch-therapeutische Wirkung:

- Leitet Wind-Feuchtigkeit aus
- Macht die Leitbahnen durchgängig
- Tonisiert das Qi
- Tonisiert und bewegt das Xue
- Tonisiert Leber und Niere

Klinische Anwendung:
- Genickschmerzen
- Rückenschmerzen (v. a. im Lendenbereich)
- Ischiassyndrom
- Arthrose
- Spondylose
- Bandscheibenvorfall

Du Huo (Angelicae Pubescentis Radix) und Wei Ling Xian (Clematidis Radix) leiten Wind, Feuchtigkeit und Kälte aus.

Fang Feng (Ledebouriellae Saposhnikoviae Radix) und Qin Jiao (Gentianae Macrophyllae Radix) vertreiben Feuchtigkeit und Kälte.

Sang Ji Sheng (Taxilli Ramulus), Du Zhong (Eucommiae Cortex) und Chuan Niu Xi (Cyathulae Radix) leiten Wind-Feuchtigkeit aus und tonisieren die Funktionskreise Leber und Niere.

Dang Gui (Angelicae Sinensis Radix), Chuan Xiong (Ligustici Chuanxiong Rhizoma), Shu Di Huang (Rehmanniae Radix Praeparatae) und Bai Shao Yao (Paeoniae Radix Alba) tonisieren das Xue und beseitigen Xue-Stasen.

Ren Shen (Ginseng Radix et Rhizoma) und Fu Ling (Poriae Sclerotium) stärken den Funktionskreis Milz-Pankreas und tonisieren das Qi.

Gui Zhi (Cinnamomi Ramulus) wärmt die Leitbahnen und öffnet die Blutgefäße.

Gan Cao (Glycyrrhizae Radix et Rhizoma) harmonisiert die Arzneien.

Modifikationen:

- Bei starken Schmerzen mit mehr Kälte werden Xian Mao (Curculiginis Rhizoma) und Gan Jiang (Zingiberis Rhizoma) hinzugefügt.
- Bei starken Schmerzen mit mehr Feuchtigkeit und bei Gelenkschwellungen wird Shu Di Huang (Rehmanniae Radix Praeparatae) entfernt, dafür werden Fang Ji (Stephaniae Tetrandae Radix), Yi Yi Ren (Coicis Semen) und Cang Zhu (Atractylodis Rhizoma) ergänzt.
- Bei starker Xue-Stase werden Hong Hua (Carthami Flos) und Tao Ren (Persicae Semen) hinzugefügt.
- Bei Muskelschwäche werden Huang Qi (Astragali Radix) und Bai Zhu (Atractylodis Rhizoma) dazugegeben.
- Wenn der Patient keine Qi-Mangel-Symptome aufweist, können Ren Shen (Ginseng Radix et Rhizoma) und Shu Di Huang (Rehmanniae Rhizoma Praeparatae) entfernt werden.

Kontraindikationen:

- Diese Rezeptur ist bei Fülle-Hitze oder Feuchte-Hitze kontraindiziert.
- In der Trächtigkeit ist die Rezeptur verboten!

Korrespondierende Akupunkturpunkte: Lu7, MP6, Ma36, Bl10, Bl23, Bl60, Ni3, Gb30, Gb34, Le3, Le5, Le8

薏苡仁沖劑

SR-Rezeptur Nr. 3 zum Vertreiben von Wind-Feuchtigkeit

Yi-Yi-Ren-Granulat

Zusammensetzung:

Yi Yi Ren (Coicis Semen)	30 g
Jing Jie (Schizonepetae Herba)	6 g
Gui Zhi (Cinnamomi Ramulus)	6 g
Dang Gui (Angelicae Sinensis Radix)	4,5 g
Bai Shao Yao (Paeoniae Radix Alba)	4,5 g
Cang Zhu (Atractylodis Rhizoma)	3 g
Hei Zhi Ma (Sesami Nigrum Semen)	1 g
Zhi Gan Cao (Glycyrrhizae Radix et Rhizoma Praeparatae cum Melle)	2 g
Sheng Jiang (Zingiberis Rhizoma Recens)	4,5 g

Abb 151: Der Schwarze Sesam (*Sesamum indicum nigrum*) tonisiert Jing und Xue, befeuchtet Trockenheit und schmiert den Darm.

Anmerkung der Autorin:
Diese Rezeptur ist abgeleitet von Yi Yi *Ren Tang* / 薏苡仁湯 (Yi-Yi-Ren-Dekokt). In der Originalrezeptur ist Ma Huang (Ephedrae Herba; botanisch *Ephedra* spec. = Meerträubel) enthalten. Es enthält Ephedrin und ist aus diesem Grund in Europa verboten. Es wurde hier durch Jing Jie (Schizonepetae Herba) und einen höheren Anteil an Gui Zhi (Cinnamomi Ramulus) ersetzt.

Wirkt auf

Funktionskreis Lunge
Funktionskreis Milz-Pankreas

Temperaturverhalten: warm
Geschmacksrichtung: scharf-süß
Wirkrichtung: oberflächlich
Wirkort: Oberfläche und Leitbahnen

Chinesisch-therapeutische Wirkung:

- Vertreibt Wind und Feuchtigkeit
- Tonisiert das Qi
- Beseitigt Qi- und Xue-Stasen

Klinische Anwendung:

- Arthrose
- Arthritis
- Gelenkschwellungen
- Entzündungen
- Steifigkeit
- Lungenödem

Yi Yi Ren (Coicis Semen) leitet Feuchtigkeit aus, löst Schwellungen auf und harmonisiert die Mitte.

Jing Jie (Schizonepetae Herba) und Gui Zhi (Cinnamomi Ramulus) vertreiben Wind-Kälte von der Oberfläche und machen die Leitbahnen durchgängig.

Dang Gui (Angelicae Sinensis Radix) und Bai Shao Yao (Paeoniae Radix Alba) tonisieren und bewegen das Xue, harmonisieren das Ying- und das Wei-Qi und beseitigen Schmerzen.

Cang Zhu (Atractylodis Rhizoma) leitet Feuchtigkeit aus und stützt das Qi.

Hei Zhi Ma (Sesami Nigrum Semen) tonisiert Jing und Yin.

Zhi Gan Cao (Glycyrrhizae Radix et Rhizoma Praeparata cum Melle) und Sheng Jiang (Zingiberis Rhizoma Recens) harmonisieren die Arzneien.

Modifikationen:

- Bei stärkerer Hitze wird Huang Bo (Phellodendri Cortex) hinzugefügt.

Kontraindikationen: Diese Rezeptur ist in der Trächtigkeit verboten!

Korrespondierende Akupunkturpunkte: Lu5, Lu9, Di11, Ma34, Ma36, MP3, MP6, MP10, Bl20, Bl60, 3E5, 3E10

14.2 Feuchte-Kälte vertreibende Rezepturen

雞鳴散

Ji Ming San

Pulver, das man beim Hahnenschrei einnimmt

Zusammensetzung:

Bing Lang (Arecae Semen)	35 g
Mu Gua (Chaeonomelis Fructus)	30 g
Chen Pi (Citri Reticulatae Pericarpium)	30 g
Zi Su Ye (Perillae Folium)	9 g
Jie Geng (Platycodi Radix)	15 g
Wu Zhu Yu (Evodiae Fructus)	6 g
Sheng Jiang (Zingiberis Rhizoma Recens)	15 g

Abb. 152: Die Chinesische Zierquitte (*Chaenomeles speciosa*), auch Holzfrucht genannt, entspannt die Sehnen und öffnet die Leitbahnen.

Wirkt auf

Funktionskreis Milz-Pankreas
Funktionskreis Lunge

Temperaturverhalten: warm
Geschmacksrichtung: scharf, bitter
Wirkrichtung: absenkend
Wirkort: Leitbahnen, Bewegungsapparat

Chinesisch-therapeutische Wirkung:

- Löst Qi-Stasen
- Leitet Feuchtigkeit aus
- Tonisiert das Yang

Klinische Anwendung:

- Ödeme der Hintergliedmaßen
- Gelenkschwellungen
- Steifigkeit
- Arthrose

Bing Lang (Arecae Semen) tonisiert das Qi und leitet Feuchtigkeit aus.

Mu Gua (Chaeonomelis Fructus) leitet Feuchtigkeit aus und entspannt Muskeln und Sehnen.

Chen Pi (Citri Reticulatae Pericarpium) tonisiert den Funktionskreis Milz-Pankreas, tonisiert das Milz-Qi und leitet Feuchtigkeit aus.

Zi Su Ye (Perillae Folium) und Jie Geng (Platycodi Radix) vertreiben äußere Wind-Kälte und beseitigen Qi-Stagnationen im Innern.

Wu Zhu Yu (Evodiae Fructus) und Sheng Jiang (Zingiberis Rhizoma Recens) tonisieren das Yang und leiten Feuchte-Kälte aus.

Modifikationen:

- Bei stärker ausgeprägten Symptomen an der Oberfläche werden Gui Zhi (Cinnamomi Ramulus) und Fang Feng (Ledebouriellae Saposhnikoviae Radix) hinzugefügt.
- Bei stärkerer Kältebeteiligung wird Rou Gui (Cinnamomi Cortex) zugegeben.
- Bei Husten und Schmerzen im Abdomen durch mehr Schleim und Feuchtigkeit können Cang Zhu (Atractylodis Rhizoma), Fu Ling (Poriae Sclerotium) und Hou Po (Magnoliae Officinalis Cortex) hinzugefügt werden.

Kontraindikationen:

- In der Trächtigkeit ist diese Rezeptur kontraindiziert!
- Sie darf bei Feuchte-Hitze nicht verordnet werden.
- *Mögliche Nebenwirkungen:* Bei Anwendung dieser Rezeptur wurden sehr selten Nebenwirkungen wie Schmerzen im Abdomen, Übelkeit, Diarrhö und Juckreiz beobachtet.

Korrespondierende Akupunkturpunkte: Lu7, Bl13, Di4, Ma36, Ma40, MP3, MP4, MP6, MP9, MP10, Bl20 (auch Moxibustion möglich)

大防風沖劑

SR-Rezeptur Nr. 1 zum Vertreiben von Feuchte-Kälte

Großes Fang-Feng-Granulat

Zusammensetzung:

Dang Gui (Angelicae Sinensis Radix)	6 g
Shu Di Huang (Rehmanniae Radix Praeparatae)	6 g
Bai Shao Yao (Paeoniae Radix Alba)	6 g
Chuan Xiong (Ligustici Chuanxiong Rhizoma)	4,5 g
Ren Shen (Ginseng Radix et Rhizoma)	3 g
Bai Zhu (Atractylodis Macrocephalae Rhizoma)	6 g
Huang Qi (Astragali Radix)	6 g
Huai Niu Xi (Achyranthis Radix)	3 g
Du Zhong (Eucommiae Cortex)	6 g
Fang Feng (Ledebouriellae Saposhnikoviae Radix)	6 g
Qiang Huo (Notopterygii Rhizoma seu Radix)	6 g
Gui Zhi (Cinnamomi Ramulus)	4,5 g
Xu Duan (Dipsaci Radix)	5 g
Zhi Gan Cao (Glycyrrhizae Radix et Rhizoma Praeparata cum Melle)	3 g
Sheng Jiang (Zingiberis Rhizoma Recens)	3 g
Da Zao (Jujubae Fructus)	2 g

Abb. 153: *Fu Zi*, eine Zubereitung aus Eisenhut (im Bild eine Ziersorte), wurde früher in Notfällen eingesetzt, in denen ein vollständiger Verlust der Yang-Energie eingetreten ist.

Anmerkung der Autorin:
Diese Rezeptur ist eine Ableitung von *Da Fang Feng Tang* / 大防風湯 (Großes Fang-Feng-Dekokt). In der Originalrezeptur ist das giftige Fu Zi (Aconiti Radix; botanisch *Aconitum* spec. = Eisenhut) enthalten, das hier durch Gui Zhi (Cinnamomi Ramulus) und Xu Duan (Dipsaci Radix) ersetzt wurde.

Wirkt auf
Funktionskreis Milz-Pankreas
Funktionskreis Leber
Funktionskreis Niere

Temperaturverhalten: warm
Geschmacksrichtung: süß, bitter
Wirkrichtung: oberflächlich
Wirkort: Leitbahnen, Bewegungsapparat

Chinesisch-therapeutische Wirkung:
- Tonisiert Qi und Xue-Blut
- Leitet Wind, Kälte und Feuchtigkeit aus

Klinische Anwendung:
- Arthrose
- Arthritis
- Schwäche der Hintergliedmaßen
- Knieprobleme
- Muskelatrophie der Hintergliedmaßen
- Steifigkeit
- Neuralgien

Dang Gui (Angelicae Sinensis Radix), Shu Di Huang (Rehmanniae Radix Praeparata), Bai Shao Yao (Paeoniae Radix Alba) und Chuan Xiong (Ligustici Chuanxiong Rhizoma) tonisieren das Xue und beseitigen Xue-Stasen.

Ren Shen (Ginseng Radix et Rhizoma), Bai Zhu (Atractylodis Macrocephalae Rhizoma) und Huang Qi (Astragali Radix) tonisieren das Qi und stärken den Funktionskreis Milz-Pankreas.

Huai Niu Xi (Achyranthis Radix) und Du Zhong (Eucommiae Cortex) tonisieren den Funktionskreis Niere, nähren Sehnen und Muskeln und lindern Schmerzen.

Fang Feng (Ledebouriellae Saposhnikoviae Radix) und Qiang Huo (Notopterygii Rhizoma seu Radix) vertreiben Wind und beseitigen Taubheitsgefühle und Gelenkschmerzen.

Gui Zhi (Cinnamomi Ramulus) und Xu Duan (Dipsaci Radix) leiten Wind, Kälte und Feuchtigkeit aus.

Zhi Gan Cao (Glycyrrhizae Radix et Rhizoma Praeparata cum Melle), Sheng Jiang (Zingiberis Rhizoma Recens) und Da Zao (Jujubae Fructus) harmonisieren die Arzneien.

Modifikationen:

- Bei Schmerzen mit Xue-Blut-Stasen werden Tao Ren (Persicae Semen) und Hong Hua (Carthami Flos) hinzugefügt.

Kontraindikationen:

- Diese Rezeptur ist in der Trächtigkeit verboten!
- Muskuloskelettale Erkrankungen vom Fülletyp und ohne Mangel sollten nicht mit dieser Rezeptur behandelt werden, da die warmen und heißen Arzneien diese Erkrankungen verschlimmern könnten.

Korrespondierende Akupunkturpunkte: Ma34, Ma36, MP3, MP6, MP10, Bl20, Bl23, Ni3, Ni7, Gb30, Gb34, Le3, Le8, LG16 (auch Moxibustion möglich)

14.3 Feuchte-Hitze vertreibende Rezepturen

二妙散

Er Miao San

Zwei-Wunder-Pulver

Zusammensetzung:

Huang Bo (Phellodendri Cortex)	15 g
Cang Zhu (Atractylodis Rhizoma)	15 g

Wirkt auf

Funktionskreis Milz-Pankreas
Funktionskreis Niere
Funktionskreis Dreifach-Erwärmer
Funktionskreis Leber

Temperaturverhalten: kühl
Geschmacksrichtung: bitter, scharf
Wirkrichtung: absenkend
Wirkort: Oberfläche, Bewegungsapparat

Chinesisch-therapeutische Wirkung:

- Leitet Hitze aus
- Trocknet Feuchtigkeit
- Beseitigt Feuchte-Hitze, die die untere Körperhälfte angreift

Abb. 154: ***Huang Bo*** **bedeutet wörtlich „Gelbe Rinde".**

Klinische Anwendung:

- schmerzhafte Knochen und Gelenke mit Entzündungen
- Schwäche und Atrophie in den Hintergliedmaßen
- Schwellung und Entzündung der Kniegelenke
- Arthritis
- Spondylitis
- Ekzeme
- Hot Spot

Huang Bo (Phellodendri Cortex) klärt Hitze und beseitigt Feuchtigkeit im unteren Erwärmer.

Cang Zhu (Atractylodis Rhizoma) tonisiert die Milz und beseitigt Feuchtigkeit.

Modifikationen:

- Bei Bi Zheng (schmerzhaftes Blockadesyndrom) mit mehr Hitze als Feuchtigkeit werden die kühlend und trocknend wirkenden Arzneien Huang Lian (Coptidis Rhizoma), Long Dan (Gentianae Radix et Rhizoma) und Ku Shen (Sophorae Flavescentis Radix) hinzugefügt.
- Bei Bi Zheng mit mehr Feuchtigkeit als Hitze werden die Flüssigkeit ausscheidenden Arzneien Hua Shi (Talkum), Fang Ji (Stephaniae Tetrandae Radix) und Tong Cao (Tetrapanacis Medulla) ergänzt.

- Bei Muskelatrophien durch Feuchte-Hitze werden Xi Xian Cao (Siegesbeckiae Herba), Wu Jia Pi (Acanthopanacis Cortex) und Lu Xian Cao (Pyrolae Herba) ergänzt.
- Bei Schmerzen in den Hintergliedmaßen durch Feuchte-Hitze werden Yi Yi Ren (Coicis Semen), Mu Gua (Chaenomelis Fructus) und Bing Lang (Arecae Semen) dazugegeben.
- Bei heißen, geschwollenen Gelenken werden Ren Dong Teng (Lonicerae Caulis), Mu Gua (Chaenomelis Fructus) und Qin Jiao (Gentianae Macrophyllae Radix) hinzugegeben.

Kontraindikationen:

- *Er Miao San* ist in der Trächtigkeit kontraindiziert!
- Diese Rezeptur sollte bei Leber- und Nieren-Yin-Mangel oder bei Verlust der Körperflüssigkeiten (JinYe) durch Lungen-Hitze nicht verordnet werden.

Korrespondierende Akupunkturpunkte: Di11, Ma34, Ma44, MP4, MP6, MP9, Bl40, Bl62, Ni3, 3E5, 3E10, Gb29, Gb34, Gb41, Le2, Le3

當歸拈痛湯

Dang Gui Nian Tong Tang

Angelicae-Sinensis-Radix-Dekokt, um Schmerzen aufzuheben

Zusammensetzung:

Qiang Huo (Notopterygii Rhizoma seu Radix)	15 g
Ge Gen (Puerariae Lobatae Radix)	6 g
Fang Feng (Ledebouriellae Saposhnikoviae Radix)	9 g
Sheng Ma (Cimicifugae Rhizoma)	6 g
Huang Qin (Scutellariae Radix)	9 g
Ku Shen (Sophorae Flavescentis Radix)	6 g
Zhi Mu (Anemarrhenae Rhizoma)	9 g
Yin Chen (Artemisiae Scopariae Herba)	15 g
Ze Xie (Alismatis Rhizoma)	9 g
Zhu Ling (Polyporus)	9 g
Bai Zhu (Atractylodis Macrocephalae Rhizoma)	4,5 g
Cang Zhu (Atractylodis Rhizoma)	6 g
Ren Shen (Ginseng Radix et Rhizoma)	6 g
Dang Gui (Angelicae Sinensis Radix)	9 g
Zhi Gan Cao (Glycyrrhizae Radix et Rhizoma Praeparatae cum Melle)	15 g

Abb. 155: Die Traubensilberkerze (*Cimicifuga racemosa*, im Bild eine Gartensorte) gehört zu den Arzneimitteln, die die Oberfläche öffnen und kühlen.

Wirkt auf

Funktionskreis Milz-Pankreas
Funktionskreis Leber
Funktionskreis Lunge

Temperaturverhalten: kühl
Geschmacksrichtung: scharf, süß
Wirkrichtung: emporhebend
Wirkort: Leitbahnen, Oberfläche

Chinesisch-therapeutische Wirkung:
- Leitet Feuchtigkeit und Hitze aus , die die Gelenke betreffen
- Leitet Wind-Hitze aus

Klinische Anwendung:
- Arthritis
- Gelenk- und Muskelentzündungen
- Mauke mit feuchter Hitze
- Ischiassyndrom
- Trigeminusneuralgie

Qiang Huo (Notopterygii Rhizoma seu Radix), Ge Gen (Puerariae Lobatae Radix), Fang Feng (Ledebouriellae Saposhnikoviae Radix) und Sheng Ma (Cimicifugae Rhizoma) vertreiben Wind und Feuchtigkeit und lindern Schmerzen.

Huang Qin (Scutellariae Radix), Ku Shen (Sophorae Flavescentis Radix), Zhi Mu (Anemarrhenae Rhizoma) und Yin Chen (Artemisiae Scopariae Herba) leiten Feuchtigkeit und Hitze aus.

Ze Xie (Alismatis Rhizoma) und Zhu Ling (Polyporus) leiten Feuchtigkeit aus.

Bai Zhu (Atractylodis Macrocephalae Rhizoma) und Cang Zhu (Atractylodis Rhizoma) stärken den Funktionskreis Milz-Pankreas und trocknen Feuchtigkeit.

Ren Shen (Ginseng Radix et Rhizoma) und Dang Gui (Angelicae Sinensis Radix) tonisieren Qi und Xue.

Zhi Gan Cao (Glycyrrhizae Radix et Rhizoma Praeparatae cum Melle) harmonisiert die Arzneien.

Modifikationen:
- Bei Schwellungen und Entzündungen werden Huang Lian (Coptidis Rhizoma) und Shi Gao (Gypsum Fibrosum) hinzugegeben.
- Bei starken Schmerzen in den Gliedmaßen werden Gui Zhi (Cinnamomi Ramulus) und Bai Shao Yao (Paeoniae Radix Alba) hinzugefügt.
- Bei Juckreiz und Ekzemen werden Jin Yin Hua (Lonicerae Flos) und Lian Qiao (Forsythiae Fructus) ergänzt.
- Bei stark geschwollenen Knien oder Schwellung der Hintergliedmaßen werden Fang Ji (Stephaniae Tetrandae Radix) und Mu Gua (Chaenomelis Fructus) dazugegeben.

Kontraindikationen: In der Trächtigkeit mit Vorsicht anwenden!

Korrespondierende Akupunkturpunkte: Lu5, Di10, Di11, Ma34, MP6, MP9, Bl40, 3E5, 3E10, Gb29, Gb30, Gb34, Le2, Le3

桂枝芍藥知母沖劑

SR-Rezeptur Nr. 1, um Feuchte-Hitze zu vertreiben

Granulat mit Cinnamomi Ramulus, Paeoniae Radix und Anemarrhenae Radix

Zusammensetzung:

Gui Zhi (Cinnamomi Ramulus)	18 g
Jing Jie (Schizonepetae Herba)	6 g
Fang Feng (Ledebouriellae Saposhnikoviae Radix)	12 g
Xian Mao (Curculiginis Rhizoma)	6 g
Zhi Mu (Anemarrhenae Rhizoma)	12 g
Bai Shao Yao (Paeoniae Radix Alba)	9 g
Gan Cao (Glycyrrhizae Radix et Rhizoma)	6 g
Bai Zhu (Atractylodis Macrocephalae Rhizoma)	15 g
Sheng Jiang (Zingiberis Rhizoma Recens)	15 g

Abb. 156: *Schizonepeta tenuifolia* hat antibiotische, schmerzlindernde und respiratorische Wirkungen. Im Bild eine Verwandte, eine Katzenminzen-Art (*Nepeta* spec.)

Hinweis:
Der Fokus dieser Rezeptur liegt auf dem Ausleiten von Wind und Feuchtigkeit. Wenn Wind und Feuchtigkeit in die Gelenke eindringen, wandeln sie sich dort oft in Hitze um. Obwohl diese Rezeptur leicht warm ist, beseitigt sie die Hitze durch die Anteile von Zhi Mu (Anemarrhenae Rhizoma) und Bai Shao Yao (Paeoniae Radix Alba).

Anmerkung der Autorin:
Diese Rezeptur ist eine Ableitung von *Gui Zhi Shao Yao Zhi Mu Tang* / 桂枝芍藥知母湯 (Dekokt mit Cinnamomi Ramulus, Paeoniae Radix und Anemarrhenae Radix). In der Originalrezeptur sind Ma Huang (Ephedrae Herba; botanisch *Ephedra* spec. = Meerträubel) und Fu Zi (Aconiti Radix; botanisch *Aconitum* spec. = Eisenhut) enthalten, die aufgrund der Giftigkeit bzw. wegen des Ephedringehalts in Europa nicht mehr erhältlich sind. Die wärmende und Wind ausleitende Eigenschaft von Ma Huang wurde in dieser Rezeptur durch Jing Jie (Schizonepetae Herba) und einen höheren Anteil an Fang Feng (Ledebouriellae Saposhnikoviae Radix) ersetzt. Die wärmende Funktion von Fu Zi übernehmen in dieser Rezeptur Xian Mao (Curculiginis Rhizoma) und eine größere Menge Gui Zhi (Cinnamomi Ramulus).

Wirkt auf

Funktionskreis Leber
Funktionskreis Milz-Pankreas
Funktionskreis Niere

Temperaturverhalten: leicht warm
Geschmacksrichtung: scharf-süß
Wirkrichtung: emporhebend
Wirkort: Leitbahnen

Chinesisch-therapeutische Wirkung:
- Vertreibt Wind-Feuchtigkeit
- Klärt Hitze
- Öffnet die Leitbahnen

Klinische Anwendung:
- Arthritis
- rheumatoide Arthritis
- heiße, geschwollene und schmerzhafte Gelenke
- Muskelatrophie
- Abmagerung
- Steifigkeit

Gui Zhi (Cinnamomi Ramulus), Jing Jie (Schizonepetae Herba) und Fang Feng (Ledebouriellae Saposhnikoviae Radix) wärmen die Leitbahnen und vertreiben Wind von der Oberfläche.

Xian Mao (Curculiginis Rhizoma) und Gui Zhi (Cinnamomi Ramulus) wärmen den Körper und beseitigen Schmerzen.

Zhi Mu (Anemarrhenae Rhizoma) klärt Hitze und beseitigt Schwellungen.

Bai Shao Yao (Paeoniae Radix Alba) und Gan Cao (Glycyrrhizae Radix et Rhizoma) detonisieren die Muskulatur und lindern Schmerzen.

Bai Zhu (Atractylodis Macrocephalae Rhizoma) stärkt den Funktionskreis Milz-Pankreas, trocknet Feuchtigkeit und lindert Ödeme.

Sheng Jiang (Zingiberis Rhizoma Recens) wärmt den mittleren Erwärmer und steigert dadurch die Futteraufnahme.

Modifikationen:

- Bei steifen Gelenken, die sich bei feucht-kaltem Wetter verschlechtern, werden die Anteile von Gui Zhi (Cinnamomi Ramulus) und Bai Zhu (Atractylodis Macrocephalae Rhizoma) erhöht.
- Bei stark geschwollenen Gelenken durch vermehrte Feuchtigkeit werden Fu Ling (Poriae Sclerotium), Yi Yi Ren (Coicis Semen) und Cang Zhu (Atractylodis Rhizoma) hinzugefügt.
- Bei Qi-Mangel wird Huang Qi (Astragali Radix) ergänzt.

Korrespondierende Akupunkturpunkte: Lu5, Di4, Di11, Di14, MP6, MP9, Dü3, Bl58, Ni3, Gb20, Gb39, Gb41, Le3, Le8, LG14

14.4 Nässe-Schleim vertreibende Rezepturen

二朮湯

Er Zhu Tang

Dekokt mit den beiden Atractylodis

Zusammensetzung:

Fa Ban Xia (Pinelliae Rhizoma Praeparatae)	6 g
Tian Nan Xing (Arisaematis Rhizoma)	3 g
Bai Zhu (Atractylodis Macrocephalae Rhizoma)	3 g
Cang Zhu (Atractylodis Rhizoma)	4,5 g
Fu Ling (Poriae Sclerotium)	3 g
Qiang Huo (Notopterygii Rhizoma seu Radix)	3 g
Xiang Fu (Cyperi Rhizoma)	3 g
Wei Ling Xian (Clematidis Radix et Rhizoma)	3 g
Chen Pi (Citri Reticulatae Pericarpium)	3 g
Huang Qin (Scutellariae Radix)	3 g
Sheng Jiang (Zingiberis Rhizoma Recens)	3 g
Gan Cao (Glycyrrhizae Radix et Rhizoma)	3 g

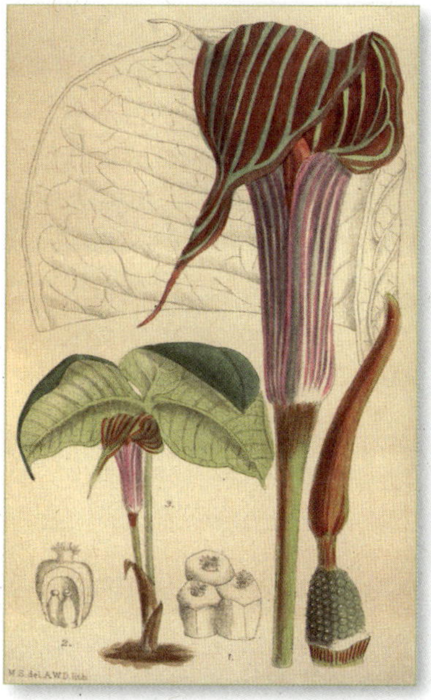

Abb. 157: Die Wurzel des Feuerkolbens (*Arisaema* spec.) verstärkt unter anderem die Wirkung von Barbituraten. Im Bild die Art *A. fargesii.*

Wirkt auf

Funktionskreis Milz-Pankreas
Funktionskreis Leber
Funktionskreis Lunge

Temperaturverhalten: warm
Geschmacksrichtung: scharf, bitter
Wirkrichtung: emporhebend
Wirkort: Leitbahnen, Bewegungsapparat

Chinesisch-therapeutische Wirkung:

- Leitet Feuchtigkeit aus
- Wandelt Schleim um
- Macht die Leitbahnen durchgängig und beseitigt dadurch Schmerzen

Klinische Anwendung:

- Arthrose
- Carpalgelenksarthrose
- Schultergelenksarthrose
- Bursitis
- Tendinitis
- Radialislähmung
- Sweeny Shoulder

Fa Ban Xia (Pinelliae Rhizoma Praeparatae) und Tian Nan Xing (Arisaematis Rhizoma) trocknen Feuchtigkeit und eliminieren Schleim.

Bai Zhu (Atractylodis Macrocephalae Rhizoma), Cang Zhu (Atractylodis Rhizoma) und Fu Ling (Poriae Sclerotium) leiten Feuchtigkeit aus und stärken die Funktionskreise Milz-Pankreas und Magen.

Qiang Huo (Notopterygii Rhizoma seu Radix) leitet Wind aus und trocknet Feuchtigkeit.

Xiang Fu (Cyperi Rhizoma), Wei Ling Xian (Clematidis Radix et Rhizoma) und Chen Pi (Citri Reticulatae Pericarpium) lösen Qi-Stau auf.

Huang Qin (Scutellariae Radix) leitet Feuchte-Hitze aus.

Sheng Jiang (Zingiberis Rhizoma Recens) senkt das Magen-Qi ab.

Gan Cao (Glycyrrhizae Radix et Rhizoma) harmonisiert die Arzneien.

Modifikationen:

- Bei Genickproblemen wird Ge Gen (Puerariae Lobatae Radix) hinzugefügt.
- Bei Schleim in der Lunge werden Jie Geng (Platycodi Radix) und Chai Hu (Bupleuri Radix) ergänzt.
- Bei Gelenkschmerzen werden Huai Niu Xi (Achyranthis Radix) und Xu Duan (Dipsaci Radix) hinzugefügt.

Kontraindikationen: Diese Rezeptur ist in der Trächtigkeit kontraindiziert!

Korrespondierende Akupunkturpunkte: Lu7, Lu5, Di10, Ma40, Ma42, MP4, MP6, MP9, MP21, Gb41, Le3, Le8

15
Schleim vertreibende Rezepturen

Schleim vertreibende Rezepturen können Schleim auflösen und ihn zerteilen. Laut der Traditionellen Chinesischen Medizin gibt es zwei Arten von Schleim: Tan (sichtbaren Schleim) und Yin (unsichtbaren Schleim). Tan, der sichtbare Schleim, ist der dicke Schleim, der sich im Äußeren und entlang der Leitbahnen bewegt und verschiedene Körperregionen beeinträchtigen kann. Yin, der unsichtbare Schleim, ist der dünne, wässrige Schleim, der in der Regel dort bleibt, wo er entstanden ist. Sowohl Tan wie auch Yin entstehen in erster Linie durch Feuchtigkeitsansammlungen.

Schleim-Erkrankungen haben einen engen Bezug zu den Funktionskreisen, die die Flüssigkeiten – chinesisch JinYe – im Körper regulieren. Dazu gehören die Funktionskreise Milz-Pankreas, Lunge und Niere. Der Funktionskreis Milz-Pankreas wandelt die Flüssigkeiten um, der Lungen-Funktionskreis verteilt sie im Körper, und der Nieren-Funktionskreis scheidet die Flüssigkeiten aus.

Störungen in jedem dieser drei Funktionskreise führen zu Feuchtigkeitsansammlungen und schließlich, oft unter dem Einfluss von Hitze, zur Bildung von Schleim.

Hat sich der Schleim erst einmal gebildet, kann er jeden Körperbereich beeinträchtigen, z. B. Lunge, Magen, Darm, Herz, Leitbahnen und die Extremitäten.

Klinische Anwendungen:
- Husten
- Atemnot
- Keuchatmung
- Erbrechen
- Krampfanfälle
- Epilepsie
- Vestibularsyndrom
- Verhärtungen und Knoten

Die erfolgreiche Behandlung von Schleim-Erkrankungen erfordert eine exakte Bestimmung der Ursache. Bei einer Schleim-Erkrankung, die durch eine Schwäche des Funktionskreises Milz-Pankreas entstanden ist, müssen die Milz gestärkt, Feuchtigkeit getrocknet und Schleim aufgelöst werden. Ist der Schleim durch inneres Feuer entstanden, das die Feuchtigkeit eingetrocknet hat, müssen die Hitze geklärt und der Schleim zerstreut werden. Bei Schleim durch Lungen-Yin-Mangel, der die Körperflüssigkeiten aufzehrt und in Schleim umwandelt, besteht die Behandlung darin, die Lunge zu befeuchten und den Schleim aufzulösen. Ist der Schleim durch Kälte in der Lunge oder Yang-Mangel im den Funktionskreisen Milz-Pankreas oder Niere entstanden, besteht die Behandlung darin, das Yang zu tonisieren und den Schleim aufzulösen. Bei Schleim durch äußere pathogene Faktoren, die den Qi-Fluss der Lunge beeinträchtigen, müssen die Lunge belüftet und der Schleim aufgelöst werden.

Schleim-Erkrankungen sind sehr komplex, deshalb sollten zur Behandlung von Schleim bevorzugt Arzneien verwendet werden, die sowohl die Ursache als auch die Symptome behandeln.

Schleim-Erkrankungen können außerdem durch unterschiedliche Faktoren verkompliziert werden. Der Funktionskreis Lunge ist häufig von Schleim betroffen, da er ihn aufnimmt. Aus diesem Grund sind in Schleim vertreibenden Rezepturen häufig Arzneien vorhanden, die Schleim aus der Lunge vertreiben. Bei Störungen mit Leber-Wind wandert der Schleim in die vorderen Bereiche des Körpers, so dass hier Arzneien verwendet werden müssen, die Wind besänftigen und Schleim auflösen. Eine Schleim-Ansammlung beeinträchtigt die Qi-Zirkulation, und ein Qi-Stau kann zu Schleim-Stagnationen führen. Aus diesem Grund enthalten Schleim vertreibende Rezepturen sehr häufig Arzneien, die das Qi regulieren. Wenn eine Schleim-Stagnation zu Verhärtungen und Knoten in den Leitbahnen oder der Haut geführt hat, müssen Arzneien gewählt werden, die die Leitbahnen und das Äußere öffnen, Verhärtungen erweichen und Stagnationen auflösen.

Untergeordnete Wirkkategorien

Schleim vertreibende Rezepturen werden in fünf Unterkategorien unterschieden, um die Art der Schleim-Erkrankung und die entsprechenden Rezepturen zu differenzieren:

Feuchtigkeit trocknende und Schleim auflösende Rezepturen:

Diese Rezepturen behandeln Nässe-Schleim, dessen Hauptsymptome Husten mit reichlich Auswurf, der leicht abzuhusten ist, Übelkeit, Erbrechen und Leistungsminderung sind. Die Zunge ist bei diesen Disharmoniemustern häufig geschwollen und blass. Der Puls ist entweder schlüpfrig oder sanft.

Hitze klärende und Schleim auflösende Rezepturen:

Diese Rezepturen eignen sich für die Behandlung von Hitze-Schleim mit Symptomen wie Husten mit dickem, zähem, gelbem oder grünem Auswurf. Die Zunge ist hierbei rot, eventuell mit gelbem Belag, und der Puls schlüpfrig und schnell.

Bei stark ausgeprägtem oder länger andauernden Hitze-Schleim können die Sinnesöffnungen blockiert sein, was zu Epilepsie oder Krämpfen führen kann. **Solche kritischen Zustände gehören in erster Linie in**

die Hände eines kompetenten Tierarztes bzw. einer Tierärztin, können aber im Anschluss mit Rezepturen behandelt werden, die Hitze klären und die Sinnesöffnungen befreien. **Diese Rezepturen sind nicht für die Langzeitanwendung geeignet und in der Trächtigkeit kontraindiziert!**

Die Zunge ist bei diesen Mustern geschwollen und rot bis dunkelrot, der Puls ist schnell und schlüpfrig sowie lang oder saitenförmig.

Trockenheit befeuchtende und Schleim auflösende Rezepturen:
Diese Rezepturen behandeln trockenen Schleim, der sich als dickes, klebriges, schwer abzuhustendes Sputum zeigt. Dieser Schleim kann nie komplett abgehustet werden. Die Zunge ist geschwollen, eher trocken, und eventuell mit wenig klebrigem Speichel bedeckt. Der Puls ist rau, hohl oder fadenförmig.

Warme Rezepturen, die kalten Schleim auflösen:
Diese Rezepturen behandeln Kälte-Schleim-Syndrome, wie Husten mit klarem, wässrigem Ausfluss. Die Zunge ist blass und geschwollen und weist eventuell einen weißen Belag auf. Der Puls ist langsam sowie schlüpfrig oder knotig.

Wind vertreibende und Schleim auflösende Rezepturen:
Diese Rezepturen werden bei **Wind-Schleim im Inneren** verordnet. Er entsteht durch inneren Schleim mit aufsteigendem Leber-Wind und kann zu Symptomen wie Kopfschmerzen, Schwindel, Epilepsie, Vestibularsyndrom, Headshaking und Headbobbing führen. In diesen Fällen sollten Schleim vertreibende Arzneien mit Leber-Wind ausleitenden Arzneien kombiniert werden.

Die Zunge ist geschwollen und hat eventuell Schleimauflagerungen. Der Puls ist voll und saitenförmig.

Äußerer Wind ist eine Störung, bei der Wind als pathogener Faktor den Funktionskreis Lunge angreift. Die Lunge wird dadurch in ihrer verteilenden und absenkenden Funktion beeinträchtigt, und infolgedessen entsteht Schleim, der Husten, Fieber und Kältesymptome verursachen kann. **Dieses Disharmoniemuster sollte nicht mit Rezepturen, die Schleim vertreiben, behandelt werden,** da bei diesem Störungsmuster das Äußere entlastet (siehe Kapitel 1, Seite 36) oder Wind ausgeleitet werden muss (siehe Kapitel 11, Seite 249).

15.1 Feuchtigkeit trocknende und Schleim auflösende Rezepturen

二陳湯

Er Chen Tang

Zweifach behandelndes Dekokt

Zusammensetzung:

Fa Ban Xia (Pinelliae Rhizoma Praeparatae)	15 g
Chen Pi (Citri Reticulatae Pericarpium)	15 g
Fu Ling (Poriae Sclerotium)	9 g
Zhi Gan Cao (Glycyrrhizae Radix et Rhizoma Praeparatae cum Melle)	4,5 g

Abb. 158: Die Ume-Pflaume (*Prunus mume*, hier einheimische Pflaumen) haben Sie bestimmt schon einmal in Form von Pflaumenwein in einem chinesischen Restaurant getrunken.

Anmerkungen der Autorin:

In der Ursprungsrezeptur waren dem Dekokt noch 3 g Sheng Jiang (Zingiberis Rhizoma Recens) und 2 g Wu Mei (Mume Fructus) hinzugefügt.

In der Originalrezeptur wurde Ban Xia (Pinelliae Rhizoma, botanisch *Pinellia ternata* = Mittsommerknolle) verwendet, das aufgrund seiner Giftigkeit in Europa nicht mehr erhältlich ist. In dieser Rezeptur wurde Ban Xia durch die präparierte, nicht toxische Form, Fa Ban Xia (Pinelliae Rhizoma Praeparatae) ersetzt.

Wirkt auf

Funktionskreis Milz-Pankreas
Funktionskreis Lunge
Funktionskreis Magen

Temperaturverhalten: warm
Geschmacksrichtung: scharf, süß
Wirkrichtung: leicht absenkend
Wirkort: Lunge, mittlerer Erwärmer

Chinesisch-therapeutische Wirkung:

- Trocknet Feuchtigkeit
- Eliminiert Schleim

Klinische Anwendung:

- Husten mit viel weißem oder klarem Schleim
- Übelkeit und Erbrechen
- Bronchitis
- Gastritis

Fa Ban Xia (Pinelliae Rhizoma Praeparatae) löst Schleim und leitet Feuchtigkeit aus.

Chen Pi (Citri Reticulatae Pericarpium) aktiviert und reguliert das Qi.

Fu Ling (Poriae Sclerotium) tonisiert den Funktionskreis Milz-Pankreas und leitet Feuchtigkeit aus.

Zhi Gan Cao (Glycyrrhizae Radix et Rhizoma Praeparatae cum Melle) harmonisiert die Arzneien.

Sheng Jiang (Zingiberis Rhizoma Recens) harmonisiert den Magen.

Wu Mei (Mume Fructus) adstringiert die Lunge und verhindert den Verlust von Qi.

Modifikationen:

- Bei Kälte-Schleim mit klarem Sputum wird Sheng Jiang (Zingiberis Rhizoma Recens) hinzugefügt und die Dosierung von Fa Ban Xia (Pinelliae Rhizoma Praeparatae) erhöht.
- Bei Hitze-Schleim mit gelbem Sputum werden Huang Qin (Scutellariae Radix), Gua Lou (Trichosanthis Fructus), Huang Lian (Coptidis Rhizoma), Zhu Ru (Bambusae Caulis in Taeniam) und Hou Po (Magnoliae Officinalis Cortex) ergänzt.
- Bei Nässe-Schleim mit viel weißem Sputum werden Cang Zhu (Atractylodis Rhizoma), Bai Zhu (Atractylodis Macrocephalae Rhizoma) und Hou Po (Magnoliae Officinalis Cortex) hinzugefügt.
- Bei trockenem Schleim mit zähem, gelbem, schwer abzuhustendem Sputum werden Gua Lou (Trichosanthis Fructus), Ku Xing Ren (Armeniacae Semen) und Bei Mu (Fritillariae Bulbus) hinzugefügt.
- Bei Qi-Stagnationen mit Schleim-Ansammlung werden Hou Po (Magnoliae Officinalis Cortex) und Zhi Shi (Citri Aurantii Fructus Immaturus) dazugegeben.
- Bei Schleim durch Nahrungs-Stagnationen werden Shan Zha (Crataegi Fructus), Mai Ya (Hordei Fructus) und Shen Qu (Massa Medicata Fermentata) ergänzt.
- Bei chronischem, hartnäckigem Schleim werden Zhi Shi (Citri Aurantii Fructus Immaturus) und Dan Nan Xing (Arisaematis Rhizoma cum Bile) hinzugefügt.
- Bei Übelkeit und Erbrechen aufgrund von Magen-Kälte mit einer Mangel-Konstitution werden Chuan Mu Xiang (Vladimiriae Radix) und Sha Ren (Amomi Fructus) dazugegeben.
- Bei Erbrechen mit Schmerzen im Abdomen aufgrund von Hitze wird diese Rezeptur mit Huang Lian Tang (Coptidis-Rhizoma-Dekokt, siehe Seite 86) kombiniert.
- Bei Knoten aufgrund von Schleim, der die Leitbahnen blockiert, werden Mu Li (Ostrea Concha), Xuan Shen (Scrophulariae Radix), Hai Ge Qiao (Meretricis Concha), Hai Zao (Sargassum Thallus) und Kun Bu (Eckloniae Thallus) ergänzt.

Kontraindikationen:

- Diese Rezeptur ist in der Trächtigkeit verboten!
- *Er Chen Tang* ist scharf und trocknend und nicht für Husten mit wenig Auswurf, Yin-Mangel oder Trockenheit geeignet.
- Es ist nicht für die Langzeitanwendung geeignet.
- *Mögliche Nebenwirkung:* Bei der Gabe von *Er Chen Tang* kann es in den ersten Tagen zu einer vermehrten Speichelbildung kommen.

Korrespondierende Akupunkturpunkte: Lu9, Lu7, Bl13, Bl20, Ma40, MP4, KG24

溫膽湯

Wen Dan Tang

Dekokt, das die Gallenblase wärmt

Zusammensetzung:

Fa Ban Xia (Pinelliae Rhizoma Praeparatae)	6 g
Zhu Ru (Bambusae Caulis in Taeniam)	6 g
Zhi Shi (Citri Aurantii Fructus)	6 g
Chen Pi (Citri Reticulatae Pericarpium)	9 g
Fu Ling (Poriae Sclerotium)	4,5 g
Zhi Gan Cao (Glycyrrhizae Radix et Rhizoma Praeparatae cum Melle)	3 g
Sheng Jiang (Zingiberis Rhizoma Recens)	3 g
Da Zao (Jujubae Fructus)	3 g

Abb. 159: Bambusrohr (*Bambusa* spec.) wird in Streifen geschnitten (= in Taeniam). Es klärt Hitze und löst Schleim auf.

Anmerkung der Autorin:
In der Originalrezeptur wurde Ban Xia (Pinelliae Rhizoma; botanisch *Pinellia ternata*, die Mittsommerknolle oder Dreizählige Pinellie) verwendet, das aufgrund seiner toxischen Wirkung in Europa nicht mehr erhältlich ist. In dieser Rezeptur wurde Ban Xia durch die präparierte, nicht toxische Form Fa Ban Xia (Pinelliae Rhizoma Praeparatae) ersetzt.

Hinweis:
Obwohl *Wen Dan Tang* übersetzt „Dekokt, das die Gallenblase wärmt" heißt, leiten die Arzneien in dieser Rezeptur Hitze-Schleim aus. Der Name „Wen Dan Tang" begründet sich in der Umwandlung von Gallenblasen-Hitze in Gallenblasen-Wärme durch die ausleitende Funktion der Arzneien. Eine kalte Gallenblase würde weitere Pathologien nach sich ziehen, weshalb lediglich Hitze und Schleim leicht ausgeleitet werden, um eine physiologische Funktion des Gallenblasen-Funktionskreises wiederherstellen zu können.

Wirkt auf

Funktionskreis Gallenblase
Funktionskreis Magen
Funktionskreis Herz
Funktionskreis Milz-Pankreas

Temperaturverhalten: kühl
Geschmacksrichtung: leicht scharf, leicht bitter
Wirkrichtung: absenkend
Wirkort: mittlerer Erwärmer

Chinesisch-therapeutische Wirkung:

- Reguliert das Qi
- Wandelt heißen Schleim um
- Klärt Hitze im Funktionskreis Gallenblase
- Harmonisiert die Funktionskreise Gallenblase und Magen

Klinische Anwendung:
- Reizbarkeit
- Ängstlichkeit
- nächtliche Unruhe
- Erbrechen
- Appetitlosigkeit oder ständiger Hunger
- Krampfanfälle
- Epilepsie
- Vestibularsyndrom
- Diabetes

Fa Ban Xia (Pinelliae Rhizoma Praeparatae) trocknet Feuchtigkeit, eliminiert Schleim und harmonisiert den Magen.

Zhu Ru (Bambusae Caulis in Taeniam) klärt Hitze, löst Schleim auf und beseitigt Reizbarkeit.

Zhi Shi (Citri Aurantii Fructus) löst Qi-Stagnationen und zerstreut Schleim.

Chen Pi (Citri Reticulatae Pericarpium) reguliert den Qi-Fluss und trocknet Feuchtigkeit.

Fu Ling (Poriae Sclerotium) tonisiert den Funktionskreis Milz-Pankreas und leitet so Feuchtigkeit und Schleim aus.

Zhi Gan Cao (Glycyrrhizae Radix et Rhizoma Praeparatae cum Melle), Sheng Jiang (Zingiberis Rhizoma Recens) und Da Zao (Jujubae Fructus) stärken den Funktionskreis Milz-Pankreas und harmonisieren den Magen.

Modifikationen:
- Bei Erbrechen werden Zi Su Ye (Perillae Folium) und Huang Lian (Coptidis Rhizoma) hinzugefügt.
- Bei Reizbarkeit und innerer Hitze wird Zhi Zi (Gardeniae Fructus) ergänzt.
- Bei Schlaflosigkeit durch Schwäche im Funktionskreis Milz-Pankreas wird diese Rezeptur mit *Xiao Yao San* (Umherstreifen-Pulver, siehe Seite 78) kombiniert.
- Bei Schlaflosigkeit mit Ängstlichkeit und Palpitationen wird Suan Zao Ren (Ziziphi Spinosae Semen) ergänzt.
- Bei Epilepsie werden Yu Jin (Curcumae Radix) und Shi Chang Pu (Acori Tatarinowii Rhizoma) dazugegeben.
- Bei Taubheit durch Feuchte-Hitze in der Gallenblasen-Leitbahn werden Chai Hu (Bupleuri Radix), Huang Qin (Scutellariae Radix), Shi Chang Pu (Acori Tatarinowii Rhizoma) und Tong Cao (Tetrapanacis Medulla) hinzugefügt.
- Bei Benommenheit und Schwindel werden Ju Hua (Chrysanthemi Flos) und Huang Qin (Scutellariae Radix) ergänzt.

Kontraindikationen:
- Diese Rezeptur ist in der Trächtigkeit verboten!
- *Wen Dan Tang* ist kontraindiziert bei nächtlicher Unruhe durch Schwäche im Funktionskreis Herz, bei Palpitationen durch Xue-Mangel, bei Benommenheit und Schwindel durch Yin-Mangel und bei Erbrechen durch Magen-Kälte.

Korrespondierende Akupunkturpunkte: Lu9, Bl20, Bl13, KG12, Ma40, Gb43, Di4, He5, Pc6

15.2 Hitze klärende und Schleim auflösende Rezepturen

清氣化痰丸

Qing Qi Hua Tan Wan
Pille, die das Qi klärt und Schleim eliminiert

Zusammensetzung:

Tian Nan Xing (Arisaematis Rhizoma)	9 g
Huang Qin (Scutellariae Radix)	6 g
Gua Lou Zi (Trichosanthis Semen)	6 g
Zhi Shi (Citri Aurantii Fructus Immaturus)	6 g
Chen Pi (Citri Reticulatae Pericarpium)	6 g
Fu Ling (Poriae Sclerotium)	6 g
Xing Ren (Armeniacae Semen)	6 g
Fa Ban Xia (Pinelliae Rhizoma Praeparatae)	9 g

Abb. 160: *Tian Nan Xing* heißt übersetzt „Südlicher Stern des Himmels", auf Deutsch Amur-Feuerkolben (*Arisaema amurense*). Im Bild eine einheimische *Arisaema*-Art.

Anmerkung der Autorin:
In der Originalrezeptur wurde Ban Xia (Pinelliae Rhizoma; botanisch *Pinellia ternata*, die Mittsommerknolle) verwendet, das aufgrund seiner Giftigkeit in Europa nicht mehr erhältlich ist. In dieser Rezeptur wurde Ban Xia durch die präparierte und dadurch nicht toxische Form Fa Ban Xia (Pinelliae Rhizoma Praeparatae) ersetzt.

Wirkt auf
Funktionskreis Lunge
Funktionskreis Milz-Pankreas

Temperaturverhalten: kalt
Geschmacksrichtung: bitter, scharf
Wirkrichtung: absenkend
Wirkort: vorderer Erwärmer

Chinesisch-therapeutische Wirkung:
- Klärt Hitze
- Löst Schleim auf
- Reguliert das Lungen-Qi
- Löst Lungen-Hitze-Schleim

Klinische Anwendung:
- Husten
- Husten mit Blutbeimengung
- Lungenentzündung
- Bronchitis
- Atemwegsinfekte

Tian Nan Xing (Arisaematis Rhizoma) klärt Hitze und löst Schleim auf.

Huang Qin (Scutellariae Radix) und Gua Lou Zi (Trichosanthis Semen) klären Lungen-Hitze und eliminieren Schleim.

Zhi Shi (Citri Aurantii Fructus Immaturus) und Chen Pi (Citri Reticulatae Pericarpium) beseitigen Qi-Stagnationen und lösen Schleim auf.

Fu Ling (Poriae Sclerotium) tonisiert den Funktionskreis Milz-Pankreas, trocknet Feuchtigkeit und verhindert dadurch neue Schleimbildung.

Xing Ren (Armeniacae Semen) senkt rebellierendes Lungen-Qi ab und lindert Husten.

Fa Ban Xia (Pinelliae Rhizoma Praeparatae) bricht Schleim-Stagnationen auf und trocknet Feuchtigkeit.

Modifikationen:
- Bei Fieber werden Shi Gao (Gypsum Fibrosum) und Huang Qin (Scutellariae Radix) hinzugefügt.
- Bei viel Schleim und beschleunigter Atmung werden Yu Xing Cao (Houttuyniae Herba) und Sang Bai Pi (Mori Cortex) dazugegeben.
- Bei Husten mit viel Durst aufgrund starker Lungen-Hitze werden Shi Gao (Gypsum Fibrosum) und Shi Mu (Anemarrhenae Rhizoma) ergänzt.

Kontraindikationen:
- Diese Rezeptur ist in der Trächtigkeit verboten!
- *Qing Qi Hua Tan Wan* ist nicht zur Langzeitanwendung geeignet.
- Bei Patienten mit Lungen-Yin-Mangel oder Wind-Kälte ist es kontraindiziert.

Korrespondierende Akupunkturpunkte: Lu1, Lu5, Lu8, Ma40, Di4, Di11, Bl13, KG17, Bl20, MP9

清肺湯

Qing Fei Tang

Dekokt, das die Lunge klärt

Zusammensetzung:

Huang Qin (Scutellariae Radix)	4,5 g
Zhi Zi (Gardeniae Fructus)	2,1 g
Xing Ren (Armeniacae Semen)	2,1 g
Zhe Bei Mu (Fritillariae Thunbergii Bulbus)	3 g
Zhu Ru (Bambusae Caulis in Taeniam)	3 g
Sang Bai Pi (Mori Cortex)	3 g
Jie Geng (Platycodi Radix)	3 g
Mai Men Dong (Ophiopogonis Radix)	2,1 g
Tian Dong (Asparagi Radix)	2,1 g
Dang Gui (Angelicae Sinensis Radix)	2,1 g
Gan Cao (Glycyrrhizae Radix et Rhizoma)	0,9 g
Chen Pi (Citri Reticulatae Pericarpium)	3 g
Fu Ling (Poriae Sclerotium)	3 g
Wu Wei Zi (Schisandrae Fructus)	3 g
Sheng Jiang (Zingiberis Rhizoma Recens)	2 g
Da Zao (Jujubae Fructus)	2 g

Abb. 161: In dieser Rezeptur werden Aprikosensamen (*Prunus armeniaca*, im Bild ein Aprikosenbaum) verwendet. Für *Xing Ren* gilt der Merksatz: „Bei Husten und Keuchen und zum Befeuchten".

Wirkt auf

Funktionskreis Lunge
Funktionskreis Milz-Pankreas

Temperaturverhalten: kalt
Geschmacksrichtung: bitter, scharf
Wirkrichtung: absenkend
Wirkort: oberer Erwärmer

Chinesisch-therapeutische Wirkung:

- Vertreibt Hitze-Schleim aus der Lunge
- Befeuchtet die Lunge
- Stillt Husten

Klinische Anwendung:

- chronische Bronchitis
- Lungenentzündung
- Aspirationspneumonie
- Asthma
- Laryngitis

Huang Qin (Scutellariae Radix) und Zhi Zi (Gardeniae Fructus) klären Feuchte-Hitze im Lungen-Funktionskreis.

Xing Ren (Armeniacae Semen), Zhe Bei Mu (Fritillariae Thunbergii Bulbus), Zhu Ru (Bambusae Caulis in Taeniam) und Sang Bai Pi (Mori Cortex) klären die Lungen und lassen das Lungen-Qi absteigen.

Jie Geng (Platycodi Radix) beseitigt Schleim-Ansammlung.

Mai Men Dong (Ophiopogonis Radix), Tian Dong (Asparagi Radix) und Gan Cao (Glycyrrhizae Radix et Rhizoma) befeuchten die Lunge und nähren das Yin.

Dang Gui (Angelicae Sinensis Radix) nährt das Xue.

Chen Pi (Citri Reticulatae Pericarpium) reguliert den Qi-Fluss und leitet Schleim aus.

Fu Ling (Poriae Sclerotium) stützt die Mitte und kanalisiert Schleim.

Wu Wei Zi (Schisandrae Fructus) stabilisiert den Lungen-Funktionskreis, um einen weiteren Verlust von Lungen-Qi zu verhindern.

Sheng Jiang (Zingiberis Rhizoma Recens) und Da Zao (Jujubae Fructus) harmonisieren die Arzneien.

Modifikationen:

- Bei festem, zähem Schleim, der schwer abzuhusten ist, werden Gua Lou (Trichosanthis Fructus), Zhi Shi (Citri Aurantii Fructus) und Zhu Li (Bambusae Succus) hinzugefügt und Wu Wei Zi (Schisandrae Fructus) entfernt.
- Bei Asthma mit beschleunigter Atmung werden Zi Su Zi (Perillae Fructus) und Zhu Li (Bambusae Succus) ergänzt und Jie Geng (Platycodi Radix) entfernt.
- Bei chronischem Husten mit spontanem Schwitzen (Pferd) werden Bai Zhu (Atractylodis Macrocephalae Rhizoma), Bai Shao Yao (Paeoniae Radix Alba) und Sheng Di Huang (Rehmanniae Radix) hinzugefügt sowie Jie Geng (Platycodi Radix), Zhe Bei Mu (Fritillariae Thunbergii Bulbus) und Xing Ren (Armeniacae Semen) entfernt.

Kontraindikationen:

- Diese Rezeptur ist in der Trächtigkeit kontraindiziert!
- *Qing Fei Tang* ist nicht für die Langzeitanwendung geeignet.

Korrespondierende Akupunkturpunkte: Lu5, Lu6, Lu9, Di11, Bl13, KG22, Ma40, Ni3, KG12, MP9

桔梗湯

Jie Geng Tang

Platycodi-Radix-Dekokt

Abb. 162: In der chinesischen Medizin werden die Wurzeln einer Ballonblumen-Art (*Platycodon grandiflorum*) verwendet. Bei uns ist die Gattung in vielen Arten und Sorten als Zierpflanze bekannt.

Zusammensetzung:

Jie Geng (Platycodi Radix)	3 g
Gan Cao (Glycyrrhizae Radix et Rhizoma)	6 g

Wirkt auf

Funktionskreis Lunge

Temperaturverhalten: leicht warm
Geschmacksrichtung: bitter, scharf
Wirkrichtung: absenkend
Wirkort: vorderer Erwärmer

Chinesisch-therapeutische Wirkung:

- Eliminiert Schleim und Hitze-Schleim
- Klärt Mangel-Feuer
- Leitet Toxine aus

Klinische Anwendung:

- Bronchitis
- Atemnot
- Lungenabszess
- Tonsillitis

Jie Geng (Platycodi Radix) löst Schleim-Stagnationen auf und zerstreut Schleim.

Gan Cao (Glycyrrhizae Radix et Rhizoma) löst Schleim-Stagnationen auf und tonisiert das Lungen-Qi.

Modifikationen:

- In schweren Fällen sollten Arzneien hinzugefügt werden, die Hitze klären und Toxine eliminieren, da *Jie Geng Tang* nur eine unkomplizierte Schleim-Stagnation behandelt.

Kontraindikationen: *Jie Geng Tang* ist in der Trächtigkeit kontraindiziert!

Korrespondierende Akupunkturpunkte: Lu5, Lu7, Lu10, Ni6, KG22, Ni27, Ma40

瓜蔞枳實湯

Gua Lou Zhi Shi Tang

Dekokt mit Trichosanthis Fructus und Citri Aurantii Fructus

Zusammensetzung:

Gua Lou (Trichosanthis Fructus)	3 g
Chuan Bei Mu (Fritillariae Cirrhosae Bulbus)	3 g
Zhu Ru (Bambusae in Taeniam)	1,5 g
Chen Pi (Citri Reticulatae Pericarpium)	3 g
Zhi Shi (Citri Aurantii Fructus Immaturus)	3 g
Jie Geng (Platycodi Radix)	3 g
Chuan Mu Xiang (Vladimiriae Radix)	1,5 g
Sha Ren (Amomi Fructus)	1,5 g
Fu Ling (Poriae Sclerotium)	3 g
Zhi Zi (Gardeniae Fructus)	3 g
Huang Qin (Scutellariae Radix)	3 g
Dang Gui (Angelicae Sinensis Radix)	1,8 g
Gan Cao (Glycyrrhizae Radix et Rhizoma)	0,9 g
Sheng Jiang (Zingiberis Rhizoma Recens)	1 g

Abb. 163: *Sha Ren* heißt wörtlich „Sandsamen". Chinesisch-medizinisch reguliert diese Arzneipflanze (*Amomum villosum*) den Qi-Fluss, leitet Feuchtigkeit aus und tonisiert die Milz.

Anmerkung der Autorin:
In der Originalrezeptur ist Mu Xiang (Aucklandiae Radix; botanisch *Aucklandia* spec. = Costuswurzel) enthalten. Diese Pflanze ist sehr selten und wird aus Artenschutzgründen nicht mehr verwendet. In dieser Rezeptur wurde sie durch Chuan Mu Xiang (Vladimiriae Radix; botanisch *Vladimiria* spec.), eine Pflanzenwurzel mit derselben Wirkung, ersetzt.

Wirkt auf

Funktionskreis Lunge
Funktionskreis Herz
Funktionskreis Milz-Pankreas

Temperaturverhalten: kalt
Geschmacksrichtung: scharf, bitter
Wirkrichtung: absenkend
Wirkort: oberer Erwärmer

Chinesisch-therapeutische Anwendung:

- Bricht Stagnationen auf und löst Schleim
- Klärt Hitze
- Befeuchtet Trockenheit

Klinische Anwendung:

- akute und chronische Bronchitis
- Asthma
- Lungenentzündung
- Lungenemphysem

- Intercostalneuralgien
- Atemnot
- Epilepsie

Gua Lou (Trichosanthis Fructus), Chuan Bei Mu (Fritillariae Cirrhosae Bulbus) und Zhu Ru (Bambusae in Taeniam) verflüssigen Schleim und lindern Atemnot.

Chen Pi (Citri Reticulatae Pericarpium), Zhi Shi (Citri Aurantii Fructus Immaturus), Jie Geng (Platycodi Radix) und Chuan Mu Xiang (Vladimiriae Radix) regulieren das Qi, lösen Schleim auf und beseitigen Stagnationen.

Sha Ren (Amomi Fructus) und Fu Ling (Poriae Sclerotium) tonisieren den Funktionskreis Milz-Pankreas, trocknen Feuchtigkeit und verhindern damit neue Schleimbildung.

Zhi Zi (Gardeniae Fructus) und Huang Qin (Scutellariae Radix) klären Feuchte-Hitze.

Dang Gui (Angelicae Sinensis Radix) reguliert das Xue und verhindert Xue-Stagnationen.

Gan Cao (Glycyrrhizae Radix et Rhizoma) und Sheng Jiang (Zingiberis Rhizoma Recens) harmonisieren die Arzneien.

Modifikationen:

- Bei Schleim, der das Herz angreift und das Shen blockiert, werden Shi Chang Pu (Acori Tatarinowii Rhizoma) ergänzt und Chuan Mu Xiang (Vladimiriae Radix) entfernt.
- Bei Keuchatmung oder Atemnot werden Sang Bai Pi (Mori Cortex) und Zi Su Zi (Perillae Fructus) hinzugefügt.

Kontraindikationen: *Gua Lou Zhi Shi Tang* ist in der Trächtigkeit kontraindiziert!

Korrespondierende Akupunkturpunkte: Lu5, Lu9, Ma40, Bl17, KG22, Ni27, Lu7, Ni6, Pc6

小陷胸湯

Xiao Xian Xiong Tang

Kleines Dekokt, das in den Thorax sinkt

Zusammensetzung:

Gua Lou (Trichosanthis Fructus)	20 g
Huang Lian (Coptidis Rhizoma)	6 g
Fa Ban Xia (Pinelliae Rhizoma Praeparatae)	12 g

Anmerkung der Autorin:
In der Originalrezeptur wurde Ban Xia (Pinelliae Rhizoma; botanisch *Pinellia ternata* = Mittsommerknolle) verwendet, das aufgrund seiner toxischen Wirkung in Europa nicht mehr erhältlich ist. Hier wurde Ban Xia durch die präparierte und dadurch ungiftige Form, Fa Ban Xia (Pinelliae Rhizoma Praeparatae), ersetzt.

Abb. 164: Der Wurzelstock der Goldfaden-Art *Coptis chinensis* kühlt Magen-Hitze, Leber-Feuer und Herz-Hitze.

Wirkt auf
Funktionskreis Lunge
Funktionskreis Magen
Funktionskreis Herz

Temperaturverhalten: kalt
Geschmacksrichtung: scharf, bitter
Wirkrichtung: absenkend
Wirkort: vorderer und mittlerer Erwärmer

Chinesisch-therapeutische Wirkung:
- Klärt Hitze
- Befeuchtet
- Löst Schleim auf
- Öffnet den Thorax
- Beseitigt Stagnationen

Klinische Anwendung:
- Gastritis
- Refluxösophagitis
- Bronchitis
- Husten mit zähem, gelbem Schleim
- Lungenentzündung
- Hepatitis

Gua Lou (Trichosanthis Fructus) klärt Hitze, löst Schleim auf und lindert Schmerzen im Thorax.

Huang Lian (Coptidis Rhizoma) besänftigt Hitze und lindert Spannungsgefühle im Thorax.

Fa Ban Xia (Pinelliae Rhizoma Praeparatae) eliminiert Schleim und beseitigt Qi-Stagnationen.

Modifikationen:
- Bei Intercostalschmerzen werden Yu Jin (Curcumae Radix) und Chai Hu (Bupleuri Radix) hinzugefügt.
- Bei dickem, schwer abzuhustendem Schleim werden Dan Nan Xing (Arisaema Rhizoma cum Bile) und Chuan Bei Mu (Fritillariae Cirrhosae Bulbus) ergänzt.
- Bei Übelkeit und Erbrechen werden Zhu Ru (Bambusae Caulis in Taeniam) und Sheng Jiang (Zingiberis Rhizoma Recens) dazugegeben.

Kontraindikationen:
- *Xiao Xiang Xiong Tang* ist in der Trächtigkeit verboten!
- Es ist nicht zur Langzeitanwendung geeignet.
- Bei Kälte in Milz oder Magen darf diese Rezeptur nicht verordnet werden.
- *Mögliche Nebenwirkungen:* Aufgrund seiner kühlenden und befeuchtenden Wirkung kann es weichen Kot oder Diarrhö verursachen.

Korrespondierende Akupunkturpunkte: Lu1, Lu5, KG22, KG17, Ma40, Ni6, He7

15.3 Trockenheit befeuchtende und Schleim auflösende Rezepturen

貝母瓜蔞散

Bei Mu Gua Lou San

Pulver mit Fritillariae Bulbus und Trichosanthis Fructus

Zusammensetzung:

Chuan Bei Mu (Fritillariae Cirrhosae Bulbus)	4,5 g
Gua Lou (Trichosanthis Fructus)	3 g
Tian Hua Fen (Trichosanthis Radix)	2,4 g
Fu Ling (Poriae Sclerotium)	2,4 g
Ju Hong (Citri Reticulatae Rubrum Exocarpium)	2,4 g
Jie Geng (Platycodi Radix)	2,4 g

Wirkt auf

Funktionskreis Lunge
Funktionskreis Milz-Pankreas

Temperaturverhalten: kühl
Geschmacksrichtung: süß, bitter
Wirkrichtung: leicht absenkend
Wirkort: Lunge

Chinesisch-therapeutische Wirkung:

- Befeuchtet die Lunge
- Klärt Hitze
- Reguliert das Qi
- Löst Schleim auf

Klinische Anwendung:

- Bronchitis
- trockener Husten
- Husten mit festsitzendem Schleim

Abb. 165: Die Schachblume (*Fritillaria* spec.) trägt ihren Namen wegen des Blütenmusters. Ihre Zwiebel (= Bulbus) wird in der TCM als Schleimlöser und Hustenstiller eingesetzt.

Chuan Bei Mu (Fritillariae Cirrhosae Bulbus) klärt Hitze, befeuchtet die Lunge, vertreibt Schleim und stillt Husten.

Gua Lou (Trichosanthis Fructus) klärt Hitze, befeuchtet Trockenheit, reguliert das Qi und löst Schleim-Ansammlungen auf.

Tian Hua Fen (Trichosanthis Radix) klärt Hitze, löst Schleim auf und fördert die Bildung der JinYe (Körperflüssigkeiten).

Fu Ling (Poriae Sclerotium) tonisiert den Funktionskreis Milz-Pankreas und beseitigt Feuchtigkeit.

Ju Hong (Citri Reticulatae Rubrum Exocarpium) tonisiert das Qi und löst Schleim auf.

Jie Geng (Platycodi Radix) belüftet die Lunge, eliminiert Schleim und stillt Husten.

Modifikationen:

- Bei Wind-Beteiligung werden Sang Ye (Mori Folium), Xing Ren (Armeniacae Semen), Qian Hu (Peucedani Radix) und Niu Bang Zi (Arctii Fructus) hinzugefügt.
- Bei Husten mit dickem, gelbem und zähem Schleim werden Huang Lian (Coptidis Rhizoma), Zhi Zi (Gardeniae Fructus), Dan Nan Xing (Arisaematis Rhizoma cum Bile) und Gan Cao (Glycyrrhizae Radix et Rhizoma) ergänzt sowie Tian Hua Fen (Trichosanthis Radix), Fu Ling (Poriae Sclerotium) und Jie Geng (Platycodi Radix) entfernt.

Kontraindikationen:

- *Bei Mu Gua Lou San* ist in der Trächtigkeit verboten!
- Es ist bei Husten durch Nieren-Yin-Mangel oder bei aufsteigender Mangel-Hitze kontraindiziert.

Korrespondierende Akupunkturpunkte: Lu1, Lu5, Lu9, Ma40, Bl13, Di11

15.4 Warme Rezepturen, die kalten Schleim auflösen

三子養親湯

San Zi Yang Qin Tang

Drei-Samen-Dekokt, das die Eltern ernährt

Zusammensetzung:

Bai Jie Zi (Sinapis Semen)	6 g
Zi Su Zi (Perillae Fructus)	9 g
Lai Fu Zi (Raphani Semen)	9 g

Abb. 166: Aus den Samen des Weißen Senfs (*Sinapis alba*) wird das gleichnamige Gewürz hergestellt. In der TCM wärmt er die Lunge und löst Schleim.

Wirkt auf

Funktionskreis Lunge
Funktionskreis Milz-Pankreas
Funktionskreis Magen

Temperaturverhalten: warm
Geschmacksrichtung: scharf
Wirkrichtung: absenkend
Wirkort: Lunge, mittlerer Erwärmer

Chinesisch-therapeutische Wirkung:

- Senkt das Lungen-Qi ab
- Wandelt kalten Schleim um
- Löst Verdauungsblockaden

Klinische Anwendung:

- chronische Bronchitis
- Asthma
- Husten
- Keuchatmung, Atemnot
- Husten mit viel weißem oder klarem Schleim
- Verdauungsblockaden, selbst bei geringer Futteraufnahme

Bai Jie Zi (Sinapis Semen) löst Schleimansammlungen auf.

Zi Su Zi (Perillae Fructus) senkt gegenläufiges Lungen-Qi ab.

Lai Fu Zi (Raphani Semen) löst Futter-Stagnationen auf und eliminiert Schleim.

Modifikationen:

- Bei starken Kälte-Symptomen wird die Dosierung von Bai Jie Zi (Sinapis Semen) erhöht.
- Bei viel Schleim mit Erbrechen werden Fa Ban Xia (Pinelliae Radix Praeparatae), Gan Jiang (Zingiberis Rhizoma) und Sha Ren (Amomi Fructus) hinzugefügt.

Kontraindikationen:

- *San Zi Yang Qin Tang* ist in der Trächtigkeit verboten!
- Es behandelt die Symptome und nicht den Qi-Mangel, der zugrunde liegen könnte, deshalb ist diese Rezeptur nicht zur Langzeitanwendung geeignet.

Korrespondierende Akupunkturpunkte: Ma40, Lu7, Bl13, Bl20, KG17, Ni27 (auch Moxibustion möglich)

苓甘五味薑枝沖劑

SR-Rezeptur Nr. 1, die kalten Schleim auflöst

Granulat mit Poria, Glycyrrhiza, Schisandra, Zingiber und Cinnamomum

Zusammensetzung:

Gan Jiang (Zingiberis Rhizoma)	9 g
Rou Gui (Cinnamomi Cortex)	3 g
Gui Zhi (Cinnamomi Ramulus)	5 g
Fang Feng (Ledebouriellae Saposhnikoviae Radix)	5 g
Wu Wei Zi (Schisandrae Fructus)	5 g
Fu Ling (Poriae Sclerotium)	12 g
Gan Cao (Glycyrrhizae Radix et Rhizoma)	9 g

Abb. 167: Die einzelnen Arzneien dieser Rezeptur.

Anmerkung der Autorin:
Diese Rezeptur ist abgeleitet von *Ling Gan Wu Wei Jiang Xin Tang* / 苓甘五味薑桂湯 (Dekokt mit Poria, Glycyrrhiza, Schisandra, Zingiberis und Asarum). In der Originalrezeptur ist das leber- und nierentoxische Xi Xin (Asari Radix; botanisch *Asarum sieboldii* = eine Haselwurz-Art) enthalten, das ich in dieser Rezeptur durch Rou Gui (Cinnamomi Cortex), Gui Zhi (Cinnamomi Ramulus) und Fang Feng (Ledebouriellae Saposhnikoviae Radix) ersetzt habe.

Wirkt auf

Funktionskreis Lunge

Temperaturverhalten: warm
Geschmacksrichtung: scharf
Wirkrichtung: leicht absenkend
Wirkort: vorderer Erwärmer, Lunge

Chinesisch-therapeutische Wirkung:

- Wärmt die Lunge
- Löst Schleim auf

Klinische Anwendung:
- Bronchitis
- Husten mit weißem Schleim

Gan Jiang (Zingiberis Rhizoma) wärmt die Lunge, vertreibt Kälte, beseitigt Feuchtigkeit und löst Schleim auf.

Rou Gui (Cinnamomi Cortex), Gui Zhi (Cinnamomi Ramulus) und Fang Feng (Ledebouriellae Saposhnikoviae Radix) öffnen die Oberfläche, wärmen die Lunge und zerstreuen Kälte.

Wu Wei Zi (Schisandrae Fructus) adstringiert das Lungen-Qi und stillt Husten.

Fu Ling (Poriae Sclerotium) leitet Feuchtigkeit und Schleim aus.

Gan Cao (Glycyrrhizae Radix et Rhizoma) harmonisiert die Arzneien.

Modifikationen:

- Bei viel Schleim oder Erbrechen wird Fa Ban Xia (Pinelliae Rhizoma Praeparatae) ergänzt.
- Bei starkem Husten und Atemnot wird Xing Ren (Armeniacae Semen) hinzugefügt.
- Bei Milz-Qi-Mangel mit reduzierter Futteraufnahme werden Dang Shen (Codonopsis Radix), Bai Zhu (Atractylodis Macrocephalae Rhizoma) und Chen Pi (Citri Reticulatae Pericarpium) dazugegeben.
- Bei äußerem Wind wird Gan Jiang (Zingiberis Rhizoma) durch Sheng Jiang (Zingiberis Rhizoma Recens) ersetzt und Zi Su Ye (Perillae Folium) ergänzt.

Kontraindikationen:

- Diese Rezeptur ist in der Trächtigkeit kontraindiziert!
- Sie enthält viele warme und trocknende Arzneien und ist deshalb bei Lungen-Hitze, Lungen-Yin-Mangel oder Schleim-Feuer kontraindiziert.

Korrespondierende Akupunkturpunkte: Lu7, Lu9, Bl13, Ma40, Bl20, MP9 (auch Moxibustion möglich)

15.5 Wind vertreibende und Schleim auflösende Rezepturen

半夏白朮天麻湯

Ban Xia Bai Zhu Tian Ma Tang

Dekokt mit Pinellia, Atractylodis macrocephala und Gastrodia

Zusammensetzung:

Fa Ban Xia (Pinelliae Rhizoma Praeparatae)	9 g
Tian Ma (Gastrodiae Rhizoma)	6 g
Bai Zhu (Atractylodis Macrocephalae Rhizoma)	15 g
Fu Ling (Poriae Sclerotium)	6 g
Ju Hong (Citri Reticulatae Rubrum Exocarpium)	6 g
Sheng Jiang (Zingiberis Rhizoma Recens)	2 g
Da Zao (Jujubae Fructus)	2 g
Gan Cao (Glycyrrhizae Radix et Rhizoma)	3 g

Anmerkung der Autorin:
In der Originalrezeptur wurde Ban Xia (Pinelliae Rhizoma; botanisch *Pinellia ternata* = Mittsommerknolle) verwendet, das aufgrund seiner toxischen Wirkung in Europa nicht mehr erhältlich ist. In dieser Rezeptur wurde Ban Xia durch die präparierte, ungiftige Form Fa Ban Xia (Pinelliae Rhizoma Praeparatae) ersetzt.

Abb. 168: *Tian Ma* heißt übersetzt „Himmelshanf". *Gastrodia elata* gehört zur Familie der Orchideen. Ihr Rhizom wirkt hat vielfältige medizinische Wirkungen.

Wirkt auf
Funktionskreis Milz-Pankreas
Funktionskreis Leber

Temperaturverhalten: warm
Geschmacksrichtung: scharf, süß
Wirkrichtung: absenkend
Wirkort: mittlerer Erwärmer, Kopf

Chinesisch-therapeutische Wirkung:
- Wandelt Schleim um
- Bändigt Leber-Wind
- Reguliert das Qi
- Senkt Qi ab
- Trocknet Feuchtigkeit

Klinische Anwendung:
- Benommenheit
- Schwindel
- Erbrechen
- Fazialisparese
- Vestibularsyndrom
- Epilepsie
- Ataxie

Fa Ban Xia (Pinelliae Rhizoma Praeparatae) trocknet Feuchtigkeit und löst Schleim auf.

Tian Ma (Gastrodiae Rhizoma) bändigt Leber-Wind.

Bai Zhu (Atractylodis Macrocephalae Rhizoma) und Fu Ling (Poriae Sclerotium) tonisieren den Funktionskreis Milz-Pankreas und leiten Feuchtigkeit aus.

Ju Hong (Citri Reticulatae Rubrum Exocarpium) beseitigt Qi-Stagnationen und löst Schleim auf.

Sheng Jiang (Zingiberis Rhizoma Recens) und Da Zao (Jujubae Fructus) harmonisieren die Funktionskreise Milz-Pankreas und Magen.

Gan Cao (Glycyrrhizae Radix et Rhizoma) harmonisiert die Arzneien.

Modifikationen:

- Bei Benommenheit und Schwindel durch Qi-Mangel werden Ren Shen (Ginseng Radix et Rhizoma) und Huang Qi (Atractylodis Rhizoma) hinzugefügt.
- Bei viel Feuchtigkeit und Schleim werden Ze Xie (Alismatis Rhizoma) und Gui Zhi (Cinnamomi Ramulus) ergänzt.
- Bei Sinusitis und/oder Rhinitis wird Xin Yi Hua (Magnoliae Flos) ergänzt.
- Bei hochschlagendem Leber-Yang wird Gou Teng (Uncariae Ramulus) dazugegeben.

Kontraindikationen:

- Diese Rezeptur ist in der Trächtigkeit kontraindiziert!
- *Ban Xia Bai Zhu Tian Ma Tang* sollte nicht bei Leber- oder Nieren-Yang-Mangel verordnet werden.

Korrespondierende Akupunkturpunkte: Gb20, Le2, Le3, KG12, MP6, Ma40, Ma7, Ma36

16

Rezepturen zur Behandlung von Abszessen und Wunden

Rezepturen zur Behandlung von Abszessen und Wunden lassen Schwellungen zurückgehen, klären Hitze, leiten Toxine aus, trocknen das Innere, eliminieren Eiter und fördern die Neubildung von Gewebe. In der Praxis werden diese Rezepturen bei äußerlichen Abszessen und Wunden, bei Struma, Knoten, Verhärtungen, Organabszessen und Tumoren verordnet.

Abszesse und Wunden können durch äußere Einflüsse verursacht werden, oder sie entstehen im Inneren. Äußere Ursachen können die Liu Yin (die Sechs Übel/äußere pathogene Faktoren) wie Insektenstiche, Bisse, Tritte sowie Anpralltraumen oder Unfälle sein. Innere Abszesse und Wunden können durch eine Fehlernährung oder psychische Traumata (Qi Qing/die Sieben Emotionen) entstehen.

Diese Faktoren können zu Stagnationen im Äußeren oder in den Leitbahnen führen und weiterführend eine Qi- und/oder Xue-Stagnation verursachen. Bleibt diese Stagnation unbehandelt, entsteht eine Hitze, die schließlich zur Entstehung von Abszessen und Wunden führen kann.

Auch andere Faktoren wie Feuchtigkeit oder Schleim (auch in Verbindung mit Kälte oder Hitze) in den Leitbahnen, den Muskeln oder der Haut können stagnieren und zu Abszessen und Wunden führen.

Die Ursache der Erkrankung ist unbedingt im Vorfeld durch eine TCM-Diagnose abzuklären. Der erste Schritt bei der Differenzialdiagnose von Abszessen und Wunden ist die Abklärung, ob sie äußerlich zugezogen oder im Inneren entstanden sind.

Äußerlich zugezogene Abszesse und Wunden werden nach Yin- und Yang-Typ unterschieden. Abszesse und Wunden vom **Yang-Typ** (oberflächlich) sind gekennzeichnet durch erhabene Schwellung, Rötung, Entzündungen, Wärme und eine Oberfläche mit abgegrenzten Rändern. Abszesse und Wunden vom **Yin-Typ** (tiefgehend) sind in der Regel durch sehr geringe, fast flache Schwellung charakterisiert, die hart oder weich sein kann. Das betroffene Gebiet hat eine große Oberfläche, und im Fell sind keine Veränderungen zu sehen.

Bei **inneren Abszessen und Wunden** wird unterschieden zwischen Hitze und Kälte, Fülle und Mangel, und es sollte abgeklärt werden, ob eine eitrige Entzündung vorliegt oder nicht.

Klinische Anwendungen:
- Hauterkrankungen
- Hauttumoren
- Gesäugeentzündungen
- Druse
- Kehlkopfentzündungen
- Darmentzündungen
- Lungenabszesse
- Entzündungen der Blutgefäße

Untergeordnete Wirkkategorien

Von den Rezepturen, die Abszesse und Wunden behandeln, gibt es zwei Unterkategorien:

Äußere Abszesse und Wunden:
Äußere Abszesse und Wunden können in verschiedenen Körperbereichen auftreten. Sie haben unterschiedliche Erscheinungsformen und müssen mit Rezepturen, die die entsprechenden Eigenschaften haben, behandelt werden. Je nach Erscheinungsform liegt der Schwerpunkt für die Behandlung auf Yin und Yang, Hitze und Kälte sowie Fülle und Leere. Andere Rezepturen legen den Schwerpunkt auf die Lokalbehandlung.

Äußere Abszesse und Wunden, die durch **Fülle und Hitze** gekennzeichnet sind, sollten mit Rezepturen behandelt werden, die Hitze klären, Verhärtungen aufbrechen, Toxine ausleiten und Schwellungen abbauen. Äußere Abszesse und Wunden, die durch **Kälte und Mangel** gekennzeichnet sind, sollten mit Rezepturen behandelt werden, die wärmen, tonisieren und Kälte umwandeln.

Je nach Grundstörung weisen sowohl die Zunge wie auch der Puls unterschiedliche Merkmale auf.

Für die Lokalbehandlung können eventuell auch Rezepturen aus anderen Kapiteln besser geeignet sein.

Innere Abszesse und Wunden:
Innere Abszesse und Wunden betreffen Lunge, Darm und Kopf. Bei inneren Abszessen und Wunden kommen Rezepturen zum Einsatz, die Hitze-Schleim ausleiten, Feuchte-Hitze eliminieren und Qi- und Xue-Stagnationen auflösen.

Bei inneren Abszessen und Wunden ist die Zunge rot und geschwollen, und der Puls ist straff oder schlüpfrig.

Wichtige Grundsätze für die Behandlung von Abszessen und Wunden

Die exakte TCM-Diagnose und die korrekte Auswahl der Behandlungsmethode sind entscheidend, um eine erfolgreiche Behandlung zu gewährleisten. Eine falsche Diagnose oder die falsche Wahl der Rezeptur kann den Therapieerfolg verzögern oder die Erkrankung verschlimmern:

Xiao Fa (reduzierende Methode) sollte nur bei Abszessen und Wunden im Frühstadium eingesetzt werden. Xiao Fa ist eine kräftige Behandlungsmethode, die Hitze und Toxine ausleitet und Schwellungen reduziert. Hierzu werden Arzneien eingesetzt, die das Äußere befreien, Hitze klären, Schleim auflösen, das Qi bewegen und Xue-Stagnationen auflösen. Im Spätstadium, mit einem zugrunde liegenden Mangel, ist diese Methode nicht angebracht, da sie Qi und Xue aufbraucht. Hierbei käme es zu einer Verlängerung der Krankheitsdauer, da die Abszesse und Wunden nicht abheilen können.

Tuo Fa (ausleitende Methode) sollte im mittleren Stadium verordnet werden, wenn Hitze und Toxine zu Eiterbildung geführt haben. Im mittleren Stadium herrschen meist eine generelle Schwäche und allgemeiner Mangel, so dass der Eiter nicht abgesondert werden kann. Tuo Fa bringt Hitze und Toxine an die Oberfläche und erleichtert den Austritt des Eiters. Durch den vorliegenden Mangel kann es erforderlich sein, Bu Fa (tonisierende Methode, siehe unten) anzuwenden, um den Heilungsprozess zu unterstützen.

Von dieser Behandlungsmethode ist abzuraten, wenn die Abszesse und Wunden durch Hitze-Toxine und Fülle gekennzeichnet sind. In diesen Fällen kommt Xiao Fa (reduzierende Methode, siehe oben) zum Einsatz.

Bu Fa (tonisierende Methode) wird im Spätstadium von Abszessen und Wunden verordnet, wenn sich die Geschwüre aufgrund eines Qi- oder Xue-Mangels oder eines Mangelzustands von Milz, Magen, Leber oder Niere nicht verkleinern können. Hierbei wird eventuell vorhandener Eiter getrocknet, die Neubildung des Gewebes angeregt und Geschwüre geglättet.

Diese Methode sollte nicht im Frühstadium angewendet werden, weil sie Fülle und Stagnationen noch verstärken würde.

16.1 Äußere Abszesse und Wunden behandelnde Rezepturen

仙方活命飲

Xian Fang Huo Ming Yin

Erhabene Rezeptur zur Erhaltung des Lebens

Zusammensetzung:

Jin Yin Hua (Lonicerae Flos)	9 g
Fang Feng (Ledebouriellae Saposhnikoviae Radix)	3 g
Bai Zhi (Angelicae Dahuricae Radix)	3 g
Dang Gui (Angelicae Sinensis Radix)	3 g
Chi Shao Yao (Paeoniae Radix Rubra)	3 g
Ru Xiang (Olibanum)	3 g
Mo Yao (Myrrha)	3 g
Zhe Bei Mu (Fritillariae Bulbus)	3 g
Tian Hua Fen (Trichosanthis Radix)	3 g
Zao Jiao Ci (Gleditsiae Spina)	3 g
Chen Pi (Citri Reticulatae Pericarpium)	9 g
Gan Cao (Glycyrrhizae Radix et Rhizoma)	3 g

Abb. 169: Weihrauch (Olibanum) ist ein aus verschiedenen Balsambaum-Arten (*Boswellia* spec.) gewonnenes Harz.

Anmerkung der Autorin:
Die Originalrezeptur enthält Chuan Shan Jia (Manitis Squama), das heutzutage nicht mehr zum Einsatz kommt, da es von einer bedrohten Tierart gewonnen wird, einer Pangolin-Art (zoologisch *Manis*).

Wirkt auf

Funktionskreis Magen

Temperaturverhalten: kalt
Geschmacksrichtung: bitter, scharf
Wirkrichtung: oberflächlich
Wirkort: Haut, Oberfläche

Chinesisch-therapeutische Wirkung:

- Kühlt Hitze
- Leitet Toxine aus
- Löst Xue-Stasen auf
- Baut Schwellungen ab
- Bricht Verhärtungen auf

Klinische Anwendung:
- Schwellungen mit Hitze
- Geschwüre
- Gesäugeentzündung
- Druse
- Phlegmone
- Analabszesse
- Osteomyelitis
- Tumoren

Jin Yin Hua (Lonicerae Flos) klärt Hitze und eliminiert Toxine.

Fang Feng (Ledebouriellae Saposhnikoviae Radix) und Bai Zhi (Angelicae Dahuricae Radix) leiten Wind, Hitze und Toxine aus.

Dang Gui (Angelicae Sinensis Radix), Chi Shao Yao (Paeoniae Radix Rubra), Ru Xiang (Olibanum) und Mo Yao (Myrrha) regen die Xue-Zirkulation an und beseitigen Xue-Stagnationen.

Zhe Bei Mu (Fritillariae Bulbus) und Tian Hua Fen (Trichosanthis Radix) klären Hitze, lösen Schleim auf und beseitigen Schwellungen.

Zao Jiao Ci (Gleditsiae Spina) legt Abszesse trocken und weicht Knoten auf.

Chen Pi (Citri Reticulatae Pericarpium) reguliert den Qi-Fluss.

Gan Cao (Glycyrrhizae Radix et Rhizoma) harmonisiert die Arzneien, entgiftet und desinfiziert.

Modifikationen:

- Bei Abszessen und Wunden im Kopfbereich wird Chuan Xiong (Ligustici Chuanxiong Rhizoma) ergänzt.
- Bei Abszessen und Wunden im Bereich des Hypochondriums wird Chai Hu (Bupleuri Radix) dazugegeben.
- Bei Abszessen und Wunden im Brustbereich wird Gua Lou (Trichosanthis Fructus) hinzugefügt.
- Bei Abszessen und Wunden an den Hintergliedmaßen wird Huai Niu Xi (Achyranthis Radix) ergänzt.
- Bei Qi-Mangel wird Huang Qi (Astragali Radix) hinzugefügt.
- Bei Xue-Hitze werden Sheng Di Huang (Rehmanniae Radix), Xuan Shen (Scrophulariae Radix) und Mu Dan Pi (Moutan Cortex) dazugegeben.
- Bei Stagnationen werden Tong Cao (Tetrapanacis Medulla) und Xia Ku Cao (Prunellae Spica) ergänzt.

Kontraindikationen:

- In der Trächtigkeit ist *Xian Fang Huo Ming Jin* kontraindiziert!
- Es sollte bei Patienten mit Schwäche in den Funktionskreisen Milz-Pankreas und Magen sowie bei Qi- oder Xue-Mangel mit Vorsicht eingesetzt werden.
- Diese Rezeptur ist für Abszesse und Wunden im Anfangsstadium indiziert und sollte nicht bei tiefgehenden oder bereits eiternden Wunden verschrieben werden.
- Diese Rezeptur ist nicht zur Langzeitanwendung geeignet.

Korrespondierende Akupunkturpunkte: Di11, Di4, Bl40, MP10, Lu5, LG14

荊防敗毒散

Jing Fang Bai Du San

Pulver mit Schizonepeta und Ledebouriella zur Überwindung pathogener Einflüsse

Zusammensetzung:

Chai Hu (Bupleuri Radix)	5 g
Qian Hu (Peucedani Radix)	5 g
Jing Jie (Schizonepetae Herba)	5 g
Fang Feng (Ledebouriellae Saposhnikoviae Radix)	5 g
Qiang Huo (Notopterygii Rhizoma seu Radix)	5 g
Du Huo (Angelicae Pubescentis Radix)	5 g
Jie Geng (Platycody Radix)	5 g
Chuan Xiong (Ligustici Chuanxiong Rhizoma)	5 g
Fu Ling (Poriae Sclerotium)	5 g
Zhi Qiao (Citri Aurantii Fructus)	5 g
Gan Cao (Glycyrrhizae Radix et Rhizoma)	3 g

Wirkt auf

Funktionskreis Lunge

Temperaturverhalten: kühl
Geschmacksrichtung: scharf
Wirkrichtung: oberflächlich
Wirkort: Oberfläche

Chinesisch-therapeutische Wirkung:
- Leitet Wind aus
- Wandelt Schleim um
- Leitet Wind-Hitze aus
- Befreit die Oberfläche

Klinische Anwendung:
- Frühstadium von Hauterkrankungen
- geschwollene und schmerzhafte Abszesse und Wunden
- Fieber

Abb. 170: *Qian Hu* bedeutet „Haarstrangwurzel". In der TCM wird damit Hitze-Schleim gekühlt. Haarstrang heißt diese Pflanze auch auf Deutsch (hier die Art *Peucedanum officinale*).

Chai Hu (Bupleuri Radix) und Qian Hu (Peucedani Radix) leiten Wind und Hitze aus der Oberfläche.

Jing Jie (Schizonepetae Herba), Fang Feng (Ledebouriellae Saposhnikoviae Radix), Qiang Huo (Notopterygii Rhizoma seu Radix) und Du Huo (Angelicae Pubescentis Radix) befreien die Oberfläche, eliminieren Toxine und beseitigen Schmerzen.

Jie Geng (Platycody Radix), Chuan Xiong (Ligustici Chuanxiong Rhizoma) und Fu Ling (Poriae Sclerotium) bewegen das Xue und lassen Schwellungen zurückgehen.

Zhi Qiao (Citri Aurantii Fructus) reguliert die Qi-Zirkulation und beseitigt damit Stagnationen.

Gan Cao (Glycyrrhizae Radix et Rhizoma) harmonisiert die Arzneien.

Modifikationen:

- Bei Schwellung und Schmerzen durch starke Hitze werden Huang Qin (Scutellariae Radix) und Huang Lian (Coptidis Rhizoma) hinzugefügt.
- Bei allergischer Dermatitis wird diese Rezeptur mit *Wen Qing Yin* (Wärmendes und klärendes Dekokt, siehe Seite 153) kombiniert.
- Bei Ekzemen wird diese Rezeptur mit *Xiao Feng San* (Wind ausleitendes Pulver, siehe Seite 252) kombiniert.

Kontraindikationen:

- Während der Verabreichung von *Jing Fang Bai Du San* sollten dem Hund keine rohen oder kalten Futterarten angeboten werden.
- Diese Rezeptur ist nicht zur Langzeitanwendung geeignet.
- In der Trächtigkeit ist diese Rezeptur kontraindiziert!

Korrespondierende Akupunkturpunkte: Gb20, Ma40, LG12, LG14, Di4, Di11, Lu5, Bl40

五味消毒飲

Wu Wei Xiao Du Yin

Fünf-Bestandteile-Dekokt zur Eliminierung von Toxinen

Zusammensetzung:

Jin Yin Hua (Lonicerae Flos)	9 g
Zi Hua Di Ding (Violae Herba)	3,6 g
Pu Gong Ying (Taraxaci Herba)	3,6 g
Ye Ju Hua (Chrysanthemi Indici Flos)	3,6 g
Tian Kui Zi (Semiaquilegiae Radix)	3,6 g

Abb. 171: Das Veilchen (*Viola* spec.) wächst in mehreren Arten auch in unseren Wäldern. Seine Wurzel wirkt entzündungshemmend.

Wirkt auf

Funktionskreis Lunge
Funktionskreis Herz
Funktionskreis Leber

Temperaturverhalten: kalt
Geschmacksrichtung: bitter, süß
Wirkrichtung: tief
Wirkort: Haut

Chinesisch-therapeutische Wirkung:

- Klärt Hitze
- Leitet Toxine aus
- Wandelt Schleim um

Klinische Anwendung:
- Hautentzündungen
- Ekzeme
- Virushepatitis
- Harnwegsinfektionen
- Rachenentzündung
- Kehlkopfentzündung
- Druse
- Phlegmone

Jin Yin Hua (Lonicerae Flos) leitet Hitze aus und eliminiert Toxine aus der Qi- und der Xue-Schicht.

Zi Hua Di Ding (Violae Herba), Pu Gong Ying (Taraxaci Herba), Ye Ju Hua (Chrysanthemi Indici Flos) und Tian Kui Zi (Semiaquilegiae Radix) leiten Hitze aus, kühlen das Xue, eliminieren Toxine, lösen Knoten auf und lindern Schmerzen.

Modifikationen:

- Bei Hitze in der Xue-Schicht werden Chi Shao Yao (Paeoniae Radix Rubra) und Mu Dan Pi (Moutan Cortex) hinzugefügt.
- Bei Schwellungen mit Eiter oder eitrigen Wunden, die nicht heilen, wird Zao Jiao Ci (Gleditsiae Spina) ergänzt.
- Bei Infektionen oder Entzündungen mit einem konstitutionellen Mangel wird Ren Shen (Ginseng Radix et Rhizoma) dazugegeben.

Kontraindikationen:

- *Wu Wei Xiao Du Yin* sollte bei Leere-Erkrankungen (Qi- oder Xue-Mangel) und bei Schwäche der Mitte nicht verordnet werden.
- In der Trächtigkeit ist es kontraindiziert!

Korrespondierende Akupunkturpunkte: Lu5, Lu11, Di11, Bl40, He5, Le2, Le3

散腫潰堅湯

San Zhong Kui Jian Tang

Dekokt, das Schwellungen zerstreut und Verhärtungen aufbricht

Zusammensetzung:

Hai Zao (Sargassi Thallus)	15 g
Kun Bu (Eckloniae Thallus)	15 g
Jie Geng (Platycodi Radix)	15 g
San Leng (Sparganii Rhizoma)	9 g
E Zhu (Curcumae Rhizoma)	9 g
Bai Shao Yao (Paeoniae Radix Alba)	9 g
Dang Gui Wei (Angelicae Sinensis Extremitas Radix)	1,5 g
Huang Qin (Scutellariae Radix)	9 g
Huang Lian (Coptidis Rhizoma)	9 g
Long Dan (Gentianae Radix et Rhizoma)	9 g
Lian Qiao (Forsythiae Fructus)	9 g
Zhi Mu (Anemarrhenae Rhizoma)	15 g
Huang Bo (Phellodendri Cortex)	15 g
Tian Hua Fen (Trichosanthis Radix)	15 g
Chai Hu (Bupleuri Radix)	15 g
Sheng Ma (Cimicifugae Rhizoma)	1,5 g
Ge Gen (Puerariae Lobatae Radix)	9 g
Zhi Gan Cao (Glycyrrhizae Radix et Rhizoma Praeparatae cum Melle)	15 g

Abb. 172: Die Forsythie (*Forsythia* spec.) ist ein beliebter Zierstrauch. In der TCM werden ihre Früchte verwendet.

Wirkt auf

Funktionskreis Milz-Pankreas
Funktionskreis Lunge
Funktionskreis Leber

Temperaturverhalten: kalt
Geschmacksrichtung: scharf, bitter
Wirkort: Oberfläche, Leitbahnen
Wirkrichtung: oberflächlich

Chinesisch-therapeutische Wirkung:

- Bewegt das Xue
- Löst Xue-Stagnationen auf
- Wandelt Schleim um
- Macht Knoten weich
- Lässt Schwellungen zurückgehen

Klinische Anwendung:

- Knoten
- Schwellungen
- Abszesse
- Verhärtungen mit Eiterbildung

Hai Zao (Sargassi Thallus), Kun Bu (Eckloniae Thallus) und Jie Geng (Platycodi Radix) leiten Schleim aus und erweichen Verhärtungen und Knoten.

San Leng (Sparganii Rhizoma) und E Zhu (Curcumae Rhizoma) bewegen das Xue und lösen Xue-Stasen auf.

Bai Shao Yao (Paeoniae Radix Alba) und Dang Gui Wei (Angelicae Sinensis Extremitas Radix) tonisieren und bewegen das Xue.

Huang Qin (Scutellariae Radix), Huang Lian (Coptidis Rhizoma) und Long Dan (Gentianae Radix et Rhizoma) leiten Feuchte-Hitze aus.

Lian Qiao (Forsythiae Fructus) klärt Hitze und eliminiert Toxine.

Zhi Mu (Anemarrhenae Rhizoma), Huang Bo (Phellodendri Cortex) und Tian Hua Fen (Trichosanthis Radix) tonisieren das Yin und schützen damit die JinYe (Körperflüssigkeiten).

Chai Hu (Bupleuri Radix), Sheng Ma (Cimicifugae Rhizoma) und Ge Gen (Puerariae Lobatae Radix) leiten die Rezeptur in den Brust-, Hals- und Kopfbereich.

Zhi Gan Cao (Glycyrrhizae Radix et Rhizoma Praeparatae cum Melle) harmonisiert die Arzneien.

Modifikationen:

- Bei Knoten und Verhärtungen ohne Eiter werden Jin Yin Hua (Lonicera Flos) und Zhi Shi (Citri Aurantii Fructus) hinzugefügt.
- Bei Knoten und Verhärtungen mit Eiter werden Huang Qi (Astragali Radix) und Bai Zhi (Angelicae Dahuricae Radix) ergänzt.
- Bei Knoten und Verhärtungen mit Schwellung, Hitze und Schmerzen werden Shi Gao (Gypsum Fibrosum) und Zhi Zi (Gardeniae Fructus) dazugegeben.

Kontraindikationen: Diese Rezeptur ist in der Trächtigkeit kontraindiziert!

Korrespondierende Akupunkturpunkte: Ma40, MP4, MP6, MP10, Lu5, Di11, Bl40

十六味流氣飲

Shi Liu Wei Liu Qi Yin

Sechzehn-Bestandteile-Dekokt, das das Qi zum Fließen bringt

Zusammensetzung:

Ren Shen (Ginseng Radix et Rhizoma)	4 g
Huang Qi (Astragali Radix)	2,6 g
Gan Cao (Glycyrrhizae Radix et Rhizoma)	2,6 g
Dang Gui (Angelicae Sinensis Radix)	4 g
Bai Shao Yao (Paeoniae Radix Alba)	4 g
Chuan Xiong (Ligustici Chuanxiong Rhizoma)	4 g
Chuan Mu Xiang (Vladimiriae Radix)	2,6 g
Bing Lang (Arecae Semen)	2,6 g
Zhi Qiao (Citri Aurantii Fructus)	2,6 g
Hou Po (Magnoliae Officinalis Cortex)	2,6 g
Zi Su Ye (Perillae Folium)	2,6 g
Fang Feng (Ledebouriellae Saposhnikoviae Radix)	2,6 g
Wu Yao (Linderae Radix)	2,6 g
Bai Zhi (Angelicae Dahuricae Radix)	2,6 g
Gui Zhi (Cinnamomi Ramulus)	4 g
Jie Geng (Platycodi Radix)	4 g

Abb. 173: Ginseng (*Panax ginseng*), Tragant (*Astragalus membranaceus*) und die Süßholzwurzel (*Glycyrrhiza uralensis*) tonisieren das Qi.

Wirkt auf

Funktionskreis Lunge
Funktionskreis Milz-Pankreas

Temperaturverhalten: warm
Geschmacksrichtung: süß, bitter
Wirkrichtung: oberflächlich
Wirkort: Leitbahnen, Oberfläche

Chinesisch-therapeutische Wirkung:

- Tonisiert das Qi
- Tonisiert das Xue
- Löst Qi- und Xue-Stasen
- Regt die Qi- und die Xue-Zirkulation an

Klinische Anwendung:

- Knoten
- Verhärtungen
- Tumoren
- Struma
- fibrozytische Erkrankungen

Ren Shen (Ginseng Radix et Rhizoma), Huang Qi (Astragali Radix) und Gan Cao (Glycyrrhizae Radix et Rhizoma) tonisieren das Qi.

Dang Gui (Angelicae Sinensis Radix), Bai Shao Yao (Paeoniae Radix Alba) und Chuan Xiong (Ligustici Chuanxiong Rhizoma) tonisieren das Xue und regen die Xue-Zirkulation an.

Chuan Mu Xiang (Vladimiriae Radix), Bing Lang (Arecae Semen), Zhi Qiao (Citri Aurantii Fructus), Hou Po (Magnoliae Officinalis Cortex), Zi Su Ye (Perillae Folium) und Fang Feng (Ledebouriellae Saposhnikoviae Radix) regulieren den Qi-Fluss.

Wu Yao (Linderae Radix), Zhi Qiao (Citri Aurantii Fructus) und Hou Po (Magnoliae Officinalis Cortex) beseitigen Qi-Stagnationen.

Bai Zhi (Angelicae Dahuricae Radix) und Gui Zhi (Cinnamomi Ramulus) wärmen und öffnen die Leitbahnen.

Jie Geng (Platycodi Radix) vertreibt Schleim und leitet Eiter und Abszesse ab.

Gan Cao (Glycyrrhizae Radix et Rhizoma) harmonisiert die Arzneien.

Modifikationen:

- Bei fibrozytischem Wachstum unter Östrogengabe werden Zi Cao (Arnebiae seu Lithospermi Radix) und Tian Hua Fen (Trichosanthis Radix) hinzugefügt.

Kontraindikationen: Diese Rezeptur ist in der Trächtigkeit kontraindiziert!

Korrespondierende Akupunkturpunkte: Ma36, Ma40, MP6, MP9, MP10, Bl17, Lu7, Di4, 3E10

千金内托散

Qian Jin Nei Tuo San

Granulat, das das Innere unterstützt und tausend Goldstücke wert ist

Zusammensetzung:

Ren Shen (Ginseng Radix et Rhizoma)	6 g
Huang Qi (Astragali Radix)	6 g
Dang Gui (Angelicae Sinensis Radix)	6 g
Chuan Xiong (Ligustici Chuanxiong Rhizoma)	3 g
Bai Zhi (Angelicae Dahuricae Radix)	3 g
Rou Gui (Cinnamomi Cortex)	3 g
Fang Feng (Ledebouriellae Saposhnikoviae Radix)	3 g
Jie Geng (Platycodi Radix)	3 g
Bo He (Menthae Herba)	3 g
Chuan Mu Xiang (Vladimiriae Radix)	3 g
Hou Po (Magnoliae Officinalis Cortex)	3 g
Gan Cao (Glycyrrhizae Radix et Rhizoma)	3 g

Anmerkung der Autorin:
Laut der Originalquelle wird dies Rezeptur zusammen mit einem Dekokt aus Mu Xiang (Aucklandiae Radix; botanisch *Aucklandia* spec. = Costuswurzel) eingenommen. Da Mu Xiang eine seltene, unter Naturschutz stehende Pflanze ist, wurde sie hier durch Chuan Mu Xiang (Vladimiriae Radix), die eine ähnliche Wirkung hat, ersetzt.

Abb. 174: Die Blätter der Minze-Art *Mentha haplocalyx* werden in der TCM verwendet, um die Oberfläche zu öffnen und zu kühlen. Im Bild eine unserer zahlreichen heimischen Minzearten.

Wirkt auf
Funktionskreis Milz-Pankreas
Funktionskreis Magen
Funktionskreis Lunge

Temperaturverhalten: kalt
Geschmacksrichtung: süß, bitter, scharf
Wirkrichtung: oberflächlich
Wirkort: Leitbahnen, Oberfläche

Chinesisch-therapeutische Wirkung:
- Bewegt Qi und Xue
- Tonisiert Qi und Xue
- Harmonisiert den Magen
- Leitet Hitze aus

Klinische Anwendung:
- Schwellungen
- eitrige Wunden
- eitrige Mastitis
- eitrige Otitis
- Druse
- Lymphknotenentzündung

Ren Shen (Ginseng Radix et Rhizoma) und Huang Qi (Astragali Radix) tonisieren das Qi und bilden neues Gewebe.

Dang Gui (Angelicae Sinensis Radix) und Chuan Xiong (Ligustici Chuanxiong Rhizoma) tonisieren das Xue und lösen Xue-Stau auf.

Bai Zhi (Angelicae Dahuricae Radix) und Rou Gui (Cinnamomi Cortex) fördern durch ihre zerstreuenden Eigenschaften die Ableitung des Eiters.

Fang Feng (Ledebouriellae Saposhnikoviae Radix) leitet Wind aus und beseitigt Schmerzen.

Jie Geng (Platycodi Radix) leitet Schleim aus.

Bo He (Menthae Herba) leitet Hitze aus und beseitigt Toxine.

Chuan Mu Xiang (Vladimiriae Radix) bewegt das Qi und beseitigt Schmerzen.

Hou Po (Magnoliae Officinalis Cortex) und Gan Cao (Glycyrrhizae Radix et Rhizoma) harmonisieren die Mitte und schützen den Magen.

Modifikationen:

- Bei starken Schmerzen werden Ru Xiang (Olibanum) und Mo Yao (Myrrha) hinzugefügt.
- Bei Husten werden Fa Ban Xia (Pinelliae Rhizoma Praeparatae), Chen Pi (Citri Reticulatae Pericarpium) und Xing Ren (Armeniacae Semen) ergänzt.

Kontraindikationen: Diese Rezeptur ist in der Trächtigkeit kontraindiziert!

Korrespondierende Akupunkturpunkte: 3E5, 3E10, Ma36, MP6, MP10, Lu7, Bl40, Ma40, Ma7, 3E23

16.2 Innere Abszesse und Wunden behandelnde Rezepturen

葦莖湯

Wei Jing Tang

Phragmitis-Rhizoma-Dekokt

Zusammensetzung:

Lu Gen (Phragmitis Rhizoma)	30 g
Dong Gua Zi (Benincasae Semen)	24 g
Yi Yi Ren (Coicis Semen)	30 g
Tao Ren (Persicae Semen)	9 g

Wirkt auf

Funktionskreis Lunge

Temperaturverhalten: kühl
Geschmacksrichtung: süß
Wirkrichtung: absenkend
Wirkort: Lunge

Chinesisch-therapeutische Wirkung:

- Klärt die Lunge
- Wandelt Hitze-Schleim um
- Beseitigt Xue-Stagnationen
- Kühlt Hitze

Klinische Anwendung:

- Lungenabszesse
- Lungenentzündung
- Lungenemphysem
- Atemnot
- gelber oder grüner, zäher Schleim

Abb. 175: Laut TCM klärt die Wurzel der Schilfrohr-Art *Phragmites communis* Hitze und erzeugt JinYe.

Lu Gen (Phragmitis Rhizoma) klärt die Lunge, leitet Hitze aus, leitet Schleim aus und leitet Abszesse ab.

Dong Gua Zi (Benincasae Semen) und Yi Yi Ren (Coicis Semen) leiten Schleim und Feuchtigkeit aus und klären Hitze.

Tao Ren (Persicae Semen) bewegt das Xue.

Modifikationen:

- Bei Husten mit gelbem Schleim und Atemnot oder Bauchatmung wird Ting Li Zi (Lepidii Semen) hinzugefügt.
- Bei Husten mit viel Schleim und anhaltender Hitze werden Si Gua Luo (Luffae Retinervus Fructus) und Gua Lou Pi (Trichosanthis Pericarpium) ergänzt.
- Bei zusätzlichem Qi- und Xue-Mangel werden Huang Qi (Astragali Radix) und Dang Gui (Angelicae Sinensis) hinzu.

Kontraindikationen: *Wei Jing Tang* ist in der Trächtigkeit kontraindiziert!

Korrespondierende Akupunkturpunkte: Lu1, Lu5, Lu6, Lu8, Ma40, MP4, MP10

TEIL 3

Fallbeispiele

Wie finde ich die passende Rezeptur für meinen Patienten?

Üben anhand von Fallbeispielen!

Dieses Buch soll nicht nur ein Nachschlagewerk, sondern auch ein Lehrbuch für TCVM-Therapeut:innen sein, die sich noch in der Ausbildung befinden, beziehungsweise ihr Wissen auffrischen und weiter vertiefen möchten. Aus diesem Grund habe ich jedem Rezepturkapitel eine Einführung mit Wirkungsweise und Anwendungsgebieten vorangestellt.

In diesem Teil des Buches finden Sie Fallbeispiele, die Ihnen die Auswahl der Rezeptur und deren Modifikationen für verschiedene Disharmoniemuster näherbringen sollen. Hier haben Sie noch einmal die Möglichkeit, Ihr Vorgehen bei der TCM-Diagnosestellung und der Auswahl der passenden Rezeptur samt Modifikationen zu überprüfen.

Die Fallbeispiele habe ich nach klinischen Anwendungsgebieten sortiert. Die Fälle werden komplexer, wenn mehrere Funktionskreise betroffen sind beziehungsweise mehrere Krankheitssyndrome nebeneinander auftreten.

Sollten Sie feststellen, dass Sie Probleme mit der TCM-Diagnostik haben, kann ich Ihnen mein Buch „TCM-Diagnostik in der Veterinärmedizin" ans Herz legen.

1 Atemwegserkrankungen

Atemwegserkrankungen betreffen aus der Sicht der TCM nicht nur den Funktionskreis Lunge, sondern können auch die Funktionskreise Niere oder Milz-Pankreas beeinträchtigen.

Fallbeispiel 1

Ihnen wird ein Pferd mit Husten vorgestellt. Die Stute macht einen schwachen Eindruck und zeigt während der Untersuchung gelegentlich leichten Husten mit leichter Atemnot. Die Besitzerin berichtet, dass bei ihrer Stute in den letzten Jahren immer mal wieder Atemwegsprobleme auftraten. Dieses Mal trat der Husten auf, nachdem die Stute von der neuen Offenstallgruppe bei Regen nicht mit in den Unterstand gelassen wurde.

Die Zunge ist rosa. Der Puls ist schwach und nur in der Tiefe zu tasten. Besonders schwach ist die Lungen-Taststelle. Es sind keine Mu-Punkte auffällig, nur der Shu-Punkt Bl13 reagiert.

TCM-Diagnose: Lungen-Qi-Mangel
Therapieziel: Lungen-Qi tonisieren

Rezepturauswahl:

1. tonisierende Rezepturen
2. Qi tonisierende Rezepturen
3. Lungen-Qi tonisierende Rezeptur auswählen

Rezepturvorschlag: Bu Fei Tang (Seite 149)
Diese Rezeptur tonisiert wirkungsvoll das Lungen-Qi. Zudem tonisiert sie das Wei-Qi, so dass das Immunsystem gestärkt wird.

Fallbeispiel 2

Ihnen wird ein 9-jähriger Wallach mit Husten vorgestellt. Der Husten tritt vorwiegend im Sommer auf. Besonders schlimm wurde es in den letzten, extrem trockenen Jahren. Der Wallach sieht ausgezehrt aus und macht einen schwachen Eindruck.

Auf Nachfrage nach Vorerkrankungen berichtet die Besitzerin, dass der Wallach schon seit vielen Jahren immer wieder Schmerzen in den Knien und der Lendenwirbelsäule hatte, die aber mit der Behandlung der Osteopathin und über angepasstes Training inzwischen kaum noch Probleme bereiten.

Er reagiert auf den Shu-Punkt Bl23 leicht, außerdem auf den Shu-Punkt Bl13. Auch der Mu-Punkt Lu1 wird angezeigt.

Die Zunge ist rot, ohne Belag. Der Puls ist schwach, tief und schnell.

TCM-Diagnose: Lungen-Yin-Mangel
Therapieziel: Lungen-Yin tonisieren

Rezepturauswahl:

1. Tonisierende Rezepturen
2. Yin tonisierende Rezepturen
3. Lungen-Yin tonisierende Rezeptur auswählen

Rezepturvorschlag: Mai Wei Di Huang Wan (Seite 366)
Diese Rezeptur tonisiert das Yin der Funktionskreise Niere und Lunge und wirkt gegen Husten. Zusätzlich behandelt sie außer dem momentan vorrangigen Lungen-Yin-Mangel noch den Mangel im Nieren-Funktionskreis, der sich in den Vorerkrankungen der Knie und der Lendenwirbelsäule zeigt.

Fallbeispiel 3

Ihnen wird ein 12-jähriger Isländer vorgestellt, der bereits seit drei Jahren unter trockenem Husten mit Atemnot leidet. Bei feuchtem Wetter hustet er wenig zähen und gelben Schleim ab.

Der Wallach reagiert auf die Shu-Punkte Bl13 und Bl20. Die Zunge ist an der Oberfläche trocken, der Zungenkörper ist geschwollen und rot. Der Puls ist tief, schnell und schlüpfrig.

TCM-Diagnose: Lungen-Trockenheit, Hitze-Schleim
Therapieziel: Trockenheit befeuchten, Hitze-Schleim ausleiten

Rezepturauswahl:

1. Schleim vertreibende Rezepturen
2. Trockenheit befeuchtende und Schleim auflösende Rezepturen
3. Rezeptur für Hitze-Schleim und für das Befeuchten der Lunge auswählen

Rezepturvorschlag: Bei Mu Gua Lou San (Seite 340)
Diese Rezeptur befeuchtet die Lunge, leitet Schleim aus und klärt Hitze. Zusätzlich könnte sie noch auf Husten mit dickem, gelbem und zähem Schleim modifiziert werden, um die Wirksamkeit zu verbessern.

Fallbeispiel 4

Wir untersuchen eine 21-jährige Warmblutstute, die laut Besitzerin immer mal wieder Husten mit viel klarem oder weißem Schleim zeigt. Der Husten tritt hauptsächlich ab Spätsommer bis in den Winter auf. In den Sommermonaten ist sie annähernd symptomfrei. Laut der Besitzerin friert die Stute schnell und benötigt bei Temperaturen unter 10 Grad und bei Regen eine Decke.

Auf Nachfrage nach Vorerkrankungen berichtet die Besitzerin, dass es im letzten Jahr zweimal und auch dieses Jahr zu Koliken durch Magenentleerungsstörungen gekommen ist.

Die Stute reagiert auf die Shu-Punkte Bl13, Bl20 und Bl21. Zusätzlich zeigt sie eine starke Reaktion auf den Test des Mu-Punktes für die Lunge, Lu1. Die Zunge ist blass und geschwollen mit viel Feuchtigkeit. Der Puls ist schwach an der Milz-Taststelle, sowie langsam und rau an der Lungen-Taststelle.

TCM-Diagnose: Lungen-Kälte-Schleim und Schwäche der Funktionskreise Milz-Pankreas und Magen
Therapieziel: Schleim umwandeln, Kälte ausleiten, Funktionskreis Lunge stärken, Funktionskreise Milz-Pankreas und Magen tonisieren

Rezepturauswahl:

1. Schleim vertreibende Rezepturen
2. Warme Rezepturen, die kalten Schleim umwandeln
3. Rezeptur auswählen, die Kälte-Schleim umwandelt und gleichzeitig auf die Funktionskreise Lunge, Magen und Milz-Pankreas wirkt

Rezepturvorschlag: San Zi Yang Qin Tang (Seite 342)
Diese Rezeptur wandelt kalten Schleim um und löst zusätzlich Verdauungsblockaden, da sie auf den Funktionskreis Lunge, aber auch auf die Funktionskreise Milz-Pankreas und Magen wirkt.

Fallbeispiel 5

Ein Belgischer Schäferhund mit trockenem Husten kommt zu Ihnen zur Behandlung. Außerdem berichtet der Besitzer von abendlichen Kratzanfällen, die anfallsartig auftreten. Die Haut und das Fell des Hundes sind sehr trocken und schuppig. Es sind keine offenen oder entzündeten Stellen im Fell oder in der Haut zu erkennen. Die Krallen sind geschmeidig.

Auf Nachfrage berichtet der Besitzer, dass sein Rüde zeitweise unter Obstipation leidet.

Die Zunge ist rosa, dünn, rissig und sehr trocken. Im vorderen Bereich ist sie leicht rot. Der Puls ist oberflächlich und eher schnell. Es reagieren die Shu-Punkte Bl13 und Bl25.

TCM-Diagnose: Trockenheit in den Funktionskreisen Lunge und Dickdarm
Therapieziel: Lungen- und Dickdarm-Trockenheit befeuchten

Rezepturauswahl:

1. Trockenheit befeuchtende Rezepturen
2. Äußere Trockenheit befeuchtende Rezepturen (Lungen-Funktionskreis und Haut im Vordergrund)
3. Äußere Wärme-Trockenheit befeuchtende Rezepturen (rote Zunge im vorderen Bereich und schneller Puls)
4. Zerstreuende und befeuchtende Rezepturen
5. Rezeptur für Lungen- und Dickdarm-Trockenheit auswählen

Rezepturvorschlag: Qing Zao Jiu Fei Tang (Seite 272)
Diese Rezeptur wirkt auf die Funktionskreise Lunge und Dickdarm, befeuchtet Trockenheit, tonisiert das Yin und wird bei trockenem Husten und Juckreiz eingesetzt.

Zusätzlich könnte noch die Modifikation für Obstipation ergänzt werden.

2 Erkrankungen des Bewegungsapparates

Erkrankungen des Bewegungsapparates werden in der chinesischen Medizin Bi-Syndrome genannt. Bi-Syndrome werden hauptsächlich mit Wind-Feuchtigkeit vertreibenden Rezepturen behandelt.

Fallbeispiel 6

Sie werden zu einem 12-jährigen Wallach mit Carpalgelenksarthrose gerufen. Diese hat sich nach einem Sturz entwickelt, der mittlerweile zwei Jahre zurückliegt. Durch den Sturz auf die Schulter hatte sich der Wallach eine Lähmung des Radialisnervs zugezogen. Es kam zu Problemen in der Vorführphase, und das Gangbild war über einen längeren Zeitraum massiv eingeschränkt.

Der Wallach zeigt ein sehr steifes Gangbild, und die Vorführphase ist immer noch erschwert. Das Carpalgelenk ist extrem geschwollen, aber nicht warm, und lässt sich nur minimal beugen.

Die Zunge ist blass-rosa und sehr geschwollen mit viel Speichelbildung. Der Puls ist oberflächlich und straff. Der Wallach reagiert auf die Shu-Punkte Bl13 und Bl20.

TCM-Diagnose: Nässe-Schleim blockiert die Leitbahn.
Therapieziel: Nässe-Schleim ausleiten, Leitbahn durchgängig machen

Rezepturauswahl:

1. Wind-Feuchtigkeit vertreibende Rezepturen (Bi-Syndrom)
2. Nässe-Schleim vertreibende Rezepturen
3. Rezeptur auswählen, die Feuchtigkeit ausleitet, Schleim umwandelt, wärmt und auf die Funktionskreise Milz-Pankreas und Lunge wirkt.

Rezepturvorschlag: Er Zhu Tang (Seite 323)
Er Zhu Tang ist warm, leitet Feuchtigkeit aus, wandelt Schleim um, macht die Leitbahnen durchgängig und wirkt auf die Funktionskreise Milz-Pankreas und Lunge.

Zusätzlich könnte noch die Modifikation für Gelenkschmerzen zum Einsatz kommen.

Fallbeispiel 7

Ihnen wird eine 8-jährige Hündin mit Spondylose und wechselnden Lahmheiten der Hintergliedmaßen vorgestellt. Die Hündin macht einen schlappen Eindruck, hat stumpfes Fell und leicht brüchige Krallen. Auf Nachfrage berichtet die Besitzerin, dass die Hündin nicht mehr gerne spazieren geht und zu Hause gerne wärmer liegt. Nach dem Liegen hat sie Probleme aufzustehen, da die Muskulatur der Hintergliedmaßen mittlerweile recht schwach ist. Sie trinkt eher wenig, und der Urin ist hell.

Beim Abtasten stellen Sie fest, dass die Hündin in der Lendenwirbelsäule und an den Knien berührungsempfindlich ist. Sie reagiert auf die Shu-Punkte Bl13, Bl18 und Bl23. Die Zunge und das Zahnfleisch sind blass, im hinteren Bereich etwas livide; die Zungenränder sind geschwollen. Der Puls ist schwach und langsam, an den Nieren-Taststellen sehr tief, und an der Leber-Taststelle saitenförmig.

TCM-Diagnose: Bi-Syndrom mit Feuchtigkeit und Kälte; Qi- und Xue-Mangel und Xue-Stase in den Funktionskreisen Lunge, Leber und Niere.

Therapieziel: Qi und Xue der Funktionskreise Lunge, Leber und Niere tonisieren, wärmen und Xue bewegen

Rezepturauswahl:

1. Wind-Feuchtigkeit vertreibende Rezepturen (Bi-Syndrom)
2. Wind-Feuchtigkeit oder Feuchte-Kälte vertreibende Rezepturen
3. Wind-Feuchtigkeit vertreibende Rezepturen (da keine Beteiligung des Funktionskreises Milz-Pankreas)
4. Wind-Feuchtigkeit vertreibende Rezeptur auswählen, die Qi und Xue tonisiert, Xue bewegt und auf die Funktionskreise Lunge, Leber und Niere wirkt.

Rezepturvorschlag: SR-Rezeptur Nr. 2, um Wind-Feuchtigkeit zu vertreiben (Seite 311)
Diese Rezeptur ist warm und wirkt auf die Funktionskreise Niere, Lunge und Leber. Sie tonisiert Qi und Xue und bewegt das Xue, um die Leitbahnen durchgängig zu machen.

Zusätzlich könnte die Modifikation für Muskelschwäche hinzugefügt werden.

Fallbeispiel 8

In diesem Fall geht es um einen 10-jährigen Labradorrüden mit Problemen in den Hüft- und Kniegelenken. Die Besitzerin berichtet, dass ihr Hund Probleme beim Aufstehen hat. Die tierärztliche Untersuchung ergab eine leichte Arthrose in den Hüft- und Kniegelenken. In den Wintermonaten und bei kaltem Wetter ist es schlimmer. Dann kann er kaum aufstehen und läuft die ersten Meter sehr steif.

Er trinkt sehr wenig, und wenn das Wasser zu kalt ist, kann es zu Erbrechen von klarer Flüssigkeit kommen. Zudem scheint er des Öfteren Magenschmerzen zu haben. Er muss, auch wenn er vor dem warmen Ofen liegt, noch zugedeckt werden, weil er sonst friert.

Der Urin ist sehr hell, und die Gliedmaßen fühlen sich an der Innenseite sehr kalt an. Die Zunge ist sehr blass und an den Rändern leicht livide. Der Puls ist tief, langsam und straff. Der Rüde reagiert auf den Shu-Punkt Bl18 und leicht auf den Mu-Punkt KG12. Beim RAC-Test ist der Akupunkturpunkt Le8 auffällig.

TCM-Diagnose: Kälte in der Leber-Leitbahn sowie Magen-Kälte

Therapieziel: Inneres und Leitbahnen wärmen

Rezepturauswahl:

1. Rezepturen zur Erwärmung des Inneren
2. Die Leitbahnen wärmende und Kälte ausleitende Rezepturen
3. Rezeptur auswählen, die das Innere und die Leitbahnen durchgängig macht, Kälte ausleitet und das Xue bewegt.

Rezepturvorschlag: SR-Rezeptur Nr. 1, um die Leitbahnen zu wärmen (Seite 133)
Diese Rezeptur wärmt die Leitbahnen und macht sie durchgängig, leitet Kälte aus, tonisiert und bewegt das Xue. Sie wirkt auf die Leber-Leitbahn und wird bei Schmerzen im Hüft- und Kniegelenk mit kalten Gliedmaßen eingesetzt.

Zusätzlich könnte sie noch mit der Modifikation für Kälte und Schwäche im Magen kombiniert werden.

Fallbeispiel 9

Eine 22-jährige Stute mit Spat (Sprunggelenksarthrose) geht jeden Sommer deutlich lahm. Die Lahmheit wechselt zwischen dem linken und dem rechten Hinterbein. Die Sprunggelenke schwellen an und werden heiß, besonders das linke. Momentan hat sie starke Schmerzen, und die Medikamente, die der Tierarzt verabreicht hat, helfen nur mäßig. Deshalb soll die Stute zusätzlich mit einer chinesischen Phytotherapie unterstützt werden.

Sie zeigt noch ein gutes Allgemeinbefinden, läuft aber nur wenig und nur noch Schritt auf der Wiese und trabt nicht mehr. Sie geht öfter zum Wasser, trinkt dann aber nur ein paar Schlucke. Der Urin ist dunkelgelb und trüb, die Äppel etwas weich.

Auf Nachfrage nach Vorerkrankungen berichtet die Besitzerin, dass die Stute im Herbst öfter unter Mauke mit Juckreiz leidet.

Sie reagiert auf die Shu-Punkte Bl13, Bl18 und Bl20. Die Zunge ist geschwollen und rot. Der Puls ist überflutend, schnell und schlüpfrig.

TCM-Diagnose: Bi-Syndrom „Feuchte-Hitze"
Therapieziel: Feuchte-Hitze aus den Funktionskreisen Leber, Milz-Pankreas und Lunge ausleiten

Rezepturauswahl:

1. Wind-Feuchtigkeit vertreibende Rezepturen
2. Feuchte-Hitze vertreibende Rezepturen
3. Rezeptur auswählen, die Feuchte-Hitze ausleitet und auf die Funktionskreise Lunge, Milz-Pankreas und Leber wirkt

Rezepturvorschlag: Dang Gui Nian Tong Tang (Seite 319)
Diese Rezeptur ist kühl, wirkt auf die Funktionskreise Lunge, Milz-Pankreas und Leber und leitet Feuchtigkeit und Hitze aus, die die Gelenke betreffen.

Zusätzlich könnte noch die Modifikation für Schwellungen der Hintergliedmaßen zum Einsatz kommen.

Falls im Herbst wieder Mauke auftreten sollte, könnte die Rezeptur mit der Modifikation für Juckreiz und Ekzeme kombiniert werden.

Fallbeispiel 10

Ihnen wird ein Hund acht Wochen nach einer Kreuzbandriss-OP vorgestellt. Der Heilungsverlauf post-OP verlief die ersten sechs Wochen planmäßig. In der siebten Woche ist der Hund beim Spaziergang hinten rechts, an der operierten Gliedmaße, weggerutscht, und das Kniegelenk war wieder geschwollen und warm. Es kam zu einer Einblutung im Gewebe, medial des Knies, mit Hämatombildung. Das Hämatom geht trotz Medikamentengabe leider nicht zurück, so dass der Tierarzt an Sie zur Akupunktur überwiesen hat.

Der Akitarüde zeigt ein sehr eingeschränktes Gangbild mit deutlichen Schmerzzeichen. Die rechte Hintergliedmaße wird kaum bis gar nicht belastet. Im Bereich der Leber-Leitbahn zeigt er beim Abtasten deutliche Schmerzreaktionen.

Er reagiert auf den Shu-Punkt Bl18 und zeigt keine Auffälligkeiten an den Mu-Punkten. Die Zunge ist leicht blass und livide, mit aufgewölbten Rändern. Der Puls ist voll und straff. An der Leber-Taststelle ist er saitenförmig.

TCM-Diagnose: Leber-Xue-Stase
Therapieziel: Leber-Xue bewegen, Leitbahnen durchgängig machen

Rezepturauswahl:

1. Xue regulierende Rezepturen
2. Xue bewegende und Stasen beseitigende Rezepturen
3. Leber-Xue bewegende Rezeptur auswählen

Rezepturvorschläge: Shen Tong Zhu Yu Tang (Seite 238) oder SR-Rezeptur Nr. 1, um das Xue zu regulieren (Seite 244)

In diesem Fall wäre *Shen Tong Zhu Yu Tang* die bessere Wahl, da diese Rezeptur stärker auf den Funktionskreis Leber einwirkt und zusätzlich leicht warm ist (der Hund hat eine blasse Zunge, die auf Kälte hinweist).

Shen Tong Zhu Yu Tang wirkt auf den Leber-Funktionskreis, ist leicht warm, bewegt das Xue, beseitigt Xue-Stasen und macht die Leitbahn durchgängig.

Sie verschreiben eine Verordnung mit der Menge für die Einnahme über 4 Wochen. *Shen Tong Zhu Yu Tang* ist nicht für die Langzeitanwendung geeignet!

3 Magen-Darm-Erkrankungen

Magen-Darm-Erkrankungen beeinträchtigen meist die Funktionskreise Milz-Pankreas, Magen und Dickdarm. Aber auch andere Funktionskreise, wie Leber oder Niere, können betroffen sein. Deshalb ist eine gründliche TCM-Diagnosestellung Voraussetzung für eine korrekte Behandlung.

Fallbeispiel 11

Es kommt ein 3-jähriger Chihuahua in Ihre Praxis, der bereits seit mehreren Monaten häufig erbricht. Der Tierarzt diagnostizierte eine Gastritis, aber die verordneten Medikamente bringen kaum Besserung. Zusätzlich leidet der Hund seit zwei Wochen unter schleimigem Durchfall. Er wirkt sehr dünn und antriebslos. Er frisst etwas mäkelig und trinkt sehr wenig. Der Urin ist reichlich, trüb und hellgelb.

Der Rüde reagiert auf die Shu-Punkte Bl20 und Bl21 sowie auf die Mu-Punkte KG12 und Le13. Die Zunge ist sehr geschwollen und blass, besonders im mittleren Bereich. Es befindet sich sehr viel Speichel im Maul. Der Puls ist sanft und schlüpfrig und an der Milz-Taststelle sehr schwach.

TCM-Diagnose: Milz-Pankreas/Magen-Feuchtigkeit, Milz-Qi-Mangel
Therapieziel: Feuchtigkeit ausleiten, Qi tonisieren

Rezepturauswahl:

1. Feuchtigkeit beseitigende Rezepturen oder Qi tonisierende Rezepturen
2. Feuchtigkeit beseitigende Rezepturen auswählen (Feuchtigkeit steht momentan im Vordergrund)
3. Feuchtigkeit trocknende und den Magen harmonisierende Rezepturen
4. Feuchtigkeit trocknende und den Magen harmonisierende Rezeptur mit warmem Temperaturverhalten auswählen, die das Qi tonisiert und auf die Funktionskreise Milz-Pankreas und Magen wirkt

Rezepturvorschlag: Ping Wei San (Seite 283)
Diese Rezeptur trocknet Feuchtigkeit und tonisiert das Qi. Sie ist warm und harmonisiert die Funktionskreise Milz-Pankreas und Magen.

Zusätzlich könnten bei dieser Rezeptur die Modifikation für Diarrhö mit Schleim oder die Modifikation für Verdauungsstörungen und Fressunlust zum Einsatz kommen.

Fallbeispiel 12

Ihnen wird eine 9-jährige Pudelhündin vorgestellt, die seit sechs Wochen unter wässrigem Durchfall in den frühen Morgenstunden leidet. Die Besitzerin wird von ihrer Hündin oft zwischen vier und fünf Uhr morgens geweckt. Sie läuft dann unruhig hin und her und hat sichtlich Schmerzen im Abdomen. In den letzten beiden Wochen ist es des Öfteren vorgekommen, dass Sie in die Wohnung gemacht hat.

Die Hündin macht einen schlappen Eindruck, trinkt wenig und frisst laut Besitzerin in letzter Zeit sehr mäkelig. Mit Vorliebe liegt sie im Bereich der Fußbodenheizung. Sie hat sehr kalte Hintergliedmaßen, und auch der Bereich der Lendenwirbelsäule ist sehr kalt.

Die Hündin reagiert auf die Shu-Punkte Bl20, Bl23 und Bl25. Die Zunge ist feucht und sehr blass, vor allem in der Mitte. Im hinteren Bereich weist sie zusätzlich einen weißen Belag auf. Der Puls ist tief und langsam. An den Milz-Pankreas- und den Nieren-Taststellen ist der Puls sehr schwach.

TCM-Diagnose: Yang-Mangel, Schwäche in den Funktionskreisen Milz-Pankreas und Niere
Therapieziel: Yang tonisieren, Milz-Pankreas- und Nieren-Funktionskreis stärken, Diarrhö stoppen

Rezepturauswahl:

1. Yang tonisierende Rezepturen oder adstringierende Rezepturen
2. Adstringierende Rezepturen auswählen
3. Den Darm festigende Rezepturen (indiziert bei Kälte der Funktionskreise Milz-Pankreas und Niere)
4. Rezeptur auswählen, die das Yang tonisiert und auf die Funktionskreise Milz-Pankreas und Niere wirkt

Rezepturvorschlag: Si Shen Wan (Seite 204)
Diese Rezeptur ist warm, wirkt auf den Verdauungstrakt, tonisiert das Yang, tonisiert die Funktionskreise Milz-Pankreas sowie Niere und beendet Diarrhö.

Si Shen Wan trägt den Beinamen „Rezeptur für Fünf-Uhr-Diarrhö".

Fallbeispiel 13

Ihnen wird eine 14-jährige Tinkerstute mit Problemen beim Satteln und Gurten vorgestellt. Laut Besitzerin ist sie zunehmend aggressiv gegen Artgenossen, frisst sehr schlecht und leidet seit 3 Wochen unter Kotwasser.

Auf Nachfrage berichtet die Besitzerin, dass die Stute bereits seit einem Jahr in der Rosse sehr aggressiv gegenüber den Herdenmitgliedern wird. Die Rosse sei immer noch auffällig.

Die Stute lässt sich schlecht anfassen, und beim Test der Mu-Punkte versucht sie zu treten und zu beißen. Sie reagiert auf den Shu-Punkt Bl18 deutlich mit Abwehrverhalten und leicht auf Bl20.

Die Zunge ist im mittleren Bereich blass, und die Ränder sind deutlich aufgewölbt. Der Puls ist insgesamt saitenförmig und an der Leber-Taststelle zusätzlich voll und straff. Der Milz-Puls ist nur ganz tief zu tasten.

TCM-Diagnose: Leber-Qi-Stagnation; die Leber attackiert die Milz
Therapieziel: Qi-Stagnation beseitigen, Leber und Milz harmonisieren

Rezepturauswahl:

1. Harmonisierende Rezepturen
2. Leber und Milz harmonisierende Rezepturen
3. Rezeptur auswählen, die Leber-Qi-Stagnationen beseitigt und den Funktionskreis Milz-Pankreas stärkt

Rezepturvorschlag: Xiao Yao San (Seite 78)
Xiao Yao San ist warm, wirkt auf die Funktionskreise Leber und Milz, besänftigt die Leber, tonisiert die Milz und beseitigt Leber-Qi-Stagnationen. Es ist die klassische Rezeptur für das Disharmoniemuster „Die Leber attackiert die Milz".

Während der Rosse könnte noch die Modifikation für Rosse- und Läufigkeitsstörungen hinzugefügt werden.

Fallbeispiel 14

Ein 23-jähriger Shetty-Hengst weist seit einem halben Jahr immer wieder Koliksymptome auf. Eine Ursache wurde bisher nicht gefunden, der Tierarzt vermutet eine Gastritis. Die Besitzerin möchte aber aufgrund des Alters keine Gastroskopie vornehmen lassen.

Sie berichtet, dass das Pony mal hellen und mal dunkelgelben Urin hat. An manchen Tagen trinkt er sehr viel, an anderen gefühlt gar nicht. In letzter Zeit machte er manchmal den Eindruck, als würde er frieren. Die Besitzerin hatte bereits darüber nachgedacht, ihn einzudecken. Allerdings gibt es auch Tage, an denen er ohne Anstrengung schwitzt, deshalb hatte sie bisher davon abgesehen. Die Äppel sind häufiger matschig, es gibt aber auch Phasen mit normalem Kotabsatz.

Der Shetty-Hengst macht einen lebhaften Eindruck, versucht aber auszuweichen, als Sie mit ihren Händen in Richtung Halsbasis, Brust und Rippen kommen.

Er reagiert auf die Shu-Punkte Bl20 und Bl21 und auf die Mu-Punkte KG12 und Ma25. Die Zunge ist geschwollen, in der Mitte blass und im hinteren Bereich eher rot. Sie zeigt in der Mitte deutliche Schleimauflagerungen. Der Puls ist tief und straff sowie an der Milz/Magen-Taststelle nur sehr schwach zu tasten.

TCM-Diagnose: Magen-Qi-Schwäche, Schleim, gleichzeitig auftretende Hitze und Kälte
Therapieziel: Magen-Qi tonisieren, Schleim ausleiten, harmonisieren

Rezepturauswahl:

1. Schleim ausleitende oder harmonisierende Rezepturen
2. Entscheidung für harmonisierende Rezepturen (steht im Vordergrund)
3. Magen und Darm harmonisierende Rezepturen
4. Rezeptur auswählen, die den Magen harmonisiert, Schleim ausleitet und das Qi tonisiert

Rezepturvorschlag: Ban Xia Xie Xin Tang (Seite 82)
Diese Rezeptur ist im Temperaturverhalten neutral, wirkt auf den mittleren Erwärmer, harmonisiert den Magen, leitet Schleim aus und tonisiert das Qi. Sie wird bei Gastritis und Colitis mit gleichzeitig auftretenden Hitze- und Kältesyndromen verwendet.

Fallbeispiel 15

Sie behandeln bereits seit mehreren Jahren eine 6-jährige Bernhardiner-Hündin mit leichten Problemen in den Knien. Die Hündin war trächtig, und Sie haben sie eine Weile nicht gesehen. Während der Trächtigkeit wurde sie auf Trockenfutter umgestellt, da sie das Nassfutter nicht mehr fressen wollte. Das Muttertier und die Welpen sollen nun einen Gesundheitscheck erhalten.

Seit sechs Wochen leidet die Hündin unter Verstopfung und hat deutliche Probleme beim Kotabsetzen. Die vom Tierarzt verordneten Medikamente haben leider keine Besserung gebracht, und die Hündin zeigt zunehmend Schmerzen im Abdomen. Sie hat sehr trockenes Fell, festen, trockenen Kot, trinkt wenig, hat aber eine vermehrte Urinausscheidung.

Sie reagiert auf die Shu-Punkte Bl20 und Bl25 und den Mu-Punkt Ma25. Die Zunge ist eher rot und trocken mit vielen Rissen. Der Puls ist tief und schnell.

TCM-Diagnose: Magen- und Dickdarm-Trockenheit
Therapieziel: Magen und Darm befeuchten, Kot ableiten

Rezepturauswahl:

1. Trockenheit befeuchtende Rezepturen oder nach hinten ableitende Rezepturen
2. Entscheidung für nach hinten ableitende Rezepturen (die Obstipation hat aktuell Vorrang)
3. Befeuchtende Abführmittel
4. Rezeptur auswählen mit kühlem Temperaturverhalten sowie absenkender und befeuchtender Wirkung, die auf die Funktionskreise Magen und Dickdarm wirkt.

Rezepturvorschlag: Ma Zi Ren Wan (Seite 60)
Diese Rezeptur ist kühl, wirkt auf Magen und Dickdarm, ist absenkend und befeuchtend. Sie kann auch bei Obstipation nach der Trächtigkeit verordnet werden.

Da diese Rezeptur nicht zur Langzeitanwendung geeignet ist, lassen Sie eine Menge anmischen, die für vier Wochen ausreicht, und vereinbaren einen neuen Untersuchungstermin.

Sollte die Obstipation dann unverändert bestehen, muss eventuell nachfolgend eine andere Rezeptur, je nach Ergebnis der neuen TCM-Diagnose, gewählt werden.

Außerdem sollte versucht werden, die Hündin wieder auf Nassfutter umzustellen, da schon mit der Futterumstellung vermehrt Feuchtigkeit zugeführt werden kann.

4
Haut- und Fellerkrankungen

Haut- und Fellerkrankungen können verschiedene Funktionskreise und unterschiedliche Grundsubstanzen betreffen. Damit die Erkrankung nicht durch eine falsche Rezepturwahl verschlimmert wird, muss eine gründliche Untersuchung nach TCM stattfinden, um das Disharmoniemuster ermitteln zu können.

Fallbeispiel 16

Ihnen wird eine 8-jährige Islandpferdestute mit Sommerekzem vorgestellt. Sie hat deutliche Scheuerstellen, die aber nicht blutig sind. Sie ist in der Rosse leicht reizbar und hat einen sehr hohen Muskeltonus. Das Fell ist sehr stumpf und glanzlos. Sie trinkt viel, und die Äppel sind eher trocken.

Sie reagiert auf die Shu-Punkte Bl13, Bl15 und Bl18. Die Zunge und das Zahnfleisch sind sehr blass. Der Puls ist tief und hohl.

TCM-Diagnose: Herz-Xue-Mangel und Leber-Xue-Mangel
Therapieziel: Xue tonisieren

Rezepturauswahl:

1. Tonisierende Rezepturen
2. Xue tonisierende Rezepturen
3. Xue tonisierende Rezeptur mit Wirkung auf die Haut und die Funktionskreise Herz und Leber auswählen

Rezepturvorschlag: Si Wu Tang (Seite 151)
Diese Rezeptur ist leicht warm und wirkt auf die Funktionskreise Herz, Leber und Dickdarm. Sie tonisiert das Xue, bewegt das Xue und harmonisiert den Leber-Funktionskreis, den Chong Mai und den Ren Mai. Sie kommt unter anderem bei Problemen in der Rosse, bei Ekzemen und Dermatitis zum Einsatz.

Zusätzlich könnte in diesem Fall die Modifikation für übermäßige Rosse zum Einsatz kommen.

Fallbeispiel 17

Diesmal geht es um einen 12-jährigen Haflinger-Wallach mit Sommerekzem und Magenproblematik. Er scheuert sich sehr stark und hat auch viele blutige Stellen an Mähnenkamm und Schweif sowie unter dem Bauch. Die Bereiche am Mähnenkamm und am Bauch fühlen sich heiß an. Das restliche Fell ist trocken und glanzlos. Er macht einen schlappen Eindruck und wirkt insgesamt kraftlos. Im letzten Jahr hatte er auf der Wiese Giftpflanzen gefressen und seitdem auch öfter Probleme mit Koliken. Er trinkt viel, und die Äppel haben einen starken Geruch.

Er reagiert auf die Shu-Punkte Bl18 und Bl23. Die Zunge und das Zahnfleisch sind insgesamt blass, nur die Zungenränder sind rot. Der Puls ist schwach und schnell.

TCM-Diagnose: Xue-Mangel und Xue-Hitze
Therapieziel: Xue tonisieren und Xue kühlen

Rezepturauswahl:

1. Tonisierende Rezepturen
2. Xue tonisierende Rezepturen
3. Xue tonisierende Rezeptur mit kaltem Temperaturverhalten und Wirkung auf die Funktionskreise Leber und Niere auswählen

Rezepturvorschlag: Wen Qing Yin (Seite 153)
Diese Rezeptur ist kalt und wirkt auf die Funktionskreise Leber und Niere. Sie tonisiert und kühlt das Xue, klärt Hitze und beseitigt Toxine.

In diesem Fall könnte noch die Modifikation für Juckreiz zum Einsatz kommen.

Fallbeispiel 18

Zu Ihnen in die Praxis kommt ein 5 Monate alter Welpe, der sich massiv kratzt. Er hatte, als er drei Monate alt war, einen Atemwegsinfekt ohne Fieber. Vom Tierarzt bekam er eine Antibiose verordnet, und 3 Wochen später fing das Kratzen an. Das Fell ist bis auf ein paar wenige haarlose Stellen intakt und fühlt sich etwas fettig an.

Der Hund macht einen kränklichen Eindruck, lässt sich nicht gerne anfassen, und die Faszien fühlen sich welpenuntypisch sehr fest an. Er trinkt wenig, der Kotabsatz ist normal.

Er reagiert auf die Shu-Punkte Bl13 und Bl23. Die Zunge ist etwas blass und hat Bläschen an der Seite. Der Puls oberflächlich, schlüpfrig und saitenförmig.

TCM-Diagnose: Wind-Feuchtigkeit in der Wei-Qi-Schicht, Qi-Mangel
Therapieziel: Wind-Feuchtigkeit aus der Wei-Qi-Schicht ausleiten, Qi tonisieren

Rezepturauswahl:

1. Das Äußere entlastende Rezepturen
2. Unterstützende und das Äußere entlastende Rezepturen
3. Rezeptur auswählen mit warmem Temperaturverhalten, die Wind-Feuchtigkeit ausleitet, das Qi tonisiert und auf die Funktionskreise Lunge und Niere wirkt

Rezepturvorschlag: Ren Shen Bai Du San (Seite 49)
Diese Rezeptur ist warm, wirkt auf die Funktionskreise Lunge und Niere, entlastet das Äußere, leitet Wind-Feuchtigkeit aus und tonisiert das Qi. Sie kann hervorragend bei Welpen und Fohlen eingesetzt werden.

In diesem Fall würde ich die Rezeptur mit der Modifikation für Juckreiz ergänzen.

Fallbeispiel 19

Es kommt ein 9-jähriger Huskyrüde mit Hot Spot zu Ihnen in die Praxis. Der Rüde hatte vor drei Monaten einen Harnwegsinfekt. Er bekam viele Medikamente und war in dieser Zeit deutlich schlapper. Seit drei Wochen tauchen immer wieder Hot Spot (entzündliche, nässende Ekzeme) an verschiedenen Körperstellen auf, die deutlich geschwollen sind und teilweise auch eitrig aussehen. Er kratzt sich nicht häufig, aber das Allgemeinbefinden ist stark eingeschränkt. Die klassischen Behandlungsmethoden brachten nur wenig Erfolg.

Der Husky macht einen wenig agilen Eindruck und hechelt viel. Er reagiert auf die Shu-Punkte Bl13, Bl15 und Bl18. Die Zunge ist geschwollen und sehr rot. Der Puls ist auf der rechten Seite deutlich schwächer, ansonsten schnell und tief.

TCM-Diagnose: Feuchte-Hitze in der Haut, Hitze-Schleim, toxische Hitze, Qi-Mangel
Therapieziel: Feuchte-Hitze und Schleim aus der Haut ausleiten, Qi tonisieren

Rezepturauswahl:

1. Rezepturen zur Behandlung von Abszessen und Wunden (da Eiterbildung vorhanden ist)
2. Äußere Abszesse und Wunden behandelnde Rezepturen
3. Rezeptur auswählen mit kaltem Temperaturverhalten, die in der Haut wirkt, Schleim ausleitet, Toxine ausleitet und auf die Funktionskreise Lunge, Herz und Leber wirkt

Rezepturvorschlag: Wu Wei Xiao Du Yin (Seite 353)
Diese Rezeptur ist kalt, wirkt in der Haut, leitet Hitze, Schleim und Toxine aus und wirkt auf die Funktionskreise Lunge, Herz und Leber.

Diese Rezeptur habe ich ausgewählt, da ich sie zusätzlich mit Qi tonisierenden Arzneien modifizieren kann.

Fallbeispiel 20

Diesmal kommt eine 3-jährige Dalmatinerhündin mit Hot Spot zu Ihnen in die Praxis. Die Hündin kratzt sich sehr viel, und die betroffenen Hautstellen sehen sehr rot, leicht blutig und nässend aus. Trinkverhalten und Kotabsatz sind normal. Momentan schläft sie etwas unruhig.

Die Hündin wirkt unruhig, ist dauernd in Bewegung, und zwischendurch zittert sie einmal.

Die Hündin reagiert auf den Shu-Punkt Bl13. Die Zunge ist rot und leicht geschwollen. Der Puls ist oberflächlich, schnell und saitenförmig.

TCM-Diagnose: Wind-Hitze mit Feuchtigkeit in der Haut, Xue-Hitze
Therapieziel: Wind ausleiten, Feuchte-Hitze ausleiten, Lungen-Funktionskreis tonisieren

Rezepturauswahl:

1. Wind vertreibende Rezepturen
2. Rezepturen, die äußeren Wind vertreiben
3. Rezeptur auswählen, die Wind-Hitze und Feuchtigkeit ausleitet, Xue-Hitze kühlt und auf die Haut wirkt

Rezepturvorschlag: Xiao Feng San (Seite 252)
Diese Rezeptur ist kalt, wirkt auf Haut und Fell, leitet Wind aus der Oberfläche, kühlt das Xue, wandelt Feuchtigkeit um und leitet Hitze aus.

In diesem Fall (rote, geschwollene Zunge und nässende Hot Spots) könnte die Modifikation für stärkere Feuchte-Hitze zum Einsatz kommen.

5 Geriatrische Erkrankungen

Bei älteren Patienten steht häufig ein Mangel an einer oder mehreren Grundsubstanzen im Vordergrund. Aber auch hier ist es wichtig, gründlich zu untersuchen, denn es können mehrere Funktionskreise oder Grundsubstanzen betroffen sein, deren Krankheitsmuster jeweils individuell behandelt werden müssen.

Fallbeispiel 21

Ihnen wird eine 15-jährige Akita-Hündin mit Angstzuständen vorgestellt. In den letzten sechs Monaten reagiert sie zunehmend ängstlich bis panisch, ohne für den Besitzer ersichtlichen Grund. Zu Hause verkriecht sie sich plötzlich in der Ecke, und beim Spazierengehen ist sie schon mehrmals panisch weggerannt. Sie hatte vor fünf Jahren eine OP am linken Sprunggelenk, die eine unschöne Narbe an der Innenseite hinterlassen hat, und vor neun Monaten eine Verletzung lateral am rechten Carpalgelenk. Außerdem hat sie eine leichte Herzinsuffizienz, für die sie aber keine Medikamente benötigt. Nachts ist sie des Öfteren sehr unruhig.

Nach den Panikattacken trinkt sie viel, ansonsten trinkt sie sehr wenig. Urin und Kot sind normal. Sie liegt mal im Körbchen und mal auf den Fliesen im Flur.

Das Fell sieht etwas trocken und stumpf aus.

Die Hündin reagiert auf die Shu-Punkte Bl14, Bl15, Bl20, Bl23. Die Zunge und das Zahnfleisch sind blass, und die Zunge hat deutliche Schleimauflagerungen. Die Zungenspitze weist eine deutliche Kerbe auf und ist sehr blass. Der Puls ist eher schnell, an der Herz-Taststelle hohl und an den Nieren-Taststellen kaum tastbar.

TCM-Diagnose: Shen-Störung, Herz-Xue-Mangel, Nierenschwäche, Schleim
Therapieziel: Shen beruhigen, Xue tonisieren

Rezepturauswahl:

1. Shen beruhigende Rezepturen
2. Nährende Rezepturen, die das Shen besänftigen
3. Rezeptur auswählen, die die Funktionskreise Herz und Niere tonisiert, Schleim ausleitet und das Xue tonisiert

Rezepturvorschlag: Ding Zhi Wan (Seite 193)
Diese Rezeptur hat ein neutrales Temperaturverhalten, wirkt auf die Funktionskreise Herz und Niere, tonisiert das Herz-Qi, eliminiert Schleim und beruhigt das Shen.

In diesem Fall würde ich noch die Modifikation für Xue-Mangel hinzufügen.

Fallbeispiel 22

Es kommt ein 13-jähriger Dobermann-Rüde mit Kopfschiefhaltung und ataktischem Gangbild zu Ihnen in die Praxis. Diese Symptome zeigt er bereits seit sechs Monaten. Der Tierarzt hatte ein Vestibularsyndrom diagnostiziert, und über die Medikamentengabe hatte sich das Gangbild verbessert, die Übelkeit war zurückgegangen, und auch der Nystagmus ist nicht mehr aufgetreten. Der Tierarzt empfahl eine Akupunkturbehandlung zu weiteren Verbesserung der Symptome.

Der Rüde hat ein unsicheres Gangbild mit Schwanken in den Wendungen. Er trinkt wenig, und der Kot ist öfter weich. Er reagiert auf die Shu-Punkte Bl18 und Bl20. Die Zunge ist blass und geschwollen, mit Schleimauflagerungen und deutlich aufgewölbten Rändern. Der Puls ist langsam und straff, an der Leber-Taststelle saitenförmig.

TCM-Diagnose: Wind-Schleim schädigt die Sinne
Therapieziel: Schleim ausleiten, Wind vertreiben

Rezepturauswahl:

1. Schleim vertreibende Rezepturen
2. Wind vertreibende und Schleim auflösende Rezepturen
3. Rezeptur mit warmem Temperaturverhalten auswählen, die auf die Funktionskreise Leber und Milz-Pankreas sowie auf den Kopf wirkt

Rezepturvorschlag: Ban Xia Bai Zhu Tian Ma Tang (Seite 345)
Diese Rezeptur ist warm, wirkt auf die Funktionskreise Leber und Milz-Pankreas, wandelt Schleim um, bändigt Leber-Wind und reguliert das Qi.

Fallbeispiel 23

Es kommt eine 17-jährige Yorkshire-Hündin zu Ihnen in die Praxis. Sie hatte vor zwei Jahren ein Vestibularsyndrom, das als Altersbeschwerde abgetan wurde. Jetzt hat die Besitzerin davon gehört, wie toll Sie dem Dobermann-Rüden (Fallbeispiel 22) geholfen haben, und sie möchte auch dieses Wunderpulver haben. Sie erklären der Besitzerin, dass Sie zunächst eine Diagnose erstellen müssen, bevor Sie eine Phytotherapie verschreiben können, da die Hündin eine komplett andere Grunderkrankung aufweisen kann als der Dobermann-Rüde.

Die Yorkshire-Hündin hat ein ataktisches Gangbild. Wenn sie steht, zittern die Hintergliedmaßen und der Kopf. Die Augen sind leicht gerötet. Sie trinkt viel und liegt in letzter Zeit lieber auf den Fliesen. In den letzten Wochen träumt sie vermehrt und ist nachts unruhiger als zuvor.

Sie reagiert auf die Shu-Punkte Bl15, Bl18 und Bl23. Die Zunge ist rot, vor allem an der Spitze, ohne Belag, und die Ränder sind geschwollen. Der Puls ist schnell, schwach und saitenförmig. An der Herz- und den Nieren-Taststellen ist der Puls schwach.

TCM-Diagnose: Leber-Wind, Yin-Mangel und überaktives Shen
Therapieziel: Wind ausleiten, Yin tonisieren, Shen beruhigen

Rezepturauswahl:

1. Wind vertreibende Rezepturen
2. Inneren Wind vertreibende Rezepturen
3. Rezeptur auswählen mit kaltem Temperaturverhalten, mit Wirkung auf die Funktionskreise Herz, Leber und Niere, sowie Yin tonisierend und Shen beruhigend

Rezepturvorschlag: SR-Rezeptur Nr. 1, um inneren Wind zu vertreiben (Seite 265)
Diese Rezeptur ist kühl, wirkt auf die Funktionskreise Herz, Leber und Niere, beruhigt Leber-Wind, senkt Leber-Yang ab, tonisiert das Yin und beruhigt das Shen.

Bei diesem Disharmoniemuster würde noch die Rezeptur *Gou Teng San* (Seite 261) infrage kommen. Ich habe mich für die SR-Rezeptur entschieden, da sie auch auf den Nieren-Funktionskreis wirkt und nicht so extrem kalt ist.

Fallbeispiel 24

Sie kommen zu einer 14-jährigen Australien-Shepherd-Hündin mit alterstypischen Beschwerden. Die Hündin hat grauen Star entwickelt, und die Hör- und Sehkraft hat in den letzten drei Monaten rasant nachgelassen. Sie wurde zur Zucht eingesetzt und hatte bis zum Alter von 8 Jahren regelmäßig Welpen. Vor sechs Monaten hatte sie ein Vestibularsyndrom mit anschließender Otitis, die aber vollkommen abgeheilt ist. Sie trinkt in letzter Zeit mehr, und der Kot ist manchmal breiig. Der Besitzerin ist aufgefallen, dass sie zunehmend lustlos und müde geworden ist. Bis vor sechs Monaten ist sie noch gerne spazieren gegangen und lief auch noch längere Strecken gut mit. Auf Nachfrage berichtet die Besitzerin, dass die Hündin zunächst lustloser war und das Vestibularsyndrom danach aufgetreten ist.

Die Hündin macht einen freundlichen, aber sehr müden Eindruck. Das Fell ist glanzlos, mit vielen grauen Stellen, die Augen sind getrübt, und sie hört sehr schlecht. Sie reagiert auf die Shu-Punkte Bl18 und Bl20, und auf Bl23 sehr deutlich. Die Zunge ist insgesamt dünn und blass sowie im hinteren Bereich rot und ohne Belag. Der Puls ist tief und sehr schwach, vor allem auf der rechten Seite. Die Nieren-Taststellen sind leer, und es ist sehr schwierig, einen Puls zu tasten.

TCM-Diagnose: Qi-Mangel, Nieren-Essenz-Mangel, Xue-Mangel
Therapieziel: Qi tonisieren, Xue tonisieren, Funktionskreis Niere stärken

Rezepturauswahl:

1. Tonisierende Rezepturen
2. Qi tonisierende Rezepturen
3. Rezeptur auswählen, die Qi und Xue tonisiert und den Nieren-Funktionskreis stärkt

Rezepturvorschlag: Yi Qi Cong Ming Tang (Seite 146)
Diese Rezeptur vermehrt das Qi und schärft die Sinne. Sie wirkt auf die Funktionskreise Leber, Magen und Niere, tonisiert das Qi, tonisiert Xue und Yin leicht und hebt das Yang-Qi, um die Sinnesorgane zu versorgen.

In diesem Fall könnte noch die Modifikation für Taubheit aufgrund von Nierenschwäche zum Einsatz kommen.

Fallbeispiel 25

Sie kommen zu einem 28-jährigem Hannoveraner-Wallach, der seit mehreren Wochen schlecht frisst und jetzt deutlich abgemagert ist. Er bekommt schon seit drei Jahren eingeweichtes Futter aufgrund seiner abgenutzten Zähne. Die Besitzerin berichtet Ihnen, dass er seit ca. sechs Wochen an Kotwasser leidet und auch die Äppel sehr weich sind.

Der Wallach macht einen sehr schlappen Eindruck und lässt sich nicht gerne am Bauch anfassen. Die Rippen sind deutlich sichtbar, der Bauch sieht dagegen recht dick aus.

Er reagiert auf den Shu-Punkt Bl20 und den Mu-Punkt Le13. Die Zunge ist geschwollen, blass und schlaff. Der Puls ist tief und schwach, dabei ist die rechte Seite schwer tastbar, und der Milz-Puls ist fast gar nicht zu fühlen.

TCM-Diagnose: Milz-Pankreas-Qi-Mangel
Therapieziel: Qi tonisieren, Funktionskreis Milz-Pankreas stärken, Feuchtigkeit trocknen

Rezepturauswahl:

1. Tonisierende Rezepturen
2. Qi tonisierende Rezepturen
3. Rezeptur mit warmem Temperaturverhalten auswählen, die das Milz-Qi tonisiert und Feuchtigkeit trocknet

Rezepturvorschlag: Si Jun Zi Tang (Seite 139)
Diese Rezeptur ist leicht warm, tonisiert das Qi, stärkt den Funktionskreis Milz-Pankreas und trocknet Feuchtigkeit. Sie wird bei schwachem Milz-Qi mit Appetitmangel und Abmagerung eingesetzt.

In diesem Fall könnte noch die Modifikation für Kotwasser und Diarrhö zum Einsatz kommen.

Anhang

Danksagungen

Mein besonderer Dank gilt allen, die mich auch bei der Entstehung meines zweiten Buchs so wundervoll unterstützt haben.

Danke, Diana (Pio) Tiebes, für deine mentale und fachliche Unterstützung während der ganzen Entstehungszeit und dafür, dass Du meine Freundin bist.

Vielen lieben Dank an Silke Braun für die wertvolle Zeit, die Du mit Korrekturlesen verbracht hast, für die ganzen Kommata, die Du hinzugefügt hast, und die ganzen „auchs", die Du gestrichen hast.

Mein besonderer Dank geht an Tim Vukan für die Überprüfung der Schriftzeichen und der Pin-Yin-Schreibweise der Arzneien („Da" heißt nicht nur auf Chinesisch „groß", sondern auf Deutsch „Da").

Ein großes Dankeschön geht an Helge Wolanska, von dem ich so viel lernen durfte und der die SR-Rezepturen nochmals überprüft hat.

Für das finale Korrekturlesen geht mein herzlicher Dank an Uschi Fleißer.

Das größte Dankeschön geht an mein weltbestes Team für dieses wundervolle Buch:

An Hans Schmidtke, ohne den dieses Buch so nicht erschienen wäre, und der meine Wünsche immer berücksichtigt hat.

An Meike Haug für ihre wundervollen Illustrationen.

An Angelika Marx für die großartige Gestaltung.

Und vor allem an Eva Wagner für das herausragende Lektorat.

Bezeichnungen der Arzneiteile und Erläuterung der Rezepturtexte

alba = weiß
Arillus = Samenmantel (sieht aus wie eine Frucht, entwickelt sich aber aus einem anderen Pflanzenteil als normale Früchte)
Bile siehe „cum Bile"
Bulbus = Zwiebel
Calyx = Blütenkelch
Caulis = Stängel
Colla = Gelatine
Concha = Muschelschale
Concretio silicea = sogenannter „Bambuskiesel": Kieselsäure, gewonnen aus Ausscheidungen des Bambus
Cortex = Rinde oder Borke
cum = mit
cum Bile = präpariert mit Galle
cum Melle = mit Honig
et = und
Exocarpium = äußere Fruchthaut
Extremitas Radix = Endwurzel(n)
Faeces = Exkremente
Flos = Blüte
Folium = Blatt
Fossilia = Fossilien (in der Regel fossile Knochen)
Fructus = Frucht
Fructus retinervus = bestimmte Teile der Frucht
germinatus = gekeimt
Herba = oberirdisches Kraut einer Pflanze/ganze oberirdische Pflanze
immaturi, immaturus = unreif
in Taeniam = in Streifen geschnitten
lateralis = neben, seitlich (z. B. seitliche Wurzel)
levis = leicht
Lignum = Holz
Medulla = Mark
Melle siehe cum Melle
naturalis = natürlich
nigrum = schwarz
nodus rhizomatis = verdickte Stellen im Rhizom
Os/Ossis = Knochen
Pericarpium = Haut
Periostracum = Panzer
Praeparatum, Praeparatae = Zubereitung aus ...
Pollen = der Pollen, also Blütenstaub
Radix = Wurzel
Ramulus = Zweig
recens = frisch
Resinatum = Harz
retinervus siehe Fructus retinervus
Rhizoma = Wurzelstock oder Rhizom
rubrum = rot (z. B. rotschalige Mandarine)
Sclerotium = Haut eines Pilzes
Semen = Samen
seu = oder
Spica = Ähre
Spina = Dornen
Spora = Sporen
Stamen = Staubblatt einer Blütenpflanze
Succus = Pflanzensaft
Taeniam = Streifen
Thallus = der „Körper" von Großalgen
Tuber = Knolle
Uncis = Dornen
viride = grün, unreif

Pharmazeutische, botanische und deutsche Pflanzennamen

In dieser Liste finden Sie die wissenschaftlichen botanischen sowie die deutschen Namen der Pflanzen aus den Rezepturen. Sie sind alphabetisch aufgelistet nach dem Präparate- bzw. Rezeptnamen.

- In den Rezepten/Präparaten, also in der **pharmazeutischen Bezeichnung,** steht stets der Genitiv (z.B. „Gentianae Radix", das heißt wörtlich: „die Wurzel (= Radix) des Enzian (= Gentianae)").
- Der eigentliche **wissenschaftliche Pflanzenname** steht natürlich im Nominativ, und den finden Sie an zweiter Stelle nach dem Pfeilchen (z. B. > *Gentiana*).
- An dritter Stelle steht dann der **deutsche Name.** In manchen Fällen gibt es keinen deutschen Namen, dann ist zur Orientierung die Pflanzenfamilie oder andere Verwandtschaftsverhältnisse angegeben, damit Sie die Art ungefähr einordnen können.
- Aufgrund modernerer wissenschaftlicher Analysen wurden und werden manchmal Pflanzen umbenannt, wenn sich herausstellt, dass sie in einer anderen *botanischen* Verwandtschaftsbeziehung stehen als bisher eingeordnet. Dann bekommt diese Art einen **neuen *botanischen* Namen = ein Synonym.** Soweit bekannt, sind die Synonyme in dieser Liste mit „syn." mit angegeben. Die *pharmazeutische* Bezeichnung mit dem alten Pflanzennamen bleibt aber bestehen.

Grundsätzlich gilt: Eine Pflanze ist nur eindeutig benannt mit ihrem binären (zweiteiligen) Namen (das gilt natürlich auch für Tiere, Pilze und Mikroorganismen). Der erste Teil benennt die Gattung (z. B. *Cornus* = Hartriegel), und erst mit dem zweiten Teil, dem Artnamen, ist die Pflanze exakt definiert (z. B. *Cornus mas* = Kornelkirsche). Wichtig zu wissen: *Nur der wissenschaftliche, also lateinische Name ist eindeutig und international gültig.* Die deutschen Trivialnamen, ebenso wie die in anderen Sprachen, können eindeutig sein, sind es aber in den meisten Fällen nicht; zudem können sie zahlreich und regional unterschiedlich sein oder für völlig verschiedene Pflanzen gleich lauten (insbesondere im Englischen gibt es hier große Ungenauigkeiten). Wenn Sie also eine Pflanze eindeutig finden wollen, suchen Sie bitte immer nach dem vollständigen lateinischen Namen.

Acanthopanacis > *Acanthopanax gracilistylus* (syn. *Eleuterococcus nodiflorus*) = im Handel unter dem Namen „Stachelpanax"
Achyranthis > *Achyranthes* spec. = Spreublume
Achyranthis > auch: *Achyranthes bidentata* = eine Spreublumen-Art
Aconiti > *Aconitum* spec. = Eisenhut
Acori Tatarinowii > *Acorus tatarinowius* (syn. *Acorus calamus* var. *angustatus*) = eine Kalmus-Art
Adenophorae > *Adenophora* spec. = Schellenblume oder Becherglocke
Agastachis > *Agastache* spec. = Duftnessel
Akebiae > *Akebia* spec. = Akebie
Albiziae > *Albizia* spec. = Seidenakazie oder Seidenbaum
Alismatis > *Alisma* spec. = Froschlöffel
Alismatis> auch: *Alisma orientalis* = eine Froschlöffel-Art
Allii Fistulosi > *Allium fistulosum* = Winter-Heckenzwiebel oder Winterzwiebel
Allii Macrostemi > *Allium macrostemon* = eine Lauch-Art, auch bekannt als Chinesischer Wildknoblauch
Alpiniae Officinari > *Alpinia officinarum* = Echter Galgant
Alpiniae Oxyphyllae > *Alpinia oxyphylla* = zur Familie Ingwergewächse

Amomi > *Amomum villosum* (syn. *Wurfbainia villosa*) = eine Art aus der Familie Ingwergewächse
Amomi Rotundi > *Amomum rotundus* = eine Art aus der Familie Ingwergewächse
Anemarrhenae > *Anemarrhena* spec. = eine Gattung aus der Familie Spargelgewächse
Anemarrhenae > auch: *Anemarrhena asphodeloides* = eine Art aus der Familie Spargelgewächse
Angelicae > *Angelica* spec. = Engelwurz
Angelicae Dahuricae > *Angelica dahurica* = Chinesische Engelwurz oder Sibirische Engelwurz
Angelicae Pubescentis > *Angelica pubescens* = eine Engelwurz-Art
Angelicae Sinensis > *Angelica sinensis* = eine Engelwurz-Art
Aquilariae > *Aquilaria* spec. = Adlerholzbaum
Arctii > *Arctium* spec. = Klette
Arecae > *Areca* spec. = Betelpalme
Arecae > auch: *Areca catechu* = Betelnusspalme
Arisaematis > *Arisaema* spec. = Feuerkolben
Arisaematis > auch: *Arisaema amurense* = Amur-Feuerkolben
Armeniacae > *Prunus armeniaca* = Aprikose
Arnebiae > *Arnebia* spec. = Prophetenblume
Artemisiae Argyi > *Artemisia argyi* = Chinesischer Beifuß
Artemisiae Capillaris > *Artemisia capillaris* = Haariges Beifußkraut oder Chinesisches Moxakraut
Artemisiae Scopariae > *Artemisia scoparia* = Besen-Beifuß
Asari > *Asarum* spec. = Haselwurz oder Osterluzei
Asari > auch: *Asarum sieboldii* = eine Haselwurz-Art
Asparagi > *Asparagus cochinchinensis* = eine Spargel-Art
Asteris > *Aster* spec. = Aster (es gibt zahlreiche Arten)
Asteris > auch: *Aster tataricus* = Tatarenaster
Astragali > *Astragalus* spec. = Tragant oder Berglinse
Astragali > auch: *Astragalus mongholicus* (syn. *Astragalus membranaceus*) = eine Tragant-Art, auch bekannt unter dem Namen „Chinesischer Tragant"
Astragali Complanati > *Astragalus complanatus* (syn. *Phyllolobium chinense*) = eine Tragant-Art
Atractylodis > *Atractylodes* spec. = Speichelkraut
Atractylodis Macrocephalae > *Atractylodes macrocephala* = im Handel unter dem Namen „Großköpfiges Speichelkraut"
Aucklandiae > *Aucklandia* spec. (syn. *Dolomiaea* spec.) = eine Gattung der Familie Korbblütler

Bambusae > *Bambusa* spec. = Bambus
Benincasae > *Benincasa hispida* = eine Wachskürbis-Art
Bupleuri > *Bupleurum* spec. = Hasenohr
Bupleuri > auch: *Bupleurum chinense* = Chinesisches Hasenohr

Cannabis > *Cannabis* spec. = Hanf
Carthami > *Carthamus tinctorius* = Färberdistel
Caryophylli > *Eugenia caryophyllata* = (syn. *Syzygium aromaticum*) = Gewürznelkenbaum
Chaenomelis > *Chaenomeles speciosa* = eine Zierquitten-Art, im Handel unter dem Namen Chinesische Scheinquitte
Chebulae > *Terminalia chebula* = Chebulische Myrobalane
Chrysanthemi > *Chrysanthemum* spec. = Chrysantheme oder Winteraster
Chrysanthemi Indici > *Chrysanthemum indicum* = eine Wildform der Chrysantheme
Chrysanthemi Morifoli > *Chrysanthemum morifolium* = eine Chrysanthemen-Art
Cimicifugae > *Cimicifuga racemosa* (syn. *Actaea racemosa*) = Traubensilberkerze
Cinnamomi > *Cinnamomum* spec. = Zimtbaum
Cinnamomi Cassiae > *Cinnamomum cassia* (syn. *Cinnamomum aromaticum*) = Cassiazimt
Cirsii > *Cirsium* spec. = Kratzdistel
Cirsii > auch: *Cirsium japonicum* = eine Kratzdistel-Art

Cistanches > *Cistanche tubulosa* = im Handel unter dem Namen „Wüstenhyazinthe" oder „Wüstencistanchenkraut" (zur Familie Sommerwurzgewächse)
Citri Aurantii > *Citrus aurantium* = Pomeranze, Bitterorange
Citri Reticulatae > *Citrus reticulata* = Mandarine
Citri Sarcodactylis > *Citrus medica* 'Sarcodactylis' = Zitronatzitrone, Fingerzitrone, Buddhas Hand
Clematidis > *Clematis* spec. = Clematis oder Waldrebe
Clematidis Armandii > *Clematis armandii* = Armands Waldrebe
Codonopsis > *Codonopsis* spec. = Glockenwinde
Coicis > *Coix* spec. = Hiobsträne oder Tränengras
Coicis > auch: *Coix lacrima-jobi* = Hiobsträne
Coptidis > *Coptis* spec. = Goldmund, Goldfaden
Coptidis chinensis > *Coptis chinensis* = eine Goldfaden-Art
Corni > *Cornus* spec. = Hartriegel
Corni Officinalis > *Cornus officinalis* = Japanische Kornelkirsche
Corydalis > *Corydalis* spec. = Lerchensporn
Crataegi > *Crataegus* spec. = Weißdorn
Curculiginis > *Curculigo* spec. = Rüssellilie
Curcumae > *Curcuma* spec. = Gelbwurz
Curcumae Longae > *Curcuma longa* = eine Gelbwurz-Art
Cuscutae > *Cuscuta* spec. = Teufelszwirn (auch: Seide)
Cyathulae > *Cyathula* spec. = Gattung der Familie Amaranthgewächse
Cynanchi Stauntonii > *Cynanchum stauntonii* (syn. *Vincetoxicum stauntonii*) = zur Familie Hundsgiftgewächse
Cyperi > *Cyperus* spec. = Zypergras
Cyperi > auch: *Cyperus rotundus* = eine Zypergras-Art

Dendrobii > *Dendrobium* spec. = Dendrobie, eine Orchideen-Gattung
Dianthi > *Dianthus* spec. = Nelke
Dianthi > auch: *Dianthus chinensis* = eine Nelkenart
Dianthi > auch: *Dianthus superbus* = Prachtnelke
Dioscoreae > *Dioscorea* spec. = Yamswurzel
Dipsaci > *Dipsacus* spec. = Karde

Eckloniae > *Ecklonia* spec. = eine Braunalgen-Gattung
Ecliptae > *Eclipta* spec. = eine Gattung aus der Familie Korbblütler
Epimedii > *Epimedium* spec. = Elfenblume
Eriobotryae > *Eriobotrya* spec. = Wollmispel
Eucommiae > *Eucommia ulmoides* = Guttaperchabaum oder Gummiulme
Euryales > *Euryale* spec. = Stachelseerose oder Makanastern
Evodiae > *Evodia* spec. (syn. *Tetradium* spec.) = aus der Familie der Rötegewächse
Evodiae > auch: *Evodia rutaecarpa* > (syn. *Tetradium ruticarpum*) = Stinkesche

Farfarae > *Tussilago farfara* = Huflattich
Foeniculi > *Foeniculum* spec. = Fenchel
Forsythiae > *Forsythia* spec. = Forsythie oder Goldglöckchen
Fraxini > *Fraxinus* chinensis = eine Eschen-Art
Fritillariae > *Fritillaria* spec. = Schachblume (auch: Kaiserkrone)
Fritillariae Cirrhosae > *Fritillaria cirrhosa* = eine Schachblumen-Art, im Handel unter den Namen „Himalaya-Schachblume" oder „Szechuan-Schachblume"
Fritillariae Thunbergii > *Fritillaria thunbergii* = eine Schachblumen-Art

Gardeniae > *Gardenia* spec. = Gardenie
Gardeniae > auch: *Gardenia jasminoides* = eine Gardenienart
Gastrodiae > *Gastrodia elata* = Gastrodie, zur Familie der Orchideen
Gentianae > *Gentiana* spec. = Enzian

Gentianae Macrophyllae > *Gentiana macrophylla* = Grossblättriger Enzian
Ginkgo > *Ginkgo biloba* = Ginkgo (auch: Fächertanne)
Ginseng > *Panax ginseng* = Koreanischer Ginseng oder Ginseng
Gleditsiae > *Gleditsia* spec. = Gleditschie oder Lederhülsenbaum
Glehniae > *Glehnia* spec. = im Handel unter dem Namen „Silberspitze", eine Gattung der Familie Doldenblütler
Glycyrrhizae > *Glycyrrhiza glabra* = Echtes Süßholz
Glycyrrhizae > auch: *Glycyrrhiza uralensis* = eine Süßholz-Art

Hedyotis > *Hedyotis* spec. (syn. *Oldenlandia* spec.) = eine Gattung der Familie Rötegewächse
Hedyotis Diffusae > *Hedyotis diffusa* (syn. *Oldenlandia herbacea*) = eine Art der Familie Rötegewächse
Heraclei > *Heracleum* spec. = Bärenklau oder Herculesstaude
Hordei > *Hordeum* spec. = Gerste
Houttuyniae > *Houttuynia cordata* = eine Houttuynie-Art; auch bekannt unter dem Namen „Molchschwanz"

Imperatae > *Imperata cylindrica* = Blutgras oder Alang-Alang-Gras
Isatitis > *Isatis indigotica* (syn. *Isatis tinctoria*) = Färber-Waid

Juglandis > *Juglans regia* = Walnuss
Jujubae > *Ziziphus jujuba* = Chinesische Dattel

Kaki > *Diospyros kaki* = Kakipflaume oder Dattelfeige
Kochiae > *Bassia* spec. = Besenkraut oder Radmelde oder Sommerzypresse

Lablab > *Lablab* spec. = Helmbohne oder Faselbohne
Ledebouriellae > *Saposhnikovia divaricata* (auch syn. *Ledebouriella divaricata*) = eine Doldenblütler-Art; im Handel unter dem Namen *„Ledebouriella saposhnikovia"*
Leonuri > *Leonurus* spec. = Herzgespann
Lepidii > *Lepidium* spec. = Kresse
Ligustici > *Ligusticum* spec. = Mutterwurz
Ligustici Chuanxiong > *Ligusticum wallichii* (syn. *Ligusticum sinense* 'Chuanxiong') = Szechuan-Liebstöckel
Ligustici Sinensis > *Ligusticum sinense* = eine Mutterwurz-Art
Ligustri > *Ligustrum* spec. = Liguster
Ligustri Lucidi > *Ligustrum lucidum* = Glänzender Liguster
Lilii > *Lilium* spec. = Lilie (es gibt zahlreiche Arten)
Lilii > auch: *Lilium lancifolium* = Tigerlilie
Linderae > *Lindera* spec. = Fieberstrauch
Lindera > auch: *Lindera benzoin* = eine Fieberstrauch-Art
Lithospermi > *Lithospermum* spec. = Steinsame, auch: Prophetenblume
Longan > *Dimocarpus longan* = Longanbaum
Lonicerae > *Lonicera* spec. = Geißblatt oder Heckenkirsche
Lonicerae > auch: *Lonicera japonica* = Japanisches Geißblatt
Lophatheri > *Lophatherum* spec. = eine Gattung der Familie Süßgräser
Luffae > *Luffa cylindrica* = Luffagurke oder Schwammgurke
Lycii > *Lycium* spec. = Bocksdorn
Lycii > auch: *Lycium barbarum* = Gemeiner Bocksdorn
Lygodii > *Lygodium japonicum* = Japanischer Kletterfarn
Lysimachiae > *Lysimachia christinae* = eine Gilbweiderich-Art

Magnoliae > *Magnolia* spec. = Magnolie
Magnoliae Officinalis > *Magnolia officinalis* = eine Magnolien-Art
Menthae > *Mentha* spec. = Minze (es gibt zahlreiche Arten)
Menthae Haplocalycis > *Mentha haplocalyx* (syn. *Mentha canadensis*) = eine Minze-Art
Mori > *Morus* spec. = Maulbeerbaum
Morindae > *Morinda* spec. = Indische Maulbeere

Mosla > *Mosla* spec. = eine Gattung der Familie Lippenblütler
Moutan > *Paeonia* x *suffruticosa* = Strauchpfingstrose
Mume > *Prunus mume* = Japanische Aprikose oder Ume
Myristicae > *Myristica* spec. = Muskatnuss

Nelumbinis > *Nelumbo* spec. = Lotosblume
Notoginseng > *Panax notoginseng* = eine Ginseng-Art
Notopterygii > *Notopterygium incisum* (syn. *Hansenia weberbaueriana*) = im Handel unter dem Namen Gebirgsengelwurz (zur Familie Doldenblütler)

Ophiopogonis > *Ophiopogon* japonicus = Japanischer Schlangenbart
Oryzae > *Oryza* spec. = Reis

Paeoniae > *Paeonia* spec. = Pfingstrose
Perillae > *Perilla frutescens* = eine Perilla-Art (auch: Sesamblatt oder Stinknessel; fälschlich auch unter dem Namen „Schwarznessel" im Handel, darf nicht mit der tatsächlichen Schwarznessel verwechselt werden = *Ballota nigra*)
Persicae > *Prunus persica* = Pfirsich
Peucedani > *Peucedanum* spec. = Haarstrang
Phellodendri > *Phellodendron* spec. = Korkbaum (nicht zu verwechseln mit der Korkeiche)
Phragmitis > *Phragmites* spec. = Schilf oder Schilfrohr
Phragmitis > auch: *Phragmites communis* = Gewöhnliches Schilf
Phyllostachys > *Phyllostachys nigra* = Schwarzrohr-Bambus (im Handel auch unter dem Namen „Moso-Bambus")
Pinelliae > *Pinellia ternata* = Mittsommerknolle oder Dreizählige Pinellie
Plantaginis > *Plantago* spec. = Wegerich
Plantaginis > auch: *Plantago asiatica* = eine Wegerich-Art
Platycladi > *Platycladus* spec. = Morgenländischer Lebensbaum
Platycladi > auch: *Platycladus orientalis* = eine Art des Morgenländischen Lebensbaums
Platycodi > *Platycodon* spec. = Ballonblume
Platycodi > auch: *Platycodon grandiflorum* = eine Ballonblumen-Art
Pogostemonis > *Pogostemon* spec. = Patschuli
Polygalae > *Polygala* spec. = Kreuzblume
Polygalae > auch: *Polygala tenuifolia* = eine Kreuzblumen-Art
Polygonati > *Polygonatum* spec. = Salomonssiegel oder Weißwurz
Polygonati Odorati > *Polygonatum odoratum* = Wohlriechender oder Echter Salomonsiegel
Polygoni Avicularis > *Polygonum aviculare = Acker-Vogelknöterich*
Polygoni Multiflori > *Polygonum multiflorum* (syn. *Fallopia multiflora* = Chinesischer Flügelknöterich) = Chinesischer Vogelknöterich
Prunellae > *Prunella* spec. = Braunelle
Psoraleae > *Psoralea* spec. = Harzklee oder Drüsenklee
Puerariae > *Pueraria* spec. = Kudzu oder Kudzubohne
Puerariae Lobatae > *Pueraria lobata* = Kudzu oder Kudzubohne
Pyrolae > *Pyrola* spec. = Wintergrün
Pyrrosiae > *Pyrrosia sheareri* = im Handel unter dem Namen „Schneefarn"; aus der Familie Tüpfelfarngewächse

Raphani > *Raphanus* spec. = Rettich oder Radieschen, je nach Art
Rehmanniae > *Rehmannia glutinosa* = China-Fingerhut
Rhei > *Rheum officinale* = Medizinal-Rhabarber
Rosae Laevigatae > *Rosa laevigata* = Cherokee-Rose
Rubi > *Rubus* spec. = Him- oder Brombeere, je nach Art (*Rubus ideaeus* = Himbeere; *Rubus fruticosus* = Brombeere)

Salviae > *Salvia* spec. = Salbei
Salviae Miltiorrhizae > *Salvia miltiorrhiza* = Rotwurzelsalbei
Sanguisorbae > *Sanguisorba* spec. = Wiesenknopf
Sargassi > *Sargassum* spec. = Golftange; eine Braunalgengattung
Schisandrae > *Schisandra chinensis* = Chinesisches Spaltkörbchen
Schizonepetae > *Schizonepeta tenuifolia* (syn. *Nepeta tenuifolia*) = eine Katzenminzen-Art; im Handel unter dem Namen „Japanische Katzenminze"
Scrophulariae > *Scrophularia* spec. = Braunwurz
Scrophulariae > auch: *Scrophularia nodosa* = Knoten-Braunwurz
Scutellariae > auch: *Scutellaria* spec. = Helmkraut
Scutellariae > *Scutellaria baicalensis* = Baikal-Helmkraut
Scutellariae Barbatae > *Scutellaria barbata* = im Handel unter dem Namen Bärtiges Helmkraut
Semiaquilegiae > *Semiaquilegia* spec. = Scheinakelei
Sesami Nigrum > *Sesamum indicum nigrum* = Schwarzer Sesam
Setariae > *Setaria* spec. = Borstenhirse oder Kolbenhirse
Siegesbeckiae > *Si(e)gesbeckia* spec. = Si(e)gesbeckie
Sinapis > *Sinapis alba* = Weißer Senf
Smilacis Glabrae > *Smilax glabra* = Stechwinde oder Sarsaparilla
Sojae > *Glycine max* = Sojabohne
Sophorae Flavescentis > *Sophora flavescens* = Schnurbaum
Sparganii > *Sparganium* spec. = Igelkolben
Spatholobi > *Spatholobus* spec. = eine Gattung der Familie Leguminosen oder Hülsenfrüchtler
Stemonae > *Stemona* spec. = Stemona
Stephaniae > *Stephania* spec. = Stephania
Stephaniae Tetrandrae > *Stephania tetrandra* = eine Stephania-Art

Taraxaci > *Taraxacum* spec. = Löwenzahn
Taxilli > *Taxillus* spec. = Maulbeermistel; eine Gattung aus der Familie Riemenblumengewächse, eine mistelartig wachsende Pflanzenfamilie
Tetrapanacis > *Tetrapanax* spec. = Reispapierbaum
Toosendan > *Melia toosendan* = Indischer Zedrachbaum oder Paternosterbaum
Tribuli > *Tribulus* spec. = Burzeldorn
Trichosanthis > *Trichosanthes kirilowii* = eine Schlangenhaarkürbis-Art (auch: Schlangenhaargurke)
Tritici > *Triticum* spec. = Weizen
Typhae > *Typha* spec. = Rohrkolben
Typhonii > *Typhonium* spec. = eine Gattung aus der Familie Aronstabgewächse

Uncariae > *Uncaria* spec. = Uncaria, eine Gattung aus der Familie Rötegewächse
Uncariae > auch: *Uncaria rhynchophylla* = eine Uncaria-Art

Violae > *Viola* spec. = Veilchen oder Stiefmütterchen
Viticis > *Vitex* spec. = Mönchspfeffer oder Keuschbaum
Vladimiriae > *Vladimiria* spec. = eine Gattung in der Familie Korbblütler

Xanthii > *Xanthium* sibiricum (syn. *Xanthium strumarium* subsp. *sibiricum*) = eine Spitzkletten-Art
Zingiberis > *Zingiber* spec. = Ingwer
Ziziphi Spinosae > *Ziziphus jujuba* var. *spinosa* = Stacheljujube

Nichtpflanzliche Bestandteile

Manche chinesischen Phytorezepturen enthalten auch tierische, pilzliche oder mineralische Bestandteile. Diese können Sie hier nachschlagen.

Für die **tierischen Bestandteile** in den Rezepturen müssen keine Tiere getötet oder geschlachtet werden, sondern es sind die Nebenprodukte wie z. B. Muschelschalen oder Insektenpanzer, die nach dem Abwerfen eingesammelt werden. Eine Ausnahme bildet der Arzneibestandteil „Arisaematis cum Bile": Dieses Präparat wird mit Galle zubereitet, einem tierischen Bestandteil. Leider konnte ich nicht herausfinden, von welchem Tier die Galle in den im Handel erhältlichen Präparaten stammt. Wenn Sie aus Artenschutz- oder generellen Tierschutzgründen keine tierischen Bestandteile verwenden möchten, müssen Sie auf Rezepturen, die *Arisaematis cum Bile* enthalten, verzichten.

Seltene bzw. gefährdete Arten dürfen von seriösen Anbietern chinesischer Arzneirezepturen nur mit einer CITES-Bescheinigung (Bescheinigung für seltene oder geschützte Arten nach dem Washingtoner Artenschutzabkommen) verwendet werden.

Bitte achten Sie bei Ihren Bestellungen darauf, dass die Arzneien gemäß §6 und §11 Apothekenbetriebsordnung zertifiziert und damit auch auf Schwermetalle, Pestizide und mikrobiologische Verunreinigungen geprüft sind, und dass die Versender sich an das Washingtoner Artenschutzabkommen halten. Diese Angaben sollten auf der Website der Apotheke hinterlegt sein.

Pflanzen, tierische oder mineralische Bestandteile, die aus Gründen ihrer Giftigkeit oder aus Artenschutzgründen nicht verwendet werden sollten, habe ich in meinen Rezepturen durch andere Bestandteile ersetzt. Diese Rezepturen haben den Namen „SR-Rezepturen" bekommen und werden bei der Firma *Chinasan* gelistet werden, so dass Sie sie ohne Probleme bestellen können.

Asini Corii Colla = Schwarze Gelatine aus Eselhaut (*Asinus* = Esel; *Corium* = Lederhaut)
Bile = Galle
Bombyx batryticatus = Larve einer Seidenraupe, die von einem Pilz befallen und von diesem abgetötet und „mumifiziert" wurde und eingesammelt wird
Cervi Cornus Colla Gelatinum = Gelatine aus Hirschhorn (*Cervus* = Hirsch; *Cornus* = Horn)
Cicada = Zikade
Cicadae Periostracum = abgeworfener Panzer einer Zikade
Concha = Muschel- oder Schneckenschale
Corii > Corium = Lederhaut (eine bestimmte Schicht der Haut von Säugetieren)
Faeces = Exkremente, Kot
Fossilia Ossis Mastodi = fosssile Mammutknochen
Gypsum Fibrosum > Gypsum fibrosum = mineralischer Gips
Haematitum = Hämatit oder Blutstein, ein Eisenmineral
Haliotidis Concha > Schneckenschale (*Haliotis* spec. = eine Meeresschnecke)
Indigo = blauer Farbstoff, gewonnen entweder aus der Indigopflanze = *Indigofera tinctoria,* kann aber auch künstlich hergestellt werden
Lasiosphaeria spec. = Kugelpilz
Magnetitum = Magneteisenstein, ein Eisenmineral
Manitis Squama = Schuppen des Gürteltiers (*Manis* = eine Pangolin-Gattung; wurde im Rezept ausgetauscht)
Margaritiferae Concha = Schale der Flussperlmuschel (*Margaritifera* spec. = Flussperlmuschel)
Massa Medicata Fermentata = eine fermentierte Medizinalmischung
Mastodi = siehe Fossilia Ossis Mastodi
Meretricis Concha = Schale der Venusmuschel (Meretricinae = eine Unterfamilie der Venusmuscheln)

Myrrha = Myrrhe (Harz von *Commiphora myrrha*, einem Balsambaumgewächs)
Natrii sulfas = Glaubersalz (= Natriumsulfat)
Olibanum = Weihrauch, Harz der Pflanzengattung *Boswellia*
Ostrea Concha = Austernschalen (*Ostrea* spec. = Auster)
Ostrea gigas = Pazifische Auster
Periostracum = Panzer
Pheretima spec. = Gattung Riesenregenwürmer
Plastrum = Panzer
Polyporus spec. = Stielporling
Poriae > *Poria cocos* (syn. *Wolfiporia cocos, Wolfiporia extensis*) = Kokospilz oder Kiefernschwamm
Poriae Cutis = Oberhaut des Pilzes *Poria cocos*
Poriae Paradicis = innerer Teil des Pilzmycels (= unterirdische Teile von Pilzen) von *Poria cocos*
Poriae Radix Alba = weißes Mycel des Pilzes *Poria cocos*
Poriae Rubra = rote Haut des Pilzes *Poria cocos*
Resinatum = Harz
Squama = Schuppen
Talkum = Talkum (eine Silikatverbindung)
Testudinis > Testudo = Schildkrötenpanzer (wurde im Rezept ausgetauscht)
Trogopteri Faeces = Flughörnchenkot (*Trogopterus* = Flughörnchen; Faeces = Fäkalien)

Verzeichnis der Indikationen nach TCM-Wirkung

adstringieren 148, 206
Atemwegsprobleme mit Lungen-Fülle-Schleim und Nieren-Yang-Mangel 225
ausleiten: innere Kälte nach hinten 58
Ausscheidung der JinYe fördern 247
Äußeres entlasten 38, 46, 49
Äußeres harmonisieren 69, 71

befeuchten 339, 366, 367, 375
Bi-Zheng lösen 238
Bildung der JinYe fördern 93
Blockade des Qi beseitigen 309
Blockade-Syndrom, schmerzhaftes, lösen 238
Blockaden beseitigen 218
Blutungen stoppen 247

Chong Mai harmonisieren 151, 159, 180

Darm befeuchten 60, 375
desinfizieren 99, 103
Diarrhö beenden 204, 373
Dickdarm harmonisieren 60
Dickdarm-Qi heben 62
Dickdarm-Trockenheit befeuchten 367
diuretische Wirkung 122, 293, 393
drei Yang-Stadien lösen 187
Dreifach-Erwärmer-Leitbahn: Hitze klären 75
Dünndarm harmonisieren 60

entgiften 99, 103

Feuchte-Hitze ausleiten 99, 122, 210, 293, 370, 378, 379
Feuchte-Hitze ausleiten aus der Haut 378
Feuchte-Hitze im hinteren Erwärmer ableiten 106
Feuchte-Hitze im hinteren Erwärmer klären 108
Feuchte-Hitze in der unteren Körperhälfte trocknen 318
Feuchte-Hitze klären 292
Feuchtigkeit ausleiten 41, 49, 122, 143, 156, 212, 214, 258, 285, 289, 290, 292, 297, 299, 301, 307, 309, 315, 317, 323, 372
Feuchtigkeit in Gelenken ausleiten 320
Feuchtigkeit trocknen 117, 139, 141, 212, 283, 287, 318, 328, 345, 383
Feuchtigkeit umwandeln 252
Feuchtigkeit vertreiben 80, 313
Feuchtigkeitsansammlungen eliminieren 71
Feuer ableiten 101

Feuer absenken 121
Feuer ausleiten 55, 91, 105, 111
Feuer besänftigen 293
Feuer im Funktionskreis Magen ausleiten 114
Feuer im Funktionskreis Milz-Pankreas ausleiten 114
Feuer im Magen ausleiten 114
Feuer kühlen 103, 105, 115
Fülle-Feuer im Funktionskreis Gallenblase absenken 108
Fülle-Feuer im Funktionskreis Leber absenken 108
Funktionskreis Dreifach-Erwärmer regulieren 292
Funktionskreis Dreifach-Erwärmer stützen 292
Funktionskreis Gallenblase harmonisieren 330
Funktionskreis Gallenblase: Fülle-Feuer absenken 108
Funktionskreis Gallenblase: Hitze klären 330
Funktionskreis Herz nähren 163, 196, 198
Funktionskreis Herz sedieren 190
Funktionskreis Herz tonisieren 194
Funktionskreis Leber beruhigen 80
Funktionskreis Leber harmonisieren 67, 108, 151, 164, 234, 265
Funktionskreis Leber regulieren 74
Funktionskreis Leber tonisieren 171
Funktionskreis Leber wärmen 223
Funktionskreis Leber: Feuchte-Hitze ausleiten 370
Funktionskreis Leber: Fülle-Feuer absenken 108
Funktionskreis Leber: Qi tonisieren 369
Funktionskreis Leber: Xue tonisieren 369
Funktionskreis Leber: Xue wärmen 369
Funktionskreis Leber: Yin tonisieren 166
Funktionskreis Lunge stärken 148, 366
Funktionskreis Lunge tonisieren 379
Funktionskreis Lunge: Feuchte-Hitze ausleiten 370
Funktionskreis Lunge: Qi tonisieren 369
Funktionskreis Lunge: Xue tonisieren 369
Funktionskreis Lunge: Xue wärmen 369
Funktionskreis Magen harmonisieren 330
Funktionskreis Magen stärken 212
Funktionskreis Magen tonisieren 84, 141, 366
Funktionskreis Magen: Feuer ausleiten 114
Funktionskreis Milz-Pankreas harmonisieren 164
Funktionskreis Milz-Pankreas stärken 139, 143, 212, 373, 383
Funktionskreis Milz-Pankreas tonisieren 78, 80, 84, 141, 156, 366
Funktionskreis Milz-Pankreas: Feuchte-Hitze ausleiten 370
Funktionskreis Milz-Pankreas: Feuer ausleiten 114
Funktionskreis Niere stärken 373, 382
Funktionskreis Niere stützen 263
Funktionskreis Niere tonisieren 171, 194, 204, 206
Funktionskreis Niere wärmen 223
Funktionskreis Niere: Mangel-Feuer ausleiten 180
Funktionskreis Niere: Qi tonisieren 369
Funktionskreis Niere: Xue tonisieren 369

Funktionskreis Niere: Xue wärmen 369
Funktionskreis Niere: Yin tonisieren 166

Gallenblasen-Leitbahn: Hitze klären 75
Gelenke: Feuchtigkeit ausleiten 320
Gelenke: Hitze ausleiten 320
Glut ausleiten 97, 108, 110, 172
Glut kühlen 99

harmonisieren 373, 374
Herz nähren 155
Herz stützen 95
Herz-Feuer klären 106
Herz-Qi tonisieren 193
Herz-Yin tonisieren 105
hinterer Erwärmer: Feuchte-Hitze ableiten 106
hinterer Erwärmer: Feuchte-Hitze klären 108
Hitze ausleiten 46, 55, 60, 62, 93, 97, 99, 101, 103, 110, 117, 119, 252, 293, 318, 359
Hitze ausleiten, sanft 57
Hitze im Funktionskreis Gallenblase klären 330
Hitze im Magen klären 86, 115
Hitze in der Dreifach-Erwärmer-Leitbahn klären 75
Hitze in der Gallenblasen-Leitbahn klären 75
Hitze in der Leber-Leitbahn klären 75
Hitze in der Ying-Schicht ausleiten 95
Hitze in Gelenken ausleiten 320
Hitze in Leitbahnen klären 75
Hitze klären 41, 153, 214, 228, 246, 290, 295, 322, 332, 337, 339, 340, 353
Hitze kühlen 45, 67, 91, 103, 111, 260, 261, 263, 274, 350, 360
Hitze und Kälte im Ungleichgewicht: regulieren 86
Hitze und Kälte, gleichzeitig auftretend: zerstreuen 82
Hitze-Erkrankung, toxische 99
Hitze-Schleim ausleiten 366
Hitze-Schleim eliminieren 336
Hitze-Schleim in der Lunge lösen 332
Hitze-Schleim in der Lunge vertreiben 334
Hitze-Schleim umwandeln 270, 360
Hitze, die aus umgewandelter Wind-Kälte entstanden ist, behandeln 46
Hitze, innere, klären 41
Husten lindern 48
Husten stillen 334

Inneres harmonisieren 69, 71
Inneres wärmen 129, 369

Jiao, mittleren, stärken 145
Jing auffüllen 176
Jing festigen 209
Jing nähren 178, 180
Jing stabilisieren 206

Jing stützen 166, 168, 169, 171, 172, 174, 181, 210
JinYe adstringieren 208
JinYe auffüllen 148, 157
JinYe ergänzen 41, 168
JinYe erzeugen 91, 278
JinYe sammeln 208
JinYe tonisieren 62
JinYe-Zirkulation fördern 297
JinYe-Zirkulation regulieren 295
JinYe: Ausscheidung fördern 247
JinYe: Bildung fördern 93
JinYe: Verteilung fördern 247

Kälte ausleiten 49, 84, 126, 127, 130, 134, 309, 317, 366
Kälte und Hitze, gleichzeitig auftretend: zerstreuen 82
Kälte und Hitze: Ungleichgewicht regulieren 86
Kälte vertreiben 223
Kälte wärmen 178
Kälte zerstreuen 303
Kälte, innere: ausleiten nach hinten 58
Knoten weich machen 355
Körperschmerzen lindern 129
Kot ableiten 375

laxieren 55, 57
Leber besänftigen 77, 78, 212
Leber harmonisieren 72, 111, 373
Leber tonisieren 311
Leber weich machen 156
Leber-Feuer beruhigen 246
Leber-Feuer, das die Lunge angreift, behandeln 246
Leber-Hitze klären 77
Leber-Leitbahn: Hitze klären 75
Leber-Qi-Fluss regulieren 164
Leber-Qi-Stagnation beseitigen 78, 212, 245, 261
Leber-Qi-Stagnation lösen 72
Leber-Wind beruhigen 265, 345
Leber-Xue bewegen 371
Leber-Xue nähren 77, 181
Leber-Xue tonisieren 156
Leber-Yang absenken 261, 263, 265
Leber-Yin tonisieren 168
Leitbahnen durchgängig machen 31, 134, 238, 323, 368, 371
Leitbahnen öffnen 41, 240, 245, 258, 306, 322
Leitbahnen wärmen 86, 132, 134, 242, 369
Leitbahnen: Hitze klären 75
Lunge adstringieren 246
Lunge befeuchten 272, 275, 334, 340
Lunge klären 48, 360
Lunge wärmen 343

Lunge, angegriffen von Leber-Feuer, behandeln 246
Lunge: Hitze-Schleim lösen 332
Lunge: Hitze-Schleim vertreiben 334
Lungen-Fülle-Schleim und Nieren-Yang-Mangel als Ursache von Atemwegsproblemen behandeln 225
Lungen-Qi absenken 51, 225, 270, 272, 342
Lungen-Qi heben 62
Lungen-Qi regulieren 332
Lungen-Qi tonisieren 149
Lungen-Qi, rebellierendes: absenken 110, 275
Lungen-Trockenheit befeuchten 367
Lungen-Yin tonisieren 168

Magen befeuchten 375
Magen harmonisieren 82, 84, 86, 93, 143, 283, 359
Magen klären 287
Magen-Hitze klären 86, 115
Magen-Hitze kühlen 112
Magen-Qi tonisieren 374
Magen-Qi, rebellierendes: absenken 86, 111, 287
Mangel-Feuer im Funktionskreis Niere ausleiten 180
Mangel-Feuer klären 336
Milz harmonisieren 72, 373
Milz stärken 77, 155
Milz tonisieren 283, 303
Milz-Qi heben 145
Milz-Qi tonisieren 129, 196, 299
Milz-Yang tonisieren 58
Mitte harmonisieren 67, 117, 126, 285
Mitte stützen 67, 204, 301
Mitte wärmen 86, 130
mittleren Erwärmer harmonisieren 178, 196, 277, 289
mittleren Erwärmer wärmen 230
mittleren Jiao stärken 145
Muskelschicht lösen 69
Muskulatur entlasten 38

Nässe-Schleim ausleiten 368
Niere tonisieren 303, 311
Nieren-Yang tonisieren 174, 176, 178, 183, 206, 208
Nieren-Yang wärmen 174, 176
Nieren-Yang-Mangel und Lungen-Fülle-Schleim als Ursache von Atemwegsproblemen behandeln 225
Nieren-Yin nähren 181
Nieren-Yin tonisieren 168, 169, 183, 206, 208

Oberfläche befreien 352
Oberfläche festigen 202, 299
Oberfläche öffnen 41, 45, 258, 289, 292
Oberfläche: Wind ausleiten 252
Oberfläche: Wind-Kälte ausleiten 129

pathogene Faktoren im Shaoyang-Stadium vertreiben 69
pathogene Faktoren im Taiyang-Stadium vertreiben 69
pathogene Faktoren vertreiben 69, 214
Pathogene nach außen leiten 72

Qi absenken 43, 55, 57, 60, 345
Qi bewegen 132, 234, 359
Qi der Lunge absenken 51, 225, 270, 272, 342
Qi der Lunge heben 62
Qi der Lunge regulieren 332
Qi der Lunge tonisieren 149
Qi der Milz heben 145
Qi der Milz tonisieren 129, 196, 299
Qi des Dickdarms heben 62
Qi nach unten leiten 222
Qi nähren 190
Qi regulieren 218, 287, 289, 330, 340, 345
Qi tonisieren 49, 51, 62, 82, 93, 106, 119, 121, 122, 126, 127, 132, 134, 139, 141, 143, 145, 147, 148, 155, 159, 161, 163, 164, 198, 210, 212, 228, 230, 240, 277, 283, 306, 309, 311, 313, 317, 357, 359, 369, 372, 377, 378, 382, 383
Qi-Blockade beseitigen 309
Qi-Fluss aktivieren 220
Qi-Fluss, gegenläufiger: absenken 220
Qi-Regulation anregen 238
Qi-Stagnation beseitigen 55, 84, 117, 121, 285, 373
Qi-Stagnation der Leber beseitigen 78, 212, 261
Qi-Stagnation lösen 60, 62, 130, 141, 143
Qi-Stase beseitigen 313
Qi-Stase lösen 315
Qi-Stau auflösen 57, 283, 306
Qi-Zirkulation aktivieren 223, 227, 236
Qi-Zirkulation anregen 357
Qi-Zirkulation fördern 74
Qi, gegenläufiges: absenken 230
Qi, rebellierendes, der Lunge: absenken 110, 275
Qi, rebellierendes, des Magens: absenken 86, 111, 287
Qi, rebellierendes: absenken 127, 130, 227, 228, 277
Qi, rebellierendes: korrigieren 82

Ren Mai tonisieren 151

Schleim auflösen 220, 222, 246, 256, 275, 332, 339, 340, 343
Schleim ausleiten 141, 183, 374, 378, 381
Schleim ausleiten, aus der Haut 378
Schleim ausleiten: Nässe-Schleim 368
Schleim beseitigen 71, 193, 225, 328, 336
Schleim kanalisieren 82
Schleim lösen 48, 51, 337
Schleim umwandeln 43, 110, 301, 323, 345, 352, 353, 355, 366
Schleim, heißen, umwandeln 330
Schleim, kalten, umwandeln 342

Schmerzen beseitigen 323
Schmerzen lindern 74, 129
Schwellungen abbauen 350
Schwellungen beseitigen 355
Schwitzen stoppen 202
Shaoyang harmonisieren 67, 187
Shaoyang-Stadium: pathogene Faktoren vertreiben 69
Shen beruhigen 187, 190, 191, 193, 194, 196, 261, 265, 380, 381
Shen-Geist beruhigen 163
Sinne öffnen 183
Stagnationen aufbrechen 337
Stagnationen auflösen 227
Stagnationen beseitigen 214, 339
Stagnationen lösen 48, 220
Stagnationen zerstreuen 222

Taiyang-Stadium: pathogene Faktoren vertreiben 69
Thorax öffnen 227, 339
Toxine ausleiten 45, 336, 350, 353
Toxine beseitigen 97, 101, 153, 274
Trockenheit befeuchten 62, 254, 270, 272, 278, 337, 366, 367

Ungleichgewicht von Kälte und Hitze regulieren 86
untere Körperhälfte: Feuchte-Hitze trocknen 318
Urinausscheidung fördern 105

Verdauungsblockaden lösen 342
Verhärtungen aufbrechen 350
Verteilung der JinYe fördern 247

Wei-Qi harmonisieren 38
Wei-Qi regulieren 38
Wei-Qi tonisieren 149, 202
Wei-Qi-Schicht festigen 119
Wei-Qi-Schicht harmonisieren 209
Wei-Qi-Schicht: Wind-Feuchtigkeit ausleiten 377
Wind ausleiten 43, 49, 202, 254, 256, 260, 309, 317, 352, 379, 381
Wind beruhigen 261
Wind in der Oberfläche ausleiten 252
Wind vertreiben 307, 313, 381
Wind-Feuchtigkeit ausleiten 260, 299, 311, 377
Wind-Feuchtigkeit ausleiten aus der Wei-Qi-Schicht 377
Wind-Feuchtigkeit vertreiben 322
Wind-Hitze ausleiten 45, 101, 103, 320, 352
Wind-Hitze, äußere, ausleiten 48
Wind-Kälte ausleiten 40, 43, 51, 258, 270, 289
Wind-Kälte in der Oberfläche ausleiten 129
Wind-Kälte, die sich in Hitze umgewandelt hat, behandeln 46
Wind, inneren, beruhigen 263

Xue bewegen 95, 132, 134, 151, 234, 260, 263, 311, 355, 359, 369
Xue harmonisieren 74
Xue kühlen 95, 97, 112, 153, 247, 252, 295, 369
Xue nähren 147, 155, 171, 190, 309
Xue regulieren 72, 234
Xue tonisieren 62, 78, 119, 121, 132, 134, 145, 151, 153, 156, 157, 159, 161, 163, 164, 166, 176, 191, 194, 198, 254, 260, 311, 357, 359, 376, 377, 380, 382
Xue-Blockade beseitigen 309
Xue-Blut tonisieren 317
Xue-Regulation anregen 238
Xue-Stagnation auflösen 101, 236, 355
Xue-Stagnation beseitigen 360
Xue-Stagnation lösen 130
Xue-Stase auflösen 112, 234, 350
Xue-Stase beseitigen 238, 313
Xue-Stase lösen 240, 243, 245, 357
Xue-Stase zerstreuen 242
Xue-Stau auflösen 306
Xue-Stau beseitigen 307
Xue-Zirkulation aktivieren 236
Xue-Zirkulation anregen 240, 242, 243, 245, 357

Yang aktivieren 222
Yang der Leber absenken 261, 263, 265
Yang der Milz tonisieren 58
Yang der Niere tonisieren 174, 176, 178, 183, 206, 208
Yang der Niere wärmen 174, 176
Yang stützen 180
Yang tonisieren 126, 127, 132, 161, 204, 209, 301, 303, 306, 315, 373
Yang wärmen 222, 297
Yang-Qi heben 147
Yang-Stadien, drei: lösen 187
Yin der Leber tonisieren 168
Yin der Lunge tonisieren 168
Yin der Niere nähren 181
Yin der Niere tonisieren 168, 169, 183, 206, 208
Yin im Funktionskreis Leber tonisieren 166
Yin nähren 147, 148, 171, 190, 194, 274
Yin tonisieren 93, 95, 106, 108, 115, 119, 121, 157, 172, 191, 209, 254, 265, 272, 275, 277, 278, 381
Yin-Mangel-Hitze kühlen 166
Yin-Stase lösen 357
Ying-Qi harmonisieren 38
Ying-Qi regulieren 38
Ying-Qi-Schicht harmonisieren 209
Ying-Schicht: Hitze ausleiten 95

Verzeichnis der Indikationen nach westlich-klinischem Befund

Abdomen hart 55, 62, 236
Abdomen- und Flankenschmerzen 164
Abdomen, tastbare Verhärtungen 236
Abdomenschmerzen 57, 86, 128, 130, 151, 164, 230
Abdomenschmerzen mit Kälte 178
Abdomenschmerzen mit Kolikneigung 188
Abdomenschmerzen mit Krämpfen 156
Abdomenschmerzen, bessern sich bei Wärme 58
Abdomenschmerzen, die sich nach Kotabsatz nicht verbessern 80
Abdomenschmerzen, fixierte 236
Abdomenschmerzen, verschlimmern sich bei Druck 55, 62
Abmagerung 71, 139, 143, 159, 161, 163, 169, 283, 322
Abort mit Blutung des Uterus danach 242
Aborte, wiederholte 71
Abszesse 36, 99, 104, 254, 355
Abszesse, geschwollen und schmerzhaft 352
Aggressionsneigung 79, 84
Aggressivität 191, 196, 266
Aggressivität und Reizbarkeit 164, 262
Allergie gegen Futtermittel 75
Analabszesse 351
Anämie 151, 155, 156, 159, 161, 163, 171, 198
Ängstlichkeit 77, 159, 186, 188, 193, 195, 198, 331
Ängstlichkeit mit Desinteresse 90
Apoplex 240
Appetit, übermäßiger 155
Appetitlosigkeit 331
Appetitmangel 51, 139, 155, 161
Arthritis 37, 41, 71, 238, 260, 292, 299, 305, 308, 310, 313, 317, 318, 320, 322
Arthritis der Schulter 40
Arthritis, rheumatoide 322
Arthrose 124, 132, 238, 299, 303, 305, 306, 308, 310, 312, 313, 315, 317, 323
Arthrose des Carpalgelenks 323
Arthrose des Schultergelenks 69, 323
Aspirationspneumonie 334
Asthma 37, 67, 93, 166, 168, 169, 176, 222, 225, 227, 272, 276, 303, 334, 337, 342
Asthma, Equines 110, 149
Ataxie 346
Atemnot 37, 48, 168, 222, 225, 227, 301, 326, 336, 338, 342, 360
Atemnot nach geringer Anstrengung 163
Atemwege, obere, akute Erkrankungen 45
Atemwege, obere, Infekte 41, 69

Atemwegserkrankungen 137, 201, 217, 268
Atemwegsinfekte 43, 49, 51, 104, 333
Atemwegsinfekte, akute 129
Atmung, gestört, mit Bauchpresse 225
Atmung: Keuchatmung 37, 48, 326, 342
Atrophie und Schwäche in den Hintergliedmaßen 318
Augen, gerötet 46
Augenentzündung 113, 261
Augenentzündung, Periodische 104, 108
Augentrübung 172
Ausfall von Mähne und Schweif 181
Ausfluss aus den Nüstern, klar 258
Ausfluss aus der Nase, klar 258
Ausfluss aus der Nase, weiß oder klar 49
Ausfluss, vaginaler 212, 214

Bandscheibenvorfall 184, 238, 305, 312
Bauchspeicheldrüsenerkrankungen 65
Beckenerkrankung, entzündliche 243
Benommenheit 262, 346
Berührungsempfindlichkeit an Abdomen und Rippen 130
Berührungsempfindlichkeit an Bauch und Flanken 79
Berührungsempfindlichkeit an Bauch und Rippen 71, 72, 285
Berührungsempfindlichkeit an den Rippen 111, 236
Berührungsempfindlichkeit an den Rippen/in den Flanken 236
Bewusstseinstrübung 98
Blähungen 218
Blasensteine 107, 122, 175, 293
Blut im Kot 155
Blut im Urin 105, 293, 295
Blutbeimengung im Husten 333
Blutgefäß-Entzündungen 348
Bluthusten 246, 274
Blutstillung und Schmerzlinderung nach dem Geburtsvorgang 242
Blutung 89, 99, 171, 268
Blutung aus Maul und Nase 116
Blutung des Uterus nach Abort 242
Blutung im vorderen Magen-Darm-Bereich 108
Blutverlust, starker, nach Geburtsvorgang 164
Bronchitis 37, 48, 51, 67, 93, 110, 119, 149, 225, 270, 274, 277, 328, 333, 336, 339, 340, 344
Bronchitis, akute 43, 337
Bronchitis, chronische 43, 121, 141, 148, 175, 276, 334, 337, 342
Brustwirbelsäulensteifheit 40
Bursitis 308, 323
Bursitis der Schulter 40

Carpalgelenksarthrose 323
Cervicitis 212
Chemotherapie, unterstützend bei 143, 161
Colitis 71, 80, 83, 89, 99, 117, 143, 157, 236, 283, 289
COPD 149

craniomandibuläre Dysfunktion 234
craniomandibuläre Osteodystrophie 239
craniomandibuläre Osteopathie 256
Cystitis 89
Cystitits, chronische 210

Darmbereich: Verdichtungen 55
Darmentzündung 205, 348
Darmerkrankungen 201
Darmlähmung 57
Darmverschluss 54
Degenerative Myelopathie 184
Demenz 184, 261
Depressionen 68, 74, 79, 186, 188, 220
Dermatitis 96, 151, 253
Desinteresse bei Ängstlichkeit 190
Desorientiertheit 196
Diabetes 89, 91, 93, 107, 116, 121, 148, 166, 176, 268, 278, 331
Diarrhö 80, 84, 117, 124, 126, 128, 139, 143, 176, 205, 212, 283, 285, 287, 289, 297, 301
Diarrhö bei Katzen infolge Schilddrüsenüberfunktion 80
Diarrhö bei Welpen oder Fohlen 122, 143
Diarrhö mit Nahrungsresten im Kot 176
Diarrhö nach Wasseraufnahme 71
Diarrhö, chronische 143, 145
Diarrhö, chronische, mit Schleim durch Milz-Yang-Mangel 58
Diskospondylitis 308
Druse 75, 104, 348, 351, 354, 359
Durst, vermehrter, vor allem abends 180
Durst, viel 71
Durst, viel, mit Erbrechen nach dem Trinken 297
Dysenterie 205
Dysurie 105

Eierstockzysten 79, 243
Eiter 355, 359
Ekzem 49, 96, 151, 153, 250, 253, 254, 318, 354
Ekzem: Sommerekzem 75
Enteritis, chronische 80
Entzündungen **siehe auch bei den jeweiligen Körperteilen**
Entzündung der Augen 113, 261
Entzündung der Augen, Periodische 104, 108
Entzündung der Blutgefäße 348
Entzündung der Gelenke 318, 320
Entzündung der Harnblase 108, 292, 293, 295
Entzündung der Kniegelenke mit Schwellung 318
Entzündung und Schmerzen der Knochen und Gelenke 318
Entzündung der Muskeln 320
Entzündung der Nieren 98, 99
Entzündung des Beckens 243
Entzündung des Gesäuges 348, 351
Entzündung des Kehlkopfs 104, 348, 354

Entzündung des Kiefers 104
Entzündung des Mauls 105
Entzündung des Rachens 89, 101, 272, 274, 276, 354
Entzündung des Sehnervs 96
Entzündung des Urogenitaltraktes 107
Entzündung des Uterus 75, 214
Entzündung und Schwellung der Kniegelenke 318
Entzündungen 268, 313
Entzündungen, schmerzhafte, in Knochen und Gelenken 318
Enzephalitis 99
eosinophile Myositis 239
Epilepsie 69, 77, 96, 184, 186, 188, 250, 256, 263, 326, 331, 338, 346
Equines Asthma 110, 149
Erbrechen 77, 83, 84, 86, 111, 124, 128, 143, 218, 220, 277, 283, 285, 287, 290, 326, 331, 346
Erbrechen bei Magen-Kälte 230
Erbrechen mit neurogenen Ursachen 228
Erbrechen nach Trinken mit viel Durst 297
Erbrechen nach Wasseraufnahme 71, 234
Erbrechen und Übelkeit 141, 228, 328
Erbrechen von klarem Schleim 128
Ergrauen, frühzeitiges 171, 181
Erschöpfung durch übermäßige sexuelle Aktivität 107
Erschöpfung, körperliche, nach Krankheit 163
Erschöpfungssyndrom 68
Extremitäten: Gelenk- und Muskelschmerzen 310

Fazialisparese 37, 40, 132, 240, 250, 256, 260, 265, 346
Fehlernährung bei Welpen und Fohlen 285
Fellverlust 181
fibrozytische Erkrankungen 357
Fieber 37, 38, 40, 45, 46, 48, 49, 51, 75, 89, 93, 96, 99, 113, 114, 352
Fieber, hohes 91, 98
Fieber, intermittierendes 71
Flanken- und Abdomenschmerzen 164
Fortpflanzungsstörung 65, 137
Frakturen 245, 299
Fressunlust 126, 227, 285, 287
Freudenpinkeln bei Hunden 208
Futtermittelallergie 75
Futterstagnationen 114

Gähnen, häufiges 196
Gallenblasenentzündung 57, 67, 72
Gallenblasenentzündung beim Hund 72
Gallenblasenerkrankungen 232, 282, 290
Gallensteine 69, 74, 219
Gastritis 65, 68, 71, 72, 74, 79, 84, 86, 89, 93, 108, 111, 124, 126, 128, 129, 141, 143, 153, 157, 159, 161, 166, 218, 228, 277, 283, 328, 339
Gastritis, chronische 57, 83, 130, 139
Gastritis: Schneegastritis 126, 128
Gastroenteritis 287, 289, 292

gastrointestinale Erkrankungen 282
Gebärmutterentzündung 214
Gebärmutterentzündung, chronische 75
Geburtsvorgang: Schmerzlinderung und Blutstillung danach 242
Geburtsvorgang: starker Blutverlust danach 164
Gelenke heiß, geschwollen, schmerzhaft 322
Gelenkentzündungen 318, 320
Gelenkschmerzen 129, 134, 260, 310, 322
Gelenk- und Muskelschmerzen in Extremitäten 310
Gelenkschmerzen mit Entzündung 318
Gelenkschmerzen, die sich bei Kälte verschlimmern 129
Gelenkschmerzen, die sich durch Wärme verbessern und bei Kälte verschlimmern 306
Gelenkschwellungen 313, 315, 322
Genickschmerzen 128, 312
Genicksteife 40
Genickverspannung 38, 40
Geräuschempfindlichkeit 191
Gerinnungsstörungen 232
Gesäugeentzündung 348, 351
Geschlechtsorgane, äußere: Schwellung und Juckreiz 108
Geschwüre 99, 351
Gewichtsverlust mit ständigem Hunger 278
Gingivitis 89, 91, 93
Gliedmaßen, kalte 72, 134, 156, 163, 178
Gliedmaßensteifigkeit 310
Glomerulonephritis 247
Gonarthrose 239
grauer Star 147, 169
gynäkologische Erkrankungen 137, 201, 232
gynäkologische Störungen aufgrund von Xue-Mangel und Xue-Hitze 153

Haarausfall Mähne und Schweif 181
Hämaturie 247
Harnblasenentzündung 108, 292, 293, 295
Harnsteine 223
Harnsteine mit Krämpfen 157
Harnwegsentzündung 99, 122
Harnwegserkrankungen 282, 297
Harnwegsinfekte 89, 101, 105, 108, 153, 172, 180, 210, 293, 354
Harnwegsinfekte, akute 247
Hautabszesse 99
Hautausschlag mit Juckreiz 37
Hautentzündungen 354
Hauterkrankungen 137, 254, 348
Hauterkrankungen, Frühstadium 352
Hauttumoren 348
Headbobbing 250, 258, 261, 263, 265
Headshaking 37, 40, 250, 256, 258, 261, 263, 265
Hecheln 227
Hepatitis 55, 67, 71, 74, 79, 89, 99, 101, 108, 111, 119, 143, 155, 163, 171, 195, 219, 234, 236, 290, 292, 339
Hepatitits, chronische 69, 72, 84, 139, 145, 166, 212

Hepatitis, virale 75, 354
Hernien 217
Hernien in der Leber- oder Nieren-Leitbahn 223
Herpes 250
Herz-Kreislauf-Erkrankungen 124, 282
Herz-Lungen-Erkrankungen 292, 303
Herzerkrankungen 188, 234
Herzinsuffizienz 148, 301
Herzkrankheit, koronare 240
hintere Körperhälfte kalt 175
Hintergliedmaßen kalt 178
Hintergliedmaßen kraftlos 310
Hintergliedmaßen: Atrophie und Schwäche 318
Hintergliedmaßen: Muskelatrophie 171, 317
Hintergliedmaßen: Ödeme 315
Hintergliedmaßen: Paresen 240
Hintergliedmaßen: Schmerzen und Schwäche 171
Hintergliedmaßen: Schwäche 169, 172, 317
Hinterhandschwäche 207
Hirnblutung 263
Hörverlust 75
Hot Spot 253, 318
Hufe heiß 276
Hüftgelenksschmerzen 134
Hunger, ständiger 331
Hunger, ständiger, mit Gewichtsverlust 278
Husten 37, 43, 45, 49, 89, 149, 168, 220, 301, 303, 326, 333, 342, 344
Husten durch Spasmen der Trachea 196
Husten im Sommer mit Feuchtigkeit 122
Husten mit Blutbeimengung 333
Husten mit festem Schleim 270
Husten mit Kälteaversion 289
Husten mit Schleim 141
Husten mit Unruhe 246
Husten mit weißem oder klarem Schleim 51, 328, 342
Husten mit weißem Schleim 344
Husten mit zähem, gelbem Schleim 340
Husten mit zähem, weißem Schleim 222
Husten, allergischer 40
Husten, chronischer 148
Husten, starker 246
Husten, trockener 38, 110, 270, 272, 274, 276, 277, 340
Husten: Bluthusten 246, 274
Hyperaktivität 195
Hyperthyreose 119, 166, 188, 195
Hypertonie 108
Hypochondrium-Schmerzen 245
Hypothyreose 166, 175, 303

IBD (Inflammatory bowel disease) 80, 83, 116, 117, 205
Ikterus 290

Immunsystem, schwaches 202
Impotenz 176
Impotenz bei älteren Zuchtrüden und Hengsten 209
Infektanfälligkeit 132, 145, 149, 202
Infekte im Sommer 289
Infektionen 282, **siehe auch bei den jeweiligen Organen**
Infektionen, bakterielle 91
Infektionen, virale 46, 91
Infertilität 72, 126, 145, 212
Infertilität bei Rüden und Hengsten 126
Influenza 41, 45, 46, 51, 67, 69, 91, 93, 104
Inkontinenz 145, 175, 176, 205, 208
Intercostalneuralgien 72, 219, 222, 245, 338
Ischialgie 124, 134, 157, 176
Ischiämie, zerebrale 263
Ischiasprobleme 151
Ischiassyndrom 41, 238, 305, 312, 320

Juckreiz 75, 153, 159, 184, 253, 272
Juckreiz der Genitalien 214
Juckreiz mit Hautausschlag 37
Juckreiz und Schwellung der äußeren Geschlechtsorgane 108

Kälte in der hinteren Körperhälfte 175
Kälte-Probleme im Urogenitaltrakt 175
Kälteabneigung 38, 40
Kälteabstrahlung im Bereich der LWS und Hinterhandschwäche 207
Kälteanzeichen 222
kalter Rücken 178
kardiologische Befunde 148
Kardiomyopathien 198
Karzinom der Leber 67, 141, 145
Karzinom der Lunge 276
Karzinom des Magens 141
Kastration, Probleme nach 223
Katarakt siehe grauer Star
Katzenschnupfen 40
Kehlkopfentzündung 104, 348, 354
Keuchatmung 37, 48, 326, 342
Kieferentzündungen 104
Kiefergelenksprobleme 234
Kissing Spines 238, 308
Knie- und Lendenwirbelsäulenschmerzen 169, 310
Kniegelenke geschwollen und entzündet 318
Kniegelenksschmerzen 134
Knieprobleme 168, 171, 317
Knieschmerzen 132, 166, 178, 310
Knochenschmerzen mit Entzündung 318
Knoten 326, 355, 357
kognitive Dysfunktion 147
Kolik 77, 80, 117, 156

Kolik mit Krampf 117, 157
Kolikneigung 139, 188
Koliksymptome 84
Koliksymptome während der Rosse 130
Konjunktivitis 89, 101, 104, 108
Konzentrationsprobleme 196
Konzentrationsschwäche 198
Kopfschmerzen 38, 98, 124, 128, 191, 234, 250, 258, 262, 265
Koppen 250, 261
koronare Herzkrankheit 240
Kot blutig 155
Kot hart und trocken 60
Kot mit unverdauten Nahrungsresten 84, 176
Kot trocken 181, 195
Kot weich 283, 297
Kotwasser 139, 297
Kraftlosigkeit der Hintergliedmaßen 310
Krampfanfälle 188, 263, 326, 331
Krämpfe 55, 157
Krämpfe bei Harn- und Nierensteinen 157
Krampfkolik 117, 157
Kreislaufen 261
Kreuzbandriss 239

Lahmheiten 250
Lähmung des Radialis 132, 260, 323
Laktationsprobleme 164
Laryngitis 220, 334
Läufigkeit ausbleibend 68
Läufigkeit unregelmäßig 74, 153, 243
Läufigkeit, Probleme 151, 156, 159
Läufigkeit, Störungen 180
Lebererkrankungen 65, 137, 232, 282
Leberkarzinom 67, 141, 145
Leberzirrhose 71, 84
Leistungsminderung 145, 159, 178, 180, 198, 283
Leitbahnschmerzen: Leber oder Dreifach-Erwärmer 134
Lendenschmerzen 312
Lendenwirbelsäule: Kälteabstrahlung 207
Lendenwirbelsäule: Schwäche 172, 208
Lendenwirbelsäulen- und Knieschmerzen 166, 169, 310
Lendenwirbelsäulenschmerzen 166, 168, 178, 310
Leptospirose 98
Lumbalgie 151
Lungenabszess 336, 348, 360
Lungenemphysem 225, 270, 337, 360
Lungenentzündung 37, 51, 89, 91, 93, 99, 101, 110, 121, 272, 292, 333, 334, 337, 339, 360
Lungenentzündung, virale 98
Lungenkarzinom 276
Lungenödem 313
Lupus 153

Lupus erythematodes, systemischer 75
Lymphknotenentzündung 104, 359
Lymphknotenschwellung mit Hitze 75

Magen-Darm-Erkrankungen 54, 65, 124, 137, 141, 217, 268
Magen-Darm-Störungen 54
Magen-Feuer 228
Magenentleerungsstörungen 114, 285
Magengeschwür 65, 69, 72, 84, 86, 89, 124, 129, 130, 141, 155, 283
Magengeschwür, blutiges 116
Magenkarzinom 141
Magensenkung 126, 220
Mastitis 89, 108
Mastitis, eitrige 359
Mauke mit feuchter Hitze 320
Maul trocken 274
Maulentzündung 105
Maulgeschwüre 113, 114
Maulgeschwüre, rezidivierende 116
Meningitis 40, 91, 98, 99
Miktion, häufig und anhaltend 208
Miktion, häufig, mit trübem, gelbem Urin 210
Müdigkeit 180
Muskel- und Gelenkschmerzen in den Extremitäten 310
Muskelatrophie 322
Muskelatrophie der Hintergliedmaßen 171, 317
Muskelentzündung 320
Muskelhartspann 37
Muskelhypertrophie 77
Muskelkater 41
Muskelschmerzen 41, 132
Muskelschmerzen in Extremitäten 310
Muskelspasmen 260
Muskeltonus, hoher 151
Muskelzittern 260
Myasthenia gravis 155, 207
Myelopathie, Degenerative 184
Myokarditis 104, 119, 148

Nahrungsreste, unverdaute im Kot 84, 176
Nahrungsvergiftung 86
Nase trocken 46, 274
Nasenausfluss, klarer 258
Nasenausfluss, weißer oder klarer 49
Nasenbluten 110
Nephritis 69, 107, 108, 119, 143, 163, 171, 299, 301
Nephritis, chronische 121, 240
Nervenlähmung 250
Nervosität 77, 220
Nervus facialis, Schmerzen 258
Nervus trigeminus, Schmerzen 258

Neuralgien 238, 317
neurologische Erkrankungen 250
neurologische Störungen 155
Neuropathie 124
Nierenentzündung 98, 99
Nierenerkrankungen 65, 71, 89, 137, 180, 201, 232, 282
Niereninsuffizienz 67, 175, 176, 297, 303
Niereninsuffizienz, chronische 166
Nierensteine 107, 122, 293
Nierensteine mit Krämpfen 157
Nüsternausfluss, klarer 258

Obere Atemwege, akute Erkrankungen 45
obere Atemwege, Infekte 41, 69
Obstipation 54, 57, 58, 62, 101, 124, 157, 181, 188, 246
Obstipation bei älteren Hunden 60
Obstipation bei Hündinnen nach dem Geburtsvorgang 60
Obstipation durch Hitze 55
Obstipation nach Medikamentengabe 60
Ödeme 71, 139, 143, 156, 282, 297, 299, 301, 303
Ödeme der Hintergliedmaßen 315
Organprolaps 145
Ösophagitis 228
Ösophagitis, Reflux- 83, 339
Osteodystrophie, craniomandibuläre 239
Osteomyelitis 351
Osteopathie, craniomandibuläre 256
Otitis 71, 89, 99, 108, 147, 292
Otitis, eitrige 359
Ovarialzysten 71
Ovaritis 108

Palpitationen 156, 190, 193, 222
Panikattacken 193
Panikstörungen 220
Pankreaserkrankungen 232
Pankreatitis 55, 67, 69, 72, 234
Panosteitis 239
Paralysen 250, 256
Parästhesien 263
Paresen 184, 240, 250, 256, 263
Patellaluxation 239
Periodische Augenentzündung 104, 108
Peristaltik verlangsamt nach OP 62
Pfoten heiß 276
Phlegmone 351, 354
Pilzinfektionen 289
Pododermatitis 75
Polydipsie 278
Polyneuritis 240
Polyurie 278

Prostatahypertrophie 107, 210
Prostatitis 89, 293
Proteinurie 247
psychische Störungen 217, 219

Rachenentzündung 89, 101, 272, 274, 276, 354
Radialislähmung 132, 260, 323
RAO (Recurrent airway obstruction) 110, 149, 222, 225, 270, 272, 274, 276
Refluxösophagitis 83, 339
Reizbarkeit 46, 55, 77, 79, 107, 180, 186, 188, 195, 234, 262, 265, 331
Reizbarkeit aufgrund Leber-Qi-Stagnation 227
Reizbarkeit und Aggressivität 164
Reizdarm 79
Rekonvaleszenz 137, 159, 161, 178
Rheuma 306, 308, 310
rheumatoide Arthritis 322
Rosse ausbleibend 68
Rosse unregelmäßig 74, 153, 243
Rosse, Probleme 151, 156, 159
Rosse, Störungen 180
Rücken kalt 178
Rückenschmerzen 156, 171, 176, 181, 306
Rückenschmerzen, vor allem im Lendenbereich 312

Samenergüsse, nächtliche 121
Schilddrüsenerkrankungen 137
Schlaf unruhig, mit vielen Träumen 172
Schlaganfall 234, 263
Schleim, klarer, wird erbrochen 128
Schleim, wässriger 301
Schleim, wenig gelber 110
Schleim, zäh; gelb oder grün 360
Schluckauf 230
Schluckauf, unstillbarer 228
Schluckstörungen 220
Schmerzen 232, **siehe auch bei den jeweiligen Körperteilen**
Schmerzen beim Urinieren 295
Schmerzen im Abdomen 57, 86, 128, 130, 151, 156, 188, 230
Schmerzen im Abdomen mit Kälte 178
Schmerzen im Abdomen und den Flanken 164
Schmerzen im Abdomen, die sich auf Druck verschlimmern 55, 62
Schmerzen im Abdomen, die sich durch Wärme bessern 58
Schmerzen im Bereich der LWS 134
Schmerzen im Hüftgelenk, Kniegelenk oder Sprunggelenk 134
Schmerzen im Hypochondrium 245
Schmerzen im Leitbahnverlauf von Leber oder Dreifach-Erwärmer 134
Schmerzen im *Nervus fazialis* 258
Schmerzen im *Nervus trigeminus* 258
Schmerzen im Unterbauch 223
Schmerzen in der Lendenwirbelsäule 168, 178
Schmerzen in der Lebenwirbelsäule und den Knien 166, 169, 310

Schmerzen in Gelenken 129, 134, 260, 306, 310, 318, 322
Schmerzen in Knochen und Gelenken mit Entzündungen 318
Schmerzen oder Schwäche in den Knien und der Lendenwirbelsäule 169
Schmerzen und Schwäche der Hintergliedmaßen 171
Schmerzen und Steifheit im vorderen Bereich 46
schmerzender Tumor 124
Schmerzlinderung und Blutstillung nach dem Geburtsvorgang 242
Schneegastritis 126, 128
Schock 148
Schreckhaftigkeit 155, 198
Schulterarthritis 40
Schulterbursitis 40
Schultergelenksarthrose 69, 323
Schulterschmerzen 132, 134
Schultersteife 40
Schultertendinitis 40
Schwäche der Hintergliedmaßen 169, 172, 317, 370
Schwäche der Lendenwirbelsäule 172, 208
Schwäche in der Lendenwirbelsäule und den Knien 166, 169
Schwäche in Knien und LWS 169
Schwäche oder Schmerzen in den Knien und der LWS 169
Schwäche und Atrophie in den Hintergliedmaßen 318
Schwäche und Schmerzen in den Hintergliedmaßen 171
Schwellung und Entzündung der Kniegelenke 318
Schwellung und Juckreiz der äußeren Geschlechtsorgane 108
Schwellungen 313, 355, 359
Schwellungen mit Hitze 351
Schwindel 169, 256, 262, 265, 346
Schwitzen 38
Sehkraft, verminderte 147
Sehnenschäden 305, 308
Sehnerventzündung 96
Sehverlust 171
sexuelle Aktivität, übermäßige, Erschöpfung infolge 107
sexuelle Funktionsstörungen 74, 79, 207
Sodbrennen 68, 69, 111, 130, 218, 277, 287
Sommerekzem 75
Spasmen 157
Spat 308
Spermaverlust 210
Spermaverlust ohne Erektion 205, 207, 208, 209
Spondylarthrosen 238
Spondylitis 318
Spondylose 238, 305, 308, 312
Sprunggelenksschmerzen 134
Steifheit der Brustwirbelsäule 40
Steifheit der Schulter 40
Steifheit und Schmerzen im vorderen Bereich 46
Steifheit und Verspannung von Genick, Schulter und Brustwirbelsäule 40
Steifigkeit 313, 315, 317, 322
Steifigkeit der Gliedmaßen 310

Stoffwechselerkrankungen 268
Stress 220
Stresssymptome 74, 79
Struma 357
Sweeny Shoulder 260, 323

Tachykardie 155
Taubheit 166
Taubheit, beginnende 147
Tendinitis 323
Tendinitis der Schulter 40
Tetanus 250, 256
Tonsillitis 68, 336
Totgeburt 243
Tracheitis 220
Trächtigkeit instabil 243
Traumata 245
traumatische Verletzung 232
Träume, viele 172
Träume, viele, mit unruhigem Schlaf 172
Träumen, intensives 191
Träumen, übermäßiges, beim Hund 266
Tremor 263
Trigeminusneuralgie 46, 69, 113, 116, 128, 157, 250, 256, 263, 265, 320
Tumoren 236, 351, 357
Tumoren der Haut 348
Tumorerkrankungen 137, 163
Tumorerkrankungen, unterstützend bei 161
Tumorschmerzen 124

Übelkeit 111, 128, 277, 283
Übelkeit und Erbrechen 141, 228, 328
Überforderung 139
Unberechenbarkeit 164
Unfruchtbarkeit 175, 176, 181
Unruhe 191, 266
Unruhe, abends 180
Unruhe, nachmittags oder abends 169
Unruhe, nächtliche 77, 105, 107, 155, 171, 186, 188, 190, 191, 195, 196, 198, 209, 234, 262, 263, 331
Unruhe, vor allem abends 172
Unterbauchschmerzen 223
Urin blutig 105, 293, 295
Urin trüb 295
Urin, vermehrte Ausscheidung 60
Urinieren schmerzhaft 295
Urinieren, häufiges 176, 181
Urinverlust im Schlaf 207, 208, 209
Urogenitaltrakt-Entzündung 107
Urogenitaltrakt-Störung 201
Urogenitaltrakt: Kälte-Probleme 175
urologische Erkrankungen aufgrund von Mangel und Kälte 208

Urtikaria 37, 40, 41, 151, 153, 250, 253, 254
Uterusblutung nach Abort 242
Uterusentzündung 75, 214
Uterusmyom 242, 243
Uterusprolaps 108
Uveitis 72, 96

Vaginalausfluss 212
Vaginalausfluss, gelb oder eitrig 214
Vaginitis 212
Verdauungsblockaden 342
Verdauungsstörungen 218, 285, 287
Verdichtungen im Darmbereich 55
Vergiftung durch Nahrung 86
Verhalten, unberechenbares 164
Verhaltensauffälligkeiten 65, 186, 196
Verhärtungen 236, 326, 355, 357
Verhärtungen im Abdomen 62, 236
Verhärtungen mit Eiterbildung 355
Verletzung der Weichteile 40
Verletzung, traumatische 232
Verletzung, muskuloskelettale 245
Verspannung und Steifheit von Genick, Schulter und Brustwirbelsäule 40
Vestibularsyndrom 184, 240, 250, 256, 261, 265, 326, 331, 346
Vestibularsyndrom aufgrund von Qi-Mangel 147
Virushepatitis 75, 354
Virusinfektionen 46, 91
vorderer Bereich: Steifheit und Schmerzen 46

Wachstumsprobleme 166
Weben 250, 261
Weichteil-Erkrankungen 305
Weichteilverletzungen 40, 245
Wunden, eitrige 359
Wunden, geschwollen und schmerzhaft 352
Würgen, trockenes 228

Zahnentzündungen 104
Zahnfleischentzündungen 113, 116
Zahnschmerzen 46, 113
Zahnstein 116
Zahnverlust, frühzeitiger 181
zerebrale Ischiämie 263
Zungengeschwüre 195
Zysten in Ovarien 71, 79

Bezugsquellen für TCM-Rezepturen

Chinasan B.V. / www.chinasan.de

Herba Sinica / www.herbasinica.de

Lian-Herbs / www.lian.ch

Receptura Apotheke (Bios B.V.) / www.biospharm.de

Sonnen Apotheke (Bad Kötzting) / www.sonnen-apotheke-koetzting.de

Zieten Apotheke (Berlin) / www.zietenapotheke.de

Alle diese Bezugsquellen für TCM-Arzneien und -Rezepturen bestehen auf einem Ausbildungszertifikat und versenden individuell zusammengestellte Rezepturen ausschließlich an ausgebildete Therapeut:innen, Ärzt:innen und Heilpraktiker:innen.

Selbstverständlich gibt es noch weitere Bezugsquellen für chinesische Arzneien, aber bei den oben genannten konnte ich mich persönlich von der einwandfreien Qualität überzeugen.

Alle SR-Rezepturen sind im Therapeut:innen-Bereich der Firma *Chinasan* hinterlegt.

Quellenangaben

Dan Bensky, Steven Clavey und Erich Stöger: „Chinese Herbal Medicine, Materica Medica", Bacopa Verlag 2023

John K. Chen, Tina K. Chen, Signe Beebe und Michael Salewski: „Chinese Herbal Formulas for Vetenarians", Art of Medicine Press 2012

John K. Chen und Tina K. Chen: „Chinesische Pharmakologie 1+2", Verlag Systemische Medizin 2014

Carl Hermann Hempen und Toni Fischer: „Leitfaden Chinesische Phytotherapie", Verlag Urban und Fischer 2018

Dr. med. Carl Hermann Hempen, Dr. med. Susanne Fischer, Dr. med. Josef Hummelsberger, Dr. med. Armin Koch, Hans Leonhardy, Dr. med. Rainer Nögel, Dr. med. Christian Thede und Dr. med. Michael Wullinger: „Leitfaden Chinesische Rezepturen", Verlag Urban und Fischer 2006

Claudia Focks und Norman Hillebrand: „Leitfaden Chinesische Medizin", Verlag Urban und Fischer 2006

Carola Krokowski: „Chinesische Phytotherapie für Tiere" , Igelsburg Verlag 2014

Li Tian und Anton Lachner: „Wortschatz Chinesische Medizin", Verlag Urban und Fischer 2005

Cecilia Lindqvist: „Eine Welt aus Zeichen – Über die Chinesen und ihre Schrift", Verlag Droemer Knaur 1990

Florian Ploberger: „Das TCM-Rezeptierbuch", Verlag Urban und Fischer 2007

Huishen Xie und Vanessa Preast: „Xie's Chinese Vetenary Herbology", Verlag Wiley-Blackwell 2021

Yifan Yang: „Chinesische Kräuter in Frage und Antwort", Verlag Urban und Fischer 2006

Weitere Quellen:

www.chinese.yabla.com, abgerufen am 09.09.2023

www.hantrainerpro.de, abgerufen am 09.09.2023

www.tcmwiki.com, abgerufen am 10.09.2023

Bildnachweise

Seite 11: Stephanie Reineke

Seite 35 und Seite 363: Marie Schade/DogsandDreams Pfotografie

Seite 385: Babette Nummer

Abb. 2, 3, 6 und alle Drachen: Meike Haug

Abb. 11: Franz Eugen Köhler, *Köhler's Medizinal-Pflanzen*

Abb. 12: Doctoroftcm - Eigenes Werk, CC BY-SA 3.0, https://commons.wikimedia.org/w/index.php?curid=8094263

Abb. 13: ResearchGate,uploaded by Yaping Wang

Abb. 18: FloraFarm GmbH/Katharina Lohrie - Selbst fotografiert, CC BY 3.0, https://commons.wikimedia.org/w/index.php?curid=3124085

Abb. 20: Franz Eugen Köhler, *Köhler's Medizinal-Pflanzen*

Abb. 22: Franz Eugen Köhler, *Köhler's Medizinal-Pflanzen*

Abb. 23: Public Domain, https://commons.wikimedia.org/w/index.php?curid=8730

Abb. 24: Cathcart, John Fergusson (1802 - 1851) - Hooker, Joseph Dalton; Cathcart, John Fergusson; Fitch, Walter Hood: Illustrations of Himalayan plants p.35. Immediate image source: [1], who claim copyright. Cropped, color balanced, and smudges and background removed in Photoshop., Gemeinfrei, https://commons.wikimedia.org/w/index.php?curid=854963

Abb. 25: Gemeinfrei, https://commons.wikimedia.org/w/index.php?curid=8815

Abb. 26: McCormick and company - Spices, their nature and growth, the vanilla bean, a talk on tea (1915), Gemeinfrei, https://commons.wikimedia.org/w/index.php?curid=19543150

Abb. 28: Franz Eugen Köhler, *Köhler's Medizinal-Pflanzen*

Abb. 31: Franz Eugen Köhler, *Köhler's Medizinal-Pflanzen*

Abb. 35: Prof. Dr. Otto Wilhelm Thomé Flora von Deutschland, Österreich und der Schweiz 1885, Gera, Germany _Gemeinfrei, https://commons.wikimedia.org/w/index.php?curid=9238

Abb. 36: uwdigitalcollections - Coptis trifolia, Gold threadUploaded by Magnus Manske, CC BY 2.0, https://commons.wikimedia.org/w/index.php?curid=21103562

Abb. 37: By NMNH - Botany Dept. - This file is part of the Smithsonian Institution's Open Access collection (FAQ)., CC0, https://commons.wikimedia.org/w/index.php?curid=127476688

Abb. 39: Bentham-Moxon Trust.; Curtis, William; Curtis's botanical magazine dedications, 1827-1927 : portraits and biographical notes.; Royal Botanic Gardens, Kew.; Stanley Smith

Abb. 40: H. Zell - Eigenes Werk, CC BY-SA 3.0, https://commons.wikimedia.org/w/index.php?curid=8655988

Abb. 41: Gemeinfrei, https://commons.wikimedia.org/w/index.php?curid=549404

Abb. 45: Shin-改 - Eigenes Werk, Gemeinfrei, https://commons.wikimedia.org/w/index.php?curid=369

Abb. 46: Sturm, Jacob - https://www.flickr.com/photos/biodivlibrary/13085327145, Gemeinfrei, https://commons.wikimedia.org/w/index.php?curid=42664314

Abb. 48: Philipp Franz von Siebold and Joseph Gerhard Zuccarini - Flora Japonica, Sectio Prima (Tafelband). http://www.biolib.de, Gemeinfrei, https://commons.wikimedia.org/w/index.php?curid=3941185

Abb. 49: By Shizhao - Own work, CC BY 2.5, https://commons.wikimedia.org/w/index.php?curid=712185

Abb. 52: Otto Wilhelm Thomé - Original book source: Prof. Otto Wilhelm Thomé; Prof. Dr. Thomé's Flora von Deutschland, Österreich und der Schweiz. Zweite, vermehrte und verbesserte Auflage. Band IV. Mit 151 Tafeln in Farbendruck. 1905. Source: https://biodiversitylibrary.org/page/12308866, Gemeinfrei, https://commons.wikimedia.org/w/index.php?curid=68760441

Abb. 53: Franz Eugen Köhler, *Köhler's Medizinal-Pflanzen*

Abb. 54: Rodriquez - Botanical Magazine 108: t. 6645, as Paeonia wittmanniana, Gemeinfrei, https://commons.wikimedia.org/w/index.php?curid=11438529

Abb. 55: Autor/-in unbekannt - Wiener Dioskurides, Gemeinfrei, https://commons.wikimedia.org/w/index.php?curid=88798805

Abb. 56: Franz Eugen Köhler - The Internet Archive Köhlers Medizinal-Pflanzen in naturgetreuen Abbildungen und kurz erläuterndem Texte, Gemeinfrei, https://commons.wikimedia.org/w/index.php?curid=255480

Abb. 62: Pearson Scott Foresman - Diese Datei ist ein Ausschnitt aus einer anderen Datei, Gemeinfrei, https://commons.wikimedia.org/w/index.php?curid=3572006

Abb. 64: By Trappem at English Wikipedia - Transferred from en.wikipedia to Commons., Public Domain, https://commons.wikimedia.org/w/index.php?curid=15773909

Abb. 66: Charles Frederick Millspaugh - Diese Datei stammt aus der Biodiversity Heritage Library und ist online via biodiversitylibrary.org/item/84253 verfügbar., Gemeinfrei, https://commons.wikimedia.org/w/index.php?curid=44212811

Abb. 68: Louis Benoît Van Houtte - Scan of original book from Botanicus, Gemeinfrei, https://commons.wikimedia.org/w/index.php?curid=20832039

Abb. 71: Gemeinfrei, https://commons.wikimedia.org/w/index.php?curid=607654

Abb. 78: Gemeinfrei, https://commons.wikimedia.org/w/index.php?curid=9416

Abb. 79: Johann Georg Sturm, Painted by Jacob Sturm; published by Kurt Stüber - Figure from Deutschlands Flora in Abbildungen at http://www.biolib.de, Gemeinfrei, https://commons.wikimedia.org/w/index.php?curid=717905

Abb. 83: Philipp Franz von Siebold and Joseph Gerhard Zuccarini - Flora Japonica, Sectio Prima (Tafelband)., Gemeinfrei, https://commons.wikimedia.org/w/index.php?curid=764663

Abb. 85: Meneerke bloem - Eigenes Werk, CC BY-SA 3.0, https://commons.wikimedia.org/w/index.php?curid=8575263

Abb. 86: By Viren Vaz (self) - Made by 'self' at CEC, Mumbai, CC BY-SA 2.5, https://commons.wikimedia.org/w/index.php?curid=863216

Abb. 90: Orbigny, Charles Dessalines d' - https://www.flickr.com/photos/biodivlibrary/6436321357, Gemeinfrei, https://commons.wikimedia.org/w/index.php?curid=43502774

Abb. 92: Gemeinfrei, https://commons.wikimedia.org/w/index.php?curid=8932

Abb. 97: Köhlers Medizinalpflanzen, Gemeinfrei, https://commons.wikimedia.org/w/index.php?curid=67005901

Abb. 98: Franz Eugen Köhler, Köhler's Medizinal-Pflanzen - List of Koehler Images, Gemeinfrei, https://commons.wikimedia.org/w/index.php?curid=255451

Abb. 99: Gemeinfrei, https://commons.wikimedia.org/w/index.php?curid=423342

Abb. 101: William Roscoe - Roscoe, W., Monandrian plants of the order Scitamineae, (1854), Gemeinfrei, https://commons.wikimedia.org/w/index.php?curid=45363878

Abb. 104: Javier martin - Eigenes Werk, Gemeinfrei, https://commons.wikimedia.org/w/index.php?curid=11080277

Abb. 105: Diana Tiebes

Abb. 106: By Michael Wolf - Own work, CC BY 2.5, https://commons.wikimedia.org/w/index.php?curid=1516692

Abb. 109: Franz Eugen Köhler, Köhler's Medizinal-Pflanzen - List of Koehler Images, Gemeinfrei, https://commons.wikimedia.org/w/index.php?curid=255278

Abb. 111: Franz Eugen Köhler, Köhler's Medizinal-Pflanzen - List of Koehler Images, Gemeinfrei, https://commons.wikimedia.org/w/index.php?curid=255296

Abb. 117: Sims - Bot. Mag. 29: t. 1154, as Paeonia moutan, Gemeinfrei, https://commons.wikimedia.org/w/index.php?curid=11436760

Abb. 118:Gemeinfrei, https://commons.wikimedia.org/w/index.php?curid=8739

Abb. 119: Johann Georg Sturm (Painter: Jacob Sturm) - Figure from Deutschlands Flora in Abbildungen at http://www.biolib.de, Gemeinfrei, https://commons.wikimedia.org/w/index.php?curid=725178

Abb. 122: Taken by Fanghong - Eigenes Werk, CC BY-SA 3.0, https://commons.wikimedia.org/w/index.php?curid=323451

Abb. 126: Duemmler, Ferdinand.; Karsten, Hermann; Schmidt, Carl Friedrich Wilhelm - https://www.flickr.com/photos/biodivlibrary/8205993854, Gemeinfrei, https://commons.wikimedia.org/w/index.php?curid=42984277

Abb. 127: Gemeinfrei, https://commons.wikimedia.org/w/index.php?curid=9559

Abb. 131: Original book source: Prof. Dr. Otto Wilhelm Thomé Flora von Deutschland, Österreich und der Schweiz 1885, Gera, Germany - www.biolib.de, Gemeinfrei, https://commons.wikimedia.org/w/index.php?curid=7047122

Abb. 133: By Juanita Vilas Marchant - Own work, CC BY-SA 3.0, https://commons.wikimedia.org/w/index.php?curid=48315813

Abb. 137: Johann Christian Peter Arckenhausen,Public domain scan - 19th-century botanical illustration, free to use, no copyright restrictions image

Abb. 139: Eigenes Werk, Gemeinfrei, https://commons.wikimedia.org/w/index.php?curid=43166696

Abb. 140: Manojk - Eigenes Werk, CC BY-SA 3.0, https://commons.wikimedia.org/w/index.php?curid=22024776

Abb. 141: Anton Hartinger - Atlas der Alenflora. https://archive.org/details/atlasderalpenflo00hart, Gemeinfrei, https://commons.wikimedia.org/w/index.php?curid=9530390

Abb. 143: Gary Larson @ USDA-NRCS PLANTS Database/USDA NRCS. 1992. Western wetland flora: Field office guide to plant species. West Region, Sacramento, CA. - [1], Public Domain, https://commons.wikimedia.org/w/index.php?curid=323332

Abb. 144: C T Johansson - Eigenes Werk, CC BY 3.0, https://commons.wikimedia.org/w/index.php?curid=10027450

Abb. 149: Daderot - Eigenes Werk, CC0, https://commons.wikimedia.org/w/index.php?curid=37089320

Abb. 154: By Bob Gutowski from Flourtown, Pennsylvania, USA - Phellodendron amurense, cut wood, CC BY 2.0, https://commons.wikimedia.org/w/index.php?curid=9321034

Abb. 157: Matilda Smith - Curtis's Botanical Magazine v.146 [ser.4:v.16] (1920), Gemeinfrei, https://commons.wikimedia.org/w/index.php?curid=10958253

Abb. 163: Hungda – Eigenes Werk, CC BY-SA 3.0, https://commons.wikimedia.org/w/index.php?curid=24976001

Abb. 164: Miya.m - Miya.m's file, CC BY-SA 3.0, https://commons.wikimedia.org/w/index.php?curid=1000333

Abb. 165: Carl Axel Magnus Lindman - «Bilder ur Nordens Flora» Stockholm, Gemeinfrei, https://commons.wikimedia.org/w/index.php?curid=5979172

Abb. 166: Franz Eugen Köhler, Köhler's Medizinal-Pflanzen - List of Koehler Images, Gemeinfrei, https://commons.wikimedia.org/w/index.php?curid=255625

Abb. 168: Qwert1234 - Qwert1234's file, Gemeinfrei, https://commons.wikimedia.org/w/index.php?curid=9061124

Abb. 169: Autor/-in unbekannt - Köhlers Medizinalpflanzen. Berlin, No 175, Gemeinfrei, https://commons.wikimedia.org/w/index.php?curid=73672262

Abb. 170: Gemeinfrei, https://commons.wikimedia.org/w/index.php?curid=624381

Abb. 175: Otto Wilhelm Thomé - http://www.biolib.de, Flora von Deutschland, Österreich und der Schweiz, Gemeinfrei, https://commons.wikimedia.org/w/index.php?curid=9547

Alle übrigen Bilder: Stephanie Reineke

Register

Abführmittel 53–54, 55–63
Abkochung → Dekokt
Acht Behandlungsmethoden 53
Acht Leitkriterien 22
▸ Acht-Arzneien-Pulver zur Korrektur 293
▸ Acht-Schätze-Dekokt 159
Achyranthes bidentata 265
Achyranthes spec. 265
Aconitum spec. 29, 58, 125, 174, 178, 183
Adlerholz 223
Agastache spec. 288
▸ Agastachis-Herba-Pulver, das das Qi korrigiert 288
Akupunktur 13, 28, 33
akute Erkrankungen, Dosierung 28
Alisma orientalis 295
Alisma spec. 168
▸ Allgemeine Pille für Wind-Schmerzen im oberen, mittleren und unteren Erwärmer 307
▸ Allumfassendes großes Tonisierungs-Dekokt 161
Alpinia oxyphylla 178
Alpinia spec. 58
Amomum villosum 210, 337
Amur-Feuerkolben 332
▸ An Zhong San 130
Anemarrhena asphodeloides 91
Angelica pubescens 259
Angelica sinensis 78, 119, 133, 156
▸ Angelicae-Sinensis-Radix-Dekokt, um Schmerzen aufzuheben 319
Anpassung Rezeptur an Patient 13, 17, 22, 23, 26–28, 32
Antibiotika 124, 377
Anwendungen, äußerliche 25
Apothekenbetriebsordnung 14
Aprikose 270, 334
Aquilaria spec. 223
Arctium spec. 75
Areca catechu 227
Arisaema amurense 332
Arisaema spec. 256, 323
Aronstabgewächse 256
Artemisia scoparia 290
Arzneidynamik 18, 20
Assistentenarznei 16, 17
Aster tataricus 43
Astragalus membranaceus 357
Astragalus mongholicus 145
Astragalus spec. 132
ätherische Öle 29
Atractylodes macrocephala 80, 162
Aufbau Rezeptur 15–18
äußerliche Anwendungen 25
Auster 187

Ba Fa 53
▸ Ba Wei Dai Xia Fang 214
▸ Ba Zhen Tang 159
▸ Ba Zheng San 293
▸ Bai He Gu Jin Tang 275
▸ Bai Hu Tang 91
Baikal-Helmkraut 103, 117
Ballonblume 336
Balsambaum 350
Bambus 330
Bambusa spec. 330
▸ Ban Xia Bai Zhu Tian Ma Tang 345, 381
▸ Ban Xia Hou Po Tang 220
▸ Ban Xia Xie Xin Tang 82, 374
▸ „Behandle das Trübe und schütze die Wurzel"-Pille 210
Behandlungsdauer 28
Behandlungsfehler → Rezeptierungsfehler
Behandlungsfehler vermeiden 15, 30, 251
▸ Bei Mu Gua Lou San 340, 366
▸ Beruhige-den-Magen-Pulver 283
Besen-Beifuß 290
▸ Besondere Pille des himmlischen Kaisers, die das Herz tonisiert 194
Bestandteile 14
Betelnusspalme 227
Bewegung 13
Bewegungsrichtung einer Erkrankung 20
Bi-Syndrom 281, 340, 368, 369, 370
Bienenbaum 111
bitter 19
▸ Bluthusten-Rezeptur 246
Bombyx batryticatus 103
Boswellia spec. 350
Botenarznei 16, 17–18, 21
Bu Fa 349
▸ Bu Fei Tang 149, 365
▸ Bu Huan Jin Zheng Qi San 287
▸ Bu Yang Huan Wu Tang 240
▸ Bu Zhong Yi Qi Tang 145
Bundesamt für Naturschutz 14
▸ Bupleuri-Radix-Pulver, das die Leber entspannt 73
Bupleurum chinense 46, 67, 73

C*annabis sativa* 60
▸ Cannabis-Semen-Pille 60
Carthamus tinctorius 240, 307
Cassia-Zimt 69
Cassia-Zimtbaum 38
Chaenomeles speciosa 315
▸ Chai Ge Jie Ji Tang 46
▸ Chai Hu Gui Zhi Tang 69
▸ Chai Hu Jia Long Gu Mu Li Tang 187
▸ Chai Hu Qing Gan Tang 75
▸ Chai Hu Shu Gan San 73
▸ Chai Ling Tang 70
Chan Tui 14, 252
China-Fingerhut 112, 115
Chinesische Jujube 159
Chinesische Zierquitte 315
Chinesischer Vogelknöterich 181, 254
Chinesisches Spaltkörbchen 149
Chong Ji 23
chronische Erkrankungen, Dosierung 28
Cimicifuga racemosa 146, 319
Cinnamomum cassia 38, 69
Cinnamomum spec. 176
▸ Cirsii-Herba-Dekokt 247
Cirsium japonicum 247
CITES(-Zertifikat) 14, s. a. Washingtoner Artenschutzabkommen
Citrus aurantium 72
Citrus reticulata 141, 228
Clematis spec. 105
Coix lacrima-jobi 291
▸ Coptidis-Rhizoma-Dekokt 84
▸ Coptidis-Rhizoma-Pille, die das Obere befreit 101
Coptis chinensis 101, 338
Coptis spec. 86
Cornus spec. 174
Curculigo spec. 180
Curcuma longa 306
Cyperus rotundus 218, 285

▸ **D**a Cheng Qi Tang 55
Dan 19
▸ Dang Gui Liu Huang Tang 119
▸ Dang Gui Nian Tong Tang 319, 370
▸ Dang Gui Shao Yao San 156
▸ Dang Gui Yin Zi 254
▸ Dao Chi San 105
Darmbefeuchtung 54
Darmbewegung 54
Darreichungsformen 23–25
Dekokt 23, 24, 26
– Dosierung 25, 26–27
▸ Dekokt aus Glycyrrhizae Radix, Tritici Fructus und Jujubae Fructus 196
▸ Dekokt mit Angelicae Sinensis Radix 254
▸ Dekokt mit Artemisiae Scopariae Herba 290
▸ Dekokt mit Aurantii Fructus, Allii Macrostemi und Cinnamomi Ramulus 222
▸ Dekokt mit Bupleuri Radix und Cinnamomi Ramulus 69
▸ Dekokt mit Bupleuri Radix und Poriae Sclerotium 70
▸ Dekokt mit Bupleuri Radix und Puerariae Radix zur Entlastung der Muskulatur 46
▸ Dekokt mit Bupleuri Radix zum Klären der Leber 75
▸ Dekokt mit Bupleuri Radix, Fossilia Ossis Mastodi und Ostreae Concha 187
▸ Dekokt mit Caryophylli Flos und Kaki Calyx 230
▸ Dekokt mit Cinnamomi Ramulus und Ginseng Radix et Rhizoma 129
▸ Dekokt mit Cinnamomi Ramulus, Fossilia Ossis Mastodi und Ostrea Concha 209
▸ Dekokt mit Citri Reticulatae Pericarpium und Bambusae Caulis 228
▸ Dekokt mit den beiden Atractylodis 323
▸ Dekokt mit Gastrodiae Rhizoma und Uncariae Ramulus cum Uncis 263
▸ Dekokt mit Ginseng und Perilla 51
▸ Dekokt mit Glycyrrhizae Radix et Rhizoma, das das Epigastrum abfließen lässt 84
▸ Dekokt mit Lophatherum und Gypsum 93
▸ Dekokt mit Nelumbinis Semen, das das Herz klärt 106
▸ Dekokt mit Paeoniae Radix und Glycyrrhizae Radix et Rhizoma Praeparatae cum Melle 157
▸ Dekokt mit Pinellia und Magnolia 220
▸ Dekokt mit Pinellia, Atractylodis macrocephala und Gastrodia 345
▸ Dekokt mit Poria, Cinnamomum, Atractylodis und Glycyrrhiza 301
▸ Dekokt mit Stephania und Astragalus 299
▸ Dekokt mit Trichosanthis Fructus und Citri Aurantii Fructus 337
▸ Dekokt mit Zimtzweigen 38, 69
▸ Dekokt mit Ziziphi Spinosae Semen 191
▸ Dekokt zum Wärmen der Leber 223
▸ Dekokt zur Erzeugung und Transformation 242
▸ Dekokt zur Regulierung des Xue mit Chuanxiong und Angelica Sinensis 164
▸ Dekokt, das das Herz nährt 198
▸ Dekokt, das das Yang tonisiert und die Fünf (Zehntel) zurückkehren lässt 240
▸ Dekokt, das das Yin nährt und die Lunge klärt 274
▸ Dekokt, das die Gallenblase wärmt 330
▸ Dekokt, das die linke Niere wiederherstellt 169
▸ Dekokt, das die Lunge klärt 334
▸ Dekokt, das die Lunge tonisiert 149
▸ Dekokt, das die Milz wiederherstellt 154

▸ Dekokt, das die Mitte tonisiert und das Qi vermehrt 145
▸ Dekokt, das schmerzhafte Blockaden beseitigt 306
▸ Dekokt, das Schwellungen zerstreut und Verhärtungen aufbricht 355
▸ Dekokt, das Stasen aus dem Haus des Blutes treibt 234
▸ Dekokt, das Trockenheit klärt und die Lunge rettet 272
▸ Dekokt, das Xue-Stasen aus einem schmerzenden Körper treibt 238
▸ Dekokt, das Xue-Stasen unterhalb des Diaphragmas eliminiert 236
Dendrobium officinale 47
Des Gelben Kaisers Klassiker 53
Di Long 238, 240
Diagnose stellen
- bei Erkrankungen mit Blutungen 232
- bei Feuchtigkeits-Erkrankungen 281
- bei geriatrischen Erkankungen 380, 381
- bei Haut- und Fellerkrankungen 376
- bei Hitze-Erkrankungen 90
- bei Magen-Darm-Erkankungen 370
- bei Schleim-Erkrankungen 326
- bei Wind-Störungen 250, 251
- bei Wunden und Abszessen 348, 349
- für Erwärmung des Inneren 125
- für Xue-Regulierung 231
- zur Schwere der Erkrankung 232
Dianthus chinensis 293
Dianthus superbus 293
Dimocarpus longan 154
▸ Ding Xiang Shi Di Tang 230
▸ Ding Zhi Wan 193, 196, 380
Dioscorea spec. 166
Disharmoniemuster 13, 15, 88
- individuelles 22
Dosierung 16, 17, 26–28
Drachenaugen 154
▸ Drei-Kerne-Dekokt 291
▸ Drei-Samen-Dekokt, das die Eltern ernährt 342
▸ Drei-schmerzhafte-Blockaden-Granulat 309
Dreizählige Pinellie 287
Drogenauszug 25
Duftnessel 288
Dynamik einer Arznei 18, 20

Echte Süßholzwurzel → Echtes Süßholz
▸ Echte-Jade-Pulver 256
Echtes Süßholz 84, 122, 157, s.a. Süßholz
Eigenkompositionen 15
einschleichen 26, 27, 28
Energien sammeln 20
Energien speichern 20
Engelwurz 119, 133, 156
▸ Entgiftendes Dekokt mit Coptidis Rhizoma 99
Enzian 108, 238
Ephedra spec. 29, 39
Epigastrium 84
▸ Er Chen Tang 21, 22, 328
▸ Er Miao San 318
▸ Er Xian Tang 180
▸ Er Zhi Wan 171
▸ Er Zhu Tang 323, 368
▸ Erhabene Rezeptur zur Erhaltung des Lebens 350
Erhaltungsdosis 28
Erkrankung, Bewegungsrichtung der 20
Erkrankung, chronische 13, 268
Erkrankung, langwierige 280
Erkrankungsbild 15
Ernährung 13
Erstbehandlung 28
Erwärmen (Methode) 123
Eucommia ulmoides 309
Eugenia caryophyllata 230
Evodia rutaecarpa 111, 127
▸ Evodiae-Fructus-Dekokt 127

Fa Ban Xia 29
Fallbeispiele 365–383
Falsche Hitze 125
▸ Fang Ji Huang Qi Tang 299
Färberdistel 240, 307
Färberwaid 246
Feng 36
Feng Mi 60
Feuchtigkeit/Shi 36
Feuer/Huo 36
Feuerkolben 323
Fieberstrauch 208
▸ „Flucht aus der Einschnürung"-Pille 218
Flughörnchenexkremente 236, 238
Forsythia spec. 355
Forsythie 355
Fritillaria spec. 340
Froschlöffel 168, 297
Fülle- und Mangelsymptome gleichzeitig 64
Fülle-Syndrome 53
▸ Fünf-Bestandteile-Dekokt zur Eliminierung von Toxinen 353
▸ Fünf-Bestandteile-Pulver bei Miktionsstörungen 295
▸ Fünf-Bestandteile-Pulver mit Pilzen 70, 297
▸ Fünf-Substanzen-Dekokt mit Astragali Radix und Cinnamomi Ramulus 132
Fünf-Uhr-Diarrhö 204, 373
Funktionskreisbezüge 17–18, 21
Futter, kaltes 124, 281
Futterumstellung 375
Fütterungsfehler 18, 124, 268, 281

Galgant 58
Gan 19
▸ Gan Cao Xie Xin Tang 84
▸ Gan Mai Da Zao Tang 196
Gardenia jasminoides 114, 295
Gardenia spec. 114
Gardenie 114, 295
Gastrodia elata 345
▸ Ge Xia Zhu Yu Tang 236
Gegenläufigkeiten absenken 20
Gelatine 14, 272
Gelber Kaiser 53
▸ Gelbes Drachen-Dekokt 62
Gelbwurz 306
Gemeiner Bocksdorn 169, 172
Gentiana macrophylla 238
Gentiana spec. 108
▸ Gentianae-Radix-Dekokt, das die Leber entlastet 108
Geschmack, Einfluss auf Stoffwechsel 19
Geschmacksrichtung 19, 20, 21
Gewürznelke 230
Ginseng 49, 139, 357
▸ Ginseng-Dekokt, um das Nähr-Qi zu nähren 162
▸ Ginseng-Pulver zur Überwindung pathogener Einflüsse 49
Gips 14, 97
Glänzender Liguster 171
Glycyrrhiza glabra 29, 84, 122
Glycyrrhiza spec. 130
Glycyrrhiza uralensis 157, 357
Goldfaden 86, 99, 101, 338
▸ Gou Teng San 261, 382
Granulat 23, 25
– Dosierung 26–28
▸ Granulat des goldenen Schlosses zur Stabilisierung des Jing 206
▸ Granulat gegen die vier Gegenläufigkeiten mit Angelicae Sinensis Radix 133
▸ Granulat mit Angelicae Pubescentis Radix und Taxilli Herba 311
▸ Granulat mit Cinnamomi Ramulus, Paeoniae Radix und Anemarrhenae Radix 321
▸ Granulat mit Poria, Glycyrrhiza, Schisandra, Zingiber und Cinnamomum 343
▸ Granulat mit Rehmanniae Radix Praeparatae 183
▸ Granulat zur Entlastung des Äußeren und der Muskulatur 39
▸ Granulat, das Dachziegel errichtet 265
▸ Granulat, das das Innere unterstützt und tausend Goldstücke wert ist 358
▸ Granulat, das das Yin großartig tonisiert 172
▸ Granulat, das die Gesundheit wiederherstellt, indem es das Xue belebt 244
▸ Granulat, das die Nährschicht klärt 95
▸ Granulat 1, das die Rechte (Niere) wiederherstellt 176
▸ Granulat 2, das die Rechte (Niere) wiederherstellt 178
▸ Granulat, das Epidemien beseitigt und Toxine überwindet 95
▸ Großes Dekokt, das das Qi ordnet 55
▸ Großes Fang-Feng-Granulat 316
▸ Großes Granulat mit Gentianae Macrophyllae Radix 259
Grundpfeiler der TCM 13
Grundprinzip Rezeptur 15–18
Grundsubstanzen 19, 22, 32
▸ Gua Lou Zhi Shi Tang 337
▸ Gui Pi Tang 154
▸ Gui Zhi Fu Ling Wan 243
▸ Gui Zhi Jia Long Gu Mu Li Tang 209
▸ Gui Zhi Ren Shen Tang 129
▸ Gui Zhi Tang 38, 69
Gummiulme 309
Gypsum Fibrosum / fibrosum 97

Haarstrang 352
Haltbarkeit 23, 24
Han 36
Hanf 60
Harmonieprinzip 14
Harmonisierung 17
Hartriegel 174
Harze 29
Hasenohr 46, 67, 73
Hauptbefund 16
Haupterkrankung 16
Hauptkräuter 309
Hauptwirkrichtung 16
Heilwein 25
Helmkraut 103
Himbeere 206
Hiobsträne 291
Hitze und Kälte gleichzeitig 65
Hitze- und Kältesymptome gleichzeitig 64
Hitze-Ausprägungen 88, 89
Hitze-Toxine 89
Hitze, Falsche 125
Hitze/Re 36
Holzfrucht 315
Honig 60
Huang Di Nei Jing Su Wen 53
▸ Huang Lian Jie Du Tang 99
▸ Huang Lian Shang Qing Wan 101
▸ Huang Lian Tang 86
▸ Huang Long Tang 62
▸ Huang Qi Gui Zhi Wu Wu Tang 132
▸ Huang Qin Tang 117

Huo 36
▸ Huo Xiang Zheng Qi San 288

Igelkolben 244
Indikation
- nach TCM 22
- westlich-klinisch 22
Ingwer 29, 126, 209, 302
Ingwerwurzel → Ingwer
Inhaltsstoffe der Arzneimischungen 14
Innen und Außen gleichzeitig 64, 280
Isatis tinctoria 246

▸ Jade-Quelle-Pille 278
▸ Jade-Windschutz-Pulver 202
▸ Jadefrau-Dekokt 115
Jahreszeit 125
Jahreszeit, Einfluss der 268, 366, 369, 370, 376, 377, s. a. Klimaeinfluss / Wettereinfluss
Japanische Katzenminze 252
Japanischer Schlangenbart 148
Japanisches Geißblatt 44, 214
▸ Ji Ming San 315
Jiang Ban Xia 29
▸ Jie Geng Tang 336
▸ Jing Fang Bai Du San 352
Jiu Ji 25
▸ Ju Pi Zhu Ru Tang 228
▸ Juan Bi Tang 306

Kaiserarznei 16, 17, 21, 82, 125
Kälte und Hitze zugleich 64, 65
▸ Kalte-Extremitäten-Pulver 72
Kälte-Syndrom 54
Kälte/Han 36
Katzen behandeln 29
▸ Ke Xue Fang 246
▸ Kleines Bupleurum-Dekokt 67, 69, 70
▸ Kleines Dekokt, das das Qi ordnet 57
▸ Kleines Dekokt, das in den Thorax sinkt 338
Klette 75
Klimaeinflüsse 267, 268
Knoten-Braunwurz 274
Kokospilz 70, 143
Kombination TCM mit westlichen Pharmazeutika 31
Komponenten der Rezepturen 15–18
Kompresse 25
Kontraindikationen → zu finden bei jeder Kategorie und jeder Rezeptur
Körpergewicht und Dosis 26–28
Körperregionen 64
Krankheiten mit gegensätzlichen Symptomen 64
Kratzdistel 247
Kreuzblume 193
Ku 19

Kudzubohne 39
Kurkuma 306

Lasiosphaeria spec. 103
Leber attackiert die Milz 65, 373–374
Leberwerte 13
Ledebouriella Saposhnikovia 202
Leitbahnbezug Botenarznei 17–18
▸ Li Zhong Wan 126
Ligusticum wallichii 161, 164, 236
▸ Ligusticum-Granulat, das man mit grünem Tee einnimmt 257
Ligustrum lucidum 171
Lilie 275
▸ Lilii-Bulbus-Dekokt zur Erhaltung des Metalls 275
Lilium lancifolium 275
Lindera benzoin 208
▸ Ling Gui Zhu Gan Tang 301
▸ Linkes-Metall-Pille 111
▸ Liu Jun Zi Tang 141
▸ Liu Wei Di Huang Wan 166, 168
▸ Liu Yi San 122
Liu Yin 88, 124, 268, 347
▸ Long Dan Xie Gan Tang 108
Longan-Baum 154
Lonicera japonica 44, 214
Lophatherum spec. 93
Lotos 106, 206
Lycium barbarum 169, 172

Ma Bo 103
▸ Ma Zi Ren Wan 60, 375
Magnolia officinalis 62, 283
Magnolia spec. 62, 220
Magnolie 62, 220, 283
▸ Mai Men Dong Tang 277
▸ Mai Wei Di Huang Wan 168, 366
Mandarine 141, 228
Mangel- und Füllesymptome gleichzeitig 64
Massa Medicata Fermentata 218, 219
Maulbeere 110, 272
Maulbeermistel 263, 311
Medizinal-Rhabarber 55, s. a. Rhabarber
Meerträubel 29, 39
Mengenangaben 26
Mentha haplocalyx 358
Mentha spec. 183
Mindestdosis 26, 27
Mindestdosis ermitteln 27
Ministerarznei 16, 17
Minze 183, 358
Modifikationen 15, 22
Morgenländischer Lebensbaum 198
Morus spec. 110, 272
Muschelschalen 14

Muskatnuss 204
Myristica spec. 204

Nahrungsvergiftung 377
Nebenbefunde 16, 17
Nebenwirkungen 13, 15, 26, 29, 30
Nelke 293
Nelumbo spec. 106, 206
▸ Neun-Arzneien-Granulat mit Notopterygii Rhizoma seu Radix 41
▸ Nieren-Qi-Granulat aus dem goldenen Schrein 174
Nierenwerte 13
▸ Ning Sou Wan 47
Notopterygium incisum 41
▸ Nuan Gan Jiang 223

***O**phiopogon japonicus* 148
Ophiopogon spec. 277
▸ Ophiopogonis-Radix-Dekokt 277
Orchidee 47, 345
Organbezug 21
Ostrea gigas 187

***P**aeonia lactiflora* 95
Paeonia spec. 120, 153
Paeonia veitchii 95
Paeonia x *suffruticosa* 243
Panax ginseng 49, 139, 357
Pathogene 88
pathogene Faktoren 13, 20, 22, 32, 88
- äußere 36, 65, 268
- innere 65
- Sechs äußere 124, 347
Pathogene zwischen Außen und Innen 65
pathologische Bewegungen 20
Patient, Rezeptur anpassen 13, 17, 22, 23, 26–28, 32
Perilla 51
Perilla frutescens 51, 225
▸ Perillae-Fructus-Dekokt, das das Qi nach unten leitet 225
▸ Perlmutt(er)-Granulat 189
Pfingstrose 120, 153
Pfingstrosenwurzel, Rote 95
Pfingstrosenwurzel, Weiße 120
Pfirsich 234, 242
Pharmazeutika, westliche
- Kombination mit TCM 31
- Wechselwirkungen mit TCM 31
Pheretima spec. 240
Phragmites communis 360
▸ Phragmitis-Rhizoma-Dekokt 360
Phytotherapie, langfristige 13
Phytotherapie, Wirkprinzipien 13
Pille 25
▸ Pille der sieben Kostbarkeiten für einen schönen Bart 181
▸ Pille mit Cinnamomi Ramulus und Poria 243
▸ Pille mit Ophiopogonis Radix, Schisandrae Fructus und Rehmanniae Radix Praeparatae 168
▸ Pille, die das Qi klärt und Schleim eliminiert 332
▸ Pille, die den Husten beruhigt 47
▸ Pille, die die Emotionen beruhigt 193, 196
▸ Pille, die die Mitte reguliert 126
▸ Pille, die die Schleuse schließt 208
Pinellia ternata 287
▸ Pinellia-Dekokt, das das Epigastrium abfließen lässt 82
▸ Ping Wei San 283, 372
Plantago asiatica 212
Platycladus orientalis 198
▸ Platycodi-Radix-Dekokt 336
Platycodon grandiflorum 336
Polygala tenuifolia 193
Polygonum multiflorum 181, 254
Pomeranze 72
Poria cocos 70, 143
Präparate 29
Prunus armeniaca 270, 334
Prunus mume 278, 328
Prunus persica 234, 242
Pueraria lobata 39
Pulver 25
▸ Pulver mit Angelicae Sinensis Radix und Paeoniae Radix 156
▸ Pulver mit Armeniacae Semen und Perillae Folium 270
▸ Pulver mit Cyperus und Amomum, das den Magen beruhigt 285
▸ Pulver mit Fritillariae Bulbus und Trichosanthis Fructus 340
▸ Pulver mit Ginseng, Poria und Atractylodis macrocephala 143
▸ Pulver mit Lonicerae Flos und Forsythiae Fructus 44
▸ Pulver mit Schizonepeta und Ledebouriella zur Überwindung pathogener Einflüsse 352
▸ Pulver mit Uncariae Ramulus cum Uncis 261
▸ Pulver zum Bändigen der Leber 77
▸ Pulver zur Beruhigung der Mitte 130
▸ Pulver, das das Gelbe abfließen lässt 114
▸ Pulver, das das Qi ausrichtet und mehr wert ist als Gold 287
▸ Pulver, das das Rote ausleitet 105
▸ Pulver, das das Weiße abfließen lässt 110
▸ Pulver, das den Husten stoppt 43
▸ Pulver, das den Magen klärt 112
▸ Pulver, das die Pulse hervorbringt 148
▸ Pulver, das man beim Hahnenschrei einnimmt 315

▸ **Q**i Bao Mei Ran Dan 181
Qi Qing 347
▸ Qi vermehrendes und Sinne schärfendes Dekokt 146
Qi-Fluss gegensätzlich 65
Qi, gegenläufiges 217
▸ Qian Jin Nei Tuo San 358
▸ Qing Fei Tang 334
▸ Qing Qi Hua Tan Wan 332
▸ Qing Wei San 112
▸ Qing Xin Lian Zi Yin 106
▸ Qing Zao Jiu Fei Tang 272, 367
Qualität der Arznemischungen 14

Re 36, 38
Rehmannia glutinosa 112, 115
▸ Ren Shen Bai Du San 49, 378
▸ Ren Shen Yang Ying Tang 162
Rezept ausstellen 28
Rezeptierungsfehler 124, 125, 251, 268, 376
Rezeptur
- an Patient anpassen 13, 17, 22, 23, 26–28, 32
- auswählen 32, 33
▸ - für Fünf-Uhr-Diarrhö 204, 373
- selbst zusammenstellen 15
▸ Rezeptur aus acht Bestandteilen bei Leukorrhö 214
Rezeptur-Grundprinzip 15–18
Rezepturaufbau 15–18
Rezepturauswahl 32, 33
Rezepturen
- ableitende 53–54
- adstringierende 200–215
- bei Wunden und Abszessen 347–361
- das Äußere entlastende 36–52, 251, 327
- harmonisierende 64–87
- Hitze klärende 88–122
- Inneres erwärmende 123–135
- Qi regulierende 216–230
- Schleim vertreibende 325–346
- Shen-Geist beruhigende 185–199
- tonisierende 136–184, 216, 231
- Trockenheit behandelnde 267–279
- Wind vertreibende 249–266, 327
- Wind-Feuchtigkeit ausleitende 304–324
- Wind-Feuchtigkeit vertreibende 251
- Xue regulierende 231–248
Rezepturen kombinieren 28
Rezepturen umrechnen 26
Rezepturkomponenten 15–18
Rhabarber 55, 57, s.a. medizinischer Rhabarber
Rheum officinale 55, 57
Riesenregenwurm 238, 240
Rote Pfingstrosenwurzel 95
Rotwurzelsalbei 194
Rubus idaeus 206
Rubus spec. 206
Rüssellilie 180

Säfte erhalten 18
Salbe 25
Salvia miltiorrhiza 194
salzig 19
San 25
▸ San Ren Tang 291
▸ San Zhong Kui Jian Tang 355
▸ San Zi Yang Qin Tang 342, 367
Saposhnikovia divaricata 202
sauer 19
Schachblume 340
Schadstoffanalyse 14
scharf 19
Schilfrohr 360
Schisandra chinensis 149
Schizonepeta tenuifolia 252, 321
Schlangenbart 148, 277
Schlangenhaarkürbis 222
Schleimarten 325
Schmerzmittel 31
Schwarzer Sesam 313
Scrophularia nodosa 274
Scutellaria baicalensis 103, 117
Scutellaria barbata 117
▸ Scutellariae-Radix-Dekokt 117
Sechs äußere pathogene Faktoren 124, 237
Sechs Übel → Sechs äußere pathogene Faktoren
▸ Sechs-Bestandteile-Pille mit Rehmanniae Radix Praeparatae 166, 168
▸ Sechs-Gelbe-Dekokt mit Angelicae Sinensis Radix 119
▸ Sechs-Gentlemen-Dekokt 141
▸ Sechs-zu-Eins-Pulver 122
▸ Sechzehn-Bestandteile-Dekokt, das das Qi zum Fließen bringt 357
Seidenraupe 103
Sesamum indicum nigrum 313
▸ Shang Zhong Xia Tong Yong Feng Wan 307
▸ Shao Yao Gan Cao Tang 157
Shaoyang 65
Shaoyang-Syndrom 64, 65
▸ Shen Ling Bai Zhu San 143
▸ Shen Su Yin 51
▸ Shen Tong Zhu Yu Tang 238, 371
▸ Sheng Hua Tang 242
▸ Sheng Mai San 148
Shi 36
▸ Shi Liu Wei Liu Qi Yin 357
▸ Shi Quan Da Bu Tang 161
▸ Si Jun Zi Tang 139, 141, 161, 383
▸ Si Mo Tang 227

▸ Si Ni San 72
▸ Si Shen Wan 204, 373
▸ Si Wu Tang 151, 161, 376
Sieben Emotionen 347
Sinapis alba 342
Sommer-Hitze 88
Sparganium spec. 244
Speichelkraut 80
▾ SR-Rezepturen
SR-Rezeptur Nr. 1 der warmen Abführmittel 58
SR-Rezeptur Nr. 1 zum Stabilisieren des Jing 206
SR-Rezeptur Nr. 1 zum Tonisieren des Yang 174
SR-Rezeptur Nr. 1 zum Tonisieren des Yin 172
SR-Rezeptur Nr. 1 zum Tonisieren von Yin und Yang 183
SR-Rezeptur Nr. 1 zum Vertreiben von Feuchte-Kälte 316
SR-Rezeptur Nr. 1 zur Entlastung des Äußeren 39
SR-Rezeptur Nr. 1, die kalten Schleim auflöst 343
SR-Rezeptur Nr. 1, um äußeren Wind zu vertreiben 257
SR-Rezeptur Nr. 1, um das Shen zu besänftigen 189
SR-Rezeptur Nr. 1, um das Xue zu regulieren 244, 371
SR-Rezeptur Nr. 1, um die Leitbahnen zu wärmen 133, 370
SR-Rezeptur Nr. 1, um die Qi- und die Xue-Schicht zu klären 97
SR-Rezeptur Nr. 1, um die Ying-Schicht zu klären 95
SR-Rezeptur Nr. 1, um Feuchte-Hitze zu vertreiben 321
SR-Rezeptur Nr. 1, um Hitze zu klären und Toxine auszuleiten 103
SR-Rezeptur Nr. 1, um inneren Wind zu vertreiben 265, 382
SR-Rezeptur Nr. 1, um Wind-Feuchtigkeit zu vertreiben 309
SR-Rezeptur Nr. 2 zum Tonisieren des Yang 176
SR-Rezeptur Nr. 2 zur Entlastung des Äußeren 41
SR-Rezeptur Nr. 2, um äußeren Wind zu vertreiben 259
SR-Rezeptur Nr. 2, um Wind-Feuchtigkeit zu vertreiben 311, 369
SR-Rezeptur Nr. 3 zum Tonisieren des Yang 178
SR-Rezeptur Nr. 3 zum Vertreiben von Wind-Feuchtigkeit 313
Stacheljujube 189, 191
Stephania tetrandra 299
Stinkesche 111, 127
Stoffwechsel 18
Stoffwechsel und Geschmack 19
Strauch-Pfingstrose 243
▸ Su Zi Jiang Qi Tang 225
Suan 19
▸ Suan Zao Ren Tang 191
▸ Suo Quan Wan 208
süß 19
Süßgras 93
Süßholz 130, s. a. Echtes Süßholz
Süßholzwurzel 29, 357, s. a. Süßholz
Symptome gegensätzlich 64
Synergieeffekte 15
Szechuan-Liebstöckel 161, 236

Tagesdosis 28
Tageszeit, Einfluss der 367, s. a. Fünf-Uhr-Diarrhö
Taiyang-Schicht 47
Tan 325
Taxillus chinensis 263
Taxillus spec. 311
TCM-Diagnose 13, 32
TCM-Grundsätze 13, 32
TCM-Muster 22
Temperaturverhalten 18, 20, 21
▸ Tian Ma Gou Teng Yin 263
▸ Tian Wang Bu Xin Dan 194
Tierarzt konsultieren 13, 53, 125, 213, 232, 264, 326
tierische Bestandteile 14
Tinktur 25
▸ Tong Xie Yao Fang 80
Toxizität 29–30
– kompensieren 17
– neutralisieren 29
Tragant 132, 145, 357
Traubensilberkerze 146, 319
Trichosanthes kirilowii 222
Triticum spec. 196
Tuo Fa 349
Typhonium spec. 256

Überdosierung 26, 61
Übermaß Geschmack 19
Ume 278, 328
Umschläge 25
Uncaria rhynchophylla 77, 261
▸ Universelles Entgiftungsgranulat 103

Veilchen 353
Verantwortung 32
▸ Vier-Arzneien-Dekokt 151, 161
▸ Vier-gemahlene-Arzneien-Dekokt 227
▸ Vier-Gentlemen-Dekokt 139, 141, 161
▸ Vier-Wunder-Pille 204
Viola spec. 353

▸ **W**ahrer-Krieger-Granulat 302
Waldrebe 105
Wan 25

▸ Wan Dai Tang 212
▸ Warme SR-Rezeptur Nr. 1, um Feuchtigkeit zu beseitigen 302
▸ Wärme-die-Milz-Granulat 58
▸ Wärmendes und klärendes Dekokt 153
Washingtoner Artenschutzabkommen 14, s. a. CITES
Wechselwirkungen 29
– mit westlichen Pharmazeutika 21
Wegerich 212
▸ Wei Jing Tang 360
Wei-Qi-Schicht 66
Weihrauch 350
Weißer Senf 342
▸ Weißer-Tiger-Dekokt 91
Weizen 196
▸ Wen Dan Tang 330
Wen Fa 123
▸ Wen Qing Yin 153, 377
Wettereinfluss 365, 366, 369
▸ Wichtige Rezeptur für schmerzhafte Diarrhö 80
▸ Wind ausleitendes Pulver 252
Wind/Feng 36
Winterweizen 196
Wirkebene 19, 20
Wirkkategorien 32
Wirkort 21
Wirkprinzipien 13
Wirkqualität 14
Wirkrichtung 20
Wirksamkeit erkennen 27
Wirkverstärker 16
Wolfiporia cocos 70
▸ Wu Ling San 1 295
▸ Wu Ling San 2 70, 297
Wu Ling Zhi 236, 238
▸ Wu Wei Xiao Du Yin 353, 378
▸ Wu Zhu Yu Tang 127

Xia Fa 53
Xian 19
▸ Xian Fang Huo Ming Yin 350
▸ Xiang Sha Ping Wei San 285
▸ Xiao Chai Hu Tang 67, 69, 70
▸ Xiao Cheng Qi Tang 57
Xiao Fa 349
▸ Xiao Feng San 252, 379
▸ Xiao Ji Yin Zi 247
▸ Xiao Xian Xiong Tang 338
▸ Xiao Yao San 78, 374
▸ Xie Bai San 110
▸ Xie Huang San 114
Xin 19
▸ Xing Su San 270
▸ Xiong Gui Tiao Xue Yin 164
▸ Xue Fu Zhu Yu Tang 234
Xue, Begriffsdefinition 231

Yamswurzel 166
▸ Yang Xin Tang 198
▸ Yang Yin Qing Fei Tang 274
▸ Yi Gan San 77
▸ Yi Qi Cong Ming Tang 146, 382
▸ Yi-Yi-Ren-Granulat 313
Yin (Schleim) 325
▸ Yin Chen Hao Tang 290
▸ Yin nährendes und Feuer absenkendes Dekokt 120
▸ Yin Qiao San 44
▸ Yu Nu Jian 115
▸ Yu Ping Feng San 24, 202
▸ Yu Quan Wan 278
▸ Yu Zhen San 256
Yuan-Ursprungs-Qi 50
▸ Yue Ju Wan 218

Zao 36
Zertifizierung 14
▸ Zhi Shi Xie Bai Gui Zhi Tang 222
▸ Zhi Sou San 43
▸ Zhi Zhuo Gu Ben Wan 210
▸ Zhu Ye Shi Gao Tang 93
▸ Zi Yin Jiang Huo Tang 120
Zikadenpanzer 14, 252
Zimt 69
Zimtbaum 176
Zingiber officinale 29
Zingiber spec. 126, 209, 302
Ziziphus jujuba 159
Ziziphus jujuba var. *spinosa* 189, 191
▸ Zuo Gui Yin 169
▸ Zuo Jin Wan 111
▸ Zwei-Unsterbliche-Dekokt 180
▸ Zwei-Wunder-Pulver 318
▸ Zweifach behandelndes Dekokt 21, 328
▸ Zweifach größte Pille 171
Zypergras 218, 285

TCM-Diagnostik in der Veterinärmedizin

Sichere Diagnostik und erfolgreiche Therapie für Pferd und Hund

Eine chinesische Redensart besagt: Ohne Diagnose keine Therapie.

In ihrem Buch erklärt Ausbilderin und Therapeutin Stephanie Reineke leicht verständlich die wichtigsten Grundlagen und Zusammenhänge der TCVM: die Puls- und Zungendiagnostik, die Diagnose nach den Zang-Fu, den Leitbahnen und wie schlussendlich ein fertiges Behandlungskonzept entsteht.

Mit diesem Grundlagenwerk sind Anfänger:innen und Lernende in der TCVM hervorragend beraten. Anschauliche Illustrationen unterstützen den Lernprozess, und interessierte Pferde- und Hundehalter:innen kommen ebenfalls auf ihre Kosten. Durch die vielen Praxistipps zur Diagnose und Behandlung ist dieses Buch aber auch für die Gesamtheit der Tiertherapeut:innen besonders wertvoll.

Stephanie Reineke ist zertifizierte Pferdephysiotherapeutin, zertifizierte Hundeosteotherapeutin und zertifizierte TCM-Veterinärakupunkteurin mit eigener Praxis in Warburg/NRW. Ihr Praxisschwerpunkt liegt auf der klassischen TCVM, der chinesischen Phytotherapie und der Osteopathie in Verbindung mit Problemen im peripheren Nervensystem. Seit 2019 bildet sie an ihrem „Ausbildungszentrum für TCVM und Akupunktur" Veterinärakupunkteure aus.

Stephanie Reineke

TCM-Diagnostik in der Veterinärmedizin
Sichere Diagnostik und erfolgreiche Therapie für Pferd und Hund

343 Seiten, 4-farbig
Hardcover, Format 17 cm x 24 cm
ISBN 978-3-95847-401-7
€ 69,–

CRYSTAL
Der Pferdebuchverlag

Jetzt bestellen bei:
www.crystal-verlag.com